CAMBRIDGE LIBRARY COLLECTION

Books of enduring scholarly value

Mathematics

From its pre-historic roots in simple counting to the algorithms powering modern desktop computers, from the genius of Archimedes to the genius of Einstein, advances in mathematical understanding and numerical techniques have been directly responsible for creating the modern world as we know it. This series will provide a library of the most influential publications and writers on mathematics in its broadest sense. As such, it will show not only the deep roots from which modern science and technology have grown, but also the astonishing breadth of application of mathematical techniques in the humanities and social sciences, and in everyday life.

Oeuvres complètes de Niels Henrik Abel

Niels Henrik Abel (1802–29) was one of the most prominent mathematicians in the first half of the nineteenth century. His pioneering work in diverse areas such as algebra, analysis, geometry and mechanics has made the adjective 'abelian' a commonplace in mathematical writing. These collected works, first published in two volumes in 1881 after careful preparation by the mathematicians Ludwig Sylow (1832–1918) and Sophus Lie (1842–99), contain some of the pillars of mathematical history. Volume 2 contains additional articles on elliptic functions and infinite series. It also includes extracts from Abel's letters, as well as detailed notes and commentary by Sylow and Lie on Abel's pioneering work.

Cambridge University Press has long been a pioneer in the reissuing of out-of-print titles from its own backlist, producing digital reprints of books that are still sought after by scholars and students but could not be reprinted economically using traditional technology. The Cambridge Library Collection extends this activity to a wider range of books which are still of importance to researchers and professionals, either for the source material they contain, or as landmarks in the history of their academic discipline.

Drawing from the world-renowned collections in the Cambridge University Library and other partner libraries, and guided by the advice of experts in each subject area, Cambridge University Press is using state-of-the-art scanning machines in its own Printing House to capture the content of each book selected for inclusion. The files are processed to give a consistently clear, crisp image, and the books finished to the high quality standard for which the Press is recognised around the world. The latest print-on-demand technology ensures that the books will remain available indefinitely, and that orders for single or multiple copies can quickly be supplied.

The Cambridge Library Collection brings back to life books of enduring scholarly value (including out-of-copyright works originally issued by other publishers) across a wide range of disciplines in the humanities and social sciences and in science and technology.

Oeuvres complètes de Niels Henrik Abel

Nouvelle édition

VOLUME 2

EDITED BY L. SYLOW AND S. LIE

CAMBRIDGE
UNIVERSITY PRESS

CAMBRIDGE UNIVERSITY PRESS

Cambridge, New York, Melbourne, Madrid, Cape Town,
Singapore, São Paolo, Delhi, Mexico City

Published in the United States of America by Cambridge University Press, New York

www.cambridge.org
Information on this title: www.cambridge.org/9781108050586

This edition first published 1881
This digitally printed version 2012

ISBN 978-1-108-05058-6 Paperback

ŒUVRES

COMPLÈTES

DE NIELS HENRIK ABEL

TOME SECOND

ŒUVRES

COMPLÈTES

DE NIELS HENRIK ABEL

NOUVELLE ÉDITION

PUBLIÉE AUX FRAIS DE L'ÉTAT NORVÉGIEN

PAR MM. L. SYLOW ET S. LIE

TOME SECOND

CONTENANT LES MÉMOIRES POSTHUMES D'ABEL

CHRISTIANIA

IMPRIMERIE DE GRØNDAHL & SØN

M DCCC LXXXI

TABLE DES MATIÈRES DU TOME SECOND.

PAGES

I. Les fonctions transcendantes $\Sigma \frac{1}{a^2}$, $\Sigma \frac{1}{a^3}$, $\Sigma \frac{1}{a^4}$, ... $\Sigma \frac{1}{a^n}$ exprimées par des intégrales définies . . . . 1.

II. Sur l'intégrale définie $\int_0^1 x^{a-1} (1-x)^{c-1} \left(l \cdot \frac{1}{x}\right)^{\alpha-1} dx$ . . . . . . 7.

III. Sommation de la série $y = \varphi(0) + \varphi(1)x + \varphi(2)x^2 + \varphi(3)x^3 + \cdots + \varphi(n)x^n$, n étant un nombre entier positif fini ou infini, et $\varphi(n)$ une fonction algébrique rationnelle de n . . . . 14.

IV. Sur l'équation différentielle $dy + (p + qy + ry^2)dx = 0$, où p, q et r sont des fonctions de x seul . . . . 19.

V. Sur l'équation différentielle $(y+s)dy + (p + qy + ry^2)dx = 0$ . . . 26.

VI. Détermination d'une fonction au moyen d'une équation qui ne contient qu'une seule variable . . . . 36.

VII. Propriétés remarquables de la fonction $y = \varphi x$ déterminée par l'équation $fy \,.\, dy - dx\sqrt{(a-y)(a_1-y)(a_2-y)\ldots(a_m-y)} = 0$, fy étant une fonction quelconque de y qui ne devient pas nulle ou infinie lorsque $y = a$, a_1, a_2, ... a_m . . . . 40.

VIII. Sur une propriété remarquable d'une classe très étendue de fonctions transcendantes . . . . 43.

IX. Extension de la théorie précédente . . . . 47.

X. Sur la comparaison des fonctions transcendantes . . . . 55.

XI. Sur les fonctions génératrices et leurs déterminantes . . . . 67.

XII. Sur quelques intégrales définies . . . . 82.

XIII. Théorie des transcendantes elliptiques . . . . 87.

		PAGES.
XIV.	Note sur la fonction $\psi x = x + \frac{x^2}{2^2} + \frac{x^3}{3^2} + \cdots + \frac{x^n}{n^2} + \cdots$	189.
XV.	Démonstration de quelques formules elliptiques	194.
XVI.	Sur les séries	197.
XVII.	Mémoire sur les fonctions transcendantes de la forme $\int y\,dx$, où y est une fonction algébrique de x	206.
XVIII.	Sur la résolution algébrique des équations	217.
XIX.	Fragmens sur les fonctions elliptiques	244.
XX.	Extraits de quelques lettres à Holmboe	254.
XXI.	Extrait d'une lettre à Hansteen	263.
XXII.	Extraits de quelques lettres à Crelle	266.
XXIII.	Lettre à Legendre	271.
	Apercu des manuscrits d'Abel conservés jusqu'à présent	283.
	Notes aux mémoires du tome I	290.
	Notes aux mémoires du tome II	324.
	Table pour faciliter la recherche des citations	339.

I.

LES FONCTIONS TRANSCENDANTES $\Sigma\frac{1}{a^2}$, $\Sigma\frac{1}{a^3}$, $\Sigma\frac{1}{a^4}$, ... $\Sigma\frac{1}{a^n}$ EXPRIMÉES PAR DES INTÉGRALES DÉFINIES.

Si l'on différentie plusieurs fois de suite la fonction $\Sigma\frac{1}{a}$, on aura

$$\frac{d\Sigma\frac{1}{a}}{da}=\frac{\Sigma d\frac{1}{a}}{da}=-\Sigma\frac{1}{a^2},$$

$$\frac{d^2\Sigma\frac{1}{a}}{da^2}=\frac{\Sigma d^2\left(\frac{1}{a}\right)}{da^2}=+2\Sigma\frac{1}{a^3},$$

$$\frac{d^3\Sigma\frac{1}{a}}{da^3}=\frac{\Sigma d^3\left(\frac{1}{a}\right)}{da^3}=-2.3\Sigma\frac{1}{a^4},$$

. . . .

$$\frac{d^n\Sigma\frac{1}{a}}{da^n}=\frac{\Sigma d^n\left(\frac{1}{a}\right)}{da^n}=\pm 2.3.4\ldots n.\Sigma\frac{1}{a^{n+1}},$$

où le signe $+$ a lieu, lorsque n est pair, et le signe $-$, lorsque n est impair.

On en conclut réciproquement

$$\Sigma\frac{1}{a^2}=-\frac{d\Sigma\frac{1}{a}}{da},\quad \Sigma\frac{1}{a^3}=+\frac{d^2\Sigma\frac{1}{a}}{2.da^2},\quad \Sigma\frac{1}{a^4}=-\frac{d^3\Sigma\frac{1}{a}}{2.3.da^3}+\text{etc.},$$

$$\Sigma\frac{1}{a^n}=\pm\frac{d^{n-1}\Sigma\frac{1}{a}}{1.2.3\ldots(n-1)da^{n-1}}=\pm\frac{d^{n-1}L(a)}{2.3\ldots(n-1)da^{n-1}}.$$

Or on a $\Sigma\frac{1}{a}=L(a)=\int_0^1\frac{x^{a-1}-1}{x-1}dx$. On en tire, en différentiant par rapport à a,

$$\frac{d\Sigma\frac{1}{a}}{da}=\int_0^1\frac{x^{a-1}(lx)}{x-1}dx,$$

$$\frac{d^2\Sigma\frac{1}{a}}{da^2}=\int_0^1\frac{x^{a-1}(lx)^2}{x-1}dx,$$

$$\frac{d^3\Sigma\frac{1}{a}}{da^3}=\int_0^1\frac{x^{a-1}(lx)^3}{x-1}dx,$$

$$\cdots\cdots\cdots\cdots$$

$$\frac{d^{n-1}\Sigma\frac{1}{a}}{da^{n-1}}=\int_0^1\frac{x^{a-1}(lx)^{n-1}}{x-1}dx.$$

En substituant ces valeurs, on aura

$$\Sigma\frac{1}{a^2}=-\int_0^1\frac{x^{a-1}lx}{x-1}dx,$$

$$\Sigma\frac{1}{a^3}=\tfrac{1}{2}\int_0^1\frac{x^{a-1}(lx)^2}{x-1}dx,$$

$$\Sigma\frac{1}{a^4}=-\frac{1}{2\cdot3}\int_0^1\frac{x^{a-1}(lx)^3}{x-1}dx,$$

$$\cdots\cdots\cdots\cdots$$

$$\Sigma\frac{1}{a^{2n}}=-\frac{1}{2.3.4\ldots(2n-1)}\int_0^1\frac{x^{a-1}(lx)^{2n-1}}{x-1}dx,$$

$$\Sigma\frac{1}{a^{2n+1}}=+\frac{1}{2.3\;4\ldots2n}\int_0^1\frac{x^{a-1}(lx)^{2n}}{x-1}dx.$$

En général, quel que soit α, on aura

$$\Sigma\frac{1}{a^\alpha}=\frac{1}{\Gamma(\alpha)}\int_0^1\frac{x^{a-1}\left(l\frac{1}{x}\right)^{\alpha-1}}{x-1}dx.$$

Désignons $\Sigma\frac{1}{a^\alpha}$ par $L(a,\alpha)$, nous aurons

$$(1)\qquad L(a,\alpha)=\frac{1}{\Gamma(\alpha)}\int_0^1\frac{x^{a-1}\left(l\frac{1}{x}\right)^{\alpha-1}}{x-1}dx+C.$$

En développant $\frac{x^{a-1}}{x-1}$ en série infinie, il viendra

$$L(a,\alpha)=\frac{1}{\Gamma(\alpha)}\left[\int_0^1 x^{a-2}\left(l\frac{1}{x}\right)^{\alpha-1}dx+\int_0^1 x^{a-3}\left(l\frac{1}{x}\right)^{\alpha-1}dx\right.$$
$$\left.+\int_0^1 x^{a-4}\left(l\frac{1}{x}\right)^{\alpha-1}dx+\cdots\right];$$

or $\int_0^1 x^{a-k-1}\left(l\frac{1}{x}\right)^{\alpha-1}dx=\frac{\Gamma(\alpha)}{(a-k)^\alpha}$, par conséquent

$$L(a,\alpha)=\frac{1}{(a-1)^\alpha}+\frac{1}{(a-2)^\alpha}+\frac{1}{(a-3)^\alpha}+\cdots+C,$$

où C est une constante indépendante de a. Pour la trouver, faisons dans (1) $a=1$, ce qui donne $L(1,\alpha)=0$ et $x^{a-1}=x^0=1$; par conséquent

$$C=-\frac{1}{\Gamma(\alpha)}\int_0^1\frac{\left(l\frac{1}{x}\right)^{\alpha-1}}{x-1}dx.$$

On tire de là

$$L(a,\alpha)=\frac{1}{\Gamma(\alpha)}\int_0^1\frac{x^{a-1}-1}{x-1}\left(l\frac{1}{x}\right)^{\alpha-1}dx,$$

où α peut être positif, négatif où zéro. On a

$$x^{a-1}=\left(\frac{1}{x}\right)^{-a+1}=1-(a-1)\left(l\frac{1}{x}\right)+\frac{(a-1)^2}{2}\cdot\left(l\frac{1}{x}\right)^2-\frac{(a-1)^3}{2.3}\left(l\frac{1}{x}\right)^3+\text{etc.}$$

Substituant cette valeur, on aura

$$L(a,\alpha)=$$
$$\frac{1}{\Gamma(\alpha)}\left\{(a-1)\int_0^1\frac{\left(l\frac{1}{x}\right)^\alpha}{1-x}dx-\frac{(a-1)^2}{2}\int_0^1\frac{\left(l\frac{1}{x}\right)^{\alpha+1}}{1-x}dx+\frac{(a-1)^3}{2.3}\int_0^1\frac{\left(l\frac{1}{x}\right)^{\alpha+2}}{1-x}dx-\cdots\right\}.$$

Considérons l'expression $\int_0^1\frac{\left(l\frac{1}{x}\right)^k}{1-x}dx$. En développant $\frac{1}{1-x}$, on aura

$$\int\frac{\left(l\frac{1}{x}\right)^k}{1-x}dx=\int\left(l\frac{1}{x}\right)^k dx+\int x\left(l\frac{1}{x}\right)^k dx+\int x^2\left(l\frac{1}{x}\right)^k dx+\cdots;$$

or $\int_0^1 x^n\left(l\frac{1}{x}\right)^k dx=\frac{\Gamma(k+1)}{(n+1)^{k+1}}$, donc

$$\int_0^1 \frac{\left(l\frac{1}{x}\right)^k}{1-x}dx = \Gamma(k+1)\left(1+\frac{1}{2^{k+1}}+\frac{1}{3^{k+1}}+\frac{1}{4^{k+1}}+\cdots\right),$$

donc enfin

$$\begin{aligned}L(a,\alpha) = &\frac{(a-1).\Gamma(\alpha+1)}{\Gamma(\alpha)}\left(1+\frac{1}{2^{\alpha+1}}+\frac{1}{3^{\alpha+1}}+\frac{1}{4^{\alpha+1}}+\cdots\right)\\ &-\frac{(a-1)^2.\Gamma(\alpha+2)}{2.\Gamma(\alpha)}\left(1+\frac{1}{2^{\alpha+2}}+\frac{1}{3^{\alpha+2}}+\frac{1}{4^{\alpha+2}}+\cdots\right)\\ &+\frac{(a-1)^3.\Gamma(\alpha+3)}{2.3.\Gamma(\alpha)}\left(1+\frac{1}{2^{\alpha+3}}+\frac{1}{3^{\alpha+3}}+\frac{1}{4^{\alpha+3}}+\cdots\right)\\ &\cdots\cdots\cdots\cdots\end{aligned}$$

or on a $\Gamma(\alpha+1)=\alpha\Gamma(\alpha)$, $\Gamma(\alpha+2)=\alpha(\alpha+1)\Gamma(\alpha)$ et en général $\Gamma(\alpha+k)$ $=\alpha(\alpha+1)(\alpha+2)\ldots(\alpha+k-1)\Gamma(\alpha)$. Substituant ces valeurs, on obtient

$$\begin{aligned}L(a,\alpha) = &\frac{a-1}{1}\alpha\left(1+\frac{1}{2^{\alpha+1}}+\frac{1}{3^{\alpha+1}}+\frac{1}{4^{\alpha+1}}+\cdots\right)\\ &-\frac{(a-1)^2}{1.2}\alpha(\alpha+1)\left(1+\frac{1}{2^{\alpha+2}}+\frac{1}{3^{\alpha+2}}+\frac{1}{4^{\alpha+2}}+\cdots\right)\\ &+\frac{(a-1)^3}{1.2.3}\alpha(\alpha+1)(\alpha+2)\left(1+\frac{1}{2^{\alpha+3}}+\frac{1}{3^{\alpha+3}}+\frac{1}{4^{\alpha+3}}+\cdots\right)\\ &\cdots\cdots\cdots\cdots\end{aligned}$$

Si l'on pose a infini, on aura

$$L(\infty,\alpha)=1+\frac{1}{2^\alpha}+\frac{1}{3^\alpha}+\frac{1}{4^\alpha}+\cdots,$$

donc en désignant $L(\infty,\alpha)$ par $L'(\alpha)$

$$L(a,\alpha)=$$

$$\alpha.(a-1)L'(\alpha+1)-\frac{\alpha(\alpha+1)}{2}(a-1)^2L'(\alpha+2)+\frac{\alpha(\alpha+1)(\alpha+2)}{2.3}(a-1)^3L'(\alpha+3)-\cdots.$$

Si dans la formule (1) on met $\frac{m}{a}$ au lieu de a, on aura

$$L\left(\frac{m}{a},\ \alpha\right)=\frac{1}{\Gamma(\alpha)}\int_0^1\frac{\left(x^{\frac{m}{a}-1}-1\right)\left(l\frac{1}{x}\right)^{\alpha-1}}{x-1}dx.$$

Faisant $x^{\frac{1}{a}}=y$, x devient $=y^a$, $dx=ay^{a-1}$, $\left(l\frac{1}{x}\right)^{\alpha-1}=a^{\alpha-1}\left(l\frac{1}{y}\right)^{\alpha-1}$ et par suite

$$L\left(\frac{m}{a},\alpha\right)=\frac{a^\alpha}{\Gamma(\alpha)}\int_0^1\frac{(y^{m-a}-1)\left(l\frac{1}{y}\right)^{\alpha-1}y^{a-1}}{y^a-1}dy=\frac{a^\alpha}{\Gamma(\alpha)}\int_0^1\frac{y^{m-1}-y^{a-1}}{y^a-1}\left(l\frac{1}{y}\right)^{\alpha-1}dy.$$

On tire de là

$$L\left(\frac{m}{a}, \alpha\right) = -\frac{1}{\Gamma(\alpha)}\int_0^1 \frac{\left(l\frac{1}{y}\right)^{\alpha-1}}{y-1}dy + \frac{a^\alpha}{\Gamma(\alpha)}\int_0^1 \frac{y^{m-1}\left(l\frac{1}{y}\right)^{\alpha-1}}{y^a-1}dy.$$

Si maintenant $m-1<a$, ce qu'on peut supposer, la fraction $\frac{y^{m-1}}{y^a-1}$ est résoluble en fractions partielles de la forme $\frac{A}{1-cy}$. On aura donc

$$L\left(\frac{m}{a}, \alpha\right) = \left\{A\int_0^1 \frac{\left(l\frac{1}{y}\right)^{\alpha-1}}{1-cy}dy + A'\int_0^1 \frac{\left(l\frac{1}{y}\right)^{\alpha-1}}{1-c'y}dy + \cdots\right\}\frac{a^\alpha}{\Gamma(\alpha)}.$$

Si l'on développe $\frac{1}{1-cy}$ en série, on voit que

$$\int \frac{\left(l\frac{1}{y}\right)^{\alpha-1}}{1-cy}dy = \int\left(l\frac{1}{y}\right)^{\alpha-1}dy + c\int y\left(l\frac{1}{y}\right)^{\alpha-1}dy + c^2\int y^2\left(l\frac{1}{y}\right)^{\alpha-1}dy + \cdots$$

or $\int_0^1\left(l\frac{1}{y}\right)^{\alpha-1}y^k\,dy = \frac{\Gamma(\alpha)}{(k+1)^\alpha}$, donc

$$\int_0^1 \frac{\left(l\frac{1}{y}\right)^{\alpha-1}}{1-cy}dy = \Gamma(\alpha)\left(1+\frac{c}{2^\alpha}+\frac{c^2}{3^\alpha}+\frac{c^3}{4^\alpha}+\cdots\right);$$

donc en désignant $1+\frac{c}{2^\alpha}+\frac{c^2}{3^\alpha}+\frac{c^3}{4^\alpha}+\cdots$ par $L'(\alpha, c)$, on aura

$$\int_0^1 \frac{\left(l\frac{1}{y}\right)^{\alpha-1}}{1-cy}.dy = \Gamma(\alpha).L'(\alpha, c);$$

on obtiendra donc enfin:

$$L\left(\frac{m}{a}, \alpha\right) = a^\alpha[A.L'(\alpha, c) + A'.L'(\alpha, c') + A''.L'(\alpha, c'') + \text{etc.}].$$

La fonction $L\left(\frac{m}{a}, \alpha\right)$ peut donc, lorsque m et a sont des nombres entiers, être exprimée sous forme finie à l'aide des fonctions $\Gamma(\alpha)$ et $L'(\alpha, c)$. Soit par exemple $m=1$, $a=2$, on aura

$$L(\tfrac{1}{2}, \alpha) = \frac{2^\alpha}{\Gamma(\alpha)}\int_0^1 \frac{1-y}{y^2-1}\left(l\frac{1}{y}\right)^{\alpha-1}dy = -\frac{2^\alpha}{\Gamma(\alpha)}\int_0^1 \frac{\left(l\frac{1}{y}\right)^{\alpha-1}}{1+y}dy.$$

On a par conséquent $A=-1$ et $c=-1$, donc

$$L(\tfrac{1}{2}, \alpha) = -2^\alpha.L'(\alpha, -1) = -2^\alpha\left(1-\frac{1}{2^\alpha}+\frac{1}{3^\alpha}-\frac{1}{4^\alpha}+\cdots\right).$$

Lorsque α est un nombre entier, on sait que la somme de cette série peut s'exprimer par le nombre π ou par le logarithme de 2. Soit $\alpha=1$, on a $1-\frac{1}{2}+\frac{1}{3}-\frac{1}{4}+\cdots=\log 2$, donc $L(\frac{1}{2}, 1)=L(\frac{1}{2})=-2\log.2$.

En posant $\alpha=2$, on a $1-\frac{1}{2^2}+\frac{1}{3^2}-\frac{1}{4^2}+\cdots=\frac{\pi^2}{12}$, donc

$$L(\tfrac{1}{2}, 2)=-\frac{\pi^2}{3}.$$

On peut en général exprimer $L(\frac{1}{2}, 2n)$ par $-M\pi^{2n}$, où M est un nombre rationnel.

II.

SUR L'INTÉGRALE DÉFINIE $\int_0^1 x^{a-1}(1-x)^{c-1}\left(l\frac{1}{x}\right)^{\alpha-1}dx.$

Dans les Exercices de calcul intégral de M. *Legendre* on trouve l'expression suivante

$$(1) \qquad \int_0^1 x^{a-1}(1-x)^{c-1}dx = \frac{\Gamma a . \Gamma c}{\Gamma(a+c)}$$

donc

$$\log \int_0^1 x^{a-1}(1-x)^{c-1}dx = \log \Gamma a + \log \Gamma c - \log \Gamma(a+c).$$

En différentiant par rapport à a et à c, et remarquant que

$$\frac{dl\Gamma(a)}{da} = La - C$$

on aura

$$\frac{\int_0^1 x^{a-1}(1-x)^{c-1}lx . dx}{\int_0^1 x^{a-1}(1-x)^{c-1}dx} = La - L(a+c),$$

$$\frac{\int_0^1 x^{a-1}(1-x)^{c-1}l(1-x) . dx}{\int_0^1 x^{a-1}(1-x)^{c-1}dx} = Lc - L(a+c).$$

Ces deux équations combinées avec l'équation (1), donnent

$$\int_0^1 x^{a-1}(1-x)^{c-1}lx . dx = [La - L(a+c)]\frac{\Gamma a . \Gamma c}{\Gamma(a+c)}$$

$$\int_0^1 x^{a-1}(1-x)^{c-1}\, l(1-x)\,dx = [Lc - L(a+c)]\,\frac{\Gamma a\,.\,\Gamma c}{\Gamma(a+c)}.$$

La dernière équation peut aussi se déduire de l'avant-dernière en échangeant a et c entre eux, et mettant $1-x$ à la place de x.

Lorsque $c=1$, on a, à cause de $L(1+a)=\frac{1}{a}+L(a)$, et $\Gamma(a+1)=a\Gamma(a)$,

$$\int_0^1 x^{a-1}\, lx\,.\,dx = -\frac{1}{a^2},$$

résultat connu, et

$$\int_0^1 x^{a-1}\, l(1-x)\,dx = -\frac{L(1+a)}{a},$$

donc

$$L(1+a) = -a\int_0^1 x^{a-1} l(1-x)\,dx.$$

En développant $(1-x)^{c-1}$ en série, on trouvera

$$\int_0^1 x^{a-1}(1-x)^{c-1} l\left(\frac{1}{x}\right)dx = \int_0^1 x^{a-1}\, l\left(\frac{1}{x}\right)dx - (c-1)\int_0^1 x^a\, l\left(\frac{1}{x}\right)dx$$
$$+\frac{(c-1)(c-2)}{2}\int_0^1 x^{a+1}\, l\left(\frac{1}{x}\right)dx - \cdots;$$

or $\int_0^1 x^k\, l\left(\frac{1}{x}\right)dx = \frac{1}{(k+1)^2}$, donc

$$\int_0^1 x^{a-1}(1-x)^{c-1} l\left(\frac{1}{x}\right)dx$$
$$=\frac{1}{a^2} - (c-1)\frac{1}{(a+1)^2} + \frac{(c-1)(c-2)}{2}\cdot\frac{1}{(a+2)^2} - \frac{(c-1)(c-2)(c-3)}{2\,.\,3}\cdot\frac{1}{(a+3)^2} + \cdots;$$

mais $\int_0^1 x^{a-1}(1-x)^{c-1} l\left(\frac{1}{x}\right)dx = [L(a+c) - La]\,\frac{\Gamma a\,.\,\Gamma c}{\Gamma(a+c)}$, donc

$$(2)\quad [L(a+c) - La]\,\frac{\Gamma a\,.\,\Gamma c}{\Gamma(a+c)}$$
$$=\frac{1}{a^2} - (c-1)\frac{1}{(a+1)^2} + \frac{(c-1)(c-2)}{2}\cdot\frac{1}{(a+2)^2} - \frac{(c-1)(c-2)(c-3)}{2\,.\,3}\cdot\frac{1}{(a+3)^2} + \cdots.$$

Soit par exemple $c = 1-a$, on a

$$L(a+c) - La = -La,\quad \Gamma(a+c) = 1,$$

$$\Gamma a\,.\,\Gamma c = \Gamma a\,.\,\Gamma(1-a) = \frac{\pi}{\sin a\pi};$$

donc

$$-La\cdot\frac{\pi}{\sin a\pi}=\frac{1}{a^2}+\frac{a}{(a+1)^2}+\frac{a(a+1)}{2(a+2)^2}+\frac{a(a+1)(a+2)}{2.3.(a+3)^2}+\cdots.$$

Soit $a=\frac{1}{2}$, on a $-La=2\log 2$, $\sin\frac{\pi}{2}=1$, donc

$$2\pi\log 2=2^2+\frac{2}{3^2}+\frac{3}{2.5^2}+\frac{3.5}{2^2.3.7^2}+\frac{3.5.7}{2^3.3.4.9^2}+\cdots.$$

Soit $a=1-x$, $c=2x-1$, on aura en remarquant que $L(1-x)-Lx=\pi\cot\pi x$,

$$-\pi.\cot\pi x\cdot\frac{\Gamma(1-x).\Gamma(2x-1)}{\Gamma x}$$
$$=\frac{1}{(1-x)^2}-\frac{2x-2}{(2-x)^2}+\frac{(2x-2)(2x-3)}{2(3-x)^2}-\frac{(2x-2)(2x-3)(2x-4)}{2.3.(4-x)^2}+\cdots.$$

En échangeant a et c entre eux dans l'équation (2), on obtient

$$[L(a+c)-Lc]\frac{\Gamma a.\Gamma c}{\Gamma(a+c)}=\frac{1}{c^2}-(a-1)\frac{1}{(c+1)^2}+\frac{(a-1)(a-2)}{2(c+2)^2}-\cdots.$$

En divisant l'équation (2) par celle-ci membre à membre, on aura

$$\frac{L(a+c)-L(a)}{L(a+c)-L(c)}=\frac{\frac{1}{a}-\frac{c-1}{(a+1)^2}+\frac{(c-1)(c-2)}{2(a+2)^2}-\cdots}{\frac{1}{c^2}-\frac{a-1}{(c+1)^2}+\frac{(a-1)(a-2)}{2(c+2)^2}-\cdots}$$

De cette équation on tirera, en y faisant $c=1$,

$$L(1+a)=a-\frac{a(a-1)}{2^2}+\frac{a(a-1)(a-2)}{2.3^2}-\cdots,$$

donc en écrivant $-a$ pour a,

$$L(1-a)=-\left(a+\frac{a(a+1)}{2^2}+\frac{a(a+1)(a+2)}{2.3^2}+\cdots\right),$$

et en mettant $a-1$ au lieu de a,

$$La=(a-1)-\frac{(a-1)(a-2)}{2^2}+\frac{(a-1)(a-2)(a-3)}{2.3^2}-\cdots$$

on tire de là

$$L(1-a)-La=\pi.\cot\pi a$$
$$=-\left(2a-1+\frac{a(a+1)-(a-1)(a-2)}{2^2}+\frac{a(a+1)(a+2)+(a-1)(a-2)(a-3)}{2.3^2}+\cdots\right).$$

Si dans l'équation (2) on pose $a=1$, on aura

$$[L(c+1)-L(1)]\frac{\Gamma(1)\ \Gamma c}{\Gamma(c+1)}=\frac{L(1+c)}{c}=1-\frac{(c-1)}{2^2}+\frac{(c-1)(c-2)}{2.3^2}-\cdots$$

comme auparavant. En faisant $c=0$, il vient

$$\frac{L(1)}{0}=\frac{0}{0}=1+\frac{1}{2^2}+\frac{1}{3^2}+\frac{1}{4^2}+\cdots=\frac{\pi^2}{6}.$$

Nous avons vu que

$$\int_0^1 x^{a-1}(1-x)^{c-1}\,l\left(\frac{1}{x}\right)dx=[L(a+c)-La]\,\frac{\Gamma a\,.\,\Gamma c}{\Gamma(a+c)}.$$

En différentiant cette équation logarithmiquement, il viendra

$$\frac{\int_0^1 x^{a-1}(1-x)^{c-1}\left(l\frac{1}{x}\right)^2 dx}{\int_0^1 x^{a-1}(1-x)^{c-1}\,l\left(\frac{1}{x}\right)dx}=-\frac{\frac{dL(a+c)}{da}-\frac{dL(a)}{da}}{L(a+c)-La}+L(a+c)-L(a).$$

Or on a $\frac{dLa}{da}=-\Sigma\frac{1}{a^2}$; soit $\Sigma\frac{1}{a^2}=L'(a)$, on aura

$$\int_0^1 x^{a-1}(1-x)^{c-1}\left(l\frac{1}{x}\right)^2.dx$$

$$=[(L'(a+c)-L'a)+(L(a+c)-La)^2]\,\frac{\Gamma a\,.\,\Gamma c}{\Gamma(a+c)}.$$

Si l'on désigne $\Sigma\frac{1}{a^3}$ par $L''a$, $L\frac{1}{a^4}$ par $L'''a$ etc., on obtiendra par des différentiations répétées

$$\int_0^1 x^{a-1}(1-x)^{c-1}\left(l\frac{1}{x}\right)^3 dx=[2(L''(a+c)-L''a)+$$

$$3(L'(a+c)-L'a)\,(L(a+c)-La)+(L(a+c)-La)^3]\,\frac{\Gamma a\,.\,\Gamma c}{\Gamma(a+c)}.$$

$$\int_0^1 x^{a-1}(1-x)^{c-1}\left(l\frac{1}{x}\right)^4 dx=\text{etc.}$$

En différentiant l'équation (2) par rapport à a, on aura

$$\int_0^1 x^{a-1}(1-x)^{c-1}\left(l\frac{1}{x}\right)^2 dx$$

$$=2\left(\frac{1}{a^3}-\frac{c-1}{1}\cdot\frac{1}{(a+1)^3}+\frac{(c-1)(c-2)}{1.2}\cdot\frac{1}{(a+2)^3}-\frac{(c-1)(c-2)(c-3)}{1.2.3}\cdot\frac{1}{(a+3)^3}+\cdots\right),$$

$$\int_0^1 x^{a-1}(1-x)^{c-1}\left(l\frac{1}{x}\right)^3 dx$$

$$=2.3\left(\frac{1}{a^4}-\frac{c-1}{1}\cdot\frac{1}{(a+1)^4}+\frac{(c-1)(c-2)}{1.2}\cdot\frac{1}{(a+2)^4}-\frac{(c-1)(c-2)(c-3)}{1.2.3}\cdot\frac{1}{(a+3)^4}+\cdots\right),$$

et en général

$$\int_0^1 x^{a-1}(1-x)^{c-1}\left(l\frac{1}{x}\right)^{\alpha-1}dx$$

$$=\Gamma\alpha\left(\frac{1}{a^\alpha}-\frac{c-1}{1}\cdot\frac{1}{(a+1)^\alpha}+\frac{(c-1)(c-2)}{1.2}\cdot\frac{1}{(a+2)^\alpha}-\frac{(c-1)(c-2)(c-3)}{1.2.3}\cdot\frac{1}{(a+3)^\alpha}+\ldots\right).$$

Or la fonction $\int_0^1 x^{a-1}(1-x)^{c-1}\left(l\frac{1}{x}\right)^{\alpha-1}dx$ est exprimable par les fonctions Γ, L, L', L'', ... $L^{(\alpha-1)}$, donc la somme de la série infinie

$$\frac{1}{a^\alpha}-\frac{c-1}{1}\cdot\frac{1}{(a+1)^\alpha}+\frac{(c-1)(c-2)}{1.2}\cdot\frac{1}{(a+2)^\alpha}-\ldots$$

est exprimable par ces mêmes fonctions.

Il y a encore d'autres intégrales qui peuvent s'exprimer par les mêmes fonctions. En effet, soit

$$\int_0^1 x^{a-1}(1-x)^{c-1}\left(l\frac{1}{x}\right)^{\alpha-1}dx=\varphi(a,c),$$

on obtiendra par des différentiations successives par rapport à c,

$$\int_0^1 x^{a-1}(1-x)^{c-1}l(1-x)\left(l\frac{1}{x}\right)^{\alpha-1}dx=\varphi' c,$$

$$\int_0^1 x^{a-1}(1-x)^{c-1}[l(1-x)]^2\left(l\frac{1}{x}\right)^{\alpha-1}dx=\varphi'' c,$$

$$\int_0^1 x^{a-1}(1-x)^{c-1}[l(1-x)]^3\left(l\frac{1}{x}\right)^{\alpha-1}dx=\varphi''' c,$$

et en général

$$\int_0^1 x^{a-1}(1-x)^{c-1}[l(1-x)]^{\beta-1}\left(l\frac{1}{x}\right)^{\alpha-1}dx=\varphi^{(\beta-1)} c.$$

Or on a $\varphi(a,c)=(-1)^{\alpha-1}\dfrac{d^{\alpha-1}\frac{\Gamma a\,.\,\Gamma c}{\Gamma(a+c)}}{da^{\alpha-1}}$, donc en substituant cette valeur, on obtiendra l'expression générale suivante,

$$\int_0^1 x^{a-1}(1-x)^{c-1}[l(1-x)]^n(lx)^m\,dx=\frac{d^{m+n}\frac{\Gamma a\,.\,\Gamma c}{\Gamma(a+c)}}{da^m\,.\,dc^n},$$

et cette fonction est, comme nous venons de le voir, exprimable par les fonctions Γ, L, L', L'', ... $L^{(n-1)}$ ... $L^{(m-1)}$.

On sait que

(A) $$\int_0^1 \left(l\frac{1}{x}\right)^{\alpha-1} dx = \Gamma\alpha.$$

En différentiant par rapport à α on aura

$$\int_0^1 \left(l\frac{1}{x}\right)^{\alpha-1} ll\left(\frac{1}{x}\right) dx = \frac{d\Gamma\alpha}{d\alpha} = \frac{\frac{d\Gamma\alpha}{\Gamma\alpha}\Gamma\alpha}{d\alpha} = \Gamma\alpha\,.\,\frac{dl\Gamma\alpha}{d\alpha},$$

or $\frac{dl\Gamma\alpha}{d\alpha} = L\alpha - C$, donc

$$\int_0^1 \left(l\frac{1}{x}\right)^{\alpha-1} ll\left(\frac{1}{x}\right) dx = \Gamma\alpha\,.(L\alpha - C);$$

en différentiant encore, on aura

$$\int_0^1 \left(l\frac{1}{x}\right)^{\alpha-1} \left(ll\frac{1}{x}\right)^2 dx = \Gamma\alpha\,[(L\alpha - C)^2 - L'\alpha)].$$

Une expression générale pour la fonction

$$\int_0^1 \left(l\frac{1}{x}\right)^{\alpha-1} \left(ll\frac{1}{x}\right)^n dx$$

peut se trouver aisément comme il suit. En différentiant l'équation (A) n fois de suite, on aura:

$$\int_0^1 \left(l\frac{1}{x}\right)^{\alpha-1} \left(ll\frac{1}{x}\right)^n dx = \frac{d^n\Gamma\alpha}{d\alpha^n}.$$

or $\frac{dl\Gamma\alpha}{d\alpha} = L\alpha - C$, donc

$$l\Gamma\alpha = \int (L\alpha - C)\,d\alpha \quad \text{et} \quad \Gamma\alpha = e^{\int [L\alpha - C]\,d\alpha},$$

donc

$$\int_0^1 \left(l\frac{1}{x}\right)^{\alpha-1} \left(ll\frac{1}{x}\right)^n dx = \frac{d^n e^{\int (L\alpha - C)\,d\alpha}}{d\alpha^n},$$

fonction qui est exprimable par les fonctions Γ, L, L', L'' . . . L^{n-1}

Si l'on met e^y à la place de x, on a $l\frac{1}{x} = -y$, $ll\frac{1}{x} = l(-y)$, $dx = e^y dy$; donc

$$\int_{-\infty}^0 (-y)^{\alpha-1}[l(-y)]^n e^y\,dy = \frac{d^n e^{\int (L\alpha - C)\,d\alpha}}{d\alpha^n},$$

ou en changeant y en $-y$

$$\int_\infty^0 y^{\alpha-1}(ly)^n e^{-y}\,dy = -\frac{d^n e^{\int (L\alpha - C)\,d\alpha}}{d\alpha^n},$$

Faisant $y = z^{\frac{1}{\alpha}}$, on a $y^{\alpha-1}dy = \frac{1}{\alpha}\,d(y)^\alpha = \frac{1}{\alpha}\,dz$, $ly = \frac{1}{\alpha}\,lz$, $e^{-y} = e^{-\left(z^{\frac{1}{\alpha}}\right)}$,
et par suite

$$\int_0^\infty (lz)^n e^{-\left(z^{\frac{1}{\alpha}}\right)} dz = \alpha^{n+1} \frac{d^n e^{\int (L\alpha - C)\, d\alpha}}{d\alpha^n}.$$

Si l'on met α au lieu de $\frac{1}{\alpha}$, on aura en posant $n = 0$,

$$\int_0^\infty e^{-x^\alpha}.\, dx = \frac{1}{\alpha}\, \Gamma\left(\frac{1}{\alpha}\right);$$

en posant $n = 1$,

$$\int_0^\infty l\left(\frac{1}{x}\right) e^{-x^\alpha} dx = -\frac{1}{\alpha^2}\, \Gamma\left(\frac{1}{\alpha}\right)\left[L\left(\frac{1}{\alpha}\right) - C\right].$$

Si par exemple $\alpha = 2$, on aura

$$\int_0^\infty e^{-x^2} dx = \tfrac{1}{2}\, \Gamma(\tfrac{1}{2}) = \tfrac{1}{2}\sqrt{\pi} \quad \text{et} \quad \int_0^\infty l\left(\frac{1}{x}\right) e^{-x^2} dx = \tfrac{1}{4}\sqrt{\pi}\,(C + 2\log 2),$$

en remarquant que $L(\frac{1}{2}) = -2\log 2$. Il faut se rappeler que la constante C est égale à 0,57721566...

Si dans l'équation (A) on pose $x = y^n$, on trouvera

$$\int_0^1 y^{n-1}\left(l\frac{1}{y}\right)^{\alpha-1} dy = \frac{\Gamma\alpha}{n^\alpha}, \text{ lorsque } n \text{ est positif,}$$

$$\int_\infty^1 y^{n-1}\left(l\frac{1}{y}\right)^{\alpha-1} dy = \frac{\Gamma\alpha}{n^\alpha}, \text{ lorsque } n \text{ est négatif.}$$

En différentiant cette équation par rapport à α, on aura, lorsque n est positif,

$$\int_0^1 y^{n-1}\left(l\frac{1}{y}\right)^{\alpha-1} ll\left(\frac{1}{y}\right) dy = \frac{\Gamma\alpha}{n^\alpha}(L\alpha - C - \log n).$$

Soit $y = e^{-x}$, on trouvera

$$\int_0^\infty e^{-nx} x^{\alpha-1}\, lx.\, dx = \frac{\Gamma\alpha}{n^\alpha}(L\alpha - C - \log n),$$

résultat qu'on peut aussi déduire aisément de l'équation

$$\int_0^\infty e^{-x^\alpha}\, l\left(\frac{1}{x}\right) dx = -\frac{1}{\alpha^2}\, \Gamma\left(\frac{1}{\alpha}\right)\left[L\left(\frac{1}{\alpha}\right) - C\right].$$

III.

SOMMATION DE LA SÉRIE $y=\varphi(0)+\varphi(1)x+\varphi(2)x^2+\varphi(3)x^3+\cdots+\varphi(n)x^n$, n ÉTANT UN NOMBRE ENTIER POSITIF FINI OU INFINI, ET $\varphi(n)$ UNE FONCTION ALGÉBRIQUE RATIONELLE DE n.

La fonction $\varphi(n)$ étant algébrique et rationnelle, elle est résoluble en termes de la forme An^α et $\frac{B}{(a+n)^\beta}$; y est donc résoluble en plusieurs séries de la forme

$$p=A.0^\alpha+Ax+A.2^\alpha x^2+A.3^\alpha x^3+\cdots+An^\alpha x^n \text{ et}$$
$$q=\frac{B}{a^\beta}+\frac{Bx}{(a+1)^\beta}+\frac{Bx^2}{(a+2)^\beta}+\frac{Bx^3}{(a+3)^\beta}+\cdots+\frac{Bx^n}{(a+n)^\beta}.$$

La sommation de la série proposée est donc réduite à la sommation de ces deux séries.

Considérons d'abord la quantité p. $A.0^\alpha$ étant une quantité constante et A facteur de chaque terme de la série, nous poserons

$$\frac{p-A.0^\alpha}{A}=f(\alpha,x).$$

On a donc

$$f(\alpha,x)=x+2^\alpha x^2+3^\alpha x^3+4^\alpha x^4+\cdots+n^\alpha x^n;$$

divisant par x, on a

$$\frac{f(\alpha,x)}{x}=1+2^\alpha x+3^\alpha x^2+\ldots+n^\alpha x^{n-1};$$

en multipliant par dx et intégrant, il vient

$$\int \frac{f(\alpha,x)}{x}\,dx = x + 2^{\alpha-1}x^2 + 3^{\alpha-1}x^3 + \cdots + n^{\alpha-1}x^n;$$

en comparant cette série à la précédente, on voit que

$$\int \frac{f(\alpha,x)}{x}\,dx = f(\alpha-1,x);$$

différentiant et multipliant par x, on tire de là

$$f(\alpha,x) = \frac{x\,.\,df(\alpha-1,x)}{dx},$$

ou en écrivant $f\alpha$ au lieu de $f(\alpha,x)$,

$$f\alpha = \frac{x\,.\,df(\alpha-1)}{dx}.$$

Connaissant la valeur de $f(\alpha-1)$, on peut en déduire celle de $f(\alpha)$.

Mettant $\alpha-1$ au lieu de α, on aura

$$f(\alpha-1) = \frac{x\,.\,df(\alpha-2)}{dx};$$

en substituant cette valeur dans l'équation précédente, il vient

$$f\alpha = \frac{x\,.\,d[x\,.\,df(\alpha-2)]}{dx^2};$$

mettant de plus $\alpha-2$, $\alpha-3$ etc. au lieu de α, on obtient

$$f(\alpha-2) = \frac{x\,.\,df(\alpha-3)}{dx},$$

$$f(\alpha-3) = \frac{x\,.\,df(\alpha-4)}{dx},$$

$$f(\alpha-4) = \frac{x\,.\,df(\alpha-5)}{dx},$$

. . . .

$$f(2) = \frac{x\,.\,df(1)}{dx},$$

$$f(1) = \frac{x\,.\,df(0)}{dx}.$$

Substituant ces valeurs on trouve

$$f\alpha = \frac{x\,.\,d(x\,.\,d(x\ldots d(x\,.\,df(0)\ldots)))}{dx^\alpha}.$$

On a ainsi la fonction $f\alpha$ déterminée par la fonction $f(0)$. Or on a

$$f(0) = x + x^2 + x^3 + x^4 + \cdots + x^n = \frac{x(1-x^n)}{1-x},$$

donc

$$f(\alpha)=x+2^\alpha x^2+3^\alpha x^3+\cdots+n^\alpha x^n=\frac{x.d\left(x.d\left(x\ldots d\frac{x(1-x^n)}{1-x}\cdots\right)\right)}{dx^\alpha}$$

On connaît ainsi la fonction $f(\alpha)$, et par suite on connaît de même la fonction p. Si la suite va à l'infini, on a $f(0)=\frac{x}{1-x}$, et par conséquent

$$x+2^\alpha x^2+3^\alpha x^3+4^\alpha x^4+\cdots=\frac{x.d\left(x.d\left(x\ldots d\frac{x}{1-x}\cdots\right)\right)}{dx^\alpha}$$

En faisant successivement $\alpha=0, 1, 2, 3$ etc., on aura

$$x+x^2+x^3+x^4+\cdots=\frac{x}{1-x}$$

$$x+2x^2+3x^3+4x^4+\cdots=\frac{x.d\frac{x}{1-x}}{dx}=\frac{x}{(1-x)^2}$$

$$x+2^2x^2+3^2x^3+4^2x^4+\cdots=\frac{x.d\left(x.d\frac{x}{1-x}\right)}{dx^2}=\frac{x(1+x)}{(1-x)^3}.$$

. . . .

Considérons ensuite l'autre série, savoir

$$F\alpha=\frac{1}{a^\alpha}+\frac{x}{(a+1)^\alpha}+\frac{x^2}{(a+2)^\alpha}+\frac{x^3}{(a+3)^\alpha}+\cdots+\frac{x^n}{(a+n)^\alpha};$$

en multipliant par x^a et différentiant, on aura

$$\frac{d(F\alpha.x^a)}{dx}=\frac{x^{a-1}}{a^{\alpha-1}}+\frac{x^a}{(a+1)^{\alpha-1}}+\frac{x^{a+1}}{(a+2)^{\alpha-1}}+\cdots+\frac{x^{n+a-1}}{(a+n)^{\alpha-1}};$$

ou bien

$$\frac{d(F\alpha.x^a)}{dx}=x^{a-1}\left(\frac{1}{a^{\alpha-1}}+\frac{x}{(a+1)^{\alpha-1}}+\frac{x^2}{(a+2)^{\alpha-1}}+\cdots+\frac{x^n}{(a+n)^{\alpha-1}}\right)$$

On voit par là que

$$\frac{d(F\alpha.x^a)}{dx}=x^{a-1}F(\alpha-1);$$

en multipliant par dx et intégrant, on obtient

$$F\alpha=\frac{\int dx.x^{a-1}F(\alpha-1)}{x^a}.$$

On peut donc déterminer $F\alpha$ par $F(\alpha-1)$.

En mettant maintenant $\alpha-1$, $\alpha-2$, etc. au lieu de α, on aura

$$F(\alpha-1)=\frac{\int dx.x^{a-1}F(\alpha-2)}{x^a},$$

$$F(\alpha-2)=\frac{\int dx\,.\,x^{a-1}F(\alpha-3)}{x^a},$$

. . . .

$$F(2)=\frac{\int dx\,.\,x^{a-1}F(1)}{x^a},$$

$$F(1)=\frac{\int dx\,.\,x^{a-1}F(0)}{x^a}.$$

On peut donc déterminer $F(\alpha)$ par $F(0)$, car on aura par substitution:

$$F(\alpha)=\frac{1}{x^a}\int\frac{dx}{x}\int\frac{dx}{x}\int\frac{dx}{x}\cdots\int\frac{dx}{x}\int\frac{dx}{x}\int dx.x^{a-1}F(0),$$

or $F(0)=1+x+x^2+\cdots+x^n=\frac{1-x^{n+1}}{1-x}$, donc

$$F\alpha=\frac{1}{x^a}\int\frac{dx}{x}\int\frac{dx}{x}\cdots\int\frac{dx}{x}\int\frac{dx\,.\,(x^{a-1}-x^{n+a})}{1-x}.$$

Si la série va à l'infini, on a $F(0)=\frac{1}{1-x}$, et par suite

$$F\alpha=\frac{1}{x^a}\int\frac{dx}{x}\int\frac{dx}{x}\cdots\int\frac{dx}{x}\int dx\,\frac{x^{a-1}}{1-x}.$$

Les quantités constantes dues aux intégrations successives doivent être des valeurs particulières des fonctions $F(0), F(1), F(2)\ldots F(\alpha)$.

Ayant ainsi déterminé les fonctions $f\alpha$ et $F\alpha$, on en tirera aisément la somme de la série proposée

$$\varphi(0)+\varphi(1)x+\varphi(2)x^2+\varphi(3)x^3+\cdots+\varphi(n)x^n.$$

Le procédé dont on a fait usage pour trouver la somme de cette série à l'aide de la série $1+x+x^2+\cdots+x^n$, peut aussi servir à la détermination de la somme de la série

$$z=f(0)\varphi(0)+f(1)\varphi(1)x+f(2)\varphi(2)x^2+\cdots+f(n)\varphi(n)x^n$$

à l'aide de la série

$$f(0)+f(1)x+f(2)x^2+\cdots+f(n)x^n,$$

où fn désigne une fonction quelconque, et φn une fonction rationnelle. En effet la série z est résoluble en plusieurs séries de la forme

$$A(f(1)x+2^\alpha f(2)x^2+3^\alpha f(3)x^3+\cdots+n^\alpha f(n)x^n),\text{ et}$$

$$A'\left(\frac{f(0)}{a^\alpha}+\frac{f(1)x}{(a+1)^\alpha}+\frac{f(2)x^2}{(a+2)^\alpha}+\cdots+\frac{f(n)x^n}{(a+n)^\alpha}\right).$$

Si l'on pose $f(0) + f(1)x + f(2)x^2 + \cdots + f(n)x^n = s$, on trouvera précisément de la même manière que ci-dessus:

$$f(1)x + 2^\alpha f(2)x^2 + 3^\alpha f(3)x^3 + \cdots + n^\alpha f(n)x^n = \frac{x\,.\,d(x\,.\,d(x\ldots d(x\,.\,ds)))}{dx^\alpha}$$

$$\frac{f(0)}{a^\alpha} + \frac{f(1)}{(a+1)^\alpha}\cdot x + \frac{f(2)}{(a+2)^\alpha}\cdot x^2 + \cdots + \frac{f(n)}{(a+n)^\alpha}\cdot x^n$$

$$= \frac{1}{x^a}\int\frac{dx}{x}\int\frac{dx}{x}\cdots\int\frac{dx}{x}\int dx\,.\,x^{a-1}.\,s.$$

Soit par exemple $s = e^x = 1 + x + \frac{x^2}{2} + \frac{x^3}{2\,.\,3} + \frac{x^4}{2\,.\,3\,.\,4} + \cdots,$

on aura

$$\frac{1}{a} + \frac{x}{a+1} + \frac{1}{2}\,\frac{x^2}{a+2} + \frac{1}{2\,.\,3}\,\frac{x^3}{a+3} + \cdots = \frac{1}{x^a}\int dx\,.\,x^{a-1}\,e^x$$

$$= \frac{e^x}{x}\left(1 - \frac{(a-1)}{x} + \frac{(a-1)(a-2)}{x^2} - \frac{(a-1)(a-2)(a-3)}{x^3} + \cdots\right) + \frac{c}{x^a}\cdot$$

IV.

SUR L'EQUATION DIFFÉRENTIELLE $dy+(p+qy+ry^2)\,dx=0$, OÙ p, q ET r SONT DES FONCTIONS DE x SEUL.

On peut toujours réduire l'équation $dy+(p+qy+ry^2)\,dx=0$, à une autre de la forme

$$dy+(P+Qy^2)\,dx=0.$$

Première méthode. Soit $y=z+r'$, on aura

$$dz+dr'+(p+qr'+r'^2r)\,dx+z(q+2rr')\,dx+rz^2\,dx=0.$$

Pour que le terme multiplié par z disparaisse, il faut poser $q+2rr'=0$, d'où l'on tire $r'=-\frac{q}{2r}$. Cette valeur étant substituée pour r', donne

$$dz+\left(p-\frac{q^2}{4r}-\frac{dq}{dx}\frac{1}{2r}+\frac{dr}{dx}\frac{q}{2r^2}+rz^2\right)dx=0; \tag{1}$$

donc

$$dz+(P+Qz^2)\,dx=0,$$

$$\text{où } P=p-\frac{q^2}{4r}-\frac{dq}{dx}\frac{1}{2r}+\frac{dr}{dx}\frac{q}{2r^2} \text{ et } Q=r.$$

Seconde méthode. Soit $y=zr'$ et par conséquent $dy=r'dz+zdr'$, on aura

$$r'dz+p\,dx+z\,(dr'+r'q\,dx)+z^2r'^2r\,dx=0.$$

Pour que z s'évanouisse, on fera $dr'+r'q\,dx=0$, d'où l'on tire

$$r'=e^{-\int q\,dx}$$

En substituant cette valeur pour r' on aura

(2) $$dz+(p\,e^{\int q dx}+r\,e^{-\int q dx}z^2)\,dx=0.$$

Si donc on peut résoudre les équations (1) ou (2), on peut aussi résoudre la proposée, et réciproquement.

L'équation (2) est résoluble dans le cas où l'on a

$$p\,e^{\int q dx}=ar\,e^{-\int q dx};$$

car on a alors

$$\frac{dz}{a+z^2}=-\frac{p}{a}e^{\int q dx}\,dx;$$

donc

$$\text{arc tang}\,\frac{z}{\sqrt{a}}=-\frac{1}{\sqrt{a}}\int p\,dx\,e^{\int q dx};$$

et de là

$$z=-\sqrt{a}\,\text{tang}\left(\frac{1}{\sqrt{a}}\int p\,dx\,e^{\int q dx}\right);$$

mais $y=zr'=z\,e^{-\int q dx}$; donc

$$y=-\sqrt{a}\,.\,e^{-\int q dx}\,\text{tang}\left(\frac{1}{\sqrt{a}}\int e^{\int q dx}p\,dx\right);$$

maintenant $pe^{\int q dx}=ar\,e^{-\int q dx}$; donc

$$e^{2\int q dx}=\frac{ar}{p},\quad e^{\int q dx}=\sqrt{\frac{ar}{p}},$$

$$\int q\,dx=\tfrac{1}{2}\log\frac{ar}{p},\quad q\,dx=\tfrac{1}{2}\frac{dr}{r}-\tfrac{1}{2}\frac{dp}{p},\quad q=\tfrac{1}{2}\left(\frac{1}{r}\frac{dr}{dx}-\frac{1}{p}\frac{dp}{dx}\right).$$

L'équation $dy+(p+qy+ry^2)\,dx=0$, deviendra donc

$$dy+\left[p+\tfrac{1}{2}\left(\frac{dr}{rdx}-\frac{dp}{pdx}\right)y+ry^2\right]dx=0,$$

et son intégrale sera

$$y=-\sqrt{\frac{p}{r}}\,\text{tang}\left(\int\sqrt{rp}\,dx\right),$$

ou bien, en mettant pour la tangente son expression exponentielle,

$$y=\sqrt{-\frac{p}{r}}\cdot\frac{1-e^{2\int dx\sqrt{-pr}}}{1+e^{2\int dx\sqrt{-pr}}}.$$

Soit par exemple $p=-r=\dfrac{1}{x}$, on aura

$$dy+\left(\frac{1}{x}-\frac{y^2}{x}\right)dx=0,$$

$$y=\frac{1-e^{2\int\frac{dx}{x}}}{1+e^{2\int\frac{dx}{x}}}=\frac{1-cx^2}{1+cx^2}.$$

En supposant $p=x^m$ et $r=x^n$, on aura $\frac{dr}{rdx}=\frac{n}{x}$ et $\frac{dp}{pdx}=\frac{m}{x}$,

$$\sqrt{\frac{p}{r}}=x^{\frac{m-n}{2}},\ \int dx\sqrt{pr}=\int x^{\frac{m+n}{2}}dx=c+\frac{2}{m+n+2}x^{\frac{1}{2}(m+n+2)};$$

donc

$$dy+\left(x^m+\tfrac{1}{2}(n-m)\frac{y}{x}+x^ny^2\right)dx=0,$$

$$y=-x^{\frac{m-n}{2}}\operatorname{tang}\left(c+\frac{2}{m+n+2}x^{\frac{1}{2}(m+n+2)}\right).$$

Soit $n=-m-2$, on aura

$$dy+\left(x^m-(m+1)\frac{y}{x}+\frac{y^2}{x^{m+2}}\right)dx=0,$$

$$y=-x^{m+1}\operatorname{tang}(k+\log x)=-x^{m+1}\operatorname{tang}(\log k'x),$$

d'où l'on tire

$$k'x=e^{-\operatorname{arc\,tang}\left(y\,x^{-m-1}\right)}$$

Si dans l'équation (2) on met $-\frac{1}{z}$ à la place de z, on aura

$$dz+(r\,e^{-\int qdx}+p\,e^{\int qdx}z^2)\,dx=0,$$

et puisque $y=-\frac{1}{z}e^{-\int qdx}$, on a

$$dy+(p+qy+ry^2)\,dx=0.$$

Lorsque $p=0$, on a $dy+(qy+ry^2)\,dx=0$,

$$dz=-r.e^{-\int qdx}dx,\ z=-\int re^{-\int qdx}dx,$$

$$y=\frac{1}{e^{\int qdx}\int e^{-\int qdx}r\,dx}.$$

Telle est donc l'intégrale de l'équation

$$dy+(qy+ry^2)\,dx=0.$$

Si dans l'équation proposée on fait $\frac{p}{c}=\frac{q}{2a}=r$, on obtient

$$c\,dy+(c+2ay+y^2)\,p\,dx=0,$$

donc

$$\int\frac{c\,dy}{c+2ay+y^2}=-\int p\,dx,$$

or $\dfrac{dy}{y^2+2ay+c}=\dfrac{1}{2\sqrt{a^2-c}}\left(\dfrac{dy}{y+a-\sqrt{a^2-c}}-\dfrac{dy}{y+a+\sqrt{a^2-c}}\right)$; donc

$$-\int p\,dx=\frac{c}{2\sqrt{a^2-c}}\left[\log\left(y+a-\sqrt{a^2-c}\right)-\log\left(y+a+\sqrt{a^2-c}\right)\right],$$

ou bien

$$-\int p\,dx=\log\left(\frac{y+a-\sqrt{a^2-c}}{y+a+\sqrt{a^2-c}}\right)^{\frac{c}{2\sqrt{a^2-c}}},$$

et de là

$$\frac{y+a-\sqrt{a^2-c}}{y+a+\sqrt{a^2-c}}=e^{-\frac{2}{c}\sqrt{a^2-c}\int p\,dx},$$

$$y=-a+\sqrt{a^2-c}\;\frac{1+e^{-\frac{2}{c}\sqrt{a^2-c}\int p\,dx}}{1-e^{-\frac{2}{c}\sqrt{a^2-c}\int p\,dx}}$$

Dans ce cas, l'équation (2) devient

$$c\,dz+\left(c\,e^{\frac{2a}{c}\int p\,dx}+e^{-\frac{2a}{c}\int p\,dx}z^2\right)p\,dx=0;$$

mais on a

$$z=\frac{y}{r'}=y\,e^{\int q\,dx}=y\,e^{\frac{2a}{c}\int p\,dx};$$

donc on aura

$$z=e^{\frac{2a}{c}\int p\,dx}\left\{-a+\sqrt{a^2-c}\;\frac{1+e^{-\frac{2}{c}\sqrt{a^2-c}\int p\,dx}}{1-e^{-\frac{2}{c}\sqrt{a^2-c}\int p\,dx}}\right\}$$

Si l'on fait $p=1$, ce qui ne diminue pas la généralité, on a $\int p\,dx=x+k$, et par là

$$c\,dz+\left(c\,e^{\frac{2a}{c}(x+k)}+e^{-\frac{2a}{c}(x+k)}z^2\right)dx=0;$$

$$z=e^{\frac{2a}{c}(x+k)}\left\{-a+\sqrt{a^2-c}\;\frac{1+e^{-\frac{2}{c}(x+k)\sqrt{a^2-c}}}{1-e^{-\frac{2}{c}(x+k)\sqrt{a^2-c}}}\right\}.$$

Lorsqu'on connaît une valeur de y qui satisfait à l'équation

$$dy+(p+qy+ry^2)\,dx=0,$$

on pourra aisément trouver l'intégrale complète. Soit y' cette valeur particulière. On fera $y=y'+z$, et on aura

$$dz+dy'+(p+qy'+ry'^2)\,dx+[z(q+2ry')+rz^2]\,dx=0.$$

Or par l'hypothèse on a $dy'+(p+qy'+ry'^2)\,dx=0$; donc

$$dz+[(q+2ry')z+rz^2]\,dx=0,$$

d'où l'on tire en intégrant

$$z=\frac{1}{e^{\int(q+2ry')\,dx}\int e^{-\int(q+2ry')\,dx}\,rdx};$$

mais $y=z+y'$, donc

$$y=y'+\frac{e^{-\int(q+2ry')\,dx}}{\int e^{-\int(q+2ry')\,dx}\,rdx}.$$

Soit par exemple

$$dy+\left(\frac{1}{x^2}+\frac{ay}{x}+cy^2\right)dx=0.$$

Faisant $y=\frac{b}{x}$ on trouvera

$$-b+1+ab+cb^2=0,$$

et de là

$$b=-\frac{a-1}{2c}\pm\sqrt{\left(\frac{a-1}{2c}\right)^2-\frac{1}{c}};$$

donc $y'=\left\{\frac{1-a}{2c}\pm\sqrt{\left(\frac{1-a}{2c}\right)^2-\frac{1}{c}}\right\}\frac{1}{x}$ est une intégrale particulière, et comme on a $q=\frac{a}{x}$, $r=c$, l'intégrale complète de l'équation proposée est

$$y=\left\{\frac{1-a}{2c}\pm\sqrt{\left(\frac{1-a}{2c}\right)^2-\frac{1}{c}}\right\}\frac{1}{x}+\frac{e^{-\left\{1\pm\sqrt{(1-a)^2 4-c}\right\}\int\frac{dx}{x}}}{c\int dx\, e^{-\left\{1\pm\sqrt{(1-a)^2 4-c}\right\}\int\frac{dx}{x}}},$$

et en effectuant les intégrations,

$$y=\left\{\frac{1-a}{2c}\pm\sqrt{\left(\frac{1-a}{2c}\right)^2-\frac{1}{c}}\right\}\frac{1}{x}+\frac{kx^{-\left\{1\pm\sqrt{(1-a)^2 4-c}\right\}}}{C\pm\frac{ck}{\sqrt{(1-a)^2-4c}}\,x^{\mp\sqrt{(1-a)^2 4-c}}}$$

où k et C sont les constantes arbitraires dues aux intégrations.

Quoiqu'on puisse, comme on vient de le voir, résoudre plusieurs cas en employant des substitutions convenables, il semble pourtant plus commode pour l'intégration des équations différentielles de chercher le facteur par lequel l'équation doit être multipliée pour devenir intégrable. Soit z ce facteur, de sorte que l'équation

$$zdy + z(p + qy^2)\,dx = 0$$

soit une différentielle complète. On doit avoir, comme on sait,

$$\frac{dz}{dx} = \frac{d[z(p + qy^2)]}{dy},$$

et en effectuant la différentiation,

$$\frac{dz}{dx} = (p + qy^2)\frac{dz}{dy} + 2qyz.$$

Soit $z = e^r$, on aura

$$\frac{dr}{dx} = (p + qy^2)\frac{dr}{dy} + 2qy.$$

Quoique cette équation en général ne soit pas moins difficile à résoudre que la proposée, elle peut néanmoins servir à découvrir plusieurs cas particuliers dans lesquels celle-ci est résoluble.

Supposons par exemple que $r = a\log(\alpha + \beta y)$, où a est une quantité constante, et α et β des fonctions de x seul. En substituant cette valeur de r on obtiendra

$$\frac{a\alpha' + a\beta' y}{\alpha + \beta y} - \frac{a\beta(p + qy^2)}{\alpha + \beta y} - 2qy = 0,$$

où $\alpha' = \frac{d\alpha}{dx}$ et $\beta' = \frac{d\beta}{dx}$. En multipliant par $\alpha + \beta y$ on aura

$$a\alpha' - a\beta p + (a\beta' - 2\alpha q)y - (a\beta q + 2\beta q)y^2 = 0,$$

d'où

$$a\alpha' - a\beta p = 0,\ a\beta' - 2\alpha q = 0,\ a\beta q + 2\beta q = 0.$$

La dernière équation donne $a = -2$, et en substituant cette valeur dans les deux autres équations, on obtiendra

$$\alpha' - \beta p = 0,\ \beta' + \alpha q = 0.$$

Si de ces deux équations on tirait α et β en p et q, on parviendrait à une équation différentielle du second ordre; mais on trouve $p = \frac{\alpha'}{\beta}$ et $q = -\frac{\beta'}{\alpha}$; si donc ces deux conditions ont lieu, on a $r = -2\log(\alpha + \beta y)$, et par suite $z = e^r = \frac{1}{(\alpha + \beta y)^2}$

Il suit de là que l'équation différentielle

$$dy + \left(\frac{\alpha'}{\beta} - \frac{\beta'}{\alpha}\cdot y^2\right)dx = 0$$

peut être intégrée, et que le facteur qui la rend intégrable est $\frac{1}{(\alpha + \beta y)^2}$. L'intégrale sera

$$\int \frac{dy}{(\alpha + \beta y)^2} + fx = 0,$$

c'est-à-dire

$$fx - \frac{1}{\beta(\alpha + \beta y)} = 0.$$

Pour trouver fx, il faut différentier, ce qui donnera

$$\left(f'x + \frac{\alpha'\beta + \alpha\beta' + 2\beta\beta' y}{\beta^2(\alpha + \beta y)^2}\right) dx + \frac{dy}{(\alpha + \beta y)^2} = 0;$$

mais $dy = -\frac{(\alpha\alpha' - \beta\beta' y^2)}{\alpha\beta}\,dx$, donc

$$f'x + \frac{\alpha'\beta + \alpha\beta' + 2\beta\beta' y}{\beta^2(\alpha + \beta y)^2} - \frac{\alpha\alpha' - \beta\beta' y^2}{\alpha\beta(\alpha + \beta y)^2} = 0,$$

d'où en réduisant,

$$f'x = -\frac{\beta'}{\alpha\beta^2} \text{ et } fx = -\int \frac{\beta'}{\alpha\beta^2}\,dx.$$

L'intégrale de l'équation

$$dy + \left(\frac{\alpha'}{\beta} - \frac{\beta'}{\alpha} y^2\right) dx = 0$$

sera donc

$$\frac{1}{\beta(\alpha + \beta y)} + \int \frac{\beta'}{\alpha\beta^2}\,dx = 0,$$

d'où l'on tire

$$y = -\frac{\alpha}{\beta} + \frac{1}{\beta^2\left(C - \int \frac{\beta'}{\alpha\beta^2}\,dx\right)}.$$

Supposons $\beta' = \alpha = \frac{dp}{dx}$, on aura

$$dy + \left(\frac{d^2p}{p\,dx^2} - y^2\right) dx = 0,$$

$$y = -\frac{dp}{p\,dx} + \frac{1}{p^2\left(C - \int \frac{dx}{p^2}\right)}$$

Voy. Memorie della società Italiana t. III, p. 236.

V.

SUR L'ÉQUATION DIFFÉRENTIELLE $(y+s)\,dy+(p+qy+ry^2)\,dx=0$.

Cette équation peut toujours être réduite à la forme

$$zdz+(P+Qz)\,dx=0.$$

A cet effet je pose $y=\alpha+\beta z$; donc $dy=d\alpha+\beta dz+zd\beta$; donc en substituant:

$$(\alpha+s+\beta z)(d\alpha+zd\beta+\beta dz)+(p+q\alpha+q\beta z+r\alpha^2+2r\alpha\beta z+r\beta^2 z^2)\,dx=0,$$

ou bien

$$\left(z+\frac{\alpha+s}{\beta}\right)dz+\frac{(s+\alpha)\,d\alpha+(p+q\alpha+r\alpha^2)\,dx}{\beta^2}$$
$$+z\frac{(\alpha+s)\,d\beta+\beta\,[d\alpha+(q+2r\alpha)\,dx]}{\beta^2}+\left(rdx+\frac{d\beta}{\beta}\right)z^2=0.$$

Pour que cette équation soit de la forme $zdz+(P+Qz)\,dx=0$, on doit avoir les deux équations suivantes:

$$\frac{\alpha+s}{\beta}=0,\ \text{et}\ rdx+\frac{d\beta}{\beta}=0,$$

donc

$$\alpha=-s,\ \beta=e^{-\int rdx},$$

$$P=(p-qs+rs^2)\,e^{2\int rdx},\ Q=\left[q-2rs-\frac{ds}{dx}\right]e^{\int rdx}.$$

Si donc dans l'équation $(y+s)\,dy+(p+qy+ry^2)\,dx=0$, au lieu de y on met $\alpha+\beta z=-s+z\,e^{-\int rdx}$, on obtient

$$zdz+\left[(p-qs+rs^2)\,e^{2\int rdx}+\left(q-2rs-\frac{ds}{dx}\right)e^{\int rdx}\,z\right]dx=0.$$

Donc, si cette équation est résoluble, celle-là l'est de même. Cela a lieu si

$$p-qs+rs^2=0,$$

ou bien si

$$q-2rs-\frac{ds}{dx}=0.$$

Dans le premier cas on a

$$dz+\left(q-2rs-\frac{ds}{dx}\right)e^{\int rdx}\,dx=0,$$

d'où

$$z=\int\left(2rs+\frac{ds}{dx}-q\right)e^{\int rdx}\,dx;$$

et dans le second cas

$$zdz+(p-qs+rs^2)\,e^{2\int rdx}\,dx=0,$$

d'où

$$z=\sqrt{2\int(qs-p-rs^2)\,e^{2\int rdx}\,dx}.$$

L'équation différentielle

$$(y+s)\,dy+(qs-rs^2+qy+ry^2)\,dx=0$$

a donc pour intégrale

$$y=-s+e^{-\int rdx}\int\left(2rs+\frac{ds}{dx}-q\right)e^{\int rdx}\,dx;$$

et celle-ci:

$$(y+s)\,dy+\left[p+\left(2rs+\frac{ds}{dx}\right)y+ry^2\right]dx=0$$

a pour intégrale

$$y=-s+e^{-\int rdx}\sqrt{2\int\left(rs^2-p+\frac{sds}{dx}\right)e^{2\int rdx}\,dx}.$$

On peut aussi donner une autre forme à l'équation

$$zdz+(P+Qz)\,dx=0.$$

En mettant $y+\alpha$ au lieu de z on a

$$(y+\alpha)(dy+d\alpha)+[P+Q(y+\alpha)]\,dx=0;$$

c'est-à-dire

$$(y+\alpha)\,dy+\alpha d\alpha+Pdx+Q\alpha dx+y\,(Qdx+d\alpha)=0.$$

En posant maintenant

$$Qdx + d\alpha = 0, \quad \text{ou} \quad \alpha = -\int Qdx,$$

on aura

$$\left(y - \int Qdx\right) dy + Pdx = 0,$$

et en faisant $-\int Qdx = R$ et par conséquent $Q = -\frac{dR}{dx}$,

$$(y+R)\,dy + Pdx = 0, \quad \text{d'où} \quad dy + \frac{P}{y+R}\,dx = 0.$$

Si l'on fait $Pdx = dv$, on a

$$dv + (y + fv)\,dy = 0.$$

Je vais maintenant chercher le facteur qui rend l'équation

$$ydy + (p + qy)\,dx = 0$$

une différentielle complète. Soit z ce facteur, on aura

$$\frac{d(zy)}{dx} = \frac{d\,[z\,(p+qy)]}{dy},$$

ou bien

$$y\frac{dz}{dx} - (p+qy)\frac{dz}{dy} - zq = 0.$$

Soit $z = e^r$, on aura

$$\frac{dz}{dx} = z\frac{dr}{dx} \quad \text{et} \quad \frac{dz}{dy} = z\frac{dr}{dy}.$$

Donc

$$y\frac{dr}{dx} - (p+qy)\frac{dr}{dy} - q = 0.$$

Supposons $r = \alpha + \beta y$, on aura

$$y\left(\frac{d\alpha}{dx} + y\frac{d\beta}{dx}\right) - (p+qy)\,\beta - q = 0,$$

c'est-à-dire

$$y^2\frac{d\beta}{dx} + y\left(\frac{d\alpha}{dx} - q\beta\right) - p\beta - q = 0.$$

On en tire

$$\frac{d\beta}{dx} = 0, \quad \frac{d\alpha}{dx} - q\beta = 0, \quad p\beta + q = 0,$$

et par conséquent

$$\beta = -c, \quad \alpha = -c\int qdx, \quad -cp + q = 0.$$

Le facteur cherché sera donc

$$e^r = e^{-c\left(y+\int qdx\right)}$$

Soit maintenant $r=\alpha+\beta y+\gamma y^2$, on aura

$$y\left(\frac{d\alpha}{dx}+y\frac{d\beta}{dx}+y^2\frac{d\gamma}{dx}\right)-(p+qy)(\beta+2\gamma y)-q=0;$$

donc en développant

$$y^3\frac{d\gamma}{dx}+y^2\left(\frac{d\beta}{dx}-2q\gamma\right)+y\left(\frac{d\alpha}{dx}-\beta q-2p\gamma\right)-q-p\beta=0.$$

On en conclut

$$\frac{d\gamma}{dx}=0,\ \frac{d\beta}{dx}-2q\gamma=0,\ \frac{d\alpha}{dx}-\beta q-2p\gamma=0,\ q+p\beta=0,$$

d'où

$$\gamma=c,\ \beta=2c\int q\,dx,\ q+2cp\int q\,dx=0,$$

$$\alpha=2c\int dx\left(q\int q\,dx+p\right)=2c\int q\,dx\int q\,dx-\int\frac{q\,dx}{\int q\,dx}.$$

L'équation deviendra donc

$$y\,dy-\frac{q\,dx}{2c\int q\,dx}+qy\,dx=0,$$

et la facteur sera e^r, où

$$r=2c\int q\,dx\int q\,dx-\int\frac{q\,dx}{\int q\,dx}+2cy\int q\,dx+cy^2.$$

Faisant $q=1$ et écrivant $-c$ au lieu de $2c$, on a $\frac{q\,dx}{\int q\,dx}=\frac{dx}{x+a}$ et

$$y\,dy+\left(\frac{1}{c(x+a)}+y\right)dx=0;$$

et le facteur deviendra

$$\frac{1}{x+\alpha}\,e^{-\frac{c}{2}(x+y+a)^2}$$

Lorsque $a=0$, on a

$$y\,dy+\left(y+\frac{1}{cx}\right)dx=0,$$

et le facteur sera $\frac{1}{x}e^{-\frac{c}{2}(x+y)^2}$ L'intégrale sera donc

$$\frac{1}{x}\int ye^{-\frac{c}{2}(y+x)^2}\,dy+fx=0,$$

ou bien

$$\int y\, e^{-\frac{c}{2}(y+x)^2}\, dy + Fx = 0.$$

Supposons en général

$$r = \alpha + \alpha_1 y + \alpha_2 y^2 + \alpha_3 y^3 + \cdots + \alpha_n y^n;$$

on aura en différentiant successivement par rapport à x et à y:

$$\frac{dr}{dx} = \frac{d\alpha}{dx} + \frac{d\alpha_1}{dx} y + \frac{d\alpha_2}{dx} y^2 + \frac{d\alpha_3}{dx} y^3 + \cdots + \frac{d\alpha_n}{dx} y_n,$$

$$\frac{dr}{dy} = \alpha_1 + 2\alpha_2 y + 3\alpha_3 y^2 + \cdots + n\alpha_n y^{n-1}.$$

En substituant ces valeurs dans l'équation

$$y\frac{dr}{dx} - (p+qy)\frac{dr}{dy} - q = 0,$$

et réduisant, on obtiendra

$$\frac{d\alpha_n}{dx} y^{n+1} + \left(\frac{d\alpha_{n-1}}{dx} - nq\alpha_n\right) y^n + \left(\frac{d\alpha_{n-2}}{dx} - (n-1)\,q\alpha_{n-1} - np\alpha_n\right) y^{n-1}$$
$$+ \left(\frac{d\alpha_{n-3}}{dx} - (n-2)\,q\alpha_{n-2} - (n-1)\,p\alpha_{n-1}\right) y^{n-2} + \cdots$$
$$\cdots + \left(\frac{d\alpha_1}{dx} - 2q\alpha_2 - 3p\alpha_3\right) y^2 + \left(\frac{d\alpha}{dx} - q\alpha_1 - 2p\alpha_2\right) y - q - p\alpha_1 = 0.$$

On a donc les équations

$$\frac{d\alpha_n}{dx} = 0,\quad \frac{d\alpha_{n-1}}{dx} - nq\alpha_n = 0,\quad \frac{d\alpha_{n-2}}{dx} - (n-1)\,q\alpha_{n-1} - np\alpha_n = 0 \text{ etc.},$$

$$\frac{d\alpha_1}{dx} - 2q\alpha_2 - 3p\alpha_3 = 0,\quad \frac{d\alpha}{dx} - q\alpha_1 - 2p\alpha_2 = 0,\quad q + p\alpha_1 = 0.$$

Voilà $n+2$ équations, mais comme le nombre des quantités inconnues n'est que $n+1$, il restera après l'élimination de celles-ci, entre p et q une équation de condition, qui par conséquent doit avoir lieu pour que le facteur puisse avoir la forme supposée. En intégrant on aura

$$\alpha_n = c,\quad \alpha_{n-1} = n\int \alpha_n q\,dx,\quad \alpha_{n-2} = (n-1)\int \alpha_{n-1} q\,dx + n\int \alpha_n p\,dx,$$
$$\alpha_{n-3} = (n-2)\int \alpha_{n-2} q\,dx + (n-1)\int \alpha_{n-1} p\,dx, \ldots$$
$$\alpha_{n-m} = (n-m+1)\int \alpha_{n-m+1} q\,dx + (n-m+2)\int \alpha_{n-m+2} p\,dx, \ldots$$
$$\alpha_1 = 2\int \alpha_2 q\,dx + 3\int \alpha_3 p\,dx,\quad \alpha = \int \alpha_1 q\,dx + 2\int \alpha_2 p\,dx,\quad q + p\alpha_1 = 0,$$

ou bien

$$\alpha_n = c,\ \alpha_{n-1} = nc\int q\,dx,\ \alpha_{n-2} = n(n-1)\,c\int q\,dx \int q\,dx + nc\int p\,dx,$$

$$\alpha_{n-3}=n(n-1)(n-2)c\int qdx\int qdx\int qdx+n(n-2)c\int qdx\int pdx$$
$$+n(n-1)c\int pdx\int qdx \text{ etc.}$$

Soit par exemple $n=3$, on aura

$$\alpha_3=c,\ \alpha_2=3c\int qdx,\ \alpha_1=6c\int qdx\int qdx+3c\int pdx,$$

$$\alpha=6c\int qdx\int qdx\int qdx+3c\int qdx\int pdx+6c\int pdx\int qdx.$$

L'équation de condition deviendra donc

$$q+6cp\int qdx\int qdx+3cp\int pdx=0.$$

Soit $r=\dfrac{1}{\alpha+\beta y}$, on a $\dfrac{dr}{dx}=-\dfrac{\frac{d\alpha}{dx}+y\frac{d\beta}{dx}}{(\alpha+\beta y)^2}$, $\dfrac{dr}{dy}=-\dfrac{\beta}{(\alpha+\beta y)^2}$; on aura donc

$$\frac{-y\left(\frac{d\alpha}{dx}+\frac{d\beta}{dx}y\right)}{(\alpha+\beta y)^2}+\frac{\beta(p+qy)}{(\alpha+\beta y)^2}-q=0,$$

d'où en réduisant

$$y^2\left(\frac{d\beta}{dx}+\beta^2 q\right)+y\left(\frac{d\alpha}{dx}-\beta q+2\alpha\beta q\right)+\alpha^2 q-\beta p=0;$$

donc

$$\frac{d\beta}{dx}+\beta^2 q=0,\ \frac{d\alpha}{dx}-\beta q+2\alpha\beta q=0,\ \alpha^2 q-\beta p=0;$$

donc

$$\beta=\frac{1}{\int qdx},\ \alpha=\sqrt{\frac{p}{q\int qdx}},\ \frac{d\alpha}{dx}=\tfrac{1}{2}\sqrt{\frac{q\int qdx}{p}}\cdot\frac{d}{dx}\frac{p}{q\int qdx};$$

et par suite

$$\tfrac{1}{2}\sqrt{\frac{q\int qdx}{p}}\cdot\frac{d}{dx}\frac{p}{q\int qdx}-\frac{q}{\int qdx}+2\sqrt{\frac{p}{q\int qdx}}\cdot\frac{q}{\int qdx}=0.$$

Si l'on fait $q=-\dfrac{d\beta}{\beta^2 dx}$, on aura

$$\frac{d\alpha}{dx}+\frac{d\beta}{\beta dx}-2\alpha\frac{d\beta}{\beta dx}=0,$$

d'où l'on tire successivement

$$\alpha=C\beta^2+\tfrac{1}{2}=\frac{C}{(\int qdx)^2}+\tfrac{1}{2},$$

$$(C\beta^2+\tfrac{1}{2})^2 q-\beta p=0,\ p=\frac{(C\beta^2+\frac{1}{2})^2 q}{\beta};$$

mais $\beta=\frac{1}{\int q\,dx}$, donc

$$p=\left(\frac{C}{(\int q\,dx)^2}+\tfrac{1}{2}\right)^2 q\int q\,dx.$$

On rendra donc l'équation

$$y\,dy+\left[\left(\frac{C}{(\int q\,dx)^2}+\tfrac{1}{2}\right)^2 q\int q\,dx+qy\right]dx=0$$

intégrable en la multipliant par le facteur $e^{\frac{1}{\alpha+\beta y}}$, où

$$\alpha+\beta y=\frac{C}{(\int q\,dx)^2}+\tfrac{1}{2}+\frac{y}{\int q\,dx}.$$

Faisant $q=1$ on aura

$$y\,dy+\left[\left(\frac{C}{(x+a)^2}+\tfrac{1}{2}\right)^2(x+a)+y\right]dx=0,$$

et le facteur deviendra $e^{\frac{C+(x+a)y+\frac{1}{2}(x+a)^2}{(x+a)^2}}$ Si $a=0$ et $C=a$, on a

$$y\,dy+\left(\frac{a^2}{x^3}+\frac{a}{x}+\tfrac{1}{4}x+y\right)dx=0,$$

et le facteur sera $e^{\frac{a}{x^2}+\frac{y}{x}+\frac{1}{2}}$

Supposons maintenant $r=a\log(\alpha+\beta y)$, on aura

$$\frac{dr}{dx}=\frac{a\frac{d\alpha}{dx}+ay\frac{d\beta}{dx}}{\alpha+\beta y},\quad \frac{dr}{dy}=\frac{a\beta}{\alpha+\beta y};$$

par conséquent

$$y\left\{\frac{a\frac{d\alpha}{dx}+ay\frac{d\beta}{dx}}{\alpha+\beta y}\right\}-(p+qy)\frac{a\beta}{\alpha+\beta y}-q=0,$$

et en réduisant

$$y^2 a\frac{d\beta}{dx}+y\left(a\frac{d\alpha}{dx}-a\beta q-\beta q\right)-ap\beta-\alpha q=0;$$

donc

$$\frac{d\beta}{dx}=0,\ a\frac{d\alpha}{dx}-a\beta q-\beta q=0,\ ap\beta+\alpha q=0;$$

donc

$$\beta=c,\ \alpha=\frac{(a+1)c}{a}\int q\,dx,\ acp+\frac{(a+1)c}{a}q\int q\,dx=0,\ p=-\frac{a+1}{a^2}q\int q\,dx.$$

L'équation deviendra donc

$$y\,dy-\left(\frac{a+1}{a^2}q\int q\,dx-qy\right)dx=0,$$

et le facteur sera

$$e^r=\left(\frac{(a+1)c}{a}\int q\,dx+cy\right)^a.$$

Soit $q=1$, on aura

$y\,dy-\left(\frac{a+1}{a^2}(x+b)-y\right)dx=0$, et le facteur sera $\left(\frac{(a+1)}{a}(x+b)+y\right)^a$;

mais l'équation étant homogène, la résolution ne présente aucune difficulté.

Soit ensuite $r=a\log(y+\alpha)+a'\log(y+\alpha')$; donc

$$\frac{dr}{dx}=\frac{a\frac{d\alpha}{dx}}{y+\alpha}+\frac{a'\frac{d\alpha'}{dx}}{y+\alpha'},\quad \frac{dr}{dy}=\frac{a}{y+\alpha}+\frac{a'}{y+\alpha'},$$

$$y\left\{\frac{a\frac{d\alpha}{dx}}{y+\alpha}+\frac{a'\frac{d\alpha'}{dx}}{y+\alpha'}\right\}-(p+qy)\left(\frac{a}{y+\alpha}+\frac{a'}{y+\alpha'}\right)-q=0;$$

donc en réduisant

$$y^2\left(a\frac{d\alpha}{dx}+a'\frac{d\alpha'}{dx}-(a+a'+1)q\right)$$

$$+y\left(a\alpha'\frac{d\alpha}{dx}+a'\alpha\frac{d\alpha'}{dx}-(a+a')p-q(a\alpha'+a'\alpha+\alpha+\alpha')\right)$$

$$-p(a\alpha'+a'\alpha)-q\alpha\alpha'=0.$$

On aura donc les trois équations suivantes

$$a\frac{d\alpha}{dx}+a'\frac{d\alpha'}{dx}-(a+a'+1)q=0,$$

$$a\alpha'\frac{d\alpha}{dx}+a'\alpha\frac{d\alpha'}{dx}-(a+a')p-q(a\alpha'+a'\alpha+\alpha+\alpha')=0,$$

$$p(a\alpha'+a'\alpha)+q\alpha\alpha'=0.$$

La première équation donne

$$a\alpha+a'\alpha'=(a+a'+1)\int q\,dx;$$

donc

$$\alpha'=\frac{(a+a'+1)\int q\,dx-a\alpha}{a'}=\left(1+\frac{1+a}{a'}\right)\int q\,dx-\frac{a}{a'}\alpha.$$

En substituant cette valeur dans la seconde et la troisième équation on obtiendra

$$\left[\left(a+\frac{a}{a'}(1+a)\right)\int q\,dx-\frac{a^2}{a'}\alpha\right]\frac{d\alpha}{dx}+\alpha\left((a'+a+1)\,q-a\,\frac{d\alpha}{dx}\right)-(a+a')\,p$$
$$-q\left[(a+1)\left(1+\frac{1+a}{a'}\right)\int q\,dx-(a+1)\frac{a}{a'}\alpha+(a'+1)\,\alpha\right]=0,$$

ou bien

$$\frac{d\alpha}{dx}\left[\left(a+\frac{a\,(a+1)}{a'}\right)\int q\,dx-\alpha\left(\frac{a^2}{a'}+a\right)\right]$$
$$+\alpha\left[(a'+a+1)\,q+q\left((a+1)\frac{a}{a'}-(a'+1)\right)\right]-(a+a')\,p$$
$$-q\left(a+1+\frac{(a+1)^2}{a'}\right)\int q\,dx=0,$$

et

$$p\left[\left(a+\frac{a}{a'}(1+a)\right)\int q\,dx-\frac{a^2}{a'}\alpha+a'\alpha\right]+q\alpha\left[\left(1+\frac{1+a}{a'}\right)\int q\,dx-\frac{a}{a'}\alpha\right]=0.$$

Soit $a+a'=0$, ou $a'=-a$, on aura

$$\frac{d\alpha}{dx}\int q\,dx+\alpha q-\frac{a+1}{a}q\int q\,dx=0,$$

donc

$$\frac{d\alpha}{dx}+\alpha\frac{q}{\int q\,dx}-\frac{a+1}{a}q=0,$$

et en intégrant

$$\alpha=\frac{a+1}{a}\,e^{-\int\frac{q\,dx}{\int q\,dx}}\int e^{\int\frac{q\,dx}{\int q\,dx}}\,q\,dx;$$

or $\int\frac{q\,dx}{\int q\,dx}=\log\left(\int q\,dx\right)$; donc

$$\alpha=\frac{(a+1)\int\left(\int q\,dx\right)q\,dx}{a\int q\,dx};$$

c'est-à-dire

$$\alpha=\frac{(a+1)\left[C+\frac{1}{2}\left(\int q\,dx\right)^2\right]}{a\int q\,dx}=\frac{a+1}{2a}\int q\,dx+\frac{k}{\int q\,dx},$$

ou bien

$$\alpha=\tfrac{1}{2}\left(1+\frac{1}{a}\right)\int q\,dx+\frac{k}{\int q\,dx},$$

donc

$$\alpha'=\tfrac{1}{2}\left(1-\frac{1}{a}\right)\int q\,dx+\frac{k}{\int q\,dx};$$

maintenant on a

$$p=-\frac{q\alpha\alpha'}{a\alpha'+a'\alpha}=\frac{q}{4\int q\,dx}\left[\left(\int q\,dx+\frac{2k}{\int q\,dx}\right)^2-\frac{1}{a^2}\left(\int q\,dx\right)^2\right].$$

Il suit de là que l'équation

$$ydy+\left\{\frac{q}{4\int q\,dx}\left[\left(\int q\,dx+\frac{2k}{\int q\,dx}\right)^2-\frac{1}{a^2}\left(\int q\,dx\right)^2\right]+qy\right\}dx=0$$

devient intégrable quand on la multiplie par le facteur

$$e^r=\left\{\frac{y+\frac{1}{2}\int q\,dx+\frac{k}{\int q\,dx}+\frac{1}{2a}\int q\,dx}{y+\frac{1}{2}\int q\,dx+\frac{k}{\int q\,dx}-\frac{1}{2a}\int q\,dx}\right\}^a.$$

En faisant $q=1$, l'équation deviendra

$$ydy+\left\{\frac{1}{4x}\left[\left(x+\frac{2k}{x}\right)^2-\frac{x^2}{a^2}\right]+y\right\}dx=0,$$

et le facteur sera

$$\left\{\frac{y+\frac{x}{2}\left(1+\frac{1}{a}\right)+\frac{k}{x}}{y+\frac{x}{2}\left(1-\frac{1}{a}\right)+\frac{k}{x}}\right\}^a.$$

VI.

DETERMINATION D'UNE FONCTION AU MOYEN D'UNE ÉQUATION QUI NE CONTIENT QU'UNE SEULE VARIABLE.

1.

La fonction fx étant donnée, trouver la fonction φx par l'équation

$$\varphi x + 1 = \varphi(fx).$$

Soit $x = \psi y$ et $fx = \psi(y+1)$, on aura

$$1 + \varphi\psi y = \varphi\psi(y+1),$$

ou bien

$$\varphi\psi(y+1) - \varphi\psi y = 1,$$

c'est-à-dire

$$\Delta\varphi\psi y = 1;$$

donc en intégrant

$$\varphi\psi y = y + \chi y,$$

où χy désigne une fonction périodique quelconque de y, de sorte que

$$\chi(y+1) = \chi y.$$

Or $\psi y = x$, d'où l'on tire $y = '\psi x$, et par conséquent

(1) $$\varphi x = '\psi x + \chi('\psi x).$$

Il s'agit maintenant de trouver la fonction $'\psi x$. Cela se fait comme il suit. On a $x = \psi y$ et $fx = \psi(y+1)$; donc

(2) $$\psi(y+1) = f\psi y.$$

Voilà une équation aux différences finies, d'où l'on tire ψy, et cette fonction étant connue, on a

$$x = \psi y \quad \text{d'où} \quad y = '\psi x.$$

Par ce qui précède on voit que le problème est toujours résoluble, et qu'il a même une infinité de solutions.

Supposons par exemple $fx = x^n$, l'équation (2) deviendra

$$\psi(y+1) = (\psi y)^n.$$

En mettant ici successivement $y+1$, $y+2$, etc. à la place de y, on aura

$$\psi(y+2) = [\psi(y+1)]^n = (\psi y)^{n^2},$$

$$\psi(y+3) = [\psi(y+2)]^n = (\psi y)^{n^3},$$

et en général

$$\psi(y+x) = (\psi y)^{n^x}.$$

En faisant $y = 0$ et $\psi(0) = a$, on a $\psi x = a^{n^x}$, et par suite $\psi y = a^{n^y}$; or $\psi y = x$; donc $a^{n^y} = x$, d'où $n^y = \frac{\log x}{\log a}$, et

$$y = \frac{\log\log x - \log\log a}{\log n};$$

donc

$$'\psi x = \frac{\log\log x - \log\log a}{\log n}.$$

L'équation (1) deviendra donc

$$\varphi x = \frac{\log\log x - \log\log a}{\log n} + \chi\left(\frac{\log\log x - \log\log a}{\log n}\right),$$

ce qui donne la fonction cherchée.

Si l'on met x^n au lieu de x, on aura

$$\varphi(x^n) = \frac{\log\log x^n - \log\log a}{\log n} + \chi\left(\frac{\log\log x^n - \log\log a}{\log n}\right)$$

$$= \frac{\log n + \log\log x - \log\log a}{\log n} + \chi\left(\frac{\log n + \log\log x - \log\log a}{\log n}\right)$$

$$= 1 + \frac{\log\log x - \log\log a}{\log n} + \chi\left(1 + \frac{\log\log x - \log\log a}{\log n}\right) = 1 + \varphi x.$$

La fonction a donc la propriété demandée. Le cas le plus simple est celui où $\chi y = 0$ et $a = e$, $\log e$ étant $= 1$; on aura alors

$$\varphi x = \frac{\log\log x}{\log n}, \quad \text{et} \quad \frac{\log\log x}{\log n} + 1 = \frac{\log\log x^n}{\log n}.$$

2.

Considérons en général l'équation

$$F[x, \varphi(fx), \varphi(\psi x)] = 0,$$

où F, f et ψ sont des fonctions données, et où l'on cherche la fonction φ.

Soit $fx = y_t$ et $\psi x = y_{t+1}$, l'équation devient

$$F(x, \varphi y_t, \varphi y_{t+1}) = 0.$$

Soit $\varphi y_t = u_t$, on aura $\varphi y_{t+1} = u_{t+1}$, et par conséquent

$$F(x, u_t, u_{t+1}) = 0.$$

De l'équation $fx = y_t$ on déduit $x = {}'fy_t$; donc en substituant cette valeur dans l'équation $\psi x = y_{t+1}$, on obtient

(1) $$y_{t+1} = \psi('fy_t).$$

De cette équation on tire y_t, et par conséquent aussi $x = {}'fy_t$, en fonction de t. Cette valeur étant substituée dans l'équation $F(x, u_t, u_{t+1}) = 0$, donne

(2) $$F('fy_t, u_t, u_{t+1}) = 0.$$

De cette équation on tire $u_t = \theta t = \varphi(y_t)$. Faisant $y_t = z$, on trouvera $t = {}'y_z$; donc enfin

$$\varphi z = \theta('y_z).$$

Exemple. Trouver la fonction φ déterminée par l'équation

$$(\varphi x)^2 = \varphi(2x) + 2.$$

Soit $\varphi x = u_t = \varphi y_t$, et $\varphi(2x) = u_{t+1} = \varphi(y_{t+1})$, on aura

$$(u_t)^2 = u_{t+1} + 2.$$

On en tire

$$u_{t+1} = u_t^2 - 2.$$

Supposons

$$u_1 = a + \frac{1}{a},$$

donc

$$u_2 = a^2 + \frac{1}{a^2},$$

$$u_3 = a^4 + \frac{1}{a^4},$$

et en général

$$u_t = a^{2^{t-1}} + \frac{1}{a^{2^{t-1}}}$$

Ayant $x = y_t$ et $2x = y_{t+1}$, on a $y_{t+1} = 2y_t$, d'où l'on tire

$$y_t = c.2^{t-1} = x;$$

donc

$$2^{t-1} = \frac{x}{c}.$$

Cette valeur étant substituée dans l'équation

$$\varphi x = u_t = a^{2^{t-1}} + a^{-2^{t-1}},$$

donne

$$\varphi x = a^{\frac{x}{c}} + a^{-\frac{x}{c}} = \left(a^{\frac{1}{c}}\right)^x + \left(a^{\frac{1}{c}}\right)^{-x},$$

ou bien

$$\varphi x = b^x + b^{-x}.$$

On a en effet

$$(b^x + b^{-x})^2 = b^{2x} + b^{-2x} + 2.$$

VII.

PROPRIÉTÉS REMARQUABLES DE LA FONCTION $y = \varphi x$ DÉTERMINÉE PAR L'ÉQUATION $fy\, dy - dx\sqrt{(a-y)(a_1-y)(a_2-y)\dots(a_m-y)} = 0$, fy ÉTANT UNE FONCTION QUELCONQUE DE y QUI NE DEVIENT PAS NULLE OU INFINIE LORSQUE $y = a, a_1, a_2, \dots a_m$.

Soit pour abréger $(a - y)(a_1 - y)\dots(a_m - y) = \psi y$, on aura

$$\frac{dy}{dx} = \frac{1}{fy}\sqrt{\psi y}.$$

En différentiant on aura un résultat de la forme

$$\frac{d^2y}{dx^2} = \frac{P}{\sqrt{\psi y}}\cdot\frac{dy}{dx} = \frac{P}{fy},$$

où P est une fonction qui ne devient pas infinie lorsque $\psi y = 0$. En différentiant de nouveau, on aura

$$\frac{d^3y}{dx^3} = P_1\frac{dy}{dx} = \frac{P_1}{fy}\sqrt{\psi y};$$

de même

$$\frac{d^4y}{dx^4} = \frac{P_2}{\sqrt{\psi y}}\cdot\frac{dy}{dx} = \frac{P_2}{fy},\quad \frac{d^5y}{dx^5} = P_3\frac{dy}{dx} = \frac{P_3}{fy}\sqrt{\psi y},$$

etc.

où P, P_1, P_2, P_3 etc. sont des fonctions de y qui ne deviennent pas infinies lorsque $\psi y = 0$.

Cela posé, considérons l'équation

$$\varphi(x+v)=y+v^2Q_2+v^4Q_4+v^6Q_6+\cdots$$
$$+\sqrt{\psi y}(vQ_1+v^3Q_3+v^5Q_5+\cdots),$$

où Q_1, Q_2, Q_3, Q_4 etc. sont des fonctions qui ne deviennent pas infinies lorsque $\psi y=0$. Supposons que y ait une valeur qui rende ψy égale à zéro, par exemple $y=a$, on aura

$$\varphi(\alpha+v)=a+v^2Q_2+v^4Q_4+v^6Q_6+\cdots;$$

Q_2, Q_4, etc. sont ici des constantes, et α est la valeur de x qui répond à $y=a$, et qui est déterminée par l'expression

$$\alpha=\int^a\frac{fy\,.\,dy}{\sqrt{\psi y}}.$$

La fonction $\varphi(\alpha+v)$ est donc une fonction paire de v. On a par conséquent

$$\varphi(\alpha+v)=\varphi(\alpha-v),$$

d'où l'on déduit, en mettant $\alpha-v$ au lieu de v,

$$\varphi(2\alpha-v)=\varphi v.$$

Cela posé, on a de même

$$\varphi(2\alpha_1-v)=\varphi v,$$

en désignant par α_1 l'expression $\int^{a_1}\frac{fy\,dy}{\sqrt{\psi y}}$, donc aussi

$$\varphi(2\alpha-v)=\varphi(2\alpha_1-v),$$

d'où l'on tire, en mettant $2\alpha_1-v$ au lieu de v,

$$\varphi(2\alpha-2\alpha_1+v)=\varphi v,$$

ce qui nous montre que la fonction φ est périodique. De là on déduit ensuite sans peine

$$\varphi[\pm 2n(\alpha-\alpha_1)+v]=\varphi v,$$

n étant un nombre entier quelconque.

On a de la même manière

$$\varphi[\pm 2n(\alpha-\alpha_2)+v]=\varphi v,$$

donc

$$\varphi[\pm 2n(\alpha-\alpha_1)+v]=\varphi[\pm 2n_1(\alpha-\alpha_2)+v]$$

d'où

$$\varphi[v\pm 2n(\alpha-\alpha_1)\pm 2n_1(\alpha-\alpha_2)]=\varphi v.$$

En général on aura

$$\varphi v = \varphi[v + 2n(\alpha - \alpha_1) + 2n_1(\alpha - \alpha_2) + 2n_2(\alpha - \alpha_3) + \cdots + 2n_{m-1}(\alpha - \alpha_m)],$$

n, n_1, n_2 etc. étant des nombres quelconques entiers positifs ou négatifs. Ou bien

$$\varphi v = \varphi(v + 2n\alpha + 2n_1\alpha_1 + 2n_2\alpha_2 + \cdots + 2n_m\alpha_m),$$
$$\text{où } n + n_1 + n_2 + \cdots + n_m = 0.$$

Si l'on suppose que $\varphi k = 0$, on aura, en faisant $v = k$,

$$\varphi(k + 2n\alpha + 2n_1\alpha_1 + \cdots + 2n_m\alpha_m) = 0.$$

On peut donc trouver une infinité de solutions de l'équation

$$\varphi x = 0,$$

savoir

$$x = k + 2(n\alpha + n_1\alpha_1 + \cdots + n_m\alpha_m),$$
$$\text{où } n + n_1 + n_2 + \cdots + n_m = 0.$$

On peut aussi trouver une infinité de valeurs de x qui rendent φx infinie. En effet il suffit pour cela de changer y en $\frac{1}{z}$ dans l'équation

$$x = \int \frac{fy \,.\, dy}{\sqrt{\psi y}},$$

et de chercher ensuite par la méthode précédente les valeurs de x qui rendent $z = 0$.

Pour éclaircir ce qui précède je donnerai un exemple. Soit $fy = 1$, $\psi y = 1 - y^2 = (1 - y)(1 + y)$, on aura

$$x = \int \frac{dy}{\sqrt{1 - y^2}} = \arcsin y,$$

donc

$$y = \sin x = \varphi x.$$

Dans cet exemple on a $a = 1$, $a_1 = -1$, $\alpha = \frac{\pi}{2}$, $\alpha_1 = -\frac{\pi}{2}$, on a donc

$$\varphi\left(\frac{\pi}{2} - v\right) = \varphi\left(\frac{\pi}{2} + v\right),$$
$$\varphi\left(-\frac{\pi}{2} - v\right) = \varphi\left(-\frac{\pi}{2} + v\right),$$
$$\varphi(\pi - v) = \varphi v, \quad \varphi v = \varphi(v \pm 2n\pi), \quad 0 = \varphi(\pm n\pi).$$

VIII.

SUR UNE PROPRIÉTÉ REMARQUABLE D'UNE CLASSE TRÈS ÉTENDUE DE FONCTIONS TRANSCENDANTES.

Soit y une fonction de x, déterminée par l'équation

$$0 = sy + t\frac{dy}{dx},$$

s et t étant deux fonctions entières de x. Soit de même

$$\int rydx = tvy,$$

on aura en différentiant

$$ry = \left(v\frac{dt}{dx} + t\frac{dv}{dx}\right)y + vt\frac{dy}{dx};$$

or $t\frac{dy}{dx} = -sy$, donc

$$r = v\left(\frac{dt}{dx} - s\right) + t\frac{dv}{dx}.$$

Cela posé, soit $v = \frac{1}{x-a}$, on aura

$$r = \frac{\frac{dt}{dx} - s}{x-a} - \frac{t}{(x-a)^2},$$

ou, en faisant $t = \varphi x$ et $s = fx$,

$$r = \frac{\varphi' x - fx}{x - a} - \frac{\varphi x}{(x-a)^2}.$$

Or on voit sans peine que

$$\frac{\varphi' x - fx}{x-a} = \frac{\varphi' a - fa}{x-a} + \varphi'' a - f' a + \frac{\varphi''' a - f'' a}{2}(x-a) + \frac{\varphi'''' a - f''' a}{2.3}(x-a)^2 + \cdots,$$

$$\frac{\varphi x}{(x-a)^2} = \frac{\varphi a}{(x-a)^2} + \frac{\varphi' a}{x-a} + \frac{\varphi'' a}{2} + \frac{\varphi''' a}{2.3}(x-a) + \frac{\varphi'''' a}{2.3.4}(x-a)^2 + \cdots,$$

donc on aura

$$r = -\frac{\varphi a}{(x-a)^2} - \frac{fa}{x-a} + R,$$

d'où l'on tire, en multipliant par ydx et intégrant,

$$vty = -\varphi a \int \frac{ydx}{(x-a)^2} - fa \int \frac{ydx}{x-a} + \int Rydx.$$

Cela posé, soit $z = \int \frac{ydx}{x-a}$, on aura en différentiant

$$\frac{dz}{da} = \int \frac{ydx}{(x-a)^2},$$

donc en substituant

$$vty = -\varphi a \frac{dz}{da} - fa . z + \int Rydx.$$

Soit $z = qp$, on aura en substituant

$$\int Rydx - vty = \varphi a . p \frac{dq}{da} + \varphi a . q \frac{dp}{da} + pq . fa.$$

Soit

$$\varphi a \frac{dq}{da} + fa . q = 0,$$

on aura en faisant $y = \psi x$,

$$q = \psi a, \quad \int Rydx - \frac{t . \psi x}{x-a} = \varphi a . \psi a \frac{dp}{da},$$

donc

$$p = \iint \frac{R . \psi x}{\varphi a . \psi a} dx\, da - \int \frac{\psi x . \varphi x}{\psi a . \varphi a} \frac{da}{x-a},$$

donc

(1) $$\frac{1}{\psi a} \int \frac{\psi x . dx}{x-a} - \psi x . \varphi x \int \frac{da}{(a-x)\, \psi a\ \varphi a} = \iint \frac{R . \psi x}{\varphi a . \psi a} dx\, da,$$

où l'on a

$$R = \tfrac{1}{2}\varphi'' a - f' a + (\tfrac{1}{3}\varphi''' a - \tfrac{1}{2} f'' a)(x-a) + \left(\frac{1}{2.4}\varphi'''' a - \frac{1}{2.3} f''' a\right)(x-a)^2 + \cdots.$$

Le second membre de l'équation (1) peut toujours, comme on le voit, être développé en plusieurs termes de la forme:

$$A_{m,n}\int\frac{a^m.\,da}{\varphi a\,.\,\psi a}\int x^n\psi x\,.\,dx.$$

En faisant

$$\varphi x=\alpha+\alpha_1x+\alpha_2x^2+\alpha_3x^3+\cdots,$$
$$fx=\beta+\beta_1x+\beta_2x^2+\beta_3x^3+\cdots,$$

il est facile de trouver

$$A_{m,n}=(n+1)\,\alpha_{m+n+2}-\beta_{m+n+1};$$

on aura donc la formule générale:

$$(2)\qquad \frac{1}{\psi a}\int\frac{\psi x\,.\,dx}{x-a}-\psi x\,.\,\varphi x\int\frac{da}{(a-x)\,\varphi a\,.\,\psi a}$$
$$=\Sigma[(n+1)\,\alpha_{m+n+2}-\beta_{m+n+1}]\int\frac{a^m\,da}{\varphi a\,.\,\psi a}\int x^n\,\psi x\,.\,dx.$$

Il faut remarquer que les intégrales par rapport à x doivent être prises depuis une valeur de x qui réduit à zéro la fonction $\psi x\,.\,\varphi x$, et celles par rapport à a depuis une valeur de cette variable qui réduit à zéro la fonction $\frac{1}{\psi a}$.

La fonction $y=\psi x$ étant déterminée par l'équation

$$y\,.\,fx+\varphi x\frac{dy}{dx}=0,$$

il est clair qu'on a

$$y=e^{-\int\frac{fx}{\varphi x}dx};$$

donc y est de la forme

$$\psi x=\frac{e^p}{(x-\delta)^m\,(x-\delta_1)^{m_1}\ldots},$$

m, m_1, etc. étant des nombres positifs moindre que l'unité. p est une fonction rationnelle, qui s'évanouit lorsque tous les facteurs de φx sont inégaux, si en même temps le degré de fx est moindre que celui de φx.

Supposons maintenant qu'on prenne les intégrales entre deux limites de x qui rendent égale. à zéro la fonction $\varphi x\,.\,\psi x$, on aura

$$(3)\qquad \int\frac{\psi x\,.\,dx}{x-a}=\psi a\,\Sigma[(n+1)\,\alpha_{m+n+2}-\beta_{m+n+1}]\int x^n\psi x\,dx\,.\int\frac{a^m\,da}{\varphi a\,.\,\psi a}.$$

Si l'on donne de même à a une valeur telle que $\frac{1}{\psi a}$ devienne égal à zéro, on aura

$$(4)\qquad 0=\Sigma[(n+1)\,\alpha_{m+n+2}-\beta_{m+n+1}]\int x^n\,\psi x\,dx.\int\frac{a^m\,da}{\varphi a\,.\,\psi a}.$$

Il y a un cas remarquable qu'il est important de considérer à part, savoir celui où

$$\frac{1}{\psi x} = \varphi x . \psi x;$$

on a alors

$$\psi x = y = \frac{1}{\sqrt{\varphi x}},$$

donc

$$\frac{dy}{dx} = -\tfrac{1}{2}\,\frac{\varphi' x}{(\sqrt{\varphi x})^3}.$$

L'équation $y . fx + \varphi x \frac{dy}{dx} = 0$ devient donc

$$fx - \tfrac{1}{2}\varphi' x = 0,$$

donc

$$\beta_m = \tfrac{1}{2}(m+1)\,\alpha_{m+1}.$$

L'équation (2) devient dans ce cas:

$$(5)\qquad \sqrt{\varphi a}\int\frac{dx}{(x-a)\sqrt{\varphi x}} - \sqrt{\varphi x}\int\frac{da}{(a-x)\sqrt{\varphi a}} = \Sigma\,\tfrac{1}{2}(n-m)\,\alpha_{m+n+2}\int\frac{x^n dx}{\sqrt{\varphi x}}\int\frac{a^m da}{\sqrt{\varphi a}}.$$

Pour vérifier cette formule dans un cas particulier, soit $\varphi x = 1 - x^2$, on aura $\alpha = 1$, $\alpha_1 = 0$, $\alpha_2 = -1$,

$$\sqrt{1-a^2}\int\frac{dx}{(x-a)\sqrt{1-x^2}} - \sqrt{1-x^2}\int\frac{da}{(a-x)\sqrt{1-a^2}} = 0,$$

ce qui est vrai, car on a

$$\int\frac{dx}{(x-a)\sqrt{1-x^2}} = \frac{1}{2\sqrt{1-a^2}}\log\frac{ax-1+\sqrt{1-a^2}\sqrt{1-x^2}}{ax-1-\sqrt{1-a^2}\sqrt{1-x^2}}$$

$$\int\frac{da}{(a-x)\sqrt{1-a^2}} = \frac{1}{2\sqrt{1-x^2}}\log\frac{ax-1+\sqrt{1-a^2}\sqrt{1-x^2}}{ax-1-\sqrt{1-a^2}\sqrt{1-x^2}}.$$

Si l'on fait $\varphi x = (1-x^2)(1-c^2x^2)$, on a $\alpha = 1$, $\alpha_1 = 0$, $\alpha_2 = -(1+c^2)$, $\alpha_3 = 0$, $\alpha_4 = c^2$, donc

$$\sqrt{(1-a^2)(1-c^2a^2)}\int\frac{dx}{(x-a)\sqrt{(1-x^2)(1-c^2x^2)}} - \sqrt{(1-x^2)(1-c^2x^2)}\int\frac{da}{(a-x)\sqrt{(1-a^2)(1-c^2a^2)}}$$

$$= c^2\int\frac{x^2dx}{\sqrt{(1-x^2)(1-c^2x^2)}}\int\frac{da}{\sqrt{(1-a^2)(1-c^2a^2)}} - c^2\int\frac{dx}{\sqrt{(1-x^2)(1-c^2x^2)}}\int\frac{a^2da}{\sqrt{(1-a^2)(1-c^2a^2)}}.$$

Cette formule contient implicitement les propriétés remarquables des fonctions elliptiques que M. *Legendre* a données dans ses Ex. de calc. int. t. 1. p. 134 et sq.

IX.

EXTENSION DE LA THÉORIE PRÉCÉDENTE.

Soit y une fonction qui satisfasse à l'équation

(1) $$0 = sy + s_1 \frac{dy}{dx} + s_2 \frac{d^2y}{dx^2} + \cdots + s_m \frac{d^my}{dx^m},$$

s, s_1, s_2 . . . étant des fonctions entières de x.

Soit de même

$$\int rydx = vy + v_1 \frac{dy}{dx} + \cdots + v_{m-2} \frac{d^{m-2}y}{dx^{m-2}} + ts_m \frac{d^{m-1}y}{dx^{m-1}},$$

on aura en différentiant:

$$ry = \frac{dv}{dx} y + \left(v + \frac{dv_1}{dx}\right) \frac{dy}{dx} + \left(v_1 + \frac{dv_2}{dx}\right) \frac{d^2y}{dx^2} + \cdots + \left(v_{m-2} + \frac{d(ts_m)}{dx}\right) \frac{d^{m-1}y}{dx^{m-1}} + ts_m \frac{d^my}{dx^m};$$

or

$$s_m \frac{d^my}{dx^m} = -sy - s_1 \frac{dy}{dx} - s_2 \frac{d^2y}{dx^2} - \cdots - s_{m-1} \frac{d^{m-1}y}{dx^{m-1}};$$

donc on aura en substituant et égalant ensuite à zéro les divers coefficiens:

$$-r = st - \frac{dv}{dx},$$

$$v = s_1 t - \frac{dv_1}{dx},$$

$$v_1 = s_2 t - \frac{dv_2}{dx},$$

. . . .

$$v_{m-2} = s_{m-1} t - \frac{d(ts_m)}{dx}.$$

De là on tire aisément

$$(2)\quad \begin{cases} v_{\mu-1} = s_\mu t - \dfrac{d(s_{\mu+1}t)}{dx} + \dfrac{d^2(s_{\mu+2}t)}{dx^2} - \cdots, \\ -r = s.t - \dfrac{d(s_1 t)}{dx} + \dfrac{d^2(s_2 t)}{dx^2} - \cdots \pm \dfrac{d^{m-1}(s_{m-1}t)}{dx^{m-1}} \mp \dfrac{d^m(s_m t)}{dx^m}. \end{cases}$$

Cela posé, soit $t = \frac{1}{x-a}$, et supposons que

$$(3)\quad \begin{cases} st = \dfrac{s'}{x-a} + R, \\ s_1 t = \dfrac{s'_1}{x-a} + R_1, \\ s_2 t = \dfrac{s'_2}{x-a} + R_2, \\ \cdots\cdots\cdots\cdots \\ s_{m-1} t = \dfrac{s'_{m-1}}{x-a} + R_{m-1}, \\ s_m t = \dfrac{s'_m}{x-a} + R_m, \end{cases}$$

s', s'_1, s'_2 etc. étant des constantes et R, R_1, $R_2 \ldots$ des fonctions entières de x; il est clair que s'_μ est la même fonction de a que s_μ l'est de x. En différentiant on trouvera

$$\frac{d^\mu(s_\mu t)}{dx^\mu} = (-1)^\mu \Gamma(\mu+1) \frac{s'_\mu}{(x-a)^{\mu+1}} + \frac{d^\mu R_\mu}{dx^\mu}.$$

donc la valeur de $-r$ devient

$$(4)\quad -r = \frac{s'}{x-a} + \frac{s'_1}{(x-a)^2} + \Gamma(3)\frac{s'_2}{(x-a)^3} + \cdots + \Gamma(m+1)\frac{s'_m}{(x-a)^{m+1}} + \varrho,$$

en faisant

$$\varrho = R - \frac{dR_1}{dx} + \frac{d^2 R_2}{dx^2} - \cdots \mp \frac{d^m R_m}{dx^m}.$$

Cela posé soit

$$z = \int \frac{y\,dx}{x-a};$$

on aura en différentiant par rapport à a,

$$\frac{dz}{da} = \int \frac{y\,dx}{(x-a)^2},$$

$$\frac{d^2 z}{da^2} = \Gamma(3) \int \frac{y\,dx}{(x-a)^3},$$

$$\cdots\cdots\cdots\cdots\cdots$$

$$\frac{d^m z}{da^m} = \Gamma(m+1)\int\frac{y\,dx}{(x-a)^{m+1}};$$

or en multipliant la valeur de r par ydx et intégrant, on obtiendra

$$-\chi' = s'\int\frac{ydx}{x-a} + s'_1\int\frac{ydx}{(x-a)^2} + s'_2\,\Gamma(3)\int\frac{ydx}{(x-a)^3} + \cdots + s'_m\,\Gamma(m+1)\int\frac{ydx}{(x-a)^{m+1}} + \int\varrho y\,dx$$

en faisant pour abréger

$$\chi = vy + v_1\frac{dy}{dx} + \cdots + v_{m-2}\frac{d^{m-2}y}{dx^{m-2}} + s_m t\frac{d^{m-1}y}{dx^{m-1}}, \text{ et } \chi' = \chi - \chi_0.$$

On a donc l'équation suivante en z

$$(5) \qquad -\chi' - \int\varrho y\,dx = s'z + s'_1\frac{dz}{da} + s'_2\frac{d^2z}{da^2} + \cdots + s'_m\frac{d^mz}{da^m}.$$

Supposons maintenant qu'on connaisse l'intégrale complète de l'équation différentielle qui détermine la fonction y, et soit

$$y = c_1y_1 + c_2y_2 + c_3y_3 + \cdots + c_my_m$$

cette intégrale. On trouvera alors, comme on le voit sans peine,

$$z = y'_1\int p_1\,da + y'_2\int p_2\,da + y'_3\int p_3\,da + \cdots + y'_m\int p_m\,da,$$

où y'_μ est la même fonction de a que y_μ l'est de x, et $p_1, p_2 \ldots$ des fonctions rationnelles de $y'_1, y'_2, y'_3 \ldots$ et de leurs dérivées, et des fonctions entières de $\chi' + \int\varrho y\,dx$ de la forme

$$p_\mu = \frac{\theta_\mu(\chi' + \int\varrho y\,dx)}{s'_m}.$$

On a donc

$$(6)\int\frac{ydx}{x-a} = y'_1\int\frac{da.\theta_1(\chi'+\int\varrho y\,dx)}{s'_m} + y'_2\int\frac{da.\theta_2(\chi'+\int\varrho y\,dx)}{s'_m} + \cdots + y'_m\int\frac{da.\theta_m(\chi'+\int\varrho y\,dx)}{s'_m}.$$

Quant aux quantités θ_1, θ_2, etc. on peut remarquer qu'elles sont déterminées par les équations suivantes:

$$(7)\quad\begin{cases} 0 = y'_1\theta_1 + y'_2\theta_2 + y'_3\theta_3 + \cdots + y'_m\theta_m, \\ 0 = \frac{dy'_1}{da}\theta_1 + \frac{dy'_2}{da}\theta_2 + \frac{dy'_3}{da}\theta_3 + \cdots + \frac{dy'_m}{da}\theta_m, \\ \cdots\cdots\cdots\cdots\cdots\cdots \\ 0 = \frac{d^{m-2}y'_1}{da^{m-2}}\theta_1 + \frac{d^{m-2}y'_2}{da^{m-2}}\theta_2 + \frac{d^{m-2}y'_3}{da^{m-2}}\theta_3 + \cdots + \frac{d^{m-2}y'_m}{da^{m-2}}\theta_m, \\ -1 = \frac{d^{m-1}y'_1}{da^{m-1}}\theta_1 + \frac{d^{m-1}y'_2}{da^{m-1}}\theta_2 + \frac{d^{m-1}y'_3}{da^{m-1}}\theta_3 + \cdots + \frac{d^{m-1}y'_m}{da^{m-1}}\theta_m. \end{cases}$$

Les quantités θ_1, θ_2, $\theta_3\ldots$ sont donc des fonctions de a seul. Pour appliquer ce qui précède, supposons $m=1$ et $m=2$.

1. Si $m=1$, on aura

$$-1=y'_1\theta_1, \text{ donc } \theta_1=-\frac{1}{y'_1};$$

de même en supposant $\chi_0=0$

$$\chi'=\chi=s_1 ty=\frac{s_1 y}{x-a},$$

donc l'équation (6) deviendra

$$\int\frac{y\,dx}{x-a}=-y'_1\int da\,\frac{1}{s'_1y'_1}\left(\frac{s_1y}{x-a}+\int\varrho y\,dx\right),$$

c'est-à-dire

$$\int\frac{y\,dx}{x-a}+s_1y'_1y\int\frac{da}{(x-a)y'_1s'_1}=-y'_1\iint\varrho\,\frac{y}{y'_1s'_1}\,dx\,da,$$

la même équation que l'équation (1) du mémoire précédent.

2. Si $m=2$, on aura

$$0=y'_1\theta_1+y'_2\theta_2,\quad -1=\frac{dy'_1}{da}\theta_1+\frac{dy'_2}{da}\theta_2,$$

d'où l'on tire

$$\theta_1=\frac{y'_2}{y'_1\frac{dy'_2}{da}-y'_2\frac{dy'_1}{da}},\quad \theta_2=\frac{y'_1}{y'_2\frac{dy'_1}{da}-y'_1\frac{dy'_2}{da}}.$$

Or des deux équations

$$\frac{d^2y'_1}{da^2}+\frac{s'_1}{s'_2}\frac{dy'_1}{da}+\frac{s'}{s'_2}y'_1=0,$$

$$\frac{d^2y'_2}{da^2}+\frac{s'_1}{s'_2}\frac{dy'_2}{da}+\frac{s'}{s'_2}y'_2=0,$$

on tirera

$$y'_2\frac{d^2y'_1}{da^2}-y'_1\frac{d^2y'_2}{da^2}+\frac{s'_1}{s'_2}\left(y'_2\frac{dy'_1}{da}-y'_1\frac{dy'_2}{da}\right)=0;$$

donc

$$y'_2\frac{dy'_1}{da}-y'_1\frac{dy'_2}{da}=e^{-\int\frac{s'_1}{s'_2}da};$$

par conséquent

$$\theta_1=-y'_2\,e^{\int\frac{s'_1}{s'_2}da};\quad \theta_2=y'_1\,e^{\int\frac{s'_1}{s'_2}da}$$

On a de même

$$\chi=vy+s_2t\frac{dy}{dx};$$

or $v=s_1t-\frac{d(s_2t)}{dx}=\frac{s'_1}{x-a}+\frac{s'_2}{(x-a)^2}+R_1-\frac{dR_2}{dx}$, et $s_2t=\frac{s'_2}{x-a}+R_2$, donc

$$\chi = \frac{s'_1 y + s'_2 \frac{dy}{dx}}{x-a} + \frac{s'_2 y}{(x-a)^2} + \left(R_1 - \frac{dR_2}{dx}\right) y + R_2 \frac{dy}{dx}.$$

L'équation (6) deviendra donc dans ce cas

$$\begin{aligned}
\int \frac{y\,dx}{x-a} = & - y'_1 y^1 \int \frac{da}{x^1-a} \cdot \frac{s'_1}{s'_2} e^{\int \frac{s'_1}{s'_2} da} y'_2 - y'_1 \frac{dy^1}{dx^1} \int \frac{da}{x^1-a} e^{\int \frac{s'_1}{s'_2} da} y'_2 \\
& + y'_1 y^0 \int \frac{da}{x^0-a} \cdot \frac{s'_1}{s'_2} e^{\int \frac{s'_1}{s'_2} da} y'_2 + y'_1 \frac{dy^0}{dx^0} \int \frac{da}{x^0-a} e^{\int \frac{s'_1}{s'_2} da} y'_2 \\
& + y'_2 y^1 \int \frac{da}{x^1-a} \cdot \frac{s'_1}{s'_2} e^{\int \frac{s'_1}{s'_2} da} y'_1 + y'_2 \frac{dy^1}{dx^1} \int \frac{da}{x^1-a} e^{\int \frac{s'_1}{s'_2} da} y'_1 \\
& - y'_2 y^0 \int \frac{da}{x^0-a} \cdot \frac{s'_1}{s'_2} e^{\int \frac{s'_1}{s'_2} da} y'_1 - y'_2 \frac{dy^0}{dx^0} \int \frac{da}{x^0-a} e^{\int \frac{s'_1}{s'_2} da} y'_1 \\
& - y'_1 y^1 \int \frac{da}{(x^1-a)^2} e^{\int \frac{s'_1}{s'_2} da} y'_2 + y'_1 y^0 \int \frac{da}{(x^0-a)^2} e^{\int \frac{s'_1}{s'_2} da} y'_2 \\
& + y'_2 y^1 \int \frac{da}{(x^1-a)^2} e^{\int \frac{s'_1}{s'_2} da} y'_1 - y'_2 y^0 \int \frac{da}{(x^0-a)^2} e^{\int \frac{s'_1}{s'_2} da} y'_1 \\
& - y'_1 \iint \frac{y'_2}{s'_2} e^{\int \frac{s'_1}{s'_2} da} \varrho y\,dx\,da + y'_2 \iint \frac{y'_1}{s'_2} e^{\int \frac{s'_1}{s'_2} da} \varrho y\,dx\,da \\
& - y'_1 y^1 \int \frac{da}{s'_2} \left(R^1_1 - \frac{dR^1_2}{dx^1}\right) e^{\int \frac{s'_1}{s'_2} da} y'_2 + y'_1 y^0 \int \frac{da}{s'_2} \left(R^0_1 - \frac{dR^0_2}{dx^0}\right) e^{\int \frac{s'_1}{s'_2} da} y'_2 \\
& + y'_2 y^1 \int \frac{da}{s'_2} \left(R^1_1 - \frac{dR^1_2}{dx^1}\right) e^{\int \frac{s'_1}{s'_2} da} y'_1 - y'_2 y^0 \int \frac{da}{s'_2} \left(R^0_1 - \frac{dR^0_2}{dx^0}\right) e^{\int \frac{s'_1}{s'_2} da} y'_1 \\
& - y'_1 \frac{dy^1}{dx^1} \int \frac{da}{s'_2} R^1_2 e^{\int \frac{s'_1}{s'_2} da} y'_2 + y'_1 \frac{dy^0}{dx^0} \int \frac{da}{s'_2} R^0_2 e^{\int \frac{s'_1}{s'_2} da} y'_2 \\
& + y'_2 \frac{dy^1}{dx^1} \int \frac{da}{s'_2} R^1_2 e^{\int \frac{s'_1}{s'_2} da} y'_1 - y'_2 \frac{dy^0}{dx^0} \int \frac{da}{s'_2} R^0_2 e^{\int \frac{s'_1}{s'_2} da} y'_1,
\end{aligned}$$

ou bien en faisant

$$\chi = \left[\left(s_1 - \frac{ds_2}{dx}\right) y + s_2 \frac{dy}{dx}\right] \frac{1}{x-a} + \frac{y s_2}{(x-a)^2} = \frac{p}{x-a} + \frac{q}{(x-a)^2},$$

et

$$\chi' = \frac{p^1}{x^1-a} - \frac{p^0}{x^0-a} + \frac{q^1}{(x^1-a)^2} - \frac{q^0}{(x^0-a)^2},$$

$$(8)\quad \left\{\begin{aligned}\int\frac{y\,dx}{x-a} &= y'_1\iint\frac{\theta_1}{s'_2}\varrho y\,da\,dx + y'_2\iint\frac{\theta_2}{s'_2}\varrho y\,da\,dx\\ &+y'_1 p^1\int\frac{\theta_1}{s'_2}\cdot\frac{da}{x^1-a} - y'_1 p^0\int\frac{\theta_1}{s'_2}\cdot\frac{da}{x^0-a}\\ &+y'_2 p^1\int\frac{\theta_2}{s'_2}\cdot\frac{da}{x^1-a} - y'_2 p^0\int\frac{\theta_2}{s'_2}\cdot\frac{da}{x^0-a}\\ &+y'_1 q^1\int\frac{\theta_1}{s'_2}\cdot\frac{da}{(x^1-a)^2} - y'_1 q^0\int\frac{\theta_1}{s'_2}\cdot\frac{da}{(x^0-a)^2}\\ &+y'_2 q^1\int\frac{\theta_2}{s'_2}\cdot\frac{da}{(x^1-a)^2} - y'_2 q^0\int\frac{\theta_2}{s'_2}\cdot\frac{da}{(x^0-a)^2}.\end{aligned}\right.$$

Si l'on suppose $s_1=0$, $s_2=0$ pour $x=x^1$ et $x=x^0$, on aura la formule:

$$(9)\qquad \int\frac{y\,dx}{x-a}=c\left(y'_1\iint\frac{y'_2}{s'_2}e^{\int\frac{s'_1}{s'_2}da}\varrho y\,da\,dx - y'_2\iint\frac{y'_1}{s'_2}e^{\int\frac{s'_1}{s'_2}da}\varrho y\,da\,dx\right).$$

Dans la formule (8) on peut faire $y=\sqrt[n]{p+\sqrt{p^2-q^n}}+\dfrac{q}{\sqrt[n]{p+\sqrt{p^2-q^n}}}$.

Soit

$$z=\int\left(\frac{\alpha_1}{x-a}+\frac{\alpha_2}{(x-a)^2}+\frac{\Gamma(3)\,\alpha_3}{(x-a)^3}+\frac{\Gamma(4)\,\alpha_4}{(x-a)^4}+\cdots+\frac{\Gamma m\,.\,\alpha_m}{(x-a)^m}\right)y\,dx,$$

$\alpha_1,\ \alpha_2\ldots\alpha_m$ étant des fonctions de a, cherchons s'il est possible de faire en sorte que z satisfasse à l'équation

$$\beta z+\gamma\frac{dz}{da}=\int\varrho y\,dx+vy+v_1\frac{dy}{dx}+\cdots+v_{m-2}\frac{d^{m-2}y}{dx^{m-2}}+\frac{s_m}{x-a}\cdot\frac{d^{m-1}y}{dx^{m-1}}.$$

En différentiant l'expression de z par rapport à a, on aura

$$\frac{dz}{da}=\int\left\{\frac{\frac{d\alpha_1}{da}}{x-a}+\frac{\alpha_1+\frac{d\alpha_2}{da}}{(x-a)^2}+\frac{\left(\alpha_2+\frac{d\alpha_3}{da}\right)\Gamma(3)}{(x-a)^3}+\frac{\left(\alpha_3+\frac{d\alpha_4}{da}\right)\Gamma(4)}{(x-a)^4}+\cdots\right\}y\,dx;$$

donc en substituant on obtient une équation de la forme

$$\int r y\,dx=\chi,$$

où

$$-r = \varrho - \frac{\beta\alpha_1 + \gamma\frac{d\alpha_1}{da}}{x-a} - \frac{\beta\alpha_2 + \gamma\left(\alpha_1 + \frac{d\alpha_2}{da}\right)}{(x-a)^2} - \frac{\left[\beta\alpha_3 + \gamma\left(\alpha_2 + \frac{d\alpha_3}{da}\right)\right]\Gamma(3)}{(x-a)^3} - \dots$$

$$\dots - \frac{\left[\beta\alpha_m + \gamma\left(\alpha_{m-1} + \frac{d\alpha_m}{da}\right)\right]\Gamma m}{(x-a)^m} - \frac{\gamma\alpha_m\,\Gamma(m+1)}{(x-a)^{m+1}}.$$

Or on a vu que

$$-r = \varrho + \frac{s'}{x-a} + \frac{s'_1}{(x-a)^2} + \frac{s'_2\,\Gamma(3)}{(x-a)^3} + \dots + \frac{s'_m\,\Gamma(m+1)}{(x-a)^{m+1}};$$

on a donc les équations suivantes:

$$s' + \beta\alpha_1 + \gamma\frac{d\alpha_1}{da} = 0,$$

$$s'_1 + \beta\alpha_2 + \gamma\left(\alpha_1 + \frac{d\alpha_2}{da}\right) = 0,$$

$$s'_2 + \beta\alpha_3 + \gamma\left(\alpha_2 + \frac{d\alpha_3}{da}\right) = 0,$$

$$s'_3 + \beta\alpha_4 + \gamma\left(\alpha_3 + \frac{d\alpha_4}{da}\right) = 0,$$

$$\dots\dots\dots\dots$$

$$s'_{m-1} + \beta\alpha_m + \gamma\left(\alpha_{m-1} + \frac{d\alpha_m}{da}\right) = 0,$$

$$s'_m + \gamma\,\alpha_m = 0.$$

Donc

$$\alpha_n = -\frac{s'_n}{\gamma} - \frac{\beta}{\gamma}\alpha_{n+1} - \frac{d\alpha_{n+1}}{da},$$

ou bien

$$\alpha_n = \delta_n + \varepsilon\alpha_{n+1} - \frac{d\alpha_{n+1}}{da},$$

en faisant pour abréger $-\frac{s'_n}{\gamma} = \delta_n$ et $-\frac{\beta}{\gamma} = \varepsilon$. De là on tire

$$\alpha_{n+1} = \delta_{n+1} + \varepsilon\,\alpha_{n+2} - \frac{d\alpha_{n+2}}{da};$$

donc

$$\alpha_n = \delta_n + \varepsilon\delta_{n+1} + \left(\varepsilon^2 - \frac{d\varepsilon}{da}\right)\alpha_{n+2} - 2\varepsilon\frac{d\alpha_{n+2}}{da} - \frac{d\delta_{n+1}}{da} + \frac{d^2\alpha_{n+2}}{da^2}.$$

Comme on a $m+1$ équations et $m+2$ indéterminées, on peut faire ε constant; alors on a

$$\alpha_n = \delta_n + \varepsilon\delta_{n+1} - \frac{d\delta_{n+1}}{da} + \varepsilon^2\,\alpha_{n+2} - 2\varepsilon\,\frac{d\alpha_{n+2}}{da} + \frac{d^2\alpha_{n+2}}{da^2}.$$

Il est clair que α_n est de la forme

$$\begin{aligned}\alpha_n = \delta_n + \varepsilon\,\delta_{n+1} - \frac{d\delta_{n+1}}{da} \\ + \varepsilon^2\,\delta_{n+2} - 2\varepsilon\frac{d\delta_{n+2}}{da} + \frac{d^2\delta_{n+2}}{da^2} \\ + \varepsilon^3\,\delta_{n+3} - 3\varepsilon^2\frac{d\delta_{n+3}}{da} + 3\varepsilon\frac{d^2\delta_{n+3}}{da^2} - \frac{d^3\delta_{n+3}}{da^3} + \dots\end{aligned}$$

En faisant $n=0$, on aura

$$\begin{aligned}0 = \delta + \varepsilon\delta_1 - \frac{d\delta_1}{da} \\ + \varepsilon^2\delta_2 - 2\varepsilon\frac{d\delta_2}{da} + \frac{d^2\delta_2}{da^2} \\ + \varepsilon^3\delta_3 - 3\varepsilon^2\frac{d\delta_3}{da} + 3\varepsilon\frac{d^2\delta_3}{da^2} - \frac{d^3\delta_3}{da^3} \\ + \dots\dots\dots\dots\dots\dots \\ + \varepsilon^m\delta_m - m\varepsilon^{m-1}\frac{d\delta^m}{da} + \frac{m(m-1)}{2}\varepsilon^{m-2}\frac{d^2\delta_m}{da^2} - \dots \pm \frac{d^m\delta_m}{da^m}.\end{aligned}$$

Cette équation détermine la fonction γ.

En substituant au lieu de δ_n sa valeur $-\frac{s'_n}{\gamma} = s'_n\,\omega$, on aura une équation linéaire en ω.

Ayant ainsi trouvé toutes les inconnues, on a

$$\gamma\left(\frac{dz}{da} - \varepsilon z\right) = \chi + \int \varrho y\,dx,$$

d'où l'on tirera la valeur de z.

X.

SUR LA COMPARAISON DES FONCTIONS TRANSCENDANTES.

Soit y une fonction algébrique quelconque déterminée par l'équation

(1) $$0 = \alpha + \alpha_1 y + \alpha_2 y^2 + \cdots + \alpha_m y^m,$$

α, α_1, α_2 ... étant des fonctions entières de x. Soit de même

(2) $$0 = q + q_1 y + q_2 y^2 + q_3 y^3 + \cdots + q_{m-1} y^{m-1},$$

q, q_1, q_2 etc. étant des fonctions entières de x et d'un nombre quelconque d'autres variables, savoir les coefficiens des diverses puissances de x dans les fonctions q, q_1, q_2, etc. Soient a, a_1, a_2, a_3 ... ces coefficiens. Cela posé, on peut tirer des deux équations (1) et (2) la fonction y exprimée rationnellement en x et en a, a_1, a_2 etc. Soit r cette fonction, on aura

(3) $$y = r.$$

En substituant cette valeur de y dans l'une des équations (1) et (2), on aura une équation

(4) $$s = 0,$$

s étant une fonction entière de x, a, a_1, a_2 ....

Cette équation donne x en fonction des quantités a, a_1, a_2 etc. En différentiant par rapport à ces quantités on aura

$$\frac{ds}{dx} dx + d's = 0,$$

la caractéristique d' étant uniquement relative aux quantités a, a_1, a_2 etc.

De là on tire

$$dx = -\frac{d's}{\frac{ds}{dx}},$$

et en multipliant par $f(y, x)$, où f désigne une fonction rationnelle de y et x,

$$(5) \qquad f(y, x)\,dx = -\frac{f(r, x)}{\frac{ds}{dx}}\,d's,$$

où on a mis r au lieu de y dans le second membre. On aura donc, en développant la différentielle $d's$, une équation de cette forme:

$$(6) \qquad f(y, x)\,dx = \varphi x \,.\, da + \varphi_1 x \,.\, da_1 + \varphi_2 x \,.\, da_2 + \cdots,$$

φx, $\varphi_1 x$ etc. étant des fonctions rationnelles de x, a, a_1, a_2 etc.

Cela posé, soient $x_1, x_2, x_3 \ldots x_n$ les racines de l'équation $s = 0$; on aura, en substituant ces valeurs au lieu de x dans l'équation (6), n équations semblables qui, ajoutées ensemble, donneront celle-ci:

$$\begin{aligned} f(y_1, x_1)\,dx_1 + f(y_2, x_2)\,dx_2 + \cdots + f(y_n, x_n)\,dx_n \\ = [\varphi x_1 + \varphi x_2 + \varphi x_3 + \cdots + \varphi x_n]\,da \\ + [\varphi_1 x_1 + \varphi_1 x_2 + \varphi_1 x_3 + \cdots + \varphi_1 x_n]\,da_1 \\ + [\varphi_2 x_1 + \varphi_2 x_2 + \varphi_2 x_3 + \cdots + \varphi_2 x_n]\,da_2 \\ + \cdots\cdots\cdots\cdots\cdots\cdots\cdots\cdots, \end{aligned}$$

c'est-à-dire

$$f(y_1, x_1)\,dx_1 + f(y_2, x_2)\,dx_2 + \cdots + f(y_n, x_n)\,dx_n = R\,da + R_1\,da_1 + R_2\,da_2 + \cdots,$$

où R, R_1, $R_2 \ldots$ sont, comme il est aisé de le voir, des fonctions rationnelles de a, a_1, $a_2 \ldots$.

Maintenant le premier membre de cette équation est une différentielle complète; le second membre est donc aussi immédiatement intégrable. En désignant donc

$$\int (R\,da + R_1\,da_1 + R_2\,da_2 + \cdots)$$

par ϱ, il est clair que ϱ est une fonction algébrique et logarithmique de a, a_1, $a_2 \ldots$.

On aura donc, en intégrant et désignant $\int f(y, x)\,dx$ par ψx,

$$(7) \qquad \psi x_1 + \psi x_2 + \psi x_3 + \cdots + \psi x_n = C + \varrho.$$

Cette équation exprime, comme on le voit, une propriété de la fonction ψx, qui en général est transcendante.

Les quantités $x_1, x_2, x_3 \ldots x_n$ étant des fonctions des variables indépendantes $a, a_1, a_2 \ldots$, il est clair qu'en supposant que le nombre de ces variables est μ, on peut regarder un nombre μ des quantités $x_1, x_2, x_3 \ldots x_n$ comme indéterminées, et les $n-\mu$ autres comme des fonctions de celles-ci. On peut trouver ces fonctions de la manière suivante.

Soient $x_1, x_2, x_3 \ldots x_\mu$ données, et faisons

$$p = (x-x_1)(x-x_2)(x-x_3)\ldots(x-x_\mu),$$

on aura, en divisant l'équation $s=0$ par p, une équation

$$s'=0,$$

dont les racines sont les quantités $x_{\mu+1}, x_{\mu+2}, \ldots x_n$.

Dans cette équation les coefficiens contiendront les quantités $a, a_1, a_2 \ldots a_{\mu-1}$; il faut donc exprimer ces quantités au moyen des quantités $x_1, x_2, x_3 \ldots x_\mu$. Cela peut se faire de la manière la plus facile en mettant dans l'équation (2) au lieu de x successivement $x_1, x_2, x_3 \ldots x_\mu$. En effet, on obtiendra alors μ équations linéaires en $a, a_1, a_2 \ldots a_{\mu-1}$ qui serviront à les déterminer. En substituant ensuite ces valeurs dans l'équation $s'=0$, on aura une équation du degré $n-\mu$, dont tous les coefficiens sont des fonctions des quantités $x_1, x_2, x_3 \ldots x_\mu$; par cette équation on peut donc déterminer les fonctions $x_{\mu+1}, x_{\mu+2} \ldots x_n$.

Il n'est pas difficile de se convaincre que, quel que soit le nombre μ, on peut toujours faire en sorte que $n-\mu$ devienne indépendant de μ. Au moyen de l'équation (7) on peut donc exprimer la somme d'un nombre quelconque de fonctions de la forme ψx par un nombre déterminé de fonctions de la même forme, savoir:

$$\psi x_1 + \psi x_2 + \cdots + \psi x_\mu = C + \varrho - (\psi z_1 + \psi z_2 + \psi z_3 + \cdots + \psi z_\nu),$$

en faisant

$$x_{\mu+k} = z_k \text{ et } n-\mu = \nu.$$

On peut déterminer la constante en donnant à chacune des quantités $x_1, x_2 \ldots x_\mu$, une valeur particulière. Alors la formule devient

$$(8) \qquad \begin{aligned} \psi x_1 + \psi x_2 + \cdots + \psi x_\mu = \varrho &+ \psi x'_1 + \psi x'_2 + \cdots + \psi x'_\mu \\ &- \varrho' - \psi z_1 - \psi z_2 - \cdots - \psi z_\nu \\ &+ \psi z'_1 + \psi z'_2 + \cdots + \psi z'_\nu, \end{aligned}$$

en désignant par z'_k la valeur de z_k lorsqu'on donne aux variables $x_1, x_2, \ldots x_\mu$ les valeurs $x'_1, x'_2 \ldots x'_\mu$.

Dans le cas où μ est plus grand que ν on peut trouver une formule beaucoup plus simple. En effet supposons qu'on ait entre les quantités $x_1, x_2 \ldots x_\mu$ les relations suivantes:

$$(9) \qquad c_1 = z_1, \quad c_2 = z_2, \quad c_3 = z_3, \ldots \quad c_\nu = z_\nu,$$

on aura aussi

$$\psi x_1 + \psi x_2 + \cdots + \psi x_\mu = c + \varrho,$$

ou bien

$$\psi x_1 + \psi x_2 + \cdots + \psi x_\mu = \varrho - \varrho' + \psi x'_1 + \psi x'_2 + \cdots + \psi x'_\mu.$$

Parmi les quantités $x_1, x_2 \ldots x_\mu$, $\mu - \nu$ sont des variables indépendantes, les autres sont des fonctions de celles-ci, déterminées par les équations (9). On peut donc faire

$$(10) \qquad \psi x'_{\nu+1} = 0, \quad \psi x'_{\nu+2} = 0 \ldots \psi x'_\mu = 0,$$

et alors on aura

$$(11) \qquad \psi x_1 + \psi x_2 + \cdots + \psi x_\mu = \varrho - \varrho' + \psi x'_1 + \psi x'_2 + \cdots + \psi x'_\nu.$$

Les quantités $x_1, x_2, x_3 \ldots x_\mu$ sont liées entre elles par les équations (9), mais comme ces équations contiennent $\mu + \nu$ indéterminées, savoir

$$x_1, x_2, x_3 \ldots x_\mu, c_1, c_2, c_3 \ldots c_\nu,$$

il est clair qu'on peut regarder les μ quantités $x_1, x_2, x_3 \ldots x_\mu$ comme variables. Les quantités $x'_1, x'_2, x'_3 \ldots x'_\nu$ se déterminent par les équations (10). Pour cela soit

$$z_k = \varphi_k(x_1, x_2, x_3 \ldots x_\mu),$$

on aura les équations

$$c_1 = \varphi_1(x'_1, x'_2 \ldots x'_\mu), \quad c_2 = \varphi_2(x'_1, x'_2 \ldots x'_\mu), \ldots c_\nu = \varphi_\nu(x'_1, x'_2 \ldots x'_\mu)$$
$$c_1 = \varphi_1(x_1, x_2 \ldots x_\mu), \quad c_2 = \varphi_2(x_1, x_2 \ldots x_\mu), \ldots c_\nu = \varphi_\nu(x_1, x_2 \ldots x_\mu).$$

Or les équations (10) donnent

$$x'_{\nu+1} = \beta_1, \quad x'_{\nu+2} = \beta_2, \ldots x'_\mu = \beta_{\mu-\nu};$$

en substituant donc ces valeurs, on aura les ν équations suivantes:

$$(12) \qquad \left\{ \begin{array}{l} \varphi_1(x_1, x_2 \ldots x_\mu) = \varphi_1(x'_1, x'_2 \ldots x'_\nu, \beta_1, \beta_2 \ldots \beta_{\mu-\nu}), \\ \varphi_2(x_1, x_2 \ldots x_\mu) = \varphi_2(x'_1, x'_2 \ldots x'_\nu, \beta_1, \beta_2 \ldots \beta_{\mu-\nu}), \\ \varphi_3(x_1, x_2 \ldots x_\mu) = \varphi_3(x'_1, x'_2 \ldots x'_\nu, \beta_1, \beta_2 \ldots \beta_{\mu-\nu}), \\ \ldots\ldots\ldots\ldots\ldots\ldots\ldots\ldots\ldots\ldots \\ \varphi_\nu(x_1, x_2 \ldots x_\mu) = \varphi_\nu(x'_1, x'_2 \ldots x'_\nu, \beta_1, \beta_2 \ldots \beta_{\mu-\nu}), \end{array} \right.$$

qui donnent les valeurs des quantités $x'_1, x'_2, x'_3 \ldots x'_\nu$.

Ces équations sont très compliquées; il est plus simple d'employer la méthode suivante.

En supposant dans l'équation (7) $n = \mu + \nu$ et $x_{\mu+1} = c_1$, $x_{\mu+2} = c_2$, $\ldots x_n = c_\nu$, cette équation deviendra

$$\psi x_1 + \psi x_2 + \cdots + \psi x_\mu = C + \varrho,$$

où les quantités x_1, $x_2 \ldots x_\mu$ sont liées entre elles par les équations suivantes:

(13) $$\theta x_1 = 0,\ \theta x_2 = 0,\ \theta x_3 = 0, \ldots \theta x_\mu = 0,$$

(14) $$\theta c_1 = 0,\ \theta c_2 = 0,\ \theta c_3 = 0, \ldots \theta c_\nu = 0.$$

Cela posé, si l'on fait $x_1 = x'_1$, $x_2 = x'_2$, $\ldots$ $x_\nu = x'_\nu$, et $x'_{\nu+1} = \beta_1$, $x'_{\nu+2} = \beta_2$, $\ldots$ $x'_\mu = \beta_{\mu-\nu}$, on aura

$$C = -\varrho' + \psi x'_1 + \psi x'_2 + \cdots + \psi x'_\nu$$

$$\psi x_1 + \psi x_2 + \cdots + \psi x_\mu = \varrho - \varrho' + \psi x'_1 + \psi x'_2 + \cdots + \psi x'_\nu,$$

où x'_1, $x'_2 \ldots x'_\nu$ sont déterminés par les équations

(15) $$\theta x'_1 = 0,\ \theta x'_2 = 0,\ \theta x'_3 = 0, \ldots \theta x'_\nu = 0,$$

(16) $$\theta \beta_1 = 0,\ \theta \beta_2 = 0,\ \theta \beta_3 = 0, \ldots \theta \beta_{\mu-\nu} = 0,$$

(17) $$\theta c_1 = 0,\ \theta c_2 = 0,\ \theta c_3 = 0, \ldots \theta c_\nu = 0.$$

Désignons maintenant la fonction s par $\theta_1 x$, il est clair qu'on aura aussi

$$\theta_1 x'_k = 0,\ \theta_1 \beta_k = 0,\ \theta_1 c_k = 0,$$

pourvu que a, a_1, $a_2 \ldots a_{\mu-1}$ soient déterminés par les équations (16) et (17).

On aura donc

$$\theta_1 x = (x - x'_1)(x - x'_2)(x - x'_3) \ldots (x - x'_\nu)$$
$$\times (x - \beta_1)(x - \beta_2)(x - \beta_3) \ldots (x - \beta_{\mu-\nu})$$
$$\times (x - c_1)(x - c_2)(x - c_3) \ldots (x - c_\nu).$$

En divisant l'équation $\theta_1 x = 0$ par le produit

$$(x - \beta_1)(x - \beta_2) \ldots (x - \beta_{\mu-\nu})(x - c_1)(x - c_2) \ldots (x - c_\nu),$$

on aura une équation du degré ν dont les différentes racines sont les quantités x'_1, $x'_2 \ldots x'_\nu$.

Dans ce qui précède il faut remarquer que si plusieurs des quantités β_1, β_2 etc. sont égales, par exemple si

$$\beta_1 = \beta_2 = \ldots = \beta_k,$$

on aura, au lieu des équations

$$\theta_1\beta_1=0,\ \theta_1\beta_2=0,\ \dots\ \theta_1\beta_k=0,$$

celles-ci:

$$\theta_1\beta_1=0,\ \theta'_1\beta_1=0,\ \theta''_1\beta_1=0,\dots\ \theta_1^{(k-1)}\beta_1=0.$$

La même chose a lieu, si quelques-unes des quantités $x_1, x_2 \dots x_\mu$ sont égales entre elles.

Ayant ainsi déterminé les quantités $x'_1, x'_2, x'_3 \dots x'_\nu$ en fonction de $c_1, c_2, c_3 \dots c_\nu$, il est clair qu'on peut regarder ces quantités comme des variables et déterminées par les équations (13) et (14). Les quantités $x_1, x_2 \dots x_\mu$ deviennent alors indépendantes et $x'_1, x'_2 \dots x'_\mu$ des fonctions de ces variables.

Application de la théorie précédente.

Je vais maintenant éclaircir la théorie précédente par plusieurs exemples. Soit

$$0=\alpha+\alpha_1 y.$$

Dans cé cas on a $m=1$, et par conséquent l'équation (2) devient

$$0=q=a+a_1x+a_2x^2+\dots+a_{n-1}x^{n-1}+x^n=s, \tag{18}$$

d'où l'on tire en différentiant

$$ydx=\frac{da+xda_1+x^2da_2+\dots+x^{n-1}da_{n-1}}{\frac{ds}{dx}}\cdot\frac{\alpha}{\alpha_1}. \tag{19}$$

En désignant donc $\int ydx$ par ψx, l'équation (7) devient

$$\psi x_1+\psi x_2+\psi x_3+\dots+\psi x_n=\varrho,$$

où

$$(20)\quad \left\{\begin{aligned} -d\varrho=&\left\{\frac{y_1}{\frac{ds_1}{dx_1}}+\frac{y_2}{\frac{ds_2}{dx_2}}+\frac{y_3}{\frac{ds_3}{dx_3}}+\dots+\frac{y_n}{\frac{ds_n}{dx_n}}\right\}da\\ &+\left\{\frac{x_1y_1}{\frac{ds_1}{dx_1}}+\frac{x_2y_2}{\frac{ds_2}{dx_2}}+\dots\dots+\frac{x_ny_n}{\frac{ds_n}{dx_n}}\right\}da_1\\ &+\dots\dots\dots\dots\dots\dots\dots\dots\\ &+\left\{\frac{x_1^{n-1}y_1}{\frac{ds_1}{dx_1}}+\frac{x_2^{n-1}y_2}{\frac{ds_2}{dx_2}}+\dots+\frac{x_n^{n-1}y_n}{\frac{ds_n}{dx_n}}\right\}da_{n-1}.\end{aligned}\right.$$

Comme le nombre des variables $x_1, x_2, x_3 \dots x_n$ et celui des quantités $a, a_1, a_2 \dots a_{n-1}$ est le même, toutes les quantités $x_1, x_2 \dots x_n$ sont des variables indépendantes.

De l'équation que nous venons de trouver, on peut déduire deux formules qui seront d'une grande utilité dans ces recherches. Soit d'abord $y=x^m$, on aura

$$\int y\,dx = \frac{x^{m+1}}{m+1} = \psi x.$$

La formule (20) deviendra donc

(21)
$$\frac{1}{m+1}(x_1^{m+1}+x_2^{m+1}+\cdots+x_n^{m+1})$$
$$= -\int(P_m\,da + P_{m+1}\,da_1 + P_{m+2}\,da_2 + \cdots + P_{m+n-1}\,da_{n-1}),$$

en faisant pour abréger

(22)
$$P_m = \frac{x_1^m}{\frac{ds_1}{dx_1}} + \frac{x_2^m}{\frac{ds_2}{dx_2}} + \frac{x_3^m}{\frac{ds_3}{dx_3}} + \cdots + \frac{x_n^m}{\frac{ds_n}{dx_n}}.$$

Maintenant le premier membre de l'équation (21) peut s'exprimer par une fonction rationnelle et entière des quantités $a, a_1, a_2 \dots a_{n-1}$. En désignant donc cette fonction par $\frac{1}{m+1}\,Q_{m+1}$, il est clair qu'on aura

$$P_{m+k} = -\frac{1}{m+1}\,\frac{dQ_{m+1}}{da_k}.$$

En faisant $m=0$, on aura

$$P_k = -\frac{dQ_1}{da_k}.$$

Or $Q_1 = x_1+x_2+x_3+\cdots+x_n = -a_{n-1}$. La fonction Q_1 ne contient donc que la variable a_{n-1}. On aura par conséquent

$$P_0=0,\ P_1=0,\ P_2=0, \dots P_{n-2}=0,\ P_{n-1}=1.$$

Soit maintenant $y=\frac{1}{(x-\alpha)^m}$, on aura

$$\int y\,dx = -\frac{1}{m-1}\cdot\frac{1}{(x-\alpha)^{m-1}} = \psi x;$$

donc

$$\frac{1}{m-1}\cdot\left(\frac{1}{(x_1-\alpha)^{m-1}}+\frac{1}{(x_2-\alpha)^{m-1}}+\cdots+\frac{1}{(x_n-\alpha)^{m-1}}\right)$$
$$=\int(P_m^{(0)}\,da + P_m^{(1)}\,da_1 + P_m^{(2)}\,da_2 + \cdots + P_m^{(n-1)}\,da_{n-1}),$$

en faisant pour abréger

$$P_m^{(k)}=\frac{x_1^k}{(x_1-\alpha)^m\frac{ds_1}{dx_1}}+\frac{x_2^k}{(x_2-\alpha)^m\frac{ds_2}{dx_2}}+\cdots+\frac{x_n^k}{(x_n-\alpha)^m\frac{ds_n}{dx_n}}.$$

Si l'on fait

$$\frac{1}{(x_1-\alpha)^{m-1}}+\frac{1}{(x_2-\alpha)^{m-1}}+\cdots+\frac{1}{(x_n-\alpha)^{m-1}}=Q'_{m-1},$$

on aura

$$P_m^{(k)}=\frac{1}{m-1}\cdot\frac{dQ'_{m-1}}{da_k}.$$

Si $m=1$, cette équation devient illusoire; or dans ce cas on a

$$\int y\,dx=\log(x-\alpha),$$

donc si l'on fait

$$t=(x_1-\alpha)(x_2-\alpha)\ldots(x_n-\alpha)=(-1)^n(a+a_1\alpha+a_2\alpha^2+\cdots+a_{n-1}\alpha^{n-1}+\alpha^n),$$

on aura

$$P_1^{(k)}=-\frac{dt}{da_k}\cdot\frac{1}{t}=-\frac{\alpha^k}{a+a_1\alpha+a_2\alpha^2+\cdots+a_{n-1}\alpha^{n-1}+\alpha^n}.$$

Dans l'équation (20) la fonction ϱ est en général une fonction logarithmique et algébrique, mais on peut toujours établir entre les quantités x_1, x_2 etc. des relations telles que cette quantité devienne égale à zéro.

En effet soit

$$0=\delta+\delta_1x+\delta_2x^2+\cdots+\alpha_1(a+a_1x+a_2x^2+\cdots+a_{\mu-1}x^{\mu-1}+x^\mu)=s;$$

on aura en différentiant

$$0=\left(\frac{ds}{dx}\right)dx+\alpha_1(da+x\,da_1+x^2\,da_2+\cdots+x^{\mu-1}da_{\mu-1}),$$

donc

$$y\,dx=\frac{\alpha(da+x\,da_1+x^2da_2+\cdots+x^{\mu-1}da_{\mu-1})}{\frac{ds}{dx}},$$

et

$$\psi x_1+\psi x_2+\cdots+\psi x_n=\varrho,$$

ϱ étant en général une fonction entière, qui s'évanouit lorsque le degré de α est moindre que celui de α_1. Dans ce cas on a donc

$$\psi x_1+\psi x_2+\cdots+\psi x_n=C. \tag{23}$$

Les quantités x_1, x_2, $x_3\ldots x_n$ sont liées entre elles par les équations

$$a+a_1x_1+a_2x_1^2+\cdots+a_{\mu-1}x_1^{\mu-1}+x_1^\mu=\frac{fx_1}{\varphi x_1},$$

$$a + a_1 x_2 + a_2 x_2^2 + \cdots + a_{\mu-1} x_2^{\mu-1} + x_2^\mu = \frac{fx_2}{\varphi x_2},$$

. . . .

$$a + a_1 x_n + a_2 x_n^2 + \cdots + a_{\mu-1} x_n^{\mu-1} + x_n^\mu = \frac{fx_n}{\varphi x_n},$$

où l'on a fait pour abréger

$$\alpha_1 = \varphi x, \text{ et } -(\delta + \delta_1 x + \delta_2 x^2 + \cdots + \delta_{n-1} x^{n-1}) = fx.$$

En faisant dans l'équation (23) $x_1 = x'_1$, $x_2 = x'_2$ etc. on aura

$$\psi x_1 + \psi x_2 + \cdots + \psi x_n = \psi x'_1 + \psi x'_2 + \cdots + \psi x'_n.$$

Dans cette équation on peut regarder δ, δ_1 etc. comme des variables; par conséquent on peut regarder x_1, x_2, $x_3 \ldots$ comme des variables indépendantes, et faire en sorte que $\psi x'_n = 0$, $\psi x'_{n-1} = 0 \ldots\ \psi x'_{\mu+1} = 0$.

On aura donc la formule

(24) $$\psi x_1 + \psi x_2 + \cdots + \psi x_n = \psi x'_1 + \psi x'_2 + \cdots + \psi x'_\mu.$$

Soit par exemple $\alpha = 1$, $\alpha_1 = x$, on aura $\psi x = -\int \frac{dx}{x} = -\log x$,

$$0 = \delta + ax + a_1 x^2 + \cdots + a_{\mu-1} x^\mu + x^{\mu+1},$$

$$\delta = (-1)^{\mu+1} x_1 x_2 x_3 \ldots x_{\mu+1},$$

$$\delta = (-1)^{\mu+1} x'_1 x'_2 x'_3 \ldots x'_{\mu+1};$$

donc si l'on fait $x'_2 = x'_3 = \cdots = x'_{\mu+1} = 1$, on aura

$$x'_1 = x_1 x_2 x_3 \ldots x_{\mu+1};$$

par conséquent

$$\log x_1 + \log x_2 + \cdots + \log x_{\mu+1} = \log(x_1 x_2 x_3 \ldots x_{\mu+1}),$$

comme on sait.

Soit maintenant $\alpha = 1$, $\alpha_1 = 1 + x^2$, on aura

$$\psi x = -\operatorname{arc\,tang} x,$$

$$0 = \delta + \delta_1 x_1 + (1 + x_1^2)(a + x_1),$$

$$0 = \delta + \delta_1 x_2 + (1 + x_2^2)(a + x_2),$$

$$0 = \delta + \delta_1 x_3 + (1 + x_3^2)(a + x_3),$$

$$\operatorname{arc\,tang} x_1 + \operatorname{arc\,tang} x_2 + \operatorname{arc\,tang} x_3 = C;$$

$$x_1 x_2 x_3 = -\delta - a; \quad x_1 + x_2 + x_3 = -a; \quad x_1 x_2 + x_1 x_3 + x_2 x_3 = \delta_1 + 1;$$

donc

$$(25)\quad \begin{cases} x_1 + x_2 + x_3 - x_1 x_2 x_3 = \delta \\ x_1 x_2 + x_1 x_3 + x_2 x_3 - 1 = \delta_1. \end{cases}$$

Soit pour déterminer C, $x_3 = x'_2$, $x_2 = -x'_2$, $x_1 = x'_1$, on aura

$$C = \operatorname{arc\,tang} x'_1,\quad x'_1 + x'_1 (x'_2)^2 = \delta,\quad 1 + (x'_2)^2 = -\delta_1.$$

Des deux dernières équations on tire, en éliminant x'_2,

$$-\frac{\delta}{\delta_1} = x'_1;$$

or les équations (25) donnent

$$-\frac{\delta}{\delta_1} = \frac{x_1 + x_2 + x_3 - x_1 x_2 x_3}{1 - x_1 x_2 - x_1 x_3 - x_2 x_3},$$

donc en substituant on aura

$$\operatorname{arc\,tang} x_1 + \operatorname{arc\,tang} x_2 + \operatorname{arc\,tang} x_3 = \operatorname{arc\,tang} \frac{x_1 + x_2 + x_3 - x_1 x_2 x_3}{1 - x_1 x_2 - x_1 x_3 - x_2 x_3}.$$

Pour trouver la valeur de $d\rho$, il faut, selon ce qu'on a vu, exprimer en fonction de a, a_1 $a_2 \ldots$ des fonctions symétriques de x_1, $x_2 \ldots x_n$ de la forme

$$\frac{fx_1}{\frac{ds_1}{dx_1}} + \frac{fx_2}{\frac{ds_2}{dx_2}} + \cdots + \frac{fx_n}{\frac{ds_n}{dx_n}};$$

mais comme cela est en général très laborieux par les méthodes ordinaires, je vais développer quelques formules qui sont d'une grande utilité dans ces recherches, et qu'on peut déduire de la théorie précédente.

Soit, dans ce qui précède, y une fonction rationnelle fx, on aura $m = 1$, et par conséquent

$$0 = q = a + a_1 x + a_2 x^2 + \cdots + a_n x^n = s = \varphi x,$$

d'où l'on tirera en différentiant

$$fx \, . \, dx = -\frac{da + x\,da_1 + x^2\,da_2 + \cdots + x^n\,da_n}{\varphi' x} fx$$

donc l'équation (20) deviendra

$$\int fx_1 . dx_1 + \int fx_2 . dx_2 + \int fx_3 . dx_3 + \cdots + \int fx_n . dx_n = \varrho, \text{ où}$$

$$\begin{aligned} -d\varrho = \; & da \left(\frac{fx_1}{\varphi' x_1} + \frac{fx_2}{\varphi' x_2} + \cdots + \frac{fx_n}{\varphi' x_n} \right) \\ & + da_1 \left(\frac{x_1 . fx_1}{\varphi' x_1} + \frac{x_2 . fx_2}{\varphi' x_2} + \cdots + \frac{x_n . fx_n}{\varphi' x_n} \right) \\ & + \cdots\cdots\cdots\cdots \\ & + da_n \left(\frac{x_1^n . fx_1}{\varphi' x_1} + \frac{x_2^n . fx_2}{\varphi' x_2} + \cdots + \frac{x_n^n . fx_n}{\varphi' x_n} \right). \end{aligned}$$

Cela posé, soit

$$\int fx\, dx = \psi x + \Sigma A \log (x - \delta),$$

on aura

$$\varrho = \psi x_1 + \psi x_2 + \cdots + \psi x_n + \Sigma A \log (x_1 - \delta)(x_2 - \delta)(x_3 - \delta) \ldots (x_n - \delta).$$

La quantité $\psi x_1 + \psi x_2 + \cdots + \psi x_n$ est une fonction symétrique de $x_1, x_2, x_3 \ldots x_n$; on peut donc exprimer cette fonction par une fonction rationnelle de $a, a_1, a_2 \ldots a_n$. Soit p cette fonction. La quantité $(x_1 - \delta)(x_2 - \delta) \ldots (x_n - \delta)$ est la même chose que $(-1)^n \frac{\varphi \delta}{a_n}$; on aura donc

$$\varrho = p + \Sigma A (\log \varphi \delta - \log a_n),$$

d'où l'on tire

$$\frac{d\varrho}{da_m} = \frac{dp}{da_m} + \Sigma A \left[\frac{1}{\varphi \delta} \cdot \frac{d\varphi \delta}{da_m} - \frac{1}{a_n} \cdot \frac{da_n}{da_m} \right];$$

on aura aussi

$$\frac{d\varrho}{da_m} = -\left(\frac{x_1^m . fx_1}{\varphi' x_1} + \frac{x_2^m . fx_2}{\varphi' x_2} + \cdots + \frac{x_n^m . fx_n}{\varphi' x_n} \right);$$

donc

$$Q_m = \frac{x_1^m fx_1}{\varphi' x_1} + \frac{x_2^m fx_2}{\varphi' x_2} + \cdots + \frac{x_n^m fx_n}{\varphi' x_n} = -\frac{dp}{da_m} - \Sigma A \left[\frac{1}{\varphi \delta} \cdot \frac{d\varphi \delta}{da_m} - \frac{1}{a_n} \cdot \frac{da_n}{da_m} \right];$$

or $\frac{d\varphi \delta}{da_m} = \delta^m$, donc

$$(26) \qquad \frac{x_1^m fx_1}{\varphi' x_1} + \frac{x_2^m fx_2}{\varphi' x_2} + \cdots + \frac{x_n^m fx_n}{\varphi' x_n} = -\frac{dp}{da_m} - \Sigma \frac{A \delta^m}{\varphi \delta} + \Sigma \frac{A}{a_n} (\tfrac{1}{2} \pm \tfrac{1}{2}).$$

Le signe $+$ a lieu, si $m = n$, et le signe $-$, si $m < n$.

Si l'on fait $m = 0$, on aura

$$\frac{fx_1}{\varphi' x_1} + \frac{fx_2}{\varphi' x_2} + \cdots + \frac{fx_n}{\varphi' x_n} = -\frac{dp}{da} - \Sigma \frac{A}{\varphi \delta}.$$

De l'équation (26) on tire aisément celle-ci

$$(27) \qquad \frac{Fx_1 . fx_1}{\varphi' x_1} + \frac{Fx_2 . fx_2}{\varphi' x_2} + \frac{Fx_3\, fx_3}{\varphi' x_3} + \cdots + \frac{Fx_n . fx_n}{\varphi' x_n}$$

$$=-\beta\frac{dp}{da}-\beta_1\frac{dp}{da_1}-\beta_2\frac{dp}{da_2}-\cdots-\beta_n\frac{dp}{da_n}-\Sigma\frac{A.F\delta}{\varphi\delta}+\frac{\beta_n}{a_n}\Sigma A,$$

où $F(x)=\beta+\beta_1x+\beta_2x^2+\cdots+\beta_nx^n$.

En faisant $fx=1$, on aura $\psi x=x$, donc

$$p=x_1+x_2+x_3+\cdots+x_n=-\frac{a_{n-1}}{a_n},\quad A=0;$$

donc

$$\frac{Fx_1}{\varphi'x_1}+\frac{Fx_2}{\varphi'x_2}+\cdots+\frac{Fx_n}{\varphi'x_n}=\frac{\beta_{n-1}}{a_n}-\frac{\beta_n a_{n-1}}{a_n^2}.$$

Il suit de là que

(28) $$\frac{x_1^m}{\varphi'x_1}+\frac{x_2^m}{\varphi'x_2}+\cdots+\frac{x_n^m}{\varphi'x_n}=0,$$

si m est moindre que $n-1$; que

(29) $$\frac{x_1^{n-1}}{\varphi'x_1}+\frac{x_2^{n-1}}{\varphi'x_2}+\cdots+\frac{x_n^{n-1}}{\varphi'x_n}=\frac{1}{a_n},$$

et que

(30) $$\frac{x_1^n}{\varphi'x_1}+\frac{x_2^n}{\varphi'x_2}+\cdots+\frac{x_n^n}{\varphi'x_n}=-\frac{a_{n-1}}{a_n^2}.$$

Si l'on fait $fx=\frac{1}{x-\delta}$, on aura $p=0$, $A=1$, donc

(31) $$\frac{Fx_1}{(x_1-\delta)\varphi'x_1}+\frac{Fx_2}{(x_2-\delta)\varphi'x_2}+\cdots+\frac{Fx_n}{(x_n-\delta)\varphi'x_n}=\frac{\beta_n}{a_n}-\frac{F\delta}{\varphi\delta}.$$

De cette équation on déduira, en différentiant m fois de suite par rapport à δ,

(32) $$\frac{Fx_1}{(x_1-\delta)^{m+1}\varphi'x_1}+\frac{Fx_2}{(x_2-\delta)^{m+1}\varphi'x_2}+\cdots+\frac{Fx_n}{(x_n-\delta)^{m+1}\varphi'x_n}=-\frac{1}{\Gamma(m+1)}\;\frac{d^m\left(\frac{F\delta}{\varphi\delta}\right)}{(d\delta)^m},$$

ou bien, en développant le second membre de cette équation,

3) $$\left\{\begin{aligned}&\frac{Fx_1}{(x_1-\delta)^{m+1}\varphi'x_1}+\frac{Fx_2}{(x_2-\delta)^{m+1}\varphi'x_2}+\cdots+\frac{Fx_n}{(x_n-\delta)^{m+1}\varphi'x_n}=\\&-\frac{1}{\Gamma(m+1)}\left\{\frac{d^m\left(\frac{1}{\varphi\delta}\right)}{d\delta^m}F\delta+m\frac{d^{m-1}\left(\frac{1}{\varphi\delta}\right)}{d\delta^{m-1}}\cdot\frac{dF\delta}{d\delta}+\cdots+\frac{m(m-1)\ldots(n+1)}{1.2.3\ldots(m-n)}\cdot\frac{d^nF\delta}{d\delta^n}\cdot\frac{d^{m-n}\left(\frac{1}{\varphi\delta}\right)}{d\delta^{m-n}}\right\}.\end{aligned}\right.$$

Par exemple, si $m=1$, on aura

$$\frac{Fx_1}{(x_1-\delta)^2.\varphi'x_1}+\frac{Fx_2}{(x_2-\delta)^2.\varphi'x_2}+\cdots+\frac{Fx_n}{(x_n-\delta)^2.\varphi'x_n}=-\frac{F'\delta}{\varphi\delta}+\frac{F\delta.\varphi'\delta}{(\varphi\delta)^2}.$$

XI.

SUR LES FONCTIONS GÉNÉRATRICES ET LEURS DÉTERMINANTES.

Soit $\varphi(x, y, z\ldots)$ une fonction quelconque de plusieurs variables $x, y, z\ldots$, on peut toujours trouver une fonction $f(u, v, p\ldots)$ telle que

(1) $$\varphi(x, y, z\ldots) = \int e^{xu+yv+zp+\cdots} f(u, v, p\ldots)\, du\, dv\, dp.$$

Dans cette équation j'appellerai φ la fonction génératrice de f, et f la déterminante de φ, et je ferai usage des notations suivantes:

(2) $$\begin{cases} \varphi(x, y, z\ldots) = \mathrm{fg}\, f(u, v, p\ldots) \\ f(u, v, p\ldots) = \mathrm{D}\, \varphi(x, y, z\ldots). \end{cases}$$

Cela posé, considérons d'abord les fonctions d'une seule variable, et soit

(3) $$\varphi x = \int e^{vx} fv \,.\, dv,$$

on aura

(4) $$\begin{aligned} \varphi x &= \mathrm{fg}\,.fv, \\ fv &= \mathrm{D}\, \varphi x. \end{aligned}$$

Soit de même

$$\varphi_1 x = \int e^{xv} f_1 v \,.\, dv,$$

on aura

$$\varphi x + \varphi_1 x = \int e^{xv} (fv + f_1 v)\, dv,$$

donc

$$\mathrm{D}(\varphi x + \varphi_1 x) = fv + f_1 v;$$

or $fv = \mathrm{D}\varphi x$, $f_1 v = \mathrm{D}\varphi_1 x$, donc

$$\mathrm{D}(\varphi x + \varphi_1 x) = \mathrm{D}\varphi x + \mathrm{D}\varphi_1 x.$$

On aura en général

$$(5)\quad \mathrm{D}(\varphi x + \varphi_1 x + \varphi_2 x + \varphi_3 x + \cdots) = \mathrm{D}\varphi x + \mathrm{D}\varphi_1 x + \mathrm{D}\varphi_2 x + \mathrm{D}\varphi_3 x + \cdots,$$

donc aussi

$$(6)\quad \mathrm{fg}\,(fv + f_1 v + f_2 v + \cdots) = \mathrm{fg}\,fv + \mathrm{fg}\,f_1 v + \mathrm{fg}\,f_2 v + \cdots,$$

$$(7)\quad \begin{cases} \mathrm{D}(a\varphi x) = a\mathrm{D}\varphi x, \\ \mathrm{fg}(afv) = a\,.\,\mathrm{fg}\,fv. \end{cases}$$

En mettant $x + \alpha$ au lieu de x, on aura

$$\varphi(x+\alpha) = \int e^{xv} e^{\alpha v} fv\,.\,dv,$$

donc

$$(8)\quad \begin{cases} \mathrm{D}\varphi\,(x+\alpha) = e^{\alpha v}\mathrm{D}\varphi x, \\ \mathrm{fg}\,(e^{\alpha v}\mathrm{D}\varphi x) = \varphi\,(x+\alpha) = \mathrm{fg}\,(e^{\alpha v} fv). \end{cases}$$

En différentiant l'équation (3) on aura

$$\frac{d\varphi x}{dx} = \int e^{xv}\, v fv\,.\,dv,$$

donc

$$(9)\quad \begin{cases} \mathrm{D}\left(\dfrac{d\varphi x}{dx}\right) = vfv = v\mathrm{D}\varphi x, \\ \mathrm{fg}\,(vfv) = \mathrm{fg}\,(v\mathrm{D}\varphi x) = \dfrac{d\varphi x}{dx}. \end{cases}$$

De la même manière on aura, en différentiant l'équation (3) n fois de suite,

$$\frac{d^n\varphi x}{dx^n} = \int e^{vx} v^n fv\,.\,dv,$$

donc

$$(10)\quad \begin{cases} \mathrm{D}\left(\dfrac{d^n\varphi x}{dx^n}\right) = v^n\,.\,fv = v^n\,.\,\mathrm{D}\varphi x, \\ \mathrm{fg}\,(v^n fv) = \mathrm{fg}(v^n\mathrm{D}\varphi x) = \dfrac{d^n\varphi x}{dx^n} \end{cases}$$

De même:

$$(11)\quad \begin{cases} \mathrm{D}\left(\int^n \varphi x dx^n\right) = v^{-n} fv = v^{-n}\mathrm{D}\varphi x, \\ \mathrm{fg}\,(v^{-n} fv) = \mathrm{fg}\,(v^{-n}\mathrm{D}\varphi x) = \int^n \varphi x dx^n. \end{cases}$$

En prenant la différence finie de l'équation (3) n fois de suite, on aura

$$\Delta_\alpha^n \varphi x = \int e^{vx}(e^{v\alpha} - 1)^n fv\,.\,dv,$$

en désignant par α la différence de x; donc

$$(12)\quad \begin{cases} \mathrm{D}\,\Delta_\alpha^n\varphi x = (e^{v\alpha}-1)^n fv, \\ \mathrm{fg}\,[(e^{v\alpha}-1)^n fv] = \Delta_\alpha^n\varphi x, \\ \mathrm{D}\,\Sigma_\alpha^n(\varphi x) = (e^{v\alpha}-1)^{-n} fv, \\ \mathrm{fg}\,[(e^{v\alpha}-1)^{-n} fv] = \Sigma_\alpha^n\varphi x, \end{cases}$$

On trouvera de la même manière

$$(13)\quad \begin{cases} \mathrm{D}\,[\Delta_\alpha^n\Delta_{\alpha'}^{n'}\Delta_{\alpha''}^{n''}\ldots d^m\varphi(x+\beta)] = e^{v\beta}v^m(e^{v\alpha}-1)^n(e^{v\alpha'}-1)^{n'}(e^{v\alpha''}-1)^{n''}\ldots fv, \\ \mathrm{fg}\,[e^{v\beta}v^m(e^{v\alpha}-1)^n(e^{v\alpha'}-1)^{n'}(e^{v\alpha''}-1)^{n''}\ldots fv] = \Delta_\alpha^n\Delta_{\alpha'}^{n'}\Delta_{\alpha''}^{n''}\ldots d^m\varphi(x+\beta). \end{cases}$$

Soit en général

$$(14)\quad \delta(\varphi x) = A_{n,\alpha}\frac{d^n\varphi(x+\alpha)}{dx^n} + A_{n',\alpha'}\frac{d^{n'}\varphi(x+\alpha')}{dx^{n'}} + \cdots,$$

on aura

$$\delta(\varphi x) = \int e^{vx} fv\,(A_{n,\alpha}v^n e^{v\alpha} + A_{n',\alpha'}v^{n'}e^{v\alpha'} + \cdots)\,dv,$$

donc

$$\mathrm{D}\,(\delta\varphi x) = fv\,(A_{n,\alpha}v^n e^{v\alpha} + A_{n',\alpha'}v^{n'}e^{v\alpha'} + \cdots).$$

Soit

$$(15)\quad A_{n,\alpha}v^n e^{v\alpha} + A_{n',\alpha'}v^{n'}e^{v\alpha'} + \cdots = \psi v,$$

on aura

$$(16)\quad \mathrm{D}\,(\delta\varphi x) = \psi v\,.\,fv = \psi v\,.\,\mathrm{D}\varphi x,$$

Soit de même

$$(17)\quad \begin{cases} \mathrm{D}\,(\delta_1\varphi x) = \psi_1 v\ \ \mathrm{D}\varphi x, \\ \mathrm{D}\,(\delta_2\varphi x) = \psi_2 v\,.\,\mathrm{D}\varphi x, \\ \ldots\ldots\ldots\ldots\ldots \\ \mathrm{D}\,(\delta_\mu\varphi x) = \psi_\mu v\,.\,\mathrm{D}\varphi x, \end{cases}$$

on trouvera aisément

$$\mathrm{D}\,(\delta\delta_1\varphi x) = \psi v\,.\,\psi_1 v\,.\,fv,$$

$$\mathrm{D}\,(\delta\delta_1\delta_2\varphi x) = \psi v\,.\,\psi_1 v\,.\,\psi_2 v\,.\,fv,$$

et en général

$$(18)\quad \begin{cases} \mathrm{D}\,(\delta\delta_1\delta_2\ldots\delta_\mu\varphi x) = \psi v\,.\,\psi_1 v\,.\,\psi_2 v\ldots\psi_\mu v\,.\,fv, \\ \mathrm{D}\,(\delta^n\varphi x) = (\psi v)^n\,.\,\mathrm{D}\varphi x, \\ \mathrm{D}\,(\delta^n\delta_1^{n_1}\delta_2^{n_2}\ldots\delta_\mu^{n_\mu}\varphi x) = (\psi v)^n(\psi_1 v)^{n_1}(\psi_2 v)^{n_2}\ldots(\psi_\mu v)^{n_\mu}\mathrm{D}\varphi x, \\ \mathrm{fg}\,[(\psi v)^n(\psi_1 v)^{n_1}\ldots(\psi_\mu v)^{n_\mu}\mathrm{D}\varphi x] = \delta^n\delta_1^{n_1}\ldots\delta_\mu^{n_\mu}\varphi x. \end{cases}$$

Application de la théorie précédente.

La théorie précédente des fonctions génératrices est très féconde pour le développement des fonctions en séries.

Supposons par exemple qu'on veuille développer $\varphi(x+\alpha)$ suivant les coefficiens différentiels de φx. La déterminante de $\varphi(x+\alpha)$ est $e^{v\alpha}fv$, et celle de $\frac{d^n\varphi x}{dx^n}$ sera $v^n fv$. Il s'agit donc seulement de développer $e^{v\alpha}$ en termes de la forme $A_n v^n$; or on a

$$e^{v\alpha}=1+v\alpha+\frac{v^2}{1.2}\alpha^2+\frac{v^3}{1.2.3}\alpha^3+\cdots+\frac{v^n}{1.2.3\ldots n}\alpha^n+\cdots,$$

donc

$$e^{v\alpha}fv=fv+\alpha vfv+\frac{\alpha^2}{1.2}v^2fv+\frac{\alpha^3}{1.2.3}v^3fv+\cdots.$$

En prenant la fonction génératrice de chaque membre de cette équation, on aura, en remarquant que $\text{fg}(e^{v\alpha}fv)=\varphi(x+\alpha)$, et $\text{fg}(v^n fv)=\frac{d^n\varphi x}{dx^n}$,

$$\varphi(x+\alpha)=\varphi x+\alpha\frac{d\varphi x}{dx}+\frac{\alpha^2}{1.2}\cdot\frac{d^2\varphi x}{dx^2}+\cdots,$$

comme on sait.

Supposons en général qu'on ait une relation quelconque entre plusieurs fonctions de la forme ψv, $\psi_1 v$, ... etc., composée de termes de la forme

$$A_{n,n_1,n_2\ldots n_\mu}(\psi v)^n(\psi v_1)^{n_1}\ldots(\psi v_\mu)^{n_\mu},$$

et désignons cette relation par

(19) $$\Sigma A_{n,n_1,n_2\ldots n_\mu}(\psi v)^n(\psi v_1)^{n_1}\ldots(\psi v_\mu)^{n_\mu}=0.$$

En multipliant par fv et prenant la fonction génératrice, on aura

$$\Sigma A_{n,n_1,n_2\ldots n_\mu}\text{fg}[fv.(\psi v)^n(\psi v_1)^{n_1}\ldots(\psi v_\mu)^{n_\mu}]=0;$$

c'est-à-dire

(20) $$\Sigma A_{n,n_1,n_2\ldots n_\mu}\delta^n\delta_1^{n_1}\delta_2^{n_2}\ldots\delta_\mu^{n_\mu}\varphi x=0.$$

Cette équation exprimera une relation générale entre les différentes opérations indiquées par les lettres δ, δ_1, δ_2, ...

Problème I. Soit $\delta\varphi x=\varphi(x+\alpha)+a\varphi x$, et proposons-nous de développer $\delta^n\varphi x$ en termes de la forme $A_m\varphi(x+m\alpha)$. La déterminante de $\varphi(x+\alpha)$ étant $e^{v\alpha}fv$, et celle de φx, fv, il est clair que

$$D\,\delta\varphi x = (e^{v\alpha} + a) f v,$$

donc

$$D\,\delta^n \varphi x = (e^{v\alpha} + a)^n f v;$$

ayant de même $D\varphi(x + m\alpha) = e^{vm\alpha} f v$, il faut développer $(e^{v\alpha} + a)^n$ suivant les puissances de $e^{v\alpha}$; or on a

$$(a + e^{v\alpha})^n = a^n + n a^{n-1} e^{v\alpha} + \frac{n(n-1)}{2} a^{n-2} e^{2v\alpha} + \cdots,$$

donc

$$\delta^n \varphi x = a^n \varphi x + n a^{n-1} \varphi(x + \alpha) + \frac{n(n-1)}{2} a^{n-2} \varphi(x + 2\alpha) + \cdots;$$

on a aussi

$$(a + e^{v\alpha})^n = e^{nv\alpha} + n a\, e^{(n-1)v\alpha} + \frac{n(n-1)}{2} a^2 e^{(n-2)v\alpha} + \cdots,$$

donc

$$\delta^n \varphi x = \varphi(x + n\alpha) + n a \varphi[x + (n-1)\alpha] + \frac{n(n-1)}{2} a^2 \varphi[x + (n-2)\alpha] + \cdots$$

En faisant $a = -1$, on a $\delta^n \varphi x = \Delta^n_\alpha \varphi x$, donc

$$\Delta^n_\alpha \varphi x = \varphi(x + n\alpha) - n\varphi[x + (n-1)\alpha] + \frac{n(n-1)}{2} \varphi[x + (n-2)\alpha] - \cdots.$$

Problème II. Soit $\delta\varphi x = \varphi(x + \alpha) + a\varphi x$, $\delta_1 \varphi x = \varphi(x + \alpha_1) + a_1 \varphi x$ et proposons-nous d'exprimer l'opération δ^n_1 par δ^m. On a

$$D\delta^m \varphi x = (e^{v\alpha} + a)^m f v, \quad D\delta^n_1 \varphi x = (e^{v\alpha_1} + a_1)^n f v.$$

Il faut donc exprimer $(e^{v\alpha_1} + a_1)^n$ en termes de la forme $A_m (e^{v\alpha} + a)^m$. Soit $e^{v\alpha_1} + a_1 = y$, $e^{v\alpha} + a = z$, on aura

$$e^v = (y - a_1)^{\frac{1}{\alpha_1}} = (z - a)^{\frac{1}{\alpha}};$$

donc

$$y = a_1 + (z - a)^{\frac{\alpha_1}{\alpha}},$$

$$y^n = \left(a_1 + (z - a)^{\frac{\alpha_1}{\alpha}}\right)^n,$$

$$y^n = \Sigma A_m z^m,$$

donc

$$\delta^n_1 \varphi x = \Sigma A_m \delta^m \varphi x.$$

Soit par exemple $\alpha_1 = \alpha$, on a

$$y^n = (a_1 - a + z)^n = (a_1 - a)^n + n(a_1 - a)^{n-1} z + \cdots = z^n + n(a_1 - a) z^{n-1} + \cdots,$$

donc

$$\delta^n_1 \varphi x = (a_1 - a)^n \varphi x + n(a_1 - a)^{n-1} \delta\varphi x + \frac{n(n-1)}{2} (a_1 - a)^{n-2} \delta^2 \varphi x + \cdots,$$

$$\delta_1^n \varphi x = \delta^n \varphi x + n(a_1 - a)\delta^{n-1}\varphi x + \frac{n(n-1)}{2}(a_1-a)^2\delta^{n-2}\varphi x + \cdots.$$

En faisant $a_1 = 0$, on aura $\delta_1^n \varphi x = \varphi(x+n\alpha)$, donc

$$\varphi(x+n\alpha) = \delta^n\varphi x - na\,\delta^{n-1}\varphi x + \frac{n(n-1)}{2}a^2\delta^{n-2}\varphi x - \cdots;$$

si $a = -1$, on aura

$$\varphi(x+n\alpha) = \varDelta_\alpha^n \varphi x + n\,\varDelta_\alpha^{n-1}\varphi x + \frac{n(n-1)}{2}\varDelta_\alpha^{n-2}\varphi x + \cdots.$$

Problème III. Soit $\delta\varphi x = \varphi(x+\alpha) - a\varphi x$ et $\delta_1\varphi x = c\varphi x + k\dfrac{d\varphi x}{dx}$ et proposons-nous de déterminer δ_1^m par δ. On a

$$\mathrm{D}\delta_1\varphi x = (c+kv)fv,$$

donc

$$\mathrm{D}\delta_1^n\varphi x = (c+kv)^n fv;$$

or

$$\mathrm{D}\delta\varphi x = (e^{v\alpha} - a)fv;$$

il faut donc développer $(c+kv)^n$ suivant les puissances de $e^{v\alpha}-a$. Soit $c+kv = y$, $e^{v\alpha} - a = z$, on aura

$$v = \frac{1}{\alpha}\log(z+a),\quad y = c + \frac{k}{\alpha}\log(z+a).$$

$$y = c + \frac{k}{\alpha}\log a + \frac{k}{\alpha}\left(\frac{z}{a} - \tfrac{1}{2}\frac{z^2}{a^2} + \tfrac{1}{3}\frac{z^3}{a^3} - \cdots\right),$$

$$y^n = \left[c + \frac{k}{\alpha}\log a + \frac{k}{\alpha}\left(\frac{z}{a} - \tfrac{1}{2}\frac{z^2}{a^2} + \tfrac{1}{3}\frac{z^3}{a^3} - \cdots\right)\right]^n = \Sigma A_m z^m,$$

donc

$$\delta_1^n\varphi x = \Sigma A_m \delta^m \varphi x.$$

Soit $c=0$, $a=1$, $k=1$, on aura $\delta_1^n\varphi x = \dfrac{d^n\varphi x}{dx^n}$; donc

$$\frac{d^n\varphi x}{dx^n} = \Sigma A_m.\varDelta_\alpha^m\varphi x,$$

où

$$\Sigma A_m z^m = \frac{1}{\alpha^n}(z - \tfrac{1}{2}z^2 + \tfrac{1}{3}z^3 - \cdots)^n;$$

en faisant $n=1$, on aura

$$\frac{d\varphi x}{dx} = \frac{1}{\alpha}(\varDelta\varphi x - \tfrac{1}{2}\varDelta^2\varphi x + \tfrac{1}{3}\varDelta^3\varphi x - \cdots).$$

Problème IV. Développer la fonction $\varphi(x+\alpha)$ en termes de la forme

$$\frac{d^n\varphi(x+n\beta)}{dx^n}.$$

On a $D\varphi(x+\alpha)=e^{\alpha v}fv$, et $D\frac{d^n\varphi(x+n\beta)}{dx^n}=e^{n\beta v}v^n fv$. Il s'agit donc de développer $e^{\alpha v}$ suivant les puissances de $ve^{\beta v}$. Or on a (*Legendre* Exerc. de calc. int. t. 2, p. 234)

$$b^v=1+lb.vc^v+lb(lb-2lc)\frac{(v.c^v)^2}{2}+lb(lb-3lc)^2\frac{(v.c^v)^3}{2.3}+\cdots$$

Soit $b=e^\alpha$, $c=e^\beta$, on aura $lb=\alpha$, $lc=\beta$, donc

$$e^{\alpha v}=1+\alpha v e^{\beta v}+\alpha(\alpha-2\beta)\frac{v^2e^{2\beta v}}{2}+\alpha(\alpha-3\beta)^2\frac{v^3.e^{3\beta v}}{2.3}+\cdots,$$

donc

$$\varphi(x+\alpha)=\varphi x+\alpha\frac{d\varphi(x+\beta)}{dx}+\frac{\alpha(\alpha-2\beta)}{2}\cdot\frac{d^2\varphi(x+2\beta)}{dx^2}+\frac{\alpha(\alpha-3\beta)^2}{2.3}\cdot\frac{d^3\varphi(x+3\beta)}{dx^3}+\cdots$$

$$+\frac{\alpha(\alpha-n\beta)^{n-1}}{1.2.3\ldots n}\cdot\frac{d^n\varphi(x+n\beta)}{dx^n}+\cdots.$$

En posant $x=0$, et écrivant ensuite x au lieu de α, on aura

$$\varphi x=\varphi(0)+x\varphi'(\beta)+\frac{x(x-2\beta)}{2}\varphi''(2\beta)+\frac{x(x-3\beta)^2}{2.3}\varphi'''(3\beta)+\cdots.$$

Soit $\varphi x=x^m$, on a $\varphi(x+n\beta)=(x+n\beta)^m$, donc

$$\varphi^{(n)}(x+n\beta)=m(m-1)(m-2)\ldots(m-n+1)(x+n\beta)^{m-n},$$

et par suite

$$(x+\alpha)^m=x^m+\frac{m}{1}\alpha(x+\beta)^{m-1}+\frac{m(m-1)}{2}\alpha(\alpha-2\beta)(x+2\beta)^{m-2}+\cdots$$

$$\cdots+\frac{m(m-1)(m-2)\ldots(m-n+1)}{1.2.3\ldots n}\alpha(\alpha-n\beta)^{n-1}(x+n\beta)^{m-n}+\cdots$$

Soit $\varphi x=\log x$, on aura $\varphi(x+n\beta)=\log(x+n\beta)$; donc

$$\varphi^{(n)}(x+n\beta)=\pm\frac{1.2.3\ldots(n-1)}{(x+n\beta)^n};$$

donc

$$\log(x+\alpha)=\log x+\frac{\alpha}{x+\beta}+\tfrac{1}{2}\cdot\frac{\alpha}{x+2\beta}\cdot\frac{2\beta-\alpha}{x+2\beta}+\tfrac{1}{3}\cdot\frac{\alpha}{x+3\beta}\cdot\left(\frac{3\beta-\alpha}{x+3\beta}\right)^2+\cdots.$$

Soit $x=1$, on aura

$$\log(1+\alpha)=\frac{\alpha}{1+\beta}+\tfrac{1}{2}\cdot\frac{\alpha}{1+2\beta}\cdot\frac{2\beta-\alpha}{1+2\beta}+\tfrac{1}{3}\cdot\frac{\alpha}{1+3\beta}\cdot\left(\frac{3\beta-\alpha}{1+3\beta}\right)^2+\cdots,$$

$$\log(1+\alpha)=\frac{\alpha}{1+\beta}+\tfrac{1}{2}\cdot\frac{\alpha}{1+2\beta}\left(1-\frac{1+\alpha}{1+2\beta}\right)+\tfrac{1}{3}\cdot\frac{\alpha}{1+3\beta}\left(1-\frac{1+\alpha}{1+3\beta}\right)^2+\cdots.$$

Soit $\alpha=2\beta$, on aura

$$\log(1+2\beta)=\frac{2\beta}{1+\beta}+\tfrac{2}{3}\cdot\frac{\beta^3}{(1+3\beta)^3}+\tfrac{1}{4}\frac{2.2^3.\beta^4}{(1+4\beta)^4}+\cdots,$$

$$\log(3)=1+\tfrac{2}{3}(\tfrac{1}{4})^3+\tfrac{2}{4}\cdot\tfrac{1}{5}\cdot(\tfrac{2}{5})^3+\tfrac{2}{5}\cdot\tfrac{1}{6}\cdot(\tfrac{3}{6})^4+\tfrac{2}{6}\cdot\tfrac{1}{7}\cdot(\tfrac{4}{7})^5+\cdots+\frac{2}{n}\frac{1}{n+1}\left(\frac{n-2}{n+1}\right)^{n-1}+\cdots.$$

Problème V. Développer $\varDelta_\alpha^n \varphi x$ suivant les puissances de n. On a

$$\mathrm{D}\,\varDelta_\alpha^n \varphi x=(e^{v\alpha}-1)^n fv;$$

donc

$$\mathrm{D}\,\varDelta_\alpha^n \varphi x=fv\left(1+n\log(e^{v\alpha}-1)+\frac{n^2}{2}[\log(e^{v\alpha}-1)]^2+\cdots\right),$$

d'où l'on tire, en prenant la fonction génératrice,

$$\varDelta_\alpha^n \varphi x=\varphi x+n\,\mathrm{fg}[\log(e^{v\alpha}-1)fv]+\frac{n^2}{2}\mathrm{fg}[(\log(e^{v\alpha}-1))^2 fv]+\cdots.$$

Soit

$$\mathrm{fg}[\log(e^{v\alpha}-1)fv]=\delta\varphi x,$$

on aura

$$\mathrm{fg}[(\log(e^{v\alpha}-1))^n fv]=\delta^n\varphi x;$$

donc

$$\varDelta_\alpha^n \varphi x=\varphi x+n\delta\varphi x+\frac{n^2}{2}\delta^2\varphi x+\frac{n^3}{2.3}\delta^3\varphi x+\cdots.$$

Pour déterminer $\delta\varphi x$ il faut développer la quantité $\log(e^{v\alpha}-1)$. On a

$$\log(e^{v\alpha}-1)=\log[e^{v\alpha}(1-e^{-v\alpha})]=v\alpha-e^{-v\alpha}-\tfrac{1}{2}e^{-2v\alpha}-\tfrac{1}{3}e^{-3v\alpha}-\cdots,$$

donc

$$\delta\varphi x=\alpha\frac{d\varphi x}{dx}-\varphi(x-\alpha)-\tfrac{1}{2}\varphi(x-2\alpha)-\tfrac{1}{3}\varphi(x-3\alpha)-\tfrac{1}{4}\varphi(x-4\alpha)-\cdots$$

En différentiant cette expression par rapport à α, on aura

$$d(\delta\varphi x)=d\alpha\left(\frac{d\varphi x}{dx}+\varphi'(x-\alpha)+\varphi'(x-2\alpha)+\varphi'(x-3\alpha)+\cdots\right).$$

Soit

$$\varphi x+\varphi(x-\alpha)+\varphi(x-2\alpha)+\cdots=\delta_1\varphi x,$$

on aura

$$\mathrm{D}\varphi x+\mathrm{D}\varphi(x-\alpha)+\mathrm{D}\varphi(x-2\alpha)+\cdots=\mathrm{D}\delta_1\varphi x;$$

donc

$$(1+e^{-\alpha v}+e^{-2\alpha v}+\cdots)fv=\frac{fv}{1-e^{-\alpha v}}=\mathrm{D}\delta_1\varphi x;$$

donc

$$\mathrm{D}\delta_1\varphi x=\frac{e^{\alpha v}fv}{e^{\alpha v}-1}=[1+(e^{\alpha v}-1)^{-1}]fv;$$

donc

$$\delta_1\varphi x=\varphi x+\varDelta_\alpha^{-1}\varphi x;$$

donc

$$\delta_1\varphi' x=\varphi' x+\varDelta_\alpha^{-1}\varphi' x;$$

donc

$$\frac{d(\delta\varphi x)}{d\alpha} = \varphi' x + \Sigma_\alpha \varphi' x,$$

et

$$\delta\varphi x = \alpha\varphi' x + \int d\alpha\, \Sigma_\alpha\, \varphi' x.$$

Si l'on veut exprimer $\delta\varphi x$ par $\frac{d^n\varphi x}{dx^n}$, il faut développer $\log(e^{v\alpha} - 1)$ suivant les puissances de v. On aura

$$e^{v\alpha} - 1 = v\alpha + \frac{v^2\alpha^2}{2} + \frac{v^3\alpha^3}{2.3} + \cdots,$$

donc en posant

$$\log\left(\alpha v + \frac{\alpha^2}{2} v^2 + \cdots\right) = \log v + \log\alpha + \alpha A_1 v + \alpha^2 A_2 v^2 + \cdots,$$

on aura

$$\delta\varphi x = \mathrm{fg}\,(\log v . fv) + \log\alpha . \varphi x + \alpha A_1 \varphi' x + \alpha^2 A_2 \varphi'' x + \alpha^3 A_3 \varphi''' x + \cdots.$$

Problème VI. Développer $\frac{d^n\varphi x}{dx^n}$ suivant les puissances de n. On a

$$\mathrm{D}\left(\frac{d^n\varphi x}{dx^n}\right) = v^n fv = fv\left(1 + n\log v + \frac{n^2}{2}(\log v)^2 + \cdots\right);$$

donc

$$\frac{d^n\varphi x}{dx^n} = \varphi x + n . \delta\varphi x + \frac{n^2}{2}\delta^2\varphi x + \frac{n^3}{2.3}\delta^3\varphi x + \cdots,$$

où

$$\mathrm{D}(\delta\varphi x) = \log v . fv;$$

or

$$\log v = -\log\left(1 + \frac{1}{v}\right) + \log(1 + v) = v - \frac{1}{v} - \tfrac{1}{2}\left(v^2 - \frac{1}{v^2}\right) + \tfrac{1}{3}\left(v^3 - \frac{1}{v^3}\right) + \cdots,$$

donc

$$\delta\varphi x = \begin{cases} \varphi' x - \tfrac{1}{2}\varphi'' x \qquad + \tfrac{1}{3}\varphi''' x - \cdots \\ -\int\varphi x . dx + \tfrac{1}{2}\int^2 \varphi x . dx^2 - \tfrac{1}{3}\int^3 \varphi x . dx^3 + \cdots \end{cases}$$

On peut exprimer $\delta\varphi x$ de plusieurs autres manières. Soit par exemple

$$\log v = \log(1 + v - 1) = v - 1 - \tfrac{1}{2}(v - 1)^2 + \tfrac{1}{3}(v - 1)^3 - \cdots$$

on aura

$$\delta\varphi x = \delta_1 \varphi x - \tfrac{1}{2}\delta_1^2\varphi x + \tfrac{1}{3}\delta_1^3\varphi x - \cdots,$$

où

$$\delta_1 \varphi x = \varphi' x - \varphi x.$$

Problème VII. Développer $\frac{d^n(e^x\varphi x)}{dx^n}$ suivant les puissances de n. On a

$$\frac{d^n(e^x\varphi x)}{dx^n}=e^x\left(\varphi x+n\varphi' x+\frac{n(n-1)}{2}\varphi'' x+\cdots\right)=e^x\psi x;$$

donc

$$\mathrm{D}\,\psi x=\left(1+nv+\frac{n(n-1)}{2}v^2+\cdots\right)fv=(1+v)^n fv,$$

$$\mathrm{D}\,\psi x=fv\left(1+n\log(1+v)+\frac{n^2}{2}[\log(1+v)]^2+\cdots\right);$$

donc

$$\psi x=\varphi x+n\delta\varphi x+\frac{n^2}{2}\delta^2\varphi x+\frac{n^3}{2.3}\delta^3\varphi x+\cdots,$$

donc

$$\frac{d^n(e^x\varphi x)}{dx^n}=e^x\left(\varphi x+n\delta\varphi x+\frac{n^2}{2}\delta^2\varphi x+\frac{n^3}{2.3}\delta^3\varphi x+\cdots\right),$$

où

$$\mathrm{D}\,\delta\varphi x=\log(1+v).fv=fv(v-\tfrac{1}{2}v^2+\tfrac{1}{3}v^3-\cdots);$$

donc

$$\delta\varphi x=\varphi' x-\tfrac{1}{2}\varphi'' x+\tfrac{1}{3}\varphi''' x-\cdots.$$

On a

$$\mathrm{D}\,\varphi(x+\alpha)=e^{\alpha v}fv;$$

donc

$$\mathrm{D}\,\varphi(x+\alpha\sqrt{-1})=e^{\alpha v\sqrt{-1}}fv \quad\text{et}\quad \mathrm{D}\,\varphi(x-\alpha\sqrt{-1})=e^{-\alpha v\sqrt{-1}}fv,$$

d'où l'on tire

$$\mathrm{D}\,\frac{\varphi(x+\alpha\sqrt{-1})+\varphi(x-\alpha\sqrt{-1})}{2}=\cos\alpha v.fv,$$

$$\mathrm{D}\,\frac{\varphi(x+\alpha\sqrt{-1})-\varphi(x-\alpha\sqrt{-1})}{2\sqrt{-1}}=\sin\alpha v.fv.$$

Or on a, comme on sait,

$$\tfrac{1}{2}=\cos\alpha v-\cos 2\alpha v+\cos 3\alpha v-\cdots,$$

donc en multipliant par fv et prenant la fonction génératrice,

$$\tfrac{1}{2}\varphi x=\frac{\varphi(x+\alpha\sqrt{-1})+\varphi(x-\alpha\sqrt{-1})}{2}-\frac{\varphi(x+2\alpha\sqrt{-1})+\varphi(x-2\alpha\sqrt{-1})}{2}$$
$$+\frac{\varphi(x+3\alpha\sqrt{-1})+\varphi(x-3\alpha\sqrt{-1})}{2}-\frac{\varphi(x+4\alpha\sqrt{-1})+\varphi(x-4\alpha\sqrt{-1})}{2}$$
$$+\text{etc.},$$

ou bien

$$\varphi x = \varphi(x+\alpha) + \varphi(x-\alpha) - \varphi(x+2\alpha) - \varphi(x-2\alpha)$$
$$+ \varphi(x+3\alpha) + \varphi(x-3\alpha) - \varphi(x+4\alpha) - \varphi(x-4\alpha)$$
$$+ \text{etc.}$$

Supposons qu'on ait

(21) $$\psi v = \int f(v,t)\,dt,$$

et soit

$$\psi v . fv = \mathrm{D}\,\delta\varphi x,$$

on aura, d'après la définition de la déterminante,

$$\delta\varphi x = \int e^{vx}\,\psi v . fv . dv$$

c'est-à-dire

$$\delta\varphi x = \int e^{vx} fv . dv \int f(v,t)\,dt = \int dt \int e^{vx} fv . f(v,t)\,dv.$$

Cela posé, soit

$$fv . f(v,t) = \mathrm{D}\,\delta_1\varphi x,$$

on aura

$$\delta_1\varphi x = \int e^{vx} fv . f(v,t)\,dv,$$

donc

(22) $$\delta\varphi x = \int dt . \delta_1\varphi x;$$

or on a $\mathrm{D}\,\delta\varphi x = \int \mathrm{D}\,\delta_1\varphi x . dt$, donc

(23) $\mathrm{D}\int dt . \delta_1\varphi x = \int \mathrm{D}\,\delta_1\varphi x . dt$, et $\int dt . \mathrm{fg}\,[fv . f(v,t)] = \mathrm{fg}\left[\int dt fv . f(v,t)\right]$.

Ces équations peuvent servir à exprimer $\delta\varphi x$ par une autre opération $\delta_1\varphi x$ au moyen d'une intégrale définie.

On a par exemple

$$(e^{v\alpha}-1)^{-1} - (v\alpha)^{-1} + \tfrac{1}{2} = 2\int_0^{\frac{1}{0}} \frac{dt . \sin(v\alpha t)}{e^{2\pi t}-1};$$

donc en prenant la fonction génératrice,

$$\Sigma_\alpha \varphi x - \frac{1}{\alpha}\int \varphi x\,dx + \tfrac{1}{2}\varphi x = 2\int_0^{\frac{1}{0}} \frac{dt}{e^{2\pi t}-1} . \frac{\varphi(x+\alpha t\sqrt{-1}) - \varphi(x-\alpha t\sqrt{-1})}{2\sqrt{-1}}.$$

On a

$$\int_{a'}^{a} e^{(1-\alpha v)t}\,dt = e^a e^{-a\alpha v}\frac{1}{1-\alpha v} - e^{a'}.e^{-a'\alpha v}\frac{1}{1-\alpha v},$$

c'est-à-dire

$$\int_{a'}^{a} e^t e^{-\alpha v t}\,dt = e^a (e^{-a\alpha v} + \alpha v\, e^{-a\alpha v} + \alpha^2 v^2 e^{-a\alpha v} + \cdots)$$
$$- e^{a'} (e^{-\alpha a' v} + \alpha v\, e^{-\alpha a' v} + \alpha^2 v^2 e^{-\alpha a' v} + \cdots).$$

En multipliant par fv, et prenant la fonction génératrice, on aura en remarquant que $\mathrm{fg}\,(v^n e^{-a\alpha v} fv) = \frac{d^n\varphi(x-\alpha a)}{dx^n}$, $\mathrm{fg}\,(e^{-\alpha v t} fv) = \varphi(x-\alpha t)$,

$$\int_{a'}^{a} e^t \varphi(x-\alpha t)\,dt$$
$$= e^a[\varphi(x-\alpha a) + \alpha\varphi'(x-\alpha a) + \alpha^2\varphi''(x-\alpha a) + \alpha^3\varphi'''(x-\alpha a) + \cdots]$$
$$- e^{a'}[\varphi(x-\alpha a') + \alpha\varphi'(x-\alpha a') + \alpha^2\varphi''(x-\alpha a') + \alpha^3\varphi'''(x-\alpha a') + \cdots];$$

donc en faisant $a=0$ et $a'=-\frac{1}{0}$,

$$\varphi x + \alpha\varphi' x + \alpha^2\varphi'' x + \alpha^3\varphi''' x + \cdots = \int_{-\frac{1}{0}}^{0} e^t \varphi(x-\alpha t)\,dt;$$

donc en différentiant par rapport à x et mettant $-\alpha$ à la place de α,

$$\varphi' x - \alpha\varphi'' x + \alpha^2\varphi''' x - \alpha^3\varphi'''' x + \cdots = \int_{-\frac{1}{0}}^{0} e^t \varphi'(x+\alpha t)\,dt;$$

en multipliant par $d\alpha$ et intégrant, on aura

$$\alpha\varphi' x - \tfrac{1}{2}\alpha^2\varphi'' x + \tfrac{1}{3}\alpha^3\varphi''' x - \tfrac{1}{4}\alpha^4\varphi'''' x + \cdots = C + \int_{-\frac{1}{0}}^{0} \frac{e^t\varphi(x+\alpha t)\,dt}{t}.$$

En faisant $\alpha=0$, on aura $C = -\int_{-\frac{1}{0}}^{0}\frac{e^t\,dt}{t}\varphi x$; donc

$$\alpha\varphi' x - \tfrac{1}{2}\alpha^2\varphi'' x + \tfrac{1}{3}\alpha^3\varphi''' x - \tfrac{1}{4}\alpha^4\varphi'''' x + \cdots = \int_{-\frac{1}{0}}^{0}\frac{e^t\,dt}{t}[\varphi(x+\alpha t) - \varphi x],$$

et lorsque $\alpha = 1$,

$$\varphi' x - \tfrac{1}{2}\varphi'' x + \tfrac{1}{3}\varphi''' x - \cdots = \int_{-\frac{1}{0}}^{0}\frac{e^t.\,dt}{t}[\varphi(x+t) - \varphi x].$$

De là il suit qu'on aura

$$\frac{d^n(e^x\varphi x)}{dx^n} = e^x\left(\varphi x + n\,\delta\varphi x + \frac{n^2}{2}\delta^2\varphi x + \frac{n^3}{2.3}\delta^3\varphi x + \cdots\right),$$

$$\text{où } \delta\varphi x = \int_{\frac{1}{0}}^{0}\frac{e^{-t}\,dt}{t}[\varphi(x-t) - \varphi x].$$

On a

$$\frac{e^{\alpha a v}}{\alpha v}-\frac{e^{\alpha a' v}}{\alpha v}=\int_{a'}^{a} e^{\alpha v t}\,dt,$$

donc en prenant la fonction génératrice,

$$\int\varphi(x+\alpha a)\,dx-\int\varphi(x+\alpha a')\,dx=\alpha\int_{a'}^{a}\varphi(x+\alpha t)\,dt.$$

On a (*Legendre* Exerc. de calc. int. t. II, p. 176)

$$\int_0^{\frac{1}{0}}\frac{dt.\cos(\alpha v t)}{1+t^2}=\frac{\pi}{2}e^{-\alpha v},$$

donc

$$\int_0^{\frac{1}{0}}\frac{dt}{1+t^2}\cdot\frac{\varphi(x+\alpha t\sqrt{-1})+\varphi(x-\alpha t\sqrt{-1})}{2}=\frac{\pi}{2}\varphi(x\pm\alpha).$$

Soit par exemple $\varphi x=\frac{1}{x}$, on aura

$$\int_0^{\frac{1}{0}}\frac{dt}{(1+t^2)(\alpha^2t^2+x^2)}=\frac{\pi}{2}\cdot\frac{1}{x(x\pm\alpha)}.$$

En effet,

$$\int_0^{\frac{1}{0}}\frac{dt}{(1+t^2)(\alpha^2t^2+x^2)}=\frac{1}{x^2-\alpha^2}\left(\int_0^{\frac{1}{0}}\frac{dt}{1+t^2}-\int_0^{\frac{1}{0}}\frac{\alpha^2\,dt}{x^2+\alpha^2t^2}\right)=\frac{\pi}{2}\cdot\frac{1}{x(x+\alpha)}.$$

Soit $\varphi x=\frac{1}{x^n}$, on aura, en faisant $\alpha t=z\sin\varphi$, $x=z\cos\varphi$,

$$\frac{\varphi(x+\alpha t\sqrt{-1})+\varphi(x-\alpha t\sqrt{-1})}{2}=z^{-n}\cos n\varphi,$$

or $z=\sqrt{x^2+\alpha^2t^2}$, $\varphi=\text{arc tang}\,\frac{\alpha t}{x}$, donc

$$\int_0^{\frac{1}{0}}\frac{dt}{1+t^2}\cdot\frac{\cos\left(n.\text{arc tang}\,\frac{\alpha t}{x}\right)}{(x^2+\alpha^2t^2)^{\frac{n}{2}}}=\frac{\pi}{2}\cdot\frac{1}{(x+\alpha)^n}.$$

Soit par exemple $n=\frac{1}{2}$, on aura $\cos\frac{1}{2}\varphi=\sqrt{\frac{1+\cos\varphi}{2}}=\sqrt{\frac{1}{2}\left(1+\frac{x}{\sqrt{x^2+\alpha^2t^2}}\right)}$;
donc

$$\frac{\cos n\varphi}{z^n}=\frac{\cos\frac{1}{2}\varphi}{z^{\frac{1}{2}}}=\frac{\sqrt{\frac{1}{2}(x+\sqrt{x^2+\alpha^2t^2})}}{\sqrt{x^2+\alpha^2t^2}};$$

donc

$$\int_0^{\frac{1}{0}}\frac{dt}{1+t^2}\cdot\frac{\sqrt{x+\sqrt{x^2+\alpha^2t^2}}}{\sqrt{x^2+\alpha^2t^2}}=\frac{\pi}{\sqrt{2}}\cdot\frac{1}{\sqrt{x+\alpha}}.$$

On a $z=\frac{x}{\cos\varphi}=\frac{\alpha t}{\sin\varphi}$, donc $t=\frac{x}{\alpha}\operatorname{tang}\varphi$; on tire de là

$$\frac{dt}{1+t^2}=\frac{\alpha x\,d\varphi}{\alpha^2\cos^2\varphi+x^2\sin^2\varphi};$$

$$z^{-n}\cos n\varphi=\frac{(\cos\varphi)^n}{x^n}\cos n\varphi;$$

donc

$$\frac{dt}{1+t^2}z^{-n}\cos n\varphi=\frac{\alpha}{x^{n-1}}\cdot\frac{(\cos\varphi)^n\cos n\varphi\,.\,d\varphi}{x^2\sin^2\varphi+\alpha^2\cos^2\varphi};$$

donc

$$\frac{\pi}{2}\cdot\frac{x^{n-1}}{\alpha(x+\alpha)^n}=\int_0^{\frac{\pi}{2}}\frac{(\cos\varphi)^n\cos n\varphi\,.\,d\varphi}{(x\sin\varphi)^2+(\alpha\cos\varphi)^2}.$$

Soit $\alpha=x$, on aura

$$\frac{\pi}{2^{n+1}}=\int_0^{\frac{\pi}{2}}(\cos\varphi)^n\cos n\varphi\,.\,d\varphi.$$

On trouve encore chez M. *Legendre* les deux intégrales suivantes:

$$\int_0^{\frac{1}{0}}\frac{dt\,.\sin at}{t(1+t^2)}=\frac{\pi}{2}(1-e^{-a}),$$

$$\int_0^{\frac{1}{0}}\frac{t dt\,.\sin at}{1+t^2}=\frac{\pi}{2}e^{-a};$$

donc on aura, en faisant $a=\alpha v$ et prenant la fonction génératrice,

$$\int_0^{\frac{1}{0}}\frac{dt}{t(1+t^2)}\cdot\frac{\varphi(x+\alpha t\sqrt{-1})-\varphi(x-\alpha t\sqrt{-1})}{2\sqrt{-1}}=\frac{\pi}{2}[\varphi x-\varphi(x\pm\alpha)]$$

$$\int_0^{\frac{1}{0}}\frac{tdt}{1+t^2}\cdot\frac{\varphi(x+\alpha t\sqrt{-1})-\varphi(x-\alpha t\sqrt{-1})}{2\sqrt{-1}}=\frac{\pi}{2}\varphi(x\pm\alpha).$$

En ajoutant, on aura une troisième formule,

$$\int_0^{\frac{1}{0}}\frac{dt}{t}\cdot\frac{\varphi(x+\alpha t\sqrt{-1})-\varphi(x-\alpha t\sqrt{-1})}{2\sqrt{-1}}=\frac{\pi}{2}\varphi x,$$

ou bien en faisant $\alpha=1$:

$$\int_0^{\frac{1}{0}}\frac{dt}{t}\cdot\frac{\varphi(x+t\sqrt{-1})-\varphi(x-t\sqrt{-1})}{2\sqrt{-1}}=\frac{\pi}{2}\varphi x.$$

Soit par exemple $\varphi x=\frac{1}{x^n}$, $t=x\,.\operatorname{tang}\varphi$, on aura

$$\frac{dt}{t} = \frac{d\varphi}{\cos\varphi . \sin\varphi},$$

$$\frac{\varphi(x + t\sqrt{-1}) - \varphi(x - t\sqrt{-1})}{2\sqrt{-1}} = -\left(\frac{\cos\varphi}{x}\right)^n \sin n\varphi,$$

donc

$$\int_0^{\frac{\pi}{2}} \frac{d\varphi}{\sin\varphi} (\cos\varphi)^{n-1} \sin n\varphi = \frac{\pi}{2}.$$

XII.

SUR QUELQUES INTÉGRALES DÉFINIES.

On a vu précédemment que

$$\int_0^{\frac{\pi}{2}} \frac{(\cos\varphi)^n \cos n\varphi \,.\, d\varphi}{x^2 \sin^2\varphi + \alpha^2 \cos^2\varphi} = \frac{\pi}{2} \cdot \frac{x^{n-1}}{\alpha\,(x+\alpha)^n};$$

or

$$(\cos\varphi)^n = 1 + n \log\cos\varphi + \frac{n^2}{2}(\log\cos\varphi)^2 + \cdots,$$

$$\cos n\varphi = 1 - \frac{n^2}{2}\varphi^2 + \frac{n^4}{2\,.\,3\,.\,4}\varphi^4 - \cdots$$

donc

$$(\cos\varphi)^n \cos n\varphi = 1 + n\log\cos\varphi + \frac{n^2}{2}[(\log\cos\varphi)^2 - \varphi^2]$$

$$+ \frac{n^3}{2\,.\,3}[(\log\cos\varphi)^3 - 3\varphi^2 \log\cos\varphi] + \cdots + \frac{n^m}{\Gamma(m+1)} A_m + \cdots,$$

où l'on a, en faisant pour abréger $\log\cos\varphi = t$,

$$\frac{A_m}{\Gamma(m+1)} = \frac{t_m}{\Gamma(m+1)} - \frac{t^{m-2}\varphi^2}{\Gamma(3)\,\Gamma(m-1)} + \frac{t^{m-4}\varphi^4}{\Gamma(5)\,\Gamma(m-3)} - \frac{t^{m-6}\varphi^6}{\Gamma(7)\,\Gamma(m-5)} + \cdots.$$

Or $\dfrac{x^n}{(x+\alpha)^n} = 1 + n\log\dfrac{x}{x+\alpha} + \dfrac{n^2}{2}\left(\log\dfrac{x}{x+\alpha}\right)^2 + \cdots$, donc on aura

$$\frac{\pi}{2} \cdot \frac{1}{x\alpha}\left(\log\frac{x}{x+\alpha}\right)^m = \int_0^{\frac{\pi}{2}} \frac{A_m\, d\varphi}{x^2\sin^2\varphi + \alpha^2\cos^2\varphi}.$$

Ainsi l'on aura

$$\frac{\pi}{2}\cdot\frac{1}{x\alpha}=\int_0^{\frac{\pi}{2}}\frac{d\varphi}{x^2\sin^2\varphi+\alpha^2\cos^2\varphi}.$$

$$\frac{\pi}{2}\cdot\frac{1}{x\alpha}\log\frac{x}{x+\alpha}=\int_0^{\frac{\pi}{2}}\frac{\log\cos\varphi\,.\,d\varphi}{x^2\sin^2\varphi+\alpha^2\cos^2\varphi},$$

$$\frac{\pi}{2}\cdot\frac{1}{x\alpha}\left(\log\frac{x}{x+\alpha}\right)^2=\int_0^{\frac{\pi}{2}}\frac{[(\log\cos\varphi)^2-\varphi^2]\,d\varphi}{x^2\sin^2\varphi+\alpha^2\cos^2\varphi}.$$

En faisant $x=\alpha$ on aura

$$\frac{\pi}{2}(\log\tfrac{1}{2})^m=\int_0^{\frac{\pi}{2}}A_m\,d\varphi;$$

par exemple

$$\frac{\pi}{2}\log\tfrac{1}{2}=\int_0^{\frac{\pi}{2}}d\varphi\,.\log\cos\varphi.$$

Soit $\cos\varphi=y$, on aura $d\varphi=-\dfrac{dy}{\sqrt{1-y^2}}$, donc

$$\frac{\pi}{2}\log 2=\int_1^0\frac{\log y\,.\,dy}{\sqrt{1-y^2}}.$$

En effet on a

$$\int_0^1\frac{x^{p-1}dx\ \log\frac{1}{x}}{\sqrt[n]{(1-x^n)^{n-q}}}=\int_0^1\frac{x^{p-1}dx}{\sqrt[n]{(1-x^n)^{n-q}}}\cdot\int_0^1\frac{(x^{p-1}-x^{p+q-1})\,dx}{1-x^n},$$

donc

$$\int_0^1\frac{\log\frac{1}{y}\,dy}{\sqrt{1-y^2}}=\int_0^1\frac{dy}{\sqrt{1-y^2}}\cdot\int_0^1\frac{1-y}{1-y^2}\,dy;$$

or

$$\int_0^1\frac{dy}{\sqrt{1-y^2}}=\frac{\pi}{2},\quad\text{et}\quad\int_0^1\frac{1-y}{1-y^2}\,dy=\log 2.$$

On a

$$\int_0^{\frac{1}{0}} \frac{dt}{1+t^2} \cdot \frac{\varphi(x+\alpha t\sqrt{-1}) + \varphi(x-\alpha t\sqrt{-1})}{2} = \frac{\pi}{2}\varphi(x+\alpha).$$

Soit $\varphi x = (\log x)^n$, on aura

$$\int_0^{\frac{1}{0}} \frac{dt}{1+t^2} \cdot \frac{[\log(x+\alpha t\sqrt{-1})]^n + [\log(x-\alpha t\sqrt{-1})]^n}{2} = \frac{\pi}{2}[\log(x+\alpha)]^n.$$

Or on a

$$\log(x+\alpha t\sqrt{-1}) = \log x + \log\left(1+\frac{\alpha}{x}t\sqrt{-1}\right)$$

$$= \log x + \frac{\log\left(1+\frac{\alpha}{x}t\sqrt{-1}\right) - \log\left(1-\frac{\alpha}{x}t\sqrt{-1}\right)}{2} + \tfrac{1}{2}\log\left(1+\frac{\alpha^2}{x^2}t^2\right)$$

$$= \log x + \tfrac{1}{2}\log\left(1+\frac{\alpha^2}{x^2}t^2\right) + \sqrt{-1}\,.\,\text{arc tang}\left(\frac{\alpha t}{x}\right)$$

$$= \tfrac{1}{2}\log(x^2+\alpha^2 t^2) + \sqrt{-1}\,.\,\text{arc tang}\left(\frac{\alpha t}{x}\right).$$

Soit $\frac{\alpha t}{x} = \text{tang}\,\varphi$, on aura

$$\log(x+\alpha t\sqrt{-1}) = \log x - \log\cos\varphi + \varphi\sqrt{-1}$$

$$\frac{dt}{1+t^2} = \frac{\alpha x\,.\,d\varphi}{x^2\sin^2\varphi + \alpha^2\cos^2\varphi};$$

donc

$$\int_0^{\frac{\pi}{2}} \frac{d\varphi}{x^2\sin^2\varphi+\alpha^2\cos^2\varphi} \cdot \frac{\left(\log\frac{x}{\cos\varphi}+\varphi\sqrt{-1}\right)^n + \left(\log\frac{x}{\cos\varphi}-\varphi\sqrt{-1}\right)^n}{2} = \frac{\pi}{2x\alpha}[\log(x+\alpha)]^n.$$

En faisant $x=\alpha=1$, on aura

$$\int_0^{\frac{\pi}{2}} d\varphi\left[\left(\log\frac{1}{\cos\varphi} - \varphi\sqrt{-1}\right)^n + \left(\log\frac{1}{\cos\varphi} + \varphi\sqrt{-1}\right)^n\right] = \pi(\log 2)^n.$$

On a aussi en général, en faisant $t = \text{tang}\,u$,

$$\int_0^{\frac{\pi}{2}} du\,[\varphi(x+\alpha\sqrt{-1}\,\text{tang}\,u) + \varphi(x-\alpha\sqrt{-1}\,\text{tang}\,u)] = \pi\varphi(x+\alpha);$$

donc en faisant $x=\alpha=1$, on aura

$$\int_0^{\frac{\pi}{2}} du\,[\varphi(1+\sqrt{-1}\,\text{tang}\,u) + \varphi(1-\sqrt{-1}\,\text{tang}\,u)] = \pi\varphi(2).$$

Soit $\varphi x = \frac{x^m}{1+\alpha x^n}$, on aura

$$\varphi(1+\sqrt{-1}\,\text{tang}\,u) = \frac{(1+\sqrt{-1}\,\text{tang}\,u)^m}{1+\alpha(1+\sqrt{-1}\,\text{tang}\,u)^n} = \frac{(\cos mu+\sqrt{-1}\sin mu)(\cos u)^{n-m}}{(\cos u)^n+\alpha\cos nu+\alpha\sqrt{-1}\sin nu}$$
$$= \frac{(\cos u)^{n-m}}{[(\cos u)^n+\alpha\cos nu]^2+\alpha^2\sin^2 nu}[(\cos u)^n\cos mu+\alpha\cos(m-n)u$$
$$+\sqrt{-1}((\cos u)^n\sin mu+\alpha\sin(m-n)u)];$$

on tire de là

$$\int_0^{\frac{\pi}{2}} \frac{(\cos u)^{n-m}[\cos mu(\cos u)^n+\alpha\cos(n-m)u]}{(\cos u)^{2n}+2\alpha\cos nu(\cos u)^n+\alpha^2}du = \frac{\pi}{2}\cdot\frac{2^m}{1+\alpha 2^n}.$$

Soit $m=0$, on aura

$$\int_0^{\frac{\pi}{2}} \frac{(\cos u)^n[(\cos u)^n+\alpha\cos nu]\,du}{(\cos u)^{2n}+2\alpha\cos nu(\cos u)^n+\alpha^2} = \frac{\pi}{2}\cdot\frac{1}{1+\alpha 2^n}.$$

Soit $m=n$, on aura

$$\int_0^{\frac{\pi}{2}} \frac{\cos nu(\cos u)^n+\alpha}{(\cos u)^{2n}+2\alpha\cos nu(\cos u)^n+\alpha^2}du = \frac{\pi}{2}\cdot\frac{2^n}{1+\alpha 2^n}.$$

Si par exemple $n=1$, on aura

$$\frac{\pi}{1+2\alpha} = \int_0^{\frac{\pi}{2}} \frac{(\cos u)^2+\alpha}{(\cos u)^2(1+2\alpha)+\alpha^2}du = \int_0^1 \frac{y^2+\alpha}{y^2(1+2\alpha)+\alpha^2}\cdot\frac{dy}{\sqrt{1-y^2}}.$$

Reprenons la formule

$$\frac{\pi}{2}\cdot\frac{1}{2^n} = \int_0^{\frac{\pi}{2}} (\cos\varphi)^n\cos n\varphi\,.\,d\varphi.$$

Soit $n=\frac{m}{n}$, on aura

$$\frac{\pi}{2}\,\frac{1}{2^{\frac{m}{n}}} = \int_0^{\frac{\pi}{2}} (\cos\varphi)^{\frac{m}{n}}\cos\frac{m}{n}\varphi\,.\,d\varphi.$$

Soit $\frac{\varphi}{n}=\theta$, on aura

$$\frac{\pi}{2n}\cdot\frac{1}{2^{\frac{m}{n}}} = \int_0^{\frac{\pi}{2n}} (\cos n\theta)^{\frac{m}{n}}\cos m\theta\,.\,d\theta;$$

or

$$\cos n\theta = (\cos\theta)^n - \frac{n(n-1)}{2}(\cos\theta)^{n-2}\sin^2\theta + \frac{n(n-1)(n-2)(n-3)}{2.3.4}(\cos\theta)^{n-4}\sin^4\theta - \cdots,$$

donc en faisant $\cos\theta = y$, $d\theta = -\frac{dy}{\sqrt{1-y^2}}$,

$$\frac{\pi}{2n}\cdot\frac{1}{2^{\frac{m}{n}}} = -\int_1^{\cos\frac{\pi}{2n}} \sqrt[n]{(\psi y)^m}\, fy \frac{dy}{\sqrt{1-y^2}},$$

où

$$\psi y = y^n - \frac{n(n-1)}{2} y^{n-2}(1-y^2) + \frac{n(n-1)(n-2)(n-3)}{2.3.4} y^{n-4}(1-y^2)^2 - \cdots,$$

$$fy = y^m - \frac{m(m-1)}{2} y^{m-2}(1-y^2) + \frac{m(m-1)(m-2)(m-3)}{2.3.4} y^{m-4}(1-y^2)^2 - \cdots,$$

Soit par exemple $m = 1$, $n = 4$, on aura

$$\frac{\pi}{8}\cdot\frac{1}{\sqrt[4]{2}} = -\int_1^{\cos\frac{\pi}{8}} \sqrt[4]{1-8y^2+8y^4}\, \frac{y\,dy}{\sqrt{1-y^2}}.$$

Si l'on fait $y^2 = 1 - z^2$, on trouvera

$$\frac{\pi}{8}\cdot\frac{1}{\sqrt[4]{2}} = \int_0^{\sin\frac{\pi}{8}} dz \sqrt[4]{1 - 8z^2 + 8z^4}.$$

XIII.

THÉORIE DES TRANSCENDANTES ELLIPTIQUES.

CHAPITRE I.

Réduction de l'intégrale $\int \frac{Pdx}{\sqrt{\alpha+\beta x+\gamma x^2+\delta x^3+\varepsilon x^4}}$ *par des fonctions algébriques.*

1. Pour plus de simplicité je désigne le radical par $\sqrt{R}$, on a donc à considérer l'integrale

$$\int \frac{Pdx}{\sqrt{R}},$$

P désignant une fonction algébrique rationnelle de x. On peut, comme on sait, décomposer P en plusieurs termes de la forme

$$Ax^m \text{ et } \frac{A}{(x-a)^m},$$

m étant un nombre entier quelconque. L'intégrale proposée $\int \frac{Pdx}{\sqrt{R}}$ est donc immédiatement décomposable en plusieurs autres intégrales de la forme

$$\int \frac{x^m dx}{\sqrt{R}} \text{ et } \int \frac{dx}{(x-a)^m . \sqrt{R}}.$$

Cherchons les réductions qu'on peut faire avec ces deux intégrales, en les considérant d'abord séparément, et puis ensemble.

Réduction de l'intégrale $\int \frac{x^m\,dx}{\sqrt{R}}$.

2. Pour trouver la réduction générale dont cette intégrale est susceptible au moyen de fonctions algébriques, il s'agit de trouver la fonction algébrique la plus générale, dont la différentielle puisse se décomposer en termes de la forme $\frac{Ax^m dx}{\sqrt{R}}$; car après avoir intégré la différentielle ainsi décomposée, il est clair qu'on obtiendra la relation la plus générale qu'on puisse obtenir entre les intégrales de la forme $\int \frac{x^m dx}{\sqrt{R}}$.

Or on sait par le calcul différentiel qu'en différentiant une fonction qui contient des radicaux, ces mêmes radicaux se trouvent aussi dans la différentielle; il est donc impossible que la fonction cherchée puisse contenir d'autres radicaux que $\sqrt{R}$; elle est donc de la forme $f(x, \sqrt{R})$, f désignant une fonction algébrique rationnelle de x et de $\sqrt{R}$. Une telle fonction est, comme on sait, toujours réductible à la forme $Q' + Q\sqrt{R}$, Q' et Q désignant deux fonctions rationnelles de x. Or il est clair qu'on peut faire abstraction du premier terme Q', puisque sa différentielle ne contient que des quantités rationnelles; on a donc

$$f(x, \sqrt{R}) = Q\sqrt{R}.$$

En différentiant $Q\sqrt{R}$, on voit au premier coup d'oeil que la différentielle contiendra nécessairement des termes de la forme $\frac{A.dx}{(x-a)^m\sqrt{R}}$ si Q est fractionnaire; car supposons que Q contienne un terme $\frac{1}{(x-a)^m}$, on aura, en différentiant $\frac{\sqrt{R}}{(x-a)^m}$,

$$d\left(\frac{\sqrt{R}}{(x-a)^m}\right) = \left\{\frac{\frac{1}{2}\,\frac{dR}{dx}}{(x-a)^m} - \frac{mR}{(x-a)^{m+1}}\right\} \cdot \frac{dx}{\sqrt{R}}.$$

Or, quel que soit m, il est impossible que le coefficient de $\frac{dx}{\sqrt{R}}$ dans l'expression précédente puisse devenir entier, à moins que R ne contienne deux ou plusieurs facteurs égaux; mais ce cas doit être exclu, puisqu'alors l'intégrale proposée serait de la forme $\int \frac{P dx}{\sqrt{\alpha + \beta x + \gamma x^2}}$; donc, comme la différentielle né doit contenir que des termes de la forme $\frac{Ax^m dx}{\sqrt{R}}$, il faut que Q soit une fonction algébrique entière de x; on a donc

$$Q = f(0) + f(1)x + f(2)x^2 + \cdots + f(n)x^n.$$

3. Différentions maintenant la fonction trouvée $Q\sqrt{R}$. On obtiendra d'abord

$$d(Q\sqrt{R}) = dQ.\sqrt{R} + \tfrac{1}{2}.\frac{Q\,dR}{\sqrt{R}},$$

donc

$$d(Q\sqrt{R}) = \frac{R\,dQ + \frac{1}{2}Q\,dR}{dx}.\frac{dx}{\sqrt{R}} = S\frac{dx}{\sqrt{R}},$$

$$\text{où}\quad S = R\frac{dQ}{dx} + \tfrac{1}{2}Q\frac{dR}{dx}.$$

On a

$$R = \alpha + \beta x + \gamma x^2 + \delta x^3 + \varepsilon x^4,$$

$$Q = f(0) + f(1)x + f(2)x^2 + \cdots + f(n)x^n,$$

donc en différentiant

$$\frac{dR}{dx} = \beta + 2\gamma x + 3\delta x^2 + 4\varepsilon x^3,$$

$$\frac{dQ}{dx} = f(1) + 2f(2)x + 3f(3)x^2 + \cdots + nf(n)x^{n-1}.$$

En substituant ces valeurs dans l'expression de S, on obtiendra

$$S = (\alpha + \beta x + \gamma x^2 + \delta x^3 + \varepsilon x^4)[f(1) + 2f(2)x + \cdots + nf(n)x^{n-1}]$$
$$+ \tfrac{1}{2}(\beta + 2\gamma x + 3\delta x^2 + 4\varepsilon x^3)[f(0) + f(1)x + \cdots + f(n)x^n].$$

Soit

$$S = \varphi(0) + \varphi(1)x + \cdots + \varphi(m-1)x^{m-1} + \varphi(m)x^m.$$

On obtiendra, en développant et comparant les coefficiens, l'équation générale

$$\varphi(p) = (p+1)f(p+1).\alpha + pf(p).\beta + (p-1)f(p-1).\gamma + (p-2)f(p-2).\delta$$
$$+ (p-3)f(p-3).\varepsilon + \tfrac{1}{2}f(p).\beta + f(p-1).\gamma + \tfrac{3}{2}f(p-2).\delta + 2f(p-3).\varepsilon,$$

c'est-à-dire

$$\text{(a)}\quad \begin{cases} \varphi(p) = (p+1)f(p+1).\alpha + (p+\frac{1}{2})f(p).\beta + pf(p-1).\gamma \\ \qquad + (p-\frac{1}{2})f(p-2).\delta + (p-1)f(p-3).\varepsilon. \end{cases}$$

En faisant successivement $p=0, 1, 2, 3\ldots m$, on obtiendra toutes les équations qui résultent de l'égalité des deux valeurs de S.

Quant à la valeur de n, on trouvera $n+3=m$, donc

$$n=m-3.$$

4. De l'équation $d(Q\sqrt{R})=S\frac{dx}{\sqrt{R}}$, on tire en intégrant

$$Q\sqrt{R}=\int S\frac{dx}{\sqrt{R}};$$

et en substituant les valeurs de Q et de S,

$$\text{(b)}\quad \left\{\begin{aligned} &\varphi(0)\int\frac{dx}{\sqrt{R}}+\varphi(1)\int\frac{x\,dx}{\sqrt{R}}+\cdots+\varphi(m-1)\int\frac{x^{m-1}.dx}{\sqrt{R}}+\varphi(m)\int\frac{x^m\,dx}{\sqrt{R}}\\ &\quad=\sqrt{R}[f(0)+f(1).x+f(2).x^2+\cdots+f(m-3).x^{m-3}].\end{aligned}\right.$$

Cette équation contient la relation la plus générale qu'on puisse trouver par des fonctions algébriques entre plusieurs intégrales de la forme $\int\frac{x^m\,dx}{\sqrt{R}}$, et c'est de cette équation qu'il faut tirer toutes les réductions dont les intégrales de cette forme sont susceptibles. Le premier membre de cette équation est en même temps l'intégrale la plus générale de la forme $\int\frac{P\,dx}{\sqrt{R}}$, P désignant une fonction entière de x, qui est intégrable par des fonctions algébriques.

5. Considérons maintenant l'équation (b). Comme la fonction multipliée par $\sqrt{R}$ du second membre doit être entière, il faut que m soit égal ou plus grand que 3. Il suit de là qu'il est impossible de trouver une relation entre les intégrales $\int\frac{dx}{\sqrt{R}}$, $\int\frac{x\,dx}{\sqrt{R}}$, $\int\frac{x^2\,dx}{\sqrt{R}}$, et que par conséquent ces trois intégrales sont irréductibles entre elles par des fonctions algébriques. Si au contraire m est égal ou supérieur à 3, on voit qu'il est toujours possible de réduire l'intégrale $\int\frac{x^m\,dx}{\sqrt{R}}$ à des intégrales de la même forme dans lesquelles m est moindre; et il est évident que les seules intégrales irréductibles sont les trois suivantes

$$\int\frac{dx}{\sqrt{R}},\ \int\frac{x\,dx}{\sqrt{R}},\ \int\frac{x^2\,dx}{\sqrt{R}}.$$

Ces intégrales sont donc les seules fonctions transcendantes contenues dans l'intégrale $\int \frac{P dx}{\sqrt{R}}$, P étant une fonction entière.

6. Pour réduire l'intégrale $\int \frac{x^m dx}{\sqrt{R}}$, faisons dans l'équation (b), $\varphi(m) = -1$, nous aurons

$$\int \frac{x^m dx}{\sqrt{R}} = \varphi(0) \int \frac{dx}{\sqrt{R}} + \varphi(1) \int \frac{x dx}{\sqrt{R}} + \cdots + \varphi(m-1) \int \frac{x^{m-1} dx}{\sqrt{R}}$$
$$- \sqrt{R}\,[f(0) + f(1)x + f(2)x^2 + \cdots + f(m-3)x^{m-3}].$$

D'après ce qui précède on peut faire

$$\varphi(m-1) = \varphi(m-2) = \cdots = \varphi(3) = 0,$$

on a donc

$$\text{(c)} \quad \begin{cases} \int \frac{x^m dx}{\sqrt{R}} = \varphi(0) \int \frac{dx}{\sqrt{R}} + \varphi(1) \int \frac{x dx}{\sqrt{R}} + \varphi(2) \int \frac{x^2 dx}{\sqrt{R}} \\ \qquad - \sqrt{R}\,[f(0) + f(1)x + f(2)x^2 + \cdots + f(m-3)x^{m-3}]. \end{cases}$$

Il reste à déterminer les coefficiens

$$\varphi(0),\ \varphi(1),\ \varphi(2),\ f(0),\ f(1),\ f(2) \ldots f(m-3).$$

Pour cela faisons dans l'équation (a) $p = 0$, $p = 1, \ldots p = m$, on obtiendra les équations suivantes, au nombre de $m+1$:

$$\varphi(0) = f(1).\alpha + \tfrac{1}{2} f(0).\beta,$$
$$\varphi(1) = 2f(2).\alpha + \tfrac{3}{2} f(1).\beta + f(0).\gamma,$$
$$\varphi(2) = 3f(3).\alpha + \tfrac{5}{2} f(2).\beta + 2f(1).\gamma + \tfrac{3}{2} f(0).\delta,$$
$$0 = 4f(4).\alpha + \tfrac{7}{2} f(3).\beta + 3f(2).\gamma + \tfrac{5}{2} f(1).\delta + 2f(0).\varepsilon,$$
$$0 = 5f(5).\alpha + \tfrac{9}{2} f(4).\beta + 4f(3).\gamma + \tfrac{7}{2} f(2).\delta + 3f(1).\varepsilon,$$

. . . .

$$0 = (m-3)f(m-3).\alpha + (m-\tfrac{7}{2})f(m-4).\beta + (m-4)f(m-5).\gamma$$
$$+ (m-\tfrac{9}{2})f(m-6).\delta + (m-5)f(m-7).\varepsilon,$$
$$0 = (m-\tfrac{5}{2})f(m-3).\beta + (m-3)f(m-4).\gamma + (m-\tfrac{7}{2})f(m-5).\delta + (m-4)f(m-6).\varepsilon,$$
$$0 = (m-2)f(m-3).\gamma + (m-\tfrac{5}{2})f(m-4).\delta + (m-3)f(m-5).\varepsilon,$$
$$0 = (m-\tfrac{3}{2})f(m-3).\delta + (m-2)f(m-4).\varepsilon,$$
$$-1 = (m-1)f(m-3).\varepsilon,$$

en remarquant que $\varphi(m) = -1$, $\varphi(3) = \varphi(4) = \cdots = \varphi(m-1) = 0$.

Au moyen des $m-2$ dernières équations on peut déterminer les $m-2$ quantités $f(0)$, $f(1)$, ... $f(m-3)$, et les trois premières serviront ensuite à déterminer $\varphi(0)$, $\varphi(1)$, $\varphi(2)$. En éliminant on trouvera

$$f(m-3) = -\frac{1}{m-1}\cdot\frac{1}{\varepsilon},$$

$$f(m-4) = \frac{(m-\frac{3}{2})}{(m-1)(m-2)}\cdot\frac{\delta}{\varepsilon^2},$$

$$f(m-5) = \frac{(m-2)}{(m-1)(m-3)}\cdot\frac{\gamma}{\varepsilon^2} - \frac{(m-\frac{3}{2})(m-\frac{5}{2})}{(m-1)(m-2)(m-3)}\cdot\frac{\delta^2}{\varepsilon^3},$$

$$f(m-6) = \frac{(m-\frac{5}{2})}{(m-1)(m-4)}\cdot\frac{\beta}{\varepsilon^2} - \frac{(m-\frac{3}{2})(m-3)}{(m-1)(m-2)(m-4)}\cdot\frac{\delta\gamma}{\varepsilon^3} - \frac{(m-2)(m-\frac{7}{2})}{(m-1)(m-3)(m-4)}\cdot\frac{\delta\gamma}{\varepsilon^3}$$
$$+ \frac{(m-\frac{3}{2})(m-\frac{5}{2})(m-\frac{7}{2})}{(m-1)(m-2)(m-3)(m-4)}\cdot\frac{\delta^3}{\varepsilon^4},$$

$$f(m-7) = \frac{(m-3)}{(m-1)(m-5)}\cdot\frac{\alpha}{\varepsilon^2} - \frac{(m-\frac{3}{2})(m-\frac{7}{2})}{(m-1)(m-2)(m-5)}\cdot\frac{\beta\delta}{\varepsilon^3} - \frac{(m-\frac{5}{2})(m-\frac{9}{2})}{(m-1)(m-4)(m-5)}\cdot\frac{\beta\delta}{\varepsilon^3}$$
$$- \frac{(m-2)(m-4)}{(m-1)(m-3)(m-5)}\cdot\frac{\gamma^2}{\varepsilon^3} + \frac{(m-\frac{3}{2})(m-\frac{5}{2})(m-4)}{(m-1)(m-2)(m-3)(m-5)}\cdot\frac{\gamma\delta^2}{\varepsilon^4}$$
$$+ \frac{(m-\frac{3}{2})(m-3)(m-\frac{9}{2})}{(m-1)(m-2)(m-4)(m-5)}\cdot\frac{\gamma\delta^2}{\varepsilon^4} + \frac{(m-2)(m-\frac{7}{2})(m-\frac{9}{2})}{(m-1)(m-3)(m-4)(m-5)}\cdot\frac{\gamma\delta^2}{\varepsilon^4}$$
$$- \frac{(m-\frac{3}{2})(m-\frac{5}{2})(m-\frac{7}{2})(m-\frac{9}{2})}{(m-1)(m-2)(m-3)(m-4)(m-5)}\cdot\frac{\delta^4}{\varepsilon^5}.$$

7. Pour exprimer en général le coefficient $f(m-p)$, faisons $\varepsilon = \varepsilon^{(0)}$, $\delta = \varepsilon^{(1)}$, $\gamma = \varepsilon^{(2)}$, $\beta = \varepsilon^{(3)}$, $\alpha = \varepsilon^{(4)}$. Cela posé, on peut aisément se convaincre que $f(m-p)$ est composé de termes de la forme

$$(-1)^{n+1}\cdot\frac{\left(m-\frac{k+1}{2}\right)\left(m-\frac{k'+k}{2}\right)\cdots\left(m-\frac{k^{(n)}+k^{(n-1)}}{2}\right)\left(m-\frac{k^{(n)}+p-2}{2}\right)}{(m-1)(m-k)(m-k')\ldots(m-k^{(n-1)})(m-k^{(n)})(m-p+2)}$$
$$\times\frac{\varepsilon^{(k-1)}\cdot\varepsilon^{(k'-k)}\cdot\varepsilon^{(k''-k')}\ldots\varepsilon^{(k^{(n)}-k^{(n-1)})}\cdot\varepsilon^{(p-k^{(n)}-2)}}{\varepsilon^{n+3}},$$

où les quantités k, k', k'', etc. $p-2$ suivent l'ordre de leur grandeur, de manière que $k'>k$, $k''>k'$, etc. $p-2>k^{(n)}$.

En donnant avec cette restriction toutes les valeurs entières aux quantités k, k', k'' etc. $k^{(n)}$, et à n toutes les valeurs entières depuis le plus grand nombre entier compris dans $\frac{p}{4}-2$ jusqu'à $p-5$, et en remarquant que chaque dénominateur aura $n+3$ facteurs binomes, on obtiendra tous les termes dont $f(m-p)$ est composé. On a donc

$$\text{(d)}\left\{\begin{aligned} f(m-p) = \Sigma \frac{(-1)^{n+1}}{\varepsilon^{n+3}} \cdot \frac{\left(m - \frac{k+1}{2}\right)\left(m - \frac{k'+k}{2}\right)\cdots\left(m - \frac{k^{(n)}+k^{(n-1)}}{2}\right)\left(m - \frac{k^{(n)}+p-2}{2}\right)}{(m-1)(m-k)(m-k')\ldots(m-k^{(n)})(m-p+2)} \\ \times \varepsilon^{(k-1)} . \varepsilon^{(k'-k)} . \varepsilon^{(k''-k')} \ldots \varepsilon^{(p-k^{(n)}-2)}. \end{aligned}\right.$$

Ayant ainsi trouvé les quantités $f(0), f(1), f(2) \ldots f(m-3)$, on a ensuite

$$\text{(e)} \quad \left\{\begin{aligned} \varphi(0) &= \alpha . f(1) + \tfrac{1}{2}\beta . f(0), \\ \varphi(1) &= 2\alpha . f(2) + \tfrac{3}{2}\beta . f(1) + \gamma f(0), \\ \varphi(2) &= 3\alpha . f(3) + \tfrac{5}{2}\beta . f(2) + 2\gamma . f(1) + \tfrac{3}{2}\delta . f(0). \end{aligned}\right.$$

8. Appliquons ce qui précède à un exemple, et proposons-nous de réduire l'intégrale

$$\int \frac{x^4 dx}{\sqrt{R}}.$$

On a $m = 4$, $n = m - 3 = 1$, donc

$$\int \frac{x^4 dx}{\sqrt{R}} = \varphi(0) \int \frac{dx}{\sqrt{R}} + \varphi(1) \int \frac{x dx}{\sqrt{R}} + \varphi(2) \int \frac{x^2 dx}{\sqrt{R}}$$
$$- \sqrt{R}\,[f(0) + f(1) . x].$$

Par les équations précédentes on a, en faisant $m = 4$,

$$f(1) = -\frac{1}{3\varepsilon}, \quad f(0) = \frac{5\delta}{12\varepsilon^2}, \quad f(2) = f(3) = \text{etc.} = 0.$$

En substituant ces valeurs dans les équations (e), on aura

$$\varphi(0) = \tfrac{5}{24} \cdot \frac{\beta\delta}{\varepsilon^2} - \tfrac{1}{3} \cdot \frac{\alpha}{\varepsilon},$$

$$\varphi(1) = \tfrac{5}{12} \cdot \frac{\gamma\delta}{\varepsilon^2} - \tfrac{1}{2} \cdot \frac{\beta}{\varepsilon},$$

$$\varphi(2) = \tfrac{5}{8} \cdot \frac{\delta^2}{\varepsilon^2} - \tfrac{2}{3} \cdot \frac{\gamma}{\varepsilon}.$$

En substituant ces valeurs, on aura

$$\begin{aligned} \int \frac{x^4 dx}{\sqrt{R}} &= \left(\tfrac{5}{24} \cdot \frac{\beta\delta}{\varepsilon^2} - \tfrac{1}{3} \cdot \frac{\alpha}{\varepsilon}\right) \int \frac{dx}{\sqrt{R}} \\ &+ \left(\tfrac{5}{12} \cdot \frac{\gamma\delta}{\varepsilon^2} - \tfrac{1}{2} \cdot \frac{\beta}{\varepsilon}\right) \int \frac{x dx}{\sqrt{R}} \\ &+ \left(\tfrac{5}{8} \cdot \frac{\delta^2}{\varepsilon^2} - \tfrac{2}{3} \cdot \frac{\gamma}{\varepsilon}\right) \int \frac{x^2 dx}{\sqrt{R}} \\ &- \left(\tfrac{5}{12} \cdot \frac{\delta}{\varepsilon^2} - \tfrac{1}{3} \cdot \frac{1}{\varepsilon} x\right) \sqrt{R}. \end{aligned}$$

9. Dans le cas où $\beta=\gamma=\delta=0$, la valeur de $f(m-p)$ se simplifie beaucoup, et se réduit à un seul terme. En effet, comme $\varepsilon^{(1)}=\varepsilon^{(2)}=\varepsilon^{(3)}=0$, $\varepsilon^{(4)}=\alpha$, il est clair que tous les termes s'évanouiront dans l'expression de $f(m-p)$, excepté ceux dans lesquels on a $k-1=k'-k=k''-k'=\cdots=p-2-k^{(n)}=4$. On a donc $k=5$, $k'=9$, $k''=13$, $\ldots k^{(n)}=4n+5$, $p=4n+11$, d'où $n=\frac{p-11}{4}$ Chacune de ces quantités $n, k, k', \ldots k^{(n)}$ n'a donc qu'une seule valeur, d'où il suit que $f(m-p)$ ne contient qu'un seul terme. De plus comme on a trouvé $p=4n+11$, il est clair que toutes les quantités $f(m-p)$ s'évanouiront, excepté celles de la forme $f(m-4n-11)$, dont la valeur est

$$(-1)^{n+1}\frac{(m-3)(m-7)(m-11)\ldots(m-4n-7)}{(m-1)(m-5)(m-9)\ldots(m-4n-9)}\cdot\frac{\alpha^{n+2}}{\varepsilon^{n+3}},$$

ou bien en mettant $n-3$ au lieu de n,

$$f(m-4n+1)=(-1)^n\frac{(m-3)(m-7)(m-11)\ldots(m-4n+5)}{(m-1)(m-5)(m-9)\ldots(m-4n+3)}\cdot\frac{\alpha^{n-1}}{\varepsilon^n}.$$

Pour déterminer $\varphi(0)$, $\varphi(1)$, $\varphi(2)$, il faut distinguer quatre cas:

1) si $m=4r$, 2) si $m=4r+1$, 3) si $m=4r+2$, 4) si $m=4r+3$.

Dans le premier cas on a

$$f(4r-4n+1)=(-1)^n\frac{(4r-3)(4r-7)\ldots(4r-4n+5)}{(4r-1)(4r-5)\ldots(4r-4n+3)}\cdot\frac{\alpha^{n-1}}{\varepsilon^n}.$$

En faisant $n=r$, on a

$$f(1)=(-1)^r\frac{5.9.13\ldots(4r-3)}{3.7.11\ldots(4r-1)}\cdot\frac{\alpha^{r-1}}{\varepsilon^r},$$

$$\varphi(0)=\alpha.f(1),\quad \varphi(1)=\varphi(2)=0.$$

Dans le second cas on a

$$f(4r-4n+2)=(-1)^n\frac{(4r-2)(4r-6)\ldots(4r-4n+6)}{4r(4r-4)\ldots(4r-4n+4)}\cdot\frac{\alpha^{n-1}}{\varepsilon^n}.$$

En faisant $n=r$, on a

$$f(2)=(-1)^r\frac{6.10.14\ldots(4r-2)}{4.8.12\ldots4r}\cdot\frac{\alpha^{r-1}}{\varepsilon^r},$$

$$\varphi(1)=2\alpha.f(2),\quad \varphi(0)=\varphi(2)=0.$$

Dans le troisième cas on a

$$f(4r-4n+3)=(-1)^n.\frac{(4r-1)(4r-5)\ldots(4r-4n+7)}{(4r+1)(4r-3)\ldots(4r-4n+5)}\cdot\frac{\alpha^{n-1}}{\varepsilon^n}.$$

En faisant $n=r$, on a

$$f(3) = (-1)^r \frac{7.11.15\ldots(4r-1)}{5.\ 9.13\ldots(4r+1)} \cdot \frac{\alpha^{r-1}}{\varepsilon^r},$$

$$\varphi(2) = 3\alpha . f(3), \quad \varphi(0) = \varphi(1) = 0.$$

Dans le quatrième cas on a

$$f(4r-4n+4) = (-1)^n . \frac{4r(4r-4)(4r-8)\ldots(4r-4n+8)}{(4r+2)(4r-2)\ldots(4r-4n+6)} \cdot \frac{\alpha^{n-1}}{\varepsilon^n},$$

donc

$$f(1) = f(2) = f(3) = 0, \quad \varphi(0) = \varphi(1) = \varphi(2) = 0.$$

10. On a vu que trois fonctions transcendantes sont nécessaires pour intégrer la différentielle $\int \frac{P dx}{\sqrt{R}}$, P étant une fonction entière. Donc si l'on veut réduire ce nombre, il en résultera nécessairement certaines relations entre les quantités α, β, γ, δ, ε. Si l'on veut par exemple que $\int \frac{P dx}{\sqrt{R}}$ soit intégrable algébriquement, on doit faire $\varphi(0) = \varphi(1) = \varphi(2) = 0$, d'où il résultera, entre les cinq quantités α, β, γ, δ, ε, trois relations, par lesquelles on en peut déterminer trois en fonction des deux autres. Déterminons par exemple α, β, γ, δ, ε de manière que $\int \frac{x^4 dx}{\sqrt{R}}$ devienne intégrable algébriquement.

On a vu précédemment que dans ce cas

$$\varphi(0) = \tfrac{5}{24} \cdot \frac{\beta\delta}{\varepsilon^2} - \tfrac{1}{3} \cdot \frac{\alpha}{\varepsilon},$$

$$\varphi(1) = \tfrac{5}{12} \cdot \frac{\gamma\delta}{\varepsilon^2} - \tfrac{1}{2} \cdot \frac{\beta}{\varepsilon},$$

$$\varphi(2) = \tfrac{5}{8} \cdot \frac{\delta^2}{\varepsilon^2} - \tfrac{2}{3} \cdot \frac{\gamma}{\varepsilon}.$$

Comme ces quantités doivent être égalées à zéro, on trouvera

$$\gamma = \tfrac{3}{2} \cdot \tfrac{5}{8} \cdot \frac{\delta^2}{\varepsilon} = \tfrac{15}{16} \cdot \frac{\delta^2}{\varepsilon},$$

$$\beta = 2 . \tfrac{5}{12} \cdot \frac{\gamma\delta}{\varepsilon} = \tfrac{5}{6} \cdot \tfrac{15}{16} \cdot \frac{\delta^3}{\varepsilon^2} = \tfrac{25}{32} \cdot \frac{\delta^3}{\varepsilon^2},$$

$$\alpha = \tfrac{5}{8} \cdot \frac{\beta\delta}{\varepsilon} = \tfrac{125}{256} \cdot \frac{\delta^4}{\varepsilon^3},$$

donc

$$R = \tfrac{125}{256} \cdot \frac{\delta^4}{\varepsilon^3} + \tfrac{25}{32} \cdot \frac{\delta^3}{\varepsilon^2} x + \tfrac{15}{16} \cdot \frac{\delta^2}{\varepsilon} x^2 + \delta x^3 + \varepsilon x^4;$$

donc lorsque R a cette valeur, on a

$$\int \frac{x^4 dx}{\sqrt{R}} = -\left(\tfrac{5}{12} \cdot \frac{\delta}{\varepsilon^2} - \tfrac{1}{3} \cdot \frac{1}{\varepsilon} x\right) \sqrt{R}.$$

En faisant $\delta = 4$ et $\varepsilon = 5$, on obtiendra

$$\int \frac{x^4 dx}{\sqrt{1+2x+3x^2+4x^3+5x^4}} = \tfrac{1}{15}(x-1)\sqrt{1+2x+3x^2+4x^3+5x^4}.$$

Réduction de l'intégrale $\int \frac{dx}{(x-a)^m \sqrt{R}}$.

11. Pour réduire cette intégrale il faut, d'après ce qu'on a vu précédemment, différentier $Q\sqrt{R}$ en supposant Q fractionnaire. Faisons d'abord

$$Q = \frac{\psi(1)}{x-a} + \frac{\psi(2)}{(x-a)^2} + \frac{\psi(3)}{(x-a)^3} + \cdots + \frac{\psi(m-1)}{(x-a)^{m-1}},$$

d'où l'on déduit en différentiant

$$dQ = -\frac{\psi(1)\,dx}{(x-a)^2} - \frac{2\psi(2)\,dx}{(x-a)^3} - \frac{3\psi(3)\,dx}{(x-a)^4} - \cdots - \frac{(m-1)\,\psi(m-1)\,dx}{(x-a)^m}.$$

Pour rendre les calculs plus faciles, faisons

$$R = \alpha + \beta x + \gamma x^2 + \delta x^3 + \varepsilon x^4 = \alpha' + \beta'(x-a) + \gamma'(x-a)^2 + \delta'(x-a)^3 + \varepsilon'(x-a)^4.$$

Pour déterminer α', β', γ', δ', ε', mettons $x+a$ au lieu de x, nous aurons

$$\alpha' + \beta' x + \gamma' x^2 + \delta' x^3 + \varepsilon' x^4 = \alpha + \beta(x+a) + \gamma(x+a)^2 + \delta(x+a)^3 + \varepsilon(x+a)^4.$$

On tire de là

$$\begin{aligned}
\alpha' &= \alpha + \beta a + \gamma a^2 + \delta a^3 + \varepsilon a^4,\\
\beta' &= \beta + 2\gamma a + 3\delta a^2 + 4\varepsilon a^3,\\
\gamma' &= \gamma + 3\delta a + 6\varepsilon a^2,\\
\delta' &= \delta + 4\varepsilon a,\\
\varepsilon' &= \varepsilon.
\end{aligned}$$

En différentiant R on aura

$$\frac{dR}{dx} = \beta' + 2\gamma'(x-a) + 3\delta'(x-a)^2 + 4\varepsilon'(x-a)^3.$$

Maintenant la différentielle de $Q\sqrt{R}$ donne

$$d(Q\sqrt{R}) = \frac{R\,dQ + \frac{1}{2} Q\,dR}{\sqrt{R}};$$

donc en substituant les valeurs de R, Q, dR et dQ on obtiendra:

$$d(Q\sqrt{R})=[\alpha'+\beta'(x-a)+\gamma'(x-a)^2+\delta'(x-a)^3+\varepsilon'(x-a)^4]\left(-\frac{\psi(1)}{(x-a)^2}-\frac{2\,\psi(2)}{(x-a)^3}-\cdots-\frac{(m-1)\,\psi(m-1)}{(x-a)^m}\right)\frac{dx}{\sqrt{R}}$$
$$+\tfrac{1}{2}[\beta'+2\gamma'(x-a)+3\delta'(x-a)^2+4\varepsilon'(x-a)^3]\left(\frac{\psi(1)}{x-a}+\frac{\psi(2)}{(x-a)^2}+\cdots+\frac{\psi(m-1)}{(x-a)^{m-1}}\right)\frac{dx}{\sqrt{R}}=S\frac{dx}{\sqrt{R}}.$$

Supposons

$$S=\varphi'(0)+\varphi'(1)(x-a)+\varphi'(2)(x-a)^2+\frac{\chi(1)}{x-a}+\frac{\chi(2)}{(x-a)^2}+\cdots+\frac{\chi(m)}{(x-a)^m}.$$

Cela posé, on obtiendra aisément

$$\varphi'(0)=-\tfrac{1}{2}\delta'\psi(2)-\varepsilon'\psi(3),$$
$$\varphi'(1)=\tfrac{1}{2}\delta'\psi(1),$$
$$\varphi'(2)=\varepsilon'\psi(1),$$

$$\text{(f)}\quad\left\{\begin{aligned}\chi(p)=&-\alpha'(p-1)\psi(p-1)-\beta'(p-\tfrac{1}{2})\psi(p)-\gamma'p\,\psi(p+1)\\&-\delta'(p+\tfrac{1}{2})\psi(p+2)-\varepsilon'(p+1)\psi(p+3).\end{aligned}\right.$$

Faisons

$$\varphi'(0)+\varphi'(1)(x-a)+\varphi'(2)(x-a)^2=\varphi(0)+\varphi(1)x+\varphi(2)x^2,$$

nous aurons

$$\varphi(0)=\varphi'(0)-a\,\varphi'(1)+a^2\,\varphi'(2)=-\varepsilon'\psi(3)-\tfrac{1}{2}\delta'\psi(2)-(\tfrac{1}{2}a\delta'-\varepsilon'a^2)\psi(1),$$
$$\varphi(1)=\varphi'(1)-2a\,\varphi'(2)=(\tfrac{1}{2}\delta'-2\,a\varepsilon')\psi(1),$$
$$\varphi(2)=\varphi'(2)=\varepsilon\,\psi(1),$$

ou bien, en substituant les valeurs de δ' et ε',

$$\text{(g)}\quad\left\{\begin{aligned}&\varphi(0)=-(\tfrac{1}{2}a\delta+\varepsilon a^2)\psi(1)-\tfrac{1}{2}(\delta+4a\varepsilon)\psi(2)-\varepsilon\,\psi(3),\\&\varphi(1)=\tfrac{1}{2}\delta\,\psi(1),\\&\varphi(2)=\varepsilon\,\psi(1).\end{aligned}\right.$$

12. Si l'on multiplie la valeur de S par $\frac{dx}{\sqrt{R}}$, et qu'on prenne ensuite l'intégrale de chaque membre, on obtiendra en substituant la valeur de Q,

$$\text{(h)}\quad\left\{\begin{aligned}&\varphi(0)\int\frac{dx}{\sqrt{R}}+\varphi(1)\int\frac{x\,dx}{\sqrt{R}}+\varphi(2)\int\frac{x^2dx}{\sqrt{R}}\\&+\chi(1)\int\frac{dx}{(x-a)\sqrt{R}}+\chi(2)\int\frac{dx}{(x-a)^2\sqrt{R}}+\cdots+\chi(m)\int\frac{dx}{(x-a)^m\sqrt{R}}\\&=\sqrt{R}\left(\frac{\psi(1)}{x-a}+\frac{\psi(2)}{(x-a)^2}+\frac{\psi(3)}{(x-a)^3}+\cdots+\frac{\psi(m-1)}{(x-a)^{m-1}}\right).\end{aligned}\right.$$

Il est clair que par cette équation on peut toujours réduire l'intégrale $\int \frac{dx}{(x-a)^m \sqrt{R}}$ si m est différent de 1; car elle suppose évidemment $m > 1$. $\int \frac{dx}{(x-a)^m \sqrt{R}}$ peut donc être exprimée par les trois intégrales $\int \frac{dx}{\sqrt{R}}$, $\int \frac{x\,dx}{\sqrt{R}}$, $\int \frac{x^2 dx}{\sqrt{R}}$ et par l'integrale $\int \frac{dx}{(x-a)\sqrt{R}}$; mais celle-ci est en général irréductible. Je dis en général, car on conçoit qu'on pourrait déterminer les quantités a, α, β, γ, δ, ε, de telle sorte qu'elle devînt réductible, ce qui a effectivement lieu, comme on le verra ci-après.

En faisant dans l'équation (h) $\chi(m) = -1$, $\chi(2) = \chi(3) = \chi(4) = \cdots = \chi(m-1) = 0$, on obtiendra

$$\text{(i)} \quad \left\{ \begin{aligned} \int \frac{dx}{(x-a)^m \sqrt{R}} &= \varphi(0) \int \frac{dx}{\sqrt{R}} + \varphi(1) \int \frac{x\,dx}{\sqrt{R}} + \varphi(2) \int \frac{x^2 dx}{\sqrt{R}} + \chi(1) \int \frac{dx}{(x-a)\sqrt{R}} \\ &- \sqrt{R} \left(\frac{\psi(1)}{x-a} + \frac{\psi(2)}{(x-a)^2} + \frac{\psi(3)}{(x-a)^3} + \cdots + \frac{\psi(m-1)}{(x-a)^{m-1}} \right). \end{aligned} \right.$$

13. Pour déterminer les coefficiens, faisons dans l'équation (f) $p = 1, 2, 3, \ldots m$, nous aurons les équations suivantes:

$$\begin{aligned} \chi(1) &= -\tfrac{1}{2}\beta'\psi(1) - \gamma'\psi(2) - \tfrac{3}{2}\delta'\psi(3) - 2\varepsilon'\psi(4), \\ 0 &= \alpha'\psi(1) + \tfrac{3}{2}\beta'\psi(2) + 2\gamma'\psi(3) + \tfrac{5}{2}\delta'\psi(4) + 3\varepsilon'\psi(5), \\ 0 &= 2\alpha'\psi(2) + \tfrac{5}{2}\beta'\psi(3) + 3\gamma'\psi(4) + \tfrac{7}{2}\delta'\psi(5) + 4\varepsilon'\psi(6), \\ 0 &= 3\alpha'\psi(3) + \tfrac{7}{2}\beta'\psi(4) + 4\gamma'\psi(5) + \tfrac{9}{2}\delta'\psi(6) + 5\varepsilon'\psi(7), \\ &\cdots\cdots\cdots\cdots\cdots\cdots\cdots\cdots \\ 0 &= (m-3)\alpha'\psi(m-3) + (m-\tfrac{5}{2})\beta'\psi(m-2) + (m-2)\gamma'\psi(m-1), \\ 0 &= (m-2)\alpha'\psi(m-2) + (m-\tfrac{3}{2})\beta'\psi(m-1), \\ 1 &= (m-1)\alpha'\psi(m-1). \end{aligned}$$

En éliminant on trouvera

$$\psi(m-1) = \frac{1}{m-1} \cdot \frac{1}{\alpha'}$$

$$\psi(m-2) = -\frac{(m-\frac{3}{2})}{(m-1)(m-2)} \cdot \frac{\beta'}{\alpha'^2}$$

$$\psi(m-3) = \frac{(m-\frac{3}{2})(m-\frac{5}{2})}{(m-1)(m-2)(m-3)} \cdot \frac{\beta'^2}{\alpha'^3} - \frac{(m-2)}{(m-1)(m-3)} \cdot \frac{\gamma'}{\alpha'^2}.$$

Pour exprimer le coefficient général, faisons $R = fx$. On tire de là

$$\alpha' = fa,\quad \beta' = \frac{d\,fa}{da},\quad \gamma' = \frac{d^2 fa}{2.da^2},\quad \delta' = \frac{d^3 fa}{2.3.da^3},\quad \varepsilon' = \frac{d^4 fa}{2.3.4.da^4}.$$

Cela posé, on aura en général

$$(\mathrm{k})\quad \begin{cases} \psi(m-p) = \Sigma \dfrac{(-1)^n}{(fa)^{n+3}} \dfrac{\left(m-\frac{k+1}{2}\right)\left(m-\frac{k'+k}{2}\right)\cdots\left(m-\frac{k^{(n)}+k^{(n-1)}}{2}\right)\left(m-\frac{k^{(n)}+p}{2}\right)}{(m-1)(m-k)(m-k')\ldots(m-k^{(n)})(m-p)} \\ \times \dfrac{d^{k-1} fa}{1.2\ldots(k-1)\,da^{k-1}} \cdot \dfrac{d^{k'-k} fa}{1.2\ldots(k'-k)\,da^{k'-k}} \cdots \dfrac{d^{p-k^{(n)}} fa}{1.2\ldots(p-k^{(n)})\,da^{p-k^{(n)}}}, \end{cases}$$

le signe Σ ayant la même signification que dans l'équation (d).

Ayant ainsi trouvé $\psi(m-p)$, on aura $\varphi(0)$, $\varphi(1)$, $\varphi(2)$ par les équations (g), et $\chi(1)$ par l'équation

$$(\mathrm{l})\qquad \chi(1) = -\tfrac{1}{2} f'a\,\psi(1) - \frac{f''a}{1.2}\psi(2) - \tfrac{3}{2}\frac{f'''a}{1.2.3}\psi(3) - 2\frac{f''''a}{1.2.3.4}\psi(4).$$

14. Prenons comme exemple $\int \frac{dx}{(x-a)^2\sqrt{R}}$. On a $m=2$, donc

$$\int \frac{dx}{(x-a)^2\sqrt{R}} = \varphi(0)\int\frac{dx}{\sqrt{R}} + \varphi(1)\int\frac{x\,dx}{\sqrt{R}} + \varphi(2)\int\frac{x^2dx}{\sqrt{R}} + \chi(1)\int\frac{dx}{(x-a)\sqrt{R}} - \sqrt{R}\,\frac{\psi(1)}{x-a},$$

$$\psi(1) = \frac{1}{fa} = \frac{1}{\alpha+\beta a+\gamma a^2+\delta a^3+\varepsilon a^4},$$

$$\chi(1) = -\tfrac{1}{2} f'a\,.\,\psi(1) = -\tfrac{1}{2}\frac{f'a}{fa} = -\tfrac{1}{2}\frac{\beta+2\gamma a+3\delta a^2+4\varepsilon a^3}{\alpha+\beta a+\gamma a^2+\delta a^3+\varepsilon a^4},$$

$$\varphi(0) = -(\tfrac{1}{2}a\delta+\varepsilon a^2)\frac{1}{fa},$$

$$\varphi(1) = \tfrac{1}{2}\delta\frac{1}{fa},$$

$$\varphi(2) = \frac{\varepsilon}{fa}.$$

En substituant ces valeurs, on obtiendra

$$\int\frac{dx}{(x-a)^2\sqrt{fx}} = -\frac{(\varepsilon a^2+\frac{1}{2}\delta a)}{fa}\int\frac{dx}{\sqrt{fx}} + \frac{\delta}{2fa}\int\frac{x\,dx}{\sqrt{fx}} + \frac{\varepsilon}{fa}\int\frac{x^2dx}{\sqrt{fx}} - \tfrac{1}{2}\frac{f'a}{fa}\int\frac{dx}{(x-a)\sqrt{fx}} - \frac{\sqrt{fx}}{(x-a)fa}.$$

Si $a=0$ on a

$$\int\frac{dx}{x^2\sqrt{R}} = \frac{\delta}{2\alpha}\int\frac{x\,dx}{\sqrt{R}} + \frac{\varepsilon}{\alpha}\int\frac{x^2dx}{\sqrt{R}} - \tfrac{1}{2}\frac{\beta}{\alpha}\int\frac{dx}{x\sqrt{R}} - \frac{\sqrt{R}}{\alpha x}.$$

15. Par la forme qu'on a trouvée pour les quantités $\psi(1)$, $\psi(2)$ etc., il est évident que l'équation (i) peut toujours être employée si $\alpha' \gtrless 0$; mais dans ce cas elle devient illusoire à cause des coefficiens infinis. Il faut donc considérer ce cas séparément. Or α' étant égal à zéro, on a $\chi(m)=0$, donc l'équation (h) prend la forme suivante:

$$\varphi(0)\int\frac{dx}{\sqrt{R}}+\varphi(1)\int\frac{x\,dx}{\sqrt{R}}+\varphi(2)\int\frac{x^2dx}{\sqrt{R}}$$
$$+\chi(1)\int\frac{dx}{(x-a)\sqrt{R}}+\chi(2)\int\frac{dx}{(x-a)^2\sqrt{R}}+\cdots+\chi(m)\int\frac{dx}{(x-a)^m\sqrt{R}}$$
$$=\sqrt{R}\left(\frac{\psi(1)}{x-a}+\frac{\psi(2)}{(x-a)^2}+\cdots+\frac{\psi(m)}{(x-a)^m}\right),$$

où l'on a mis $m+1$ à la place de m. Dans cette équation on peut faire $m=1$. Donc il est dans ce cas toujours possible d'exprimer l'intégrale $\int\frac{dx}{(x-a)^m\sqrt{R}}$ par les trois intégrales

$$\int\frac{dx}{\sqrt{R}},\quad \int\frac{x\,dx}{\sqrt{R}},\quad \int\frac{x^2dx}{\sqrt{R}}.$$

Pour achever la réduction, faisons $\chi(m)=-1$, $\chi(1)=\chi(2)=\cdots=0$. Par là on obtiendra

$$(1')\quad \left\{\begin{aligned}\int\frac{dx}{(x-a)^m\sqrt{R}}&=\varphi(0)\int\frac{dx}{\sqrt{R}}+\varphi(1)\int\frac{x\,dx}{\sqrt{R}}+\varphi(2)\int\frac{x^2dx}{\sqrt{R}}\\&\quad-\sqrt{R}\left(\frac{\psi(1)}{x-a}+\frac{\psi(2)}{(x-a)^2}+\cdots+\frac{\psi(m)}{(x-a)^m}\right).\end{aligned}\right.$$

En faisant maintenant dans l'équation (f) $p=1, 2, 3 \ldots m$, on obtiendra les équations suivantes:

$$0=\tfrac{1}{2}\beta'\psi(1)+\gamma'\psi(2)+\tfrac{3}{2}\delta'\psi(3)+2\varepsilon'\psi(4),$$
$$0=\tfrac{3}{2}\beta'\psi(2)+2\gamma'\psi(3)+\tfrac{5}{2}\delta'\psi(4)+3\varepsilon'\psi(5),$$
$$0=\tfrac{5}{2}\beta'\psi(3)+3\gamma'\psi(4)+\tfrac{7}{2}\delta'\psi(5)+4\varepsilon'\psi(6),$$
$$\cdots\cdots\cdots\cdots\cdots\cdots$$
$$0=(m-\tfrac{7}{2})\beta'\psi(m-3)+(m-3)\gamma'\psi(m-2)+(m-\tfrac{5}{2})\delta'\psi(m-1)+(m-2)\varepsilon'\psi(m),$$
$$0=(m-\tfrac{5}{2})\beta'\psi(m-2)+(m-2)\gamma'\psi(m-1)+(m-\tfrac{3}{2})\delta'\psi(m),$$
$$0=(m-\tfrac{3}{2})\beta'\psi(m-1)+(m-1)\gamma'\psi(m),$$
$$1=(m-\tfrac{1}{2})\beta'\psi(m).$$

De ces équations on tirera en éliminant:

$$\psi(m) = \frac{1}{(m-\frac{1}{2})\beta'},$$

$$\psi(m-1) = -\frac{(m-1)}{(m-\frac{1}{2})(m-\frac{3}{2})}\cdot\frac{\gamma'}{\beta'^2},$$

$$\psi(m-2) = \frac{(m-1)(m-2)}{(m-\frac{1}{2})(m-\frac{3}{2})(m-\frac{5}{2})}\cdot\frac{\gamma'^2}{\beta'^3} - \frac{(m-\frac{3}{2})}{(m-\frac{1}{2})(m-\frac{5}{2})}\cdot\frac{\delta'}{\beta'^2},$$

etc.

Le coefficient général peut s'exprimer de la manière suivante:

$$(\mathrm{m})\quad \begin{cases} \psi(m-p) = \Sigma\frac{(-1)^n}{(f'a)^{n+3}}\cdot\frac{\left(m-\frac{k}{2}\right)\left(m-\frac{k'+k-1}{2}\right)\cdots\left(m-\frac{k^{(n)}+k^{(n-1)}-1}{2}\right)\left(m-\frac{k^{(n)}+p}{2}\right)}{(m-\frac{1}{2})(m+\frac{1}{2}-k)(m+\frac{1}{2}-k')\dots(m+\frac{1}{2}-k^{(n)})(m-p-\frac{1}{2})} \\ \times\frac{d^k fa}{1\,2\dots k.da^k}\cdot\frac{d^{k'-k+1}fa}{1.2\dots(k'-k+1)\,da^{k'-k+1}}\cdots\frac{d^{p-k^{(n)}+1}fa}{1.2\dots(p-k^{(n)}+1)\,da^{p-k^{(n)}+1}}. \end{cases}$$

16. L'équation (l') a lieu si $\alpha'=0$, c'est-à-dire si $\alpha+\beta a+\gamma a^2+\delta a^3+\varepsilon a^4=0$. Il suit de là que $x-a$ est facteur de R. Donc:

"Toutes les fois que $x-a$ est facteur de R, on peut exprimer l'intégrale $\int\frac{dx}{(x-a)^m\sqrt{R}}$ par les trois intégrales $\int\frac{dx}{\sqrt{R}}$, $\int\frac{x\,dx}{\sqrt{R}}$, $\int\frac{x^2\,dx}{\sqrt{R}}$. Dans tout autre cas cela est impossible, car l'équation (h) suppose $m>1$."

Proposons-nous de réduire l'intégrale $\int\frac{dx}{(x-a)\sqrt{R}}$, $x-a$ étant facteur de R. Comme $m=1$, on a

$$\int\frac{dx}{(x-a)\sqrt{R}} = \varphi(0)\int\frac{dx}{\sqrt{R}} + \varphi(1)\int\frac{x\,dx}{\sqrt{R}} + \varphi(2)\int\frac{x^2dx}{\sqrt{R}} - \sqrt{R}\,\frac{\psi(1)}{x-a}.$$

L'équation (m) donne $\psi(1) = \frac{1}{\frac{1}{2}f'a} = \frac{2}{f'a}$, et les équations (g) donnent

$$\varphi(0) = -(\varepsilon a^2 + \tfrac{1}{2}\delta a)\,\psi(1) = -\frac{(2\,\varepsilon a^2+\delta a)}{f'a},$$

$$\varphi(1) = \tfrac{1}{2}\,\delta\,\psi(1) = \frac{\delta}{f'a},$$

$$\varphi(2) = \varepsilon\,\psi(1) = \frac{2\varepsilon}{f'a}.$$

En substituant ces valeurs on obtiendra

$$\int\frac{dx}{(x-a)\sqrt{R}} = -\frac{(2\,\varepsilon a^2+a\delta)}{f'a}\int\frac{dx}{\sqrt{R}} + \frac{\delta}{f'a}\int\frac{x\,dx}{\sqrt{R}} + \frac{2\varepsilon}{f'a}\int\frac{x^2\,dx}{\sqrt{R}} - \frac{2}{f'a}\,\frac{\sqrt{R}}{x-a}.$$

Soit

$$R=(x-a)(x-a')(x-a'')(x-a''')=fx,$$

on aura

$$\delta=-(a+a'+a''+a'''),\ \varepsilon=1,\ f'x=(x-a')(x-a'')(x-a''')+\cdots$$

$$f'a=(a-a')(a-a'')(a-a''').$$

En faisant ces substitutions, on aura

$$\int\frac{dx}{(x-a)\sqrt{R}}=-\frac{a^2-a(a'+a''+a''')}{(a-a')(a-a'')(a-a''')}\int\frac{dx}{\sqrt{R}}-\frac{a+a'+a''+a'''}{(a-a')(a-a'')(a-a''')}\int\frac{x\,dx}{\sqrt{R}}$$

$$+\frac{2}{(a-a')(a-a'')(a-a''')}\int\frac{x^2\,dx}{\sqrt{R}}-\frac{2}{(a-a')(a-a'')(a-a''')}\frac{\sqrt{R}}{x-a}.$$

17. Cherchons maintenant à trouver une relation entre des intégrales de la forme $\int\frac{dx}{(x-b)\sqrt{R}}$. Pour cela faisons

$$\varphi(0)\int\frac{dx}{(x-b)\sqrt{R}}+\varphi(1)\int\frac{dx}{(x-b')\sqrt{R}}+\varphi(2)\int\frac{dx}{(x-b'')\sqrt{R}}+\cdots=Q\sqrt{R}.$$

En différentiant, on voit aisément que la forme la plus générale qu'on puisse donner à Q est la suivante

$$Q=\frac{A}{x-a}+\frac{A'}{x-a'}+\frac{A''}{x-a''}+\frac{A'''}{x-a'''},$$

$x-a$, $x-a'$, $x-a''$, $x-a'''$ étant les quatre facteurs de R. On a donc

$$\varphi(0)\int\frac{dx}{(x-a)\sqrt{R}}+\varphi(1)\int\frac{dx}{(x-a')\sqrt{R}}+\varphi(2)\int\frac{dx}{(x-a'')\sqrt{R}}+\varphi(3)\int\frac{dx}{(x-a''')\sqrt{R}}$$

$$=\sqrt{R}\left(\frac{A}{x-a}+\frac{A'}{x-a'}+\frac{A''}{x-a''}+\frac{A'''}{x-a'''}\right),$$

ou bien, en substituant les valeurs de $\int\frac{dx}{(x-a)\sqrt{R}}$ etc. trouvées plus haut,

$$-\left(\varphi(0)\frac{2\varepsilon a^2+a\delta}{f'a}+\varphi(1)\frac{2\varepsilon a'^2+a'\delta}{f'a'}+\varphi(2)\frac{2\varepsilon a''^2+a''\delta}{f'a''}+\varphi(3)\frac{2\varepsilon a'''^2+a'''\delta}{f'a'''}\right)\int\frac{dx}{\sqrt{R}}$$

$$+\left(\frac{\delta\varphi(0)}{f'a}+\frac{\delta\varphi(1)}{f'a'}+\frac{\delta\varphi(2)}{f'a''}+\frac{\delta\varphi(3)}{f'a'''}\right)\int\frac{x\,dx}{\sqrt{R}}$$

$$+\left(\frac{2\varepsilon\varphi(0)}{f'a}+\frac{2\varepsilon\varphi(1)}{f'a'}+\frac{2\varepsilon\varphi(2)}{f'a''}+\frac{2\varepsilon\varphi(3)}{f'a'''}\right)\int\frac{x^2\,dx}{\sqrt{R}}$$

$$=\sqrt{R}\left\{\frac{A+\frac{2\varphi(0)}{f'a}}{x-a}+\frac{A'+\frac{2\varphi(1)}{f'a'}}{x-a'}+\frac{A''+\frac{2\varphi(2)}{f'a''}}{x-a''}+\frac{A'''+\frac{2\varphi(3)}{f'a'''}}{x-a'''}\right\}.$$

On a donc

$$A=-\frac{2\varphi(0)}{f'a},\ A'=-\frac{2\varphi(1)}{f'a'},\ A''=-\frac{2\varphi(2)}{f'a''},\ A'''=-\frac{2\varphi(3)}{f'a'''},$$

$$A(2\varepsilon a^2+a\delta)+A'(2\varepsilon a'^2+a'\delta)+A''(2\varepsilon a''^2+a''\delta)+A'''(2\varepsilon a'''^2+a'''\delta)=0,$$

$$A+A'+A''+A'''=0.$$

On voit par là qu'on peut faire l'une quelconque des quantités A, A' etc. égale à zéro. Soit par exemple $A'''=0$, on aura

$$A''=-A-A',$$

$$A[2\varepsilon(a^2-a''^2)+\delta(a-a'')]+A'[2\varepsilon(a'^2-a''^2)+\delta(a'-a'')]=0;$$

donc

$$A'=-\frac{2\varepsilon(a^2-a''^2)+\delta(a-a'')}{2\varepsilon(a'^2-a''^2)+\delta(a'-a'')}A=2\varepsilon(a^2-a''^2)+\delta(a-a'')=(a-a'')(a+a''-a'-a'''),$$

en faisant

$$A=2\varepsilon(a''^2-a'^2)+\delta(a''-a')=(a''-a')(a''+a'-a-a'''),$$

et par suite

$$A''=2\varepsilon(a'^2-a^2)+\delta(a'-a)=(a'-a)(a'+a-a''-a''').$$

On en déduit

$$\varphi(0)=\tfrac{1}{2}(a-a')(a-a'')(a-a''')(a'-a'')(a'+a''-a-a'''),$$

$$\varphi(1)=\tfrac{1}{2}(a'-a)(a'-a'')(a'-a''')(a''-a)(a+a''-a'-a'''),$$

$$\varphi(2)=\tfrac{1}{2}(a''-a)(a''-a')(a''-a''')(a-a')(a+a'-a''-a'''),$$

(n) $$\varphi(0)\int\frac{dx}{(x-a)\sqrt{R}}+\varphi(1)\int\frac{dx}{(x-a')\sqrt{R}}+\varphi(2)\int\frac{dx}{(x-a'')\sqrt{R}}=\sqrt{R}\left(\frac{A}{x-a}+\frac{A'}{x-a'}+\frac{A''}{x-a''}\right).$$

Cette équation contient, comme on le voit, une relation entre trois quelconques des quatre intégrales

$$\int\frac{dx}{(x-a)\sqrt{R}},\ \int\frac{dx}{(x-a')\sqrt{R}},\ \int\frac{dx}{(x-a'')\sqrt{R}},\ \int\frac{dx}{(x-a''')\sqrt{R}},$$

d'où il suit qu'on peut en déterminer deux par les deux autres.

18. Proposons-nous maintenant de trouver les relations qui doivent exister entre les quantités $\varphi(0)$, $\varphi(1)$, $\varphi(2)$ pour que l'expression

$$\varphi(0)\int\frac{dx}{\sqrt{R}}+\varphi(1)\int\frac{x\,dx}{\sqrt{R}}+\varphi(1)\int\frac{x^2dx}{\sqrt{R}}$$

soit réductible à des intégrales de la forme $\int\frac{dx}{(x-a)\sqrt{R}}$.

On voit aisément par ce qui précède que $x-a$ doit être facteur de R. On peut donc à cause de l'équation (n) faire:

$$\varphi(0)\int\frac{dx}{\sqrt{R}}+\varphi(1)\int\frac{x\,dx}{\sqrt{R}}+\varphi(2)\int\frac{x^2\,dx}{\sqrt{R}}$$

$$=A\int\frac{dx}{(x-a)\sqrt{R}}+A'\int\frac{dx}{(x-a')\sqrt{R}}+\sqrt{R}\left(\frac{B}{x-a}+\frac{B'}{x-a'}\right).$$

En substituant les valeurs de $\int\frac{dx}{(x-a)\sqrt{R}}$ et $\int\frac{dx}{(x-a')\sqrt{R}}$ données par l'équation du n° 16, on obtiendra:

$$\left(\varphi(0)+A\,\frac{2\varepsilon a^2+a\delta}{f'a}+A'\,\frac{2\varepsilon a'^2+a'\delta}{f'a'}\right)\int\frac{dx}{\sqrt{R}}+\left(\varphi(1)-A\,\frac{\delta}{f'a}-A'\,\frac{\delta}{f'a'}\right)\int\frac{x\,dx}{\sqrt{R}}$$

$$+\left(\varphi(2)-A\,\frac{2\varepsilon}{f'a}-A'\,\frac{2\varepsilon}{f'a'}\right)\int\frac{x^2\,dx}{\sqrt{R}}-\sqrt{R}\left\{\frac{B+\frac{2A}{f'a}}{x-a}+\frac{B'+\frac{2A'}{f'a'}}{x-a'}\right\}=0.$$

On a donc

$$A=-\tfrac{1}{2}B.f'a,\quad A'=-\tfrac{1}{2}B'.f'a',$$

$$\varphi(0)-\tfrac{1}{2}B(2\varepsilon a^2+a\delta)-\tfrac{1}{2}B'(2\varepsilon a'^2+a'\delta)=0,$$

$$\varphi(1)+\tfrac{1}{2}\delta(B+B')=0,$$

$$\varphi(2)+\varepsilon(B+B')=0.$$

En éliminant $B+B'$ entre les deux dernières équations, on aura

$$2\varepsilon\,\varphi(1)-\delta\,\varphi(2)=0,\quad \text{d'où}\quad \varphi(2)=\frac{2\varepsilon}{\delta}\varphi(1).$$

Voilà donc la relation qui doit avoir lieu entre $\varphi(2)$ et $\varphi(1)$. En faisant $\varphi(1)=0$ et $\varphi(0)=1$, on aura

$$\varphi(2)=0,\quad B'=-B,\quad 1=\tfrac{1}{2}B[2\varepsilon(a^2-a'^2)+\delta(a-a')],$$

$$B=\frac{2}{(a-a')(a+a'-a''-a''')}=-B',$$

donc en substituant,

$$\int\frac{dx}{\sqrt{R}}=\frac{(a-a'')(a-a''')}{(a''+a'''-a-a')}\int\frac{dx}{(x-a)\sqrt{R}}+\frac{(a'-a'')(a'-a''')}{(a''+a'''-a-a')}\int\frac{dx}{(x-a')\sqrt{R}}$$

$$+\frac{2\sqrt{R}}{(a+a'-a''-a''')(x-a)(x-a')}$$

Si l'on fait $\varphi(0)=0$ et $\varphi(2)=1$, on aura

$$\varphi(1)=\frac{\delta}{2\varepsilon},\quad B'=-B-\frac{1}{\varepsilon},$$

$$B[2\varepsilon(a^2-a'^2)+\delta(a-a')]-\left(2a'^2+a'\frac{\delta}{\varepsilon}\right)=0,$$

d'où l'on tire

$$B=\frac{a'(a'-a-a''-a''')}{(a+a'-a''-a''')(a-a')},$$

$$B'=\frac{a(a-a'-a''-a''')}{(a+a'-a''-a''')(a'-a)}.$$

En substituant ces valeurs, on obtiendra

$$\int\frac{x^2dx}{\sqrt{R}}+\frac{\delta}{2}\int\frac{xdx}{\sqrt{R}}=\frac{a'(a'-a-a''-a''').f'a}{2(a'-a)(a+a'-a''-a''')}\int\frac{dx}{(x-a)\sqrt{R}}$$

$$+\frac{a(a-a'-a''-a''').f'a'}{2(a-a')(a+a'-a''-a''')}\int\frac{dx}{(x-a')\sqrt{R}}$$

$$+\frac{\sqrt{R}}{(a-a')(a+a'-a''-a''')}\left(\frac{a'(a'-a-a''-a''')}{x-a}-\frac{a(a-a'-a''-a''')}{x-a'}\right).$$

19. Par ce qui précède on voit qu'on peut exprimer $\int\frac{dx}{\sqrt{R}}$ par les intégrales $\int\frac{dx}{(x-a)\sqrt{R}}$ et $\int\frac{dx}{(x-a')\sqrt{R}}$; mais cela n'a pas lieu pour les intégrales $\int\frac{x^2dx}{\sqrt{R}}$ et $\int\frac{xdx}{\sqrt{R}}$. C'est seulement l'expression $\int\frac{x^2dx}{\sqrt{R}}+\frac{\delta}{2}\int\frac{xdx}{\sqrt{R}}$ qu'on peut exprimer de cette manière. Dans le cas où $a+a'=a''+a'''$, les deux équations du numéro précédent deviennent illusoires. Dans ce même cas on peut trouver une relation entre deux des intégrales $\int\frac{dx}{(x-a)\sqrt{R}}$ etc. En effet, en multipliant une des équations du numéro précédent par $a+a'-a''-a'''$, on obtiendra

$$(a-a'')(a-a''')\int\frac{dx}{(x-a)\sqrt{R}}+(a'-a'')(a'-a''')\int\frac{dx}{(x-a')\sqrt{R}}=-\frac{2\sqrt{R}}{(x-a)(x-a')};$$

ou bien, puisque $a-a'''=a''-a'$ et $a'-a'''=a''-a$,

$$\int\frac{dx}{(x-a)\sqrt{R}}+\int\frac{dx}{(x-a')\sqrt{R}}=\frac{2\sqrt{R}}{(a''-a)(a''-a')(x-a)(x-a')},$$

$$R=(x-a)(x-a')(x-a'')(x-a-a'+a'').$$

20. Nous avons maintenant épuisé le sujet de ce chapitre, savoir de réduire l'intégrale $\int\frac{Pdx}{\sqrt{R}}$ autant que possible par des fonctions algébriques, et nous avons donné des équations par lesquelles on peut, avec toute la

facilité possible, réduire une intégrale proposée quelconque de la forme précédente.

Reprenons les résultats généraux:

1. Lorsque P est une fonction entière de x, $\int \frac{P dx}{\sqrt{R}}$ est toujours réductible aux intégrales $\int \frac{dx}{\sqrt{R}}$, $\int \frac{x\,dx}{\sqrt{R}}$, $\int \frac{x^2\,dx}{\sqrt{R}}$.
2. Lorsque P est une fonction fractionnaire de x, l'intégrale $\int \frac{P dx}{\sqrt{R}}$ est réductible aux intégrales $\int \frac{dx}{\sqrt{R}}$, $\int \frac{x\,dx}{\sqrt{R}}$, $\int \frac{x^2\,dx}{\sqrt{R}}$ et à des intégrales de la forme $\int \frac{dx}{(x-a)\sqrt{R}}$.
3. Lorsque $x-a$ est un facteur de R, l'intégrale $\int \frac{dx}{(x-a)^m \sqrt{R}}$ est réductible aux intégrales $\int \frac{dx}{\sqrt{R}}$, $\int \frac{x\,dx}{\sqrt{R}}$, $\int \frac{x^2\,dx}{\sqrt{R}}$, mais dans tout autre cas cela est impossible.
4. Il est impossible de trouver une relation entre plusieurs intégrales de la forme $\int \frac{dx}{(x-a)\sqrt{R}}$, à moins que $x-a$ ne soit facteur de R, mais alors on peut trouver une relation entre trois intégrales de cette forme; si de plus $a+a'=a''+a'''$, on peut trouver une relation entre deux d'entre elles.
5. L'intégrale $\int \frac{dx}{\sqrt{R}}$ peut s'exprimer par deux intégrales de la forme $\int \frac{dx}{(x-a)\sqrt{R}}$, $x-a$ étant facteur de R, si $a+a'$ diffère de $a''+a'''$ Les intégrales $\int \frac{x\,dx}{\sqrt{R}}$ et $\int \frac{x^2\,dx}{\sqrt{R}}$ au contraire ne peuvent pas être exprimées de cette manière.

CHAPITRE II.

Réduction de l'intégrale $\int \frac{P dx}{\sqrt{R}}$ *par des fonctions logarithmiques.*

---

21. Dans le chapitre précédent nous avons réduit l'intégrale $\int \frac{P dx}{\sqrt{R}}$ par des fonctions algébriques, et nous avons trouvé que son intégration exige les

quatre fonctions suivantes $\int \frac{dx}{\sqrt{R}}$, $\int \frac{x\,dx}{\sqrt{R}}$, $\int \frac{x^2\,dx}{\sqrt{R}}$ et $\int \frac{dx}{(x-a)\sqrt{R}}$, qui en général sont irréductibles par des fonctions algébriques. Dans ce chapitre nous chercherons les relations qu'on peut obtenir entre ces quatre intégrales par des fonctions logarithmiques. Pour cela il faut trouver la fonction logarithmique la plus générale dont la différentielle soit décomposable en termes de la forme

$$\frac{Ax^m\,dx}{\sqrt{R}}, \quad \frac{A\,dx}{(x-a)^m\sqrt{R}};$$

car en intégrant la différentielle ainsi décomposée et faisant usage des réductions du chapitre précédent, on obtiendra la relation la plus générale qu'on puisse trouver par des fonctions logarithmiques entre les quatre intégrales proposées.

22. On peut se convaincre aisément que la fonction logarithmique cherchée doit avoir la forme suivante:

$$T' = A\log(P+Q\sqrt{R}) + A'\log(P'+Q'\sqrt{R})$$
$$+ A''\log(P''+Q''\sqrt{R}) + \cdots + A^{(n)}\log(P^{(n)}+Q^{(n)}\sqrt{R}),$$

P, Q, P', Q' etc. étant des fonctions entières de x, et A, A' etc. des coefficiens constants.

Considérons un terme quelconque $T = A\log(P+Q\sqrt{R})$. En différentiant on aura

$$dT = A\,\frac{dP + dQ.\sqrt{R} + \frac{1}{2}\frac{Q\,dR}{\sqrt{R}}}{P+Q\sqrt{R}},$$

ou bien, en multipliant en haut et en bas par $P - Q\sqrt{R}$,

$$dT = A\,\frac{PdP - Q(RdQ + \frac{1}{2}QdR)}{P^2 - Q^2R} + A\,\frac{\frac{1}{2}PQdR + (PdQ - QdP)R}{(P^2 - Q^2R)\sqrt{R}},$$

d'où l'on tire

$$T = \frac{A}{2}\log(P^2 - Q^2R) + A\int\frac{\frac{1}{2}PQdR + (PdQ - QdP)R}{(P^2 - Q^2R)\sqrt{R}}.$$

Il est aisé de voir qu'on peut faire abstraction du premier terme de dT qui est rationnel, et qui donne, dans la valeur de T, le terme $\frac{A}{2}\log(P^2 - Q^2R)$; en retranchant donc ce terme de T, il restera

$$A\log(P+Q\sqrt{R}) - \frac{A}{2}\log(P^2 - Q^2R) = \frac{A}{2}\log\frac{P+Q\sqrt{R}}{P-Q\sqrt{R}}.$$

On peut donc faire

$$T' = A \log \frac{P + Q\sqrt{R}}{P - Q\sqrt{R}} + A' \log \frac{P' + Q'\sqrt{R}}{P' - Q'\sqrt{R}} + \cdots$$

La différentielle de cette expression ne contient aucune partie rationnelle; on aura en différentiant

$$dT' = A\frac{PQdR + 2(PdQ - QdP)R}{(P^2 - Q^2R)\sqrt{R}} + A'\frac{P'Q'dR + 2(P'dQ' - Q'dP')R}{(P'^2 - Q'^2R)\sqrt{R}} + \cdots$$
$$= S'\frac{dx}{\sqrt{R}}.$$

Pour trouver S', considérons le terme

$$A\frac{PQ\,dR + 2(PdQ - Q\,dP)R}{(P^2 - Q^2R)\sqrt{R}} = \frac{M}{N}\cdot\frac{dx}{\sqrt{R}}.$$

De là on tire

$$\frac{M}{N} = A\frac{PQ\frac{dR}{dx} + 2\left(P\frac{dQ}{dx} - Q\frac{dP}{dx}\right)R}{P^2 - Q^2R}.$$

En différentiant $N = P^2 - Q^2R$ on aura

$$dN = 2PdP - 2Q\,dQ.R - Q^2\,dR,$$

d'où

$$PdN = 2P^2dP - 2PQ\,dQ.R - Q^2PdR,$$

et en substituant pour P^2 sa valeur $N + Q^2R$,

$$PdN = 2NdP + 2Q^2RdP - 2PQRdQ - Q^2PdR;$$

c'est-à-dire

$$\frac{2N\frac{dP}{dx} - P\frac{dN}{dx}}{Q} = \frac{PQdR + 2(PdQ - QdP)R}{dx};$$

donc

$$M = A\frac{2N\frac{dP}{dx} - P\frac{dN}{dx}}{Q}, \quad N = P^2 - Q^2R.$$

23. Par la valeur qu'on vient de trouver pour M, on voit que si $(x-a)^m$ est un diviseur de N, $(x-a)^{m-1}$ doit être diviseur de M; donc $\frac{M}{N}$ ne peut contenir aucun terme de la forme $\frac{B}{(x-a)^m}$, m étant plus grand que l'unité. Les termes fractionnaires contenus dans la fonction $\frac{M}{N}$ sont donc tous de la forme $\frac{B}{x-a}\cdot$ Si de plus $x-a$ était facteur de R, il le serait aussi de P, donc dans ce cas M et N auraient $x-a$ pour facteur commun. Donc

$\frac{M}{N}$ ne peut contenir aucun terme de la forme $\frac{B}{x-a}$, $x-a$ étant facteur de R.

Pour trouver la forme de la partie entière de $\frac{M}{N}$, supposons que P soit un polynome du degré m, et Q du degré n.

Il faut distinguer trois cas:

$$1) \text{ si } m > n+2, \quad 2) \text{ si } m < n+2, \quad 3) \text{ si } m = n+2.$$

1) Si $m > n+2$, N est du degré $2m$, et M du degré $m+n+3$, donc $\frac{M}{N}$ est tout au plus du degré 0, donc la seule partie entière qui puisse y être contenue, est une quantité constante.

2) Si $m < n+2$, N est du degré $2n+4$, et M du degré $n+m+3$, donc $\frac{M}{N}$ est tout au plus du degré 0, et par conséquent sa partie entière est une constante.

3) Si $m = n+2$, N peut être d'un degré quelconque moindre que $2m$. Soit donc N du degré μ, on voit que M est du degré $\mu+m-1-n = \mu+1$, si μ n'est pas égal à $2n+4$; car alors M est du degré u et $\frac{M}{N}$ du degré 0. Donc dans ce cas $\frac{M}{N}$ est tout au plus du degré 1, et sa partie entière est de la forme $Bx+B'$.

De ce qui précède il suit que $\frac{M}{N}$ est toujours de la forme

$$\frac{M}{N} = Bx + B' + \frac{C}{x-a} + \frac{C'}{x-a'} + \frac{C''}{x-a''} + \cdots,$$

$x-a$, $x-a'$, $x-a''$, ... n'étant point des facteurs de R.

De là il suit que l'intégrale $\int \frac{x^2 dx}{\sqrt{R}}$ est irréductible dans tous les cas; elle constitue donc une fonction transcendante particulière.

D'après la valeur de $\frac{M}{N}$ il est aisé de conclure que $\frac{dT'}{dx}$ a la forme

$$\frac{dT'}{dx} = \left(k + k'x + \frac{L}{x-a} + \frac{L'}{x-a'} + \frac{L''}{x-a''} + \cdots + \frac{L^{(\nu)}}{x-a^{(\nu)}}\right) \frac{dx}{\sqrt{R}},$$

d'où

$$T' = k\int \frac{dx}{\sqrt{R}} + k'\int \frac{x\,dx}{\sqrt{R}} + L\int \frac{dx}{(x-a)\sqrt{R}} + \cdots + L^{(\nu)}\int \frac{dx}{(x-a^{(\nu)})\sqrt{R}}.$$

Voilà donc la relation la plus générale qu'on puisse trouver entre les intégrales proposées.

24. Pour appliquer l'équation précédente, je vais résoudre les cinq problèmes suivants:

1. Exprimer les deux intégrales $\int \frac{dx}{\sqrt{R}}$ et $\int \frac{(x+c)\,dx}{\sqrt{R}}$ par le plus petit nombre possible d'intégrales de la forme $\int \frac{dx}{(x-a)\sqrt{R}}$.

2. Réduire l'intégrale $\int \frac{Pdx}{\sqrt{R}}$ au plus petit nombre possible d'intégrales de la forme $\int \frac{dx}{(x-a)\sqrt{R}}$, P étant une fonction fractionnaire de x, et l'intégrale décomposable en termes de la forme $\int \frac{dx}{(x-c)\sqrt{R}}$.

3. Quel est le nombre le plus petit d'intégrales elliptiques entre lesquelles on peut trouver une relation.

4. Trouver toutes les intégrales de la forme $\int \frac{(k+k'x)\,dx}{\sqrt{R}}$ qui sont intégrables par des logarithmes.

5. Trouver toutes les intégrales de la forme $\int \frac{dx}{(x-a)\sqrt{R}}$ qui peuvent s'exprimer par les intégrales $\int \frac{dx}{\sqrt{R}}$ et $\int \frac{xdx}{\sqrt{R}}$ au moyen des logarithmes.

Problème I.

Exprimer l'intégrale $\int \frac{(k+k'x)\,dx}{\sqrt{R}}$ *par le plus petit nombre possible d'intégrales de la forme*

$$\int \frac{dx}{(x-a)\sqrt{R}}.$$

---

25. Soient $P, Q, P', Q', P'', Q'', \ldots P^{(r)}, Q^{(r)}$, respectivement des degrés $m, n, m', n', m'', n'', \ldots m^{(r)}, n^{(r)}$, ces quantités contiennent $m+n+m'+n'+\cdots+m^{(r)}+n^{(r)}+r+1$ coefficiens indéterminés. De plus les coefficiens $A, A', \ldots A^{(r)}$ sont au nombre de $r+1$. On a donc en tout $m+n+m'+n'+\cdots+m^{(r)}+n^{(r)}+2r+2=\alpha'$ coefficiens indéterminés.

Supposons qu'on ait

$$m = n + 2,\ m' = n' + 2, \ldots m^{(p-1)} = n^{(p-1)} + 2,$$
$$m^{(p)} > n^{(p)} + 2,\ m^{(p+1)} > n^{(p+1)} + 2, \ldots m^{(p+p'-1)} > n^{(p+p'-1)} + 2,$$
$$m^{(p+p')} < n^{(p+p')} + 2, \ldots m^{(r)} < n^{(r)} + 2.$$

Il suit de là que

N est du degré $2m$,
N' . . . . $2m'$,
N'' . . . . $2m''$,
. . . .
$N^{(p-1)}$ . . . . . . $2m^{(p-1)}$,
$N^{(p)}$ . . . . . . $2m^{(p)}$,
. . . .
$N^{(p+p'-1)}$ est du degré $2m^{(p+p'-1)}$,
$N^{(p+p')}$ . . . . $2n^{(p+p')} + 4$,
$N^{(p+p'+1)}$ . . . . $2n^{(p+p'+1)} + 4$,
. . . .
$N^{(r)}$ . . . . $2n^{(r)} + 4$.

Par là on voit que

$$A\frac{M}{N} + A'\frac{M'}{N'} + A''\frac{M''}{N''} + \cdots + A^{(r)}\frac{M^{(r)}}{N^{(r)}}$$
$$= k + k'x + \frac{C + C_1 x + C_2 x^2 + \cdots + C_{\nu'} x^{\nu'}}{D + D_1 x + D_2 x^2 + \cdots + D_\nu x^\nu} = S,$$

où

$$\nu = 2m + 2m' + 2m'' + \cdots + 2m^{(p+p'-1)} + 2n^{(p+p')} + 2n^{(p+p'+1)} + \cdots + 2n^{(r)}$$
$$+ 4(r - p - p' + 1),\ \text{et}\ \nu' < \nu.$$

Puisqu'on a α' coefficiens indéterminés, on peut faire en sorte que S devienne de la forme:

$$S = k + k'x + \frac{C + C_1 x + \cdots + C_{\nu-\alpha'+1} \cdot x^{\nu-\alpha'+1}}{D + D_1 x + \cdots + D_{\nu-\alpha'+2} \cdot x^{\nu-\alpha'+2}},$$

k et k' étant quelconques.

On peut donc exprimer $\int \frac{(k+k'x)\,dx}{\sqrt{R}}$ par $\nu - \alpha' + 2$ intégrales de la forme $\int \frac{dx}{(x-a)\sqrt{R}}$. Il faut maintenant déterminer m, n, m', n' etc. et r de manière que la quantité $\nu - \alpha' + 2$ devienne aussi petite que possible.

On a

$$\alpha' = 2m + 2m' + 2m'' + \cdots + 2m^{(p-1)} - 2p$$
$$+ m^{(p)} + n^{(p)} + m^{(p+1)} + n^{(p+1)} + \cdots + n^{(r)} + 2r + 2.$$

Donc

$$\nu - \alpha' + 2 = m^{(p)} + m^{(p+1)} + m^{(p+2)} + \cdots + m^{(p+p'-1)}$$
$$- n^{(p)} - n^{(p+1)} - n^{(p+2)} - \cdots - n^{(p+p'-1)}$$
$$- m^{(p+p')} - m^{(p+p'+1)} - \cdots - m^{(r)}$$
$$+ n^{(p+p')} + n^{(p+p'+1)} + \cdots + n^{(r)}$$
$$+ 4(r - p - p' + 1) - 2r + 2p.$$

On voit sans peine que cette expression devient minimum, en faisant $p' = 0$ et $r = p - 1$. On obtiendra donc $\nu - \alpha' + 2 = 2$, r restant arbitraire. Il s'ensuit qu'on peut faire

$$A\frac{M}{N} + A'\frac{M'}{N'} + \cdots + A^{(r)}\frac{M^{(r)}}{N^{(r)}} = k + k'x + \frac{C + C_1 x}{D + D_1 x + D_2 x^2}$$
$$= k + k'x + \frac{L}{x-a} + \frac{L'}{x-a'}.$$

En multipliant par $\frac{dx}{\sqrt{R}}$ et intégrant, on aura

$$\int \frac{(k + k'x)\,dx}{\sqrt{R}} = T' - L\int \frac{dx}{(x-a)\sqrt{R}} - L'\int \frac{dx}{(x-a')\sqrt{R}}.$$

26. Comme r est arbitraire, il est le plus simple de faire $r = 0$, ce qui donne

$$T' = A.\log \frac{P + Q\sqrt{R}}{P - Q\sqrt{R}}.$$

De plus, comme n est arbitraire, soit $n = 0$, d'où $m = n + 2 = 2$. Faisons donc

$$P = f + f'x + f''x^2, \text{ et } Q = 1,$$

on aura

$$N = P^2 - Q^2R = (f + f'x + f''x^2)^2 - R,$$
$$M = A\left(2N\frac{dP}{dx} - P\frac{dN}{dx}\right) = A\left(P\frac{dR}{dx} - 2R\frac{dP}{dx}\right).$$

Soit

$$N = D + D_1 x + D_2 x^2,$$

on aura

$$\begin{aligned} D &= f^2 - \alpha, \\ D_1 &= 2ff' - \beta, \\ D_2 &= f'^2 + 2ff'' - \gamma, \\ 0 &= 2f'f'' - \delta, \\ 0 &= f''^2 - \varepsilon. \end{aligned}$$

De ces équations on tire $f'' = \sqrt{\varepsilon}$, $f' = \dfrac{\delta}{2\sqrt{\varepsilon}}$. On a de plus

$$M = A[2(D + D_1 x + D_2 x^2)(f' + 2f''x) - (D_1 + 2D_2 x)(f + f'x + f''x^2)]$$
$$= C + C_1 x + C_2 x^2 + C_3 x^3.$$

On tire de là

$$\begin{aligned} C &= 2ADf' - AD_1 f, \\ C_1 &= 4ADf'' + AD_1 f' - 2AD_2 f, \\ C_2 &= 3AD_1 f'' = 3AD_1\sqrt{\varepsilon}, \\ C_3 &= 2AD_2 f'' = 2AD_2\sqrt{\varepsilon}, \end{aligned}$$

donc

$$\frac{M}{N} = \frac{C + C_1 x + C_2 x^2 + C_3 x^3}{D + D_1 x + D_2 x^2} = \frac{C_3}{D_2} x + \frac{C_2 D_2 - C_3 D_1}{D_2^2} + \frac{C' + C'_1 x}{D + D_1 x + D_2 x^2},$$

où l'on a fait pour abréger

$$\frac{C_1 D_2 - C_3 D}{D_2} - \frac{D_1(C_2 D_2 - C_3 D_1)}{D_2^2} = C'_1,$$

$$\text{et} \quad C - \frac{D(C_2 D_2 - C_3 D_1)}{D_2^2} = C'.$$

Soit

$$\frac{C_3}{D_2} = k', \quad \frac{C_2 D_2 - C_3 D_1}{D_2^2} = k.$$

On aura, en substituant les valeurs de C_3, C_2, D_2 et D_1,

$$\frac{2AD_2\sqrt{\varepsilon}}{D_2} = 2A\sqrt{\varepsilon} = k', \text{ donc } A = \frac{k'}{2\sqrt{\varepsilon}},$$

$$k = \frac{AD_1\sqrt{\varepsilon}}{D_2} = \frac{k'}{2}\,\frac{D_1}{D_2} = \frac{k'}{2}\cdot\frac{2ff' - \beta}{f'^2 + 2ff'' - \gamma}.$$

En substituant les valeurs de f' et de f'', on en tirera

$$f = \frac{k(\delta^2 - 4\varepsilon\gamma) + 2k'\varepsilon\beta}{2(\delta k' - 4\varepsilon k)\sqrt{\varepsilon}}.$$

Connaissant f, on aura

$$D = f^2 - \alpha,$$

$$D_1 = \frac{\delta}{\sqrt{\varepsilon}} f - \beta,$$

$$D_2 = \frac{\delta^2}{4\varepsilon} + 2f\sqrt{\varepsilon} - \gamma,$$

$$C'_1 = k\beta - k'\alpha - \frac{k'\delta\beta}{4\varepsilon} - \frac{k\delta - k'\gamma}{\sqrt{\varepsilon}} f - k'f^2,$$

$$C' = \alpha k - \frac{\alpha\delta}{2\varepsilon} k' + \frac{k'\beta}{2\sqrt{\varepsilon}} f - kf^2.$$

Soit maintenant

$$\frac{C' + C'_1 x}{D + D_1 x + D_2 x^2} = \frac{L}{x - a} + \frac{L'}{x - a'},$$

on obtiendra

$$\int \frac{(k + k'x)\, dx}{\sqrt{R}} = -L \int \frac{dx}{(x - a)\sqrt{R}} - L' \int \frac{dx}{(x - a')\sqrt{R}}$$

$$+ \frac{k'}{2\sqrt{\varepsilon}} \log \left\{ \frac{f + \frac{\delta}{2\sqrt{\varepsilon}} . x + \sqrt{\varepsilon} . x^2 + \sqrt{R}}{f + \frac{\delta}{2\sqrt{\varepsilon}} . x + \sqrt{\varepsilon} . x^2 - \sqrt{R}} \right\},$$

ce qui est la réduction demandée.

27. Appliquons cette équation au cas où $k = 0$ et $k' = 1$. Dans ce cas on aura

$$f = \frac{\beta}{\delta} \sqrt{\varepsilon},$$

$$D = \frac{\varepsilon\beta^2 - \alpha\delta^2}{\delta^2},$$

$$D_1 = 0,$$

$$D_2 = \frac{\delta^2}{4\varepsilon} + \frac{2\beta\varepsilon}{\delta} - \gamma,$$

$$C' = \frac{\beta^2}{2\delta} - \frac{\alpha\delta}{2\varepsilon},$$

$$C'_1 = -\alpha - \frac{\beta\delta}{4\varepsilon} - \frac{\beta^2\varepsilon}{\delta^2} + \frac{\beta\gamma}{\delta};$$

donc

$$\frac{C' + C'_1 x}{D + D_1 x + D_2 x^2} = \frac{\frac{C'_1}{D_2} x + \frac{C'}{D_2}}{x^2 + \frac{D}{D_2}} = \frac{L}{x - \sqrt{-\frac{D}{D_2}}} + \frac{L'}{x + \sqrt{-\frac{D}{D_2}}},$$

où l'on trouvera

$$L = \tfrac{1}{2}\frac{C'_1}{D_2} + \tfrac{1}{2}C'\sqrt{-\frac{1}{DD_2}},$$

$$L' = \tfrac{1}{2}\frac{C'_1}{D_2} - \tfrac{1}{2}C'\sqrt{-\frac{1}{DD_2}}.$$

En substituant ces valeurs, on obtiendra

$$\int\frac{xdx}{\sqrt{R}} = (G + H\sqrt{K})\int\frac{dx}{(x-\sqrt{K})\sqrt{R}} + (G - H\sqrt{K})\int\frac{dx}{(x+\sqrt{K})\sqrt{R}}$$

$$+ \frac{1}{2\sqrt{\varepsilon}}.\log\frac{\frac{\beta}{\delta}\sqrt{\varepsilon} + \frac{\delta}{2\sqrt{\varepsilon}}.x + \sqrt{\varepsilon}.x^2 + \sqrt{R}}{\frac{\beta}{\delta}\sqrt{\varepsilon} + \frac{\delta}{2\sqrt{\varepsilon}}.x + \sqrt{\varepsilon}.x^2 - \sqrt{R}},$$

où

$$G = -\frac{4\alpha\delta^2\varepsilon + \beta\delta^3 + 4\beta^2\varepsilon^2 - 4\beta\gamma\delta\varepsilon}{2(\delta^4 + 8\beta\delta\varepsilon^2 - 4\gamma\delta^2\varepsilon)},$$

$$H = -\frac{\delta}{4\varepsilon},$$

$$K = \frac{4\varepsilon}{\delta}.\frac{\varepsilon\beta^2 - \alpha\delta^2}{4\gamma\delta\varepsilon - 8\beta\varepsilon^2 - \delta^3}.$$

28. Il faut considérer séparément les cas dans lesquels quelques-uns des coefficiens K, G, H deviennent infinis. Si $D_2 = 0$, on aura

$$\frac{M}{N} = \frac{C + C_1x + C_2x^2}{D + D_1x} = \frac{C_2}{D_1}x + \frac{C_1D_1 - DC_2}{D_1^2} + \frac{C - D\frac{C_1D_1 - C_2D}{D_1^2}}{D + D_1x},$$

$$C = 2ADf' - AD_1f = A\left(\frac{D\delta}{\sqrt{\varepsilon}} - D_1f\right),$$

$$C_1 = 4ADf'' + AD_1f' = A\left(4D\sqrt{\varepsilon} + \frac{D_1\delta}{2\sqrt{\varepsilon}}\right),$$

$$\frac{\delta^2}{4\varepsilon} + 2f\sqrt{\varepsilon} - \gamma = 0, \text{ donc } f = \frac{4\varepsilon\gamma - \delta^2}{8\varepsilon\sqrt{\varepsilon}},$$

$$\frac{C_2}{D_1} = k', \quad \frac{C_1D_1 - C_2D}{D_1^2} = k, \text{ donc } k' = 3A\sqrt{\varepsilon},\ A = \frac{k'}{3\sqrt{\varepsilon}}.$$

On trouvera $k = \frac{k'}{6}\frac{\delta}{\varepsilon} + \frac{k'}{3}\frac{D}{D_1}$. Soit $\frac{D}{D_1} = \mu$, on aura

$$\mu = \frac{6k\varepsilon - k'\delta}{2k'\varepsilon}$$

$$\frac{M}{N} = k'x + k + \frac{C - Dk}{D + D_1x} = k'x + k + \frac{\frac{C}{D_1} - \frac{D}{D_1}k}{\frac{D}{D_1} + x};$$

or $\frac{C}{D_1} = -Af + \frac{A\delta}{\sqrt{\varepsilon}}\ \frac{D}{D_1} = -\frac{k'f}{3\sqrt{\varepsilon}} + \frac{k'\delta}{3\varepsilon}\cdot\mu$, donc

$$\frac{M}{N} = k'x + k + \frac{\left(\frac{k'\delta}{3\varepsilon} - k\right)\mu - \frac{k'}{3\sqrt{\varepsilon}}f}{x+\mu};$$

on trouvera de plus

$$\mu = \frac{f^2 - \alpha}{f\delta - \beta\sqrt{\varepsilon}}\cdot\sqrt{\varepsilon}.$$

De la valeur de $\frac{M}{N}$ il suit qu'on a

$$\int\frac{(k+k'x)\,dx}{\sqrt{R}} = \left[\frac{k'}{3\sqrt{\varepsilon}}f - \left(\frac{k'\delta}{3\varepsilon} - k\right)\mu\right]\int\frac{dx}{(x+\mu)\sqrt{R}}$$
$$+\frac{k'}{3\sqrt{\varepsilon}}\log\left\{\frac{f + \frac{\delta}{2\sqrt{\varepsilon}}x + \sqrt{\varepsilon}\,x^2 + \sqrt{R}}{f + \frac{\delta}{2\sqrt{\varepsilon}}x + \sqrt{\varepsilon}\,x^2 - \sqrt{R}}\right\},$$

où l'on a

$$f = \frac{4\varepsilon\gamma - \delta^2}{8\varepsilon\sqrt{\varepsilon}},$$

$$\mu = \frac{6k\varepsilon - k'\delta}{2k'\varepsilon} = \frac{(f^2-\alpha)\sqrt{\varepsilon}}{f\delta - \beta\sqrt{\varepsilon}}.$$

Si l'on fait $k=0$, $k'=1$, on aura

$$\int\frac{x\,dx}{\sqrt{R}} = \frac{1}{3\varepsilon}(\mu' - \mu\delta)\int\frac{dx}{(x+\mu)\sqrt{R}}$$
$$+\frac{1}{3\sqrt{\varepsilon}}\log\left\{\frac{\frac{\mu'}{\sqrt{\varepsilon}} + \frac{\delta}{2\sqrt{\varepsilon}}x + \sqrt{\varepsilon}\,x^2 + \sqrt{R}}{\frac{\mu'}{\sqrt{\varepsilon}} + \frac{\delta}{2\sqrt{\varepsilon}}x + \sqrt{\varepsilon}\,x^2 - \sqrt{R}}\right\},$$

où

$$u' = \frac{4\varepsilon\gamma - \delta^2}{8\varepsilon},\ \mu = -\frac{\delta}{2\varepsilon} = \frac{\mu'^2 - \alpha\varepsilon}{\mu'\delta - \beta\varepsilon}.$$

On a donc la relation suivante entre les coefficiens α, β, γ, δ, ε:

$$(4\varepsilon\gamma - \delta^2)^2 + 4\delta^2(4\varepsilon\gamma - \delta^2) - 32\beta\delta\varepsilon^2 - 64\alpha\varepsilon^3 = 0.$$

29. Dans ce qui précède nous avons réduit $\frac{M}{N}$ à la forme $\frac{C + C_1x + C_2x^2 + C_3x^3}{D + D_1x + D_2x^2}$, en faisant $P^2 - Q^2R = D + D_1x + D_2x^2$. On peut aussi le faire de la manière suivante. Soit

$$R = (p + qx + rx^2)(p' + q'x + x^2)$$
$$P = f(p' + q'x + x^2),\ Q = 1,$$

on aura

$$N = P^2 - Q^2R = f^2(p' + q'x + x^2)^2 - (p' + q'x + x^2)(p + qx + rx^2),$$

ou bien

$$N = (p' + q'x + x^2)[f^2(p' + q'x + x^2) - (p + qx + rx^2)].$$

Soit

$$N = (p' + q'x + x^2)(D + D_1x + D_2x^2),$$

on aura

$$D = f^2p' - p,$$
$$D_1 = f^2q' - q,$$
$$D_2 = f^2 - r.$$

Or $M = A\left(P\frac{dR}{dx} - 2R\frac{dP}{dx}\right)$; donc

$$M = A(p' + q'x + x^2)\left(f\frac{dR}{dx} - 2(p + qx + rx^2)\frac{dP}{dx}\right),$$

c'est-à-dire

$$M = A(p' + q'x + x^2)[f\beta + 2f\gamma x + 3f\delta x^2 + 4f\varepsilon x^3 - 2(p + qx + rx^2)(fq' + 2fx)].$$

Soit

$$M = (p' + q'x + x^2)(C + C_1x + C_2x^2 + C_3x^3),$$

on en tirera

$$C = A(f\beta - 2fpq'),$$
$$C_1 = A(2f\gamma - 4fp - 2fqq'),$$
$$C_2 = A(3f\delta - 4fq - 2frq'),$$
$$C_3 = A(4f\varepsilon - 4fr) = 0, \text{ à cause de } r = \varepsilon.$$

Puisque $C_3 = 0$, on voit qu'il est impossible de réduire l'intégrale $\int\frac{(k+x)dx}{\sqrt{R}}$ de cette manière, mais comme f par là devient arbitraire, on peut le déterminer de manière que $\int\frac{dx}{\sqrt{R}}$ soit réductible à une seule intégrale de la forme $\int\frac{dx}{(x-a)\sqrt{R}}$. Pour cela faisons

$$D + D_1x + D_2x^2 = D_2(x - a)^2,$$

d'où il suit que

$$D_1^2 = 4DD_2.$$

En substituant les valeurs de D, D_1, D_2, on obtiendra

$$(f^2q' - q)^2 = 4(f^2p' - p)(f^2 - r),$$

c'est-à-dire

$$f^4(q'^2-4p')-f^2(2qq'-4p-4p'r)+q^2-4pr=0.$$

Cette équation servira à déterminer f. Connaissant f, on aura aussi D, D_1, D_2 et a.

Comme M doit être divisible par $x-a$, soit

$$C+C_1x+C_2x^2=(x-a)(k+k'x);$$

de là on tire

$$C=-ak,\quad C_1=k-ak',\quad C_2=k',$$

et en éliminant les quantités k et k',

$$C_1=-\frac{C}{a}-aC_2,\quad \text{ou}\quad C_2a^2+C_1a+C=0,$$

d'où l'on tire la valeur de a, savoir

$$a=-\frac{C_1}{2C_2}\pm\sqrt{\frac{C_1^2}{4C_2^2}-\frac{C}{C_2}}.$$

On a

$$\frac{M}{N}=\frac{C+C_1x+C_2x^2}{D+D_1x+D_2x^2}=\frac{(k+k'x)(x-a)}{D_2(x-a)^2};$$

donc

$$\frac{M}{N}=\frac{k+k'x}{D_2(x-a)}=\frac{k'}{D_2}+\frac{k+ak'}{D_2(x-a)}.$$

Soit $\frac{k'}{D_2}=1$, on aura $k'=D_2$, donc $D_2=C_2$; ou bien, en substituant les valeurs de ces quantités,

$$f^2-r=A(3f\delta-4fq-2frq'),$$

d'où l'on tire

$$A=\frac{f^2-r}{f(3\delta-4q-2rq')};$$

or $\delta=rq'+q$, donc

$$A=\frac{f^2-r}{f(rq'-q)}.$$

Nous avons trouvé $k=-\frac{C}{a}$, donc en substituant,

$$k=-\frac{Af}{a}(\beta-2pq'),$$

or $\beta=pq'+p'q$, donc

$$k=\frac{Af}{a}(pq'-qp')=\frac{(f^2-r)(pq'-qp')}{a(rq'-q)},$$

$$D_2=f^2-r,$$

donc

$$\frac{k}{D_2} = \frac{pq' - qp'}{a(rq' - q)},$$

et

$$\left(\frac{k}{D_2} + a\frac{k'}{D_2}\right) = a + \frac{pq' - qp'}{a(rq' - q)} = \frac{pq' - qp' + (rq' - q)a^2}{(rq' - q)a} = L.$$

En substituant cette valeur dans l'expression de $\frac{M}{N}$, on obtiendra

$$\frac{M}{N} = 1 + L\frac{1}{x - a},$$

donc

$$\int\frac{dx}{\sqrt{R}} = -L\int\frac{dx}{(x-a)\sqrt{R}} + A \,.\, \log\frac{f(p' + q'x + x^2) + \sqrt{R}}{f(p' + q'x + x^2) - \sqrt{R}},$$

où

$$R = (p + qx + rx^2)(p' + q'x + x^2),$$

$$L = \frac{pq' - qp' + (rq' - q)a^2}{(rq' - q)a},$$

$$A = \frac{f^2 - r}{f(rq' - q)}, \quad a = \frac{q - q'f^2}{2(f^2 - r)},$$

$$f^4(q'^2 - 4p') - f^2(2qq' - 4p - 4p'r) + q^2 - 4pr = 0.$$

30. Appliquons cette formule au cas où $r = 1$, $q' = -q$ et $p' = p$. On aura

$$R = (p + qx + x^2)(p - qx + x^2),$$

$$f^4(q^2 - 4p) + f^2(2q^2 + 8p) + q^2 - 4p = 0.$$

On tire de là

$$f = \frac{q \pm 2\sqrt{p}}{\sqrt{4p - q^2}}.$$

On a

$$a = \frac{q - q'f^2}{2(f^2 - r)} = -\frac{1 + f^2}{1 - f^2}\,\frac{q}{2}$$

En substituant ici la valeur de f, et réduisant, on trouvera

$$a = \pm\sqrt{p}.$$

On aura de même

$$A = \frac{f^2 - r}{f(rq' - q)} = \frac{1 - f^2}{2fq} = -\frac{1}{\sqrt{4p - q^2}}$$

La valeur de L donne

$$L = \frac{p}{a} + a = \pm 2\sqrt{p}.$$

En substituant les valeurs trouvées, on obtiendra

$$\int \frac{dx}{\sqrt{(p+qx+x^2)(p-qx+x^2)}} = -2\sqrt{p}\int \frac{dx}{(x-\sqrt{p})\sqrt{(p+qx+x^2)(p-qx+x^2)}}$$

$$-\frac{1}{\sqrt{4p-q^2}} . \log \frac{\frac{q+2\sqrt{p}}{\sqrt{4p-q^2}}\sqrt{p-qx+x^2}+\sqrt{p+qx+x^2}}{\frac{q+2\sqrt{p}}{\sqrt{4p-q^2}}\sqrt{p-qx+x^2}-\sqrt{p+qx+x^2}}$$

32. On peut par la supposition de $P=f+f'x+f''x^2$ réduire l'intégrale $\int \frac{dx}{\sqrt{R}}$ de plusieurs autres manières, savoir en faisant les suppositions suivantes:

$$R=\alpha+\beta x+\gamma x^2+\delta x^3+\varepsilon x^4,$$
$$P=f+f'x+f''x^2.$$

1. $N=P^2-R=k(x-a)^4$.
2. $N=P^2-R=k(x+p)(x-a)^3$, $x+p$ étant facteur de R.
3. $N=P^2-R=k(x^2+px+q)(x-a)^2$, x^2+px+q étant facteur de R.

Le troisième cas est celui que nous avons traité; considérons encore le premier. On a

$$(f+f'x+f''x^2)^2-(\alpha+\beta x+\gamma x^2+\delta x^3+\varepsilon x^4)=k(x-a)^4,$$

donc

$$f^2-\alpha=ka^4,$$
$$2ff'-\beta=-4ka^3,$$
$$f'^2+2ff''-\gamma=6ka^2,$$
$$2f'f''-\delta=-4ka,$$
$$f''^2-\varepsilon=k.$$

Par ces équations on peut déterminer les cinq quantités k, a, f, f', f''; mais on peut les trouver plus facilement de la manière suivante. Soit

$$R=\varepsilon(x-p)(x-p')(x-p'')(x-p''').$$

En substituant dans l'équation

$$f+f'x+f''x^2=\sqrt{k(x-a)^4+R}$$

pour x les valeurs p, p', p'', p''', on obtiendra

$$f+pf'+p^2f''=(p-a)^2\sqrt{k},$$
$$f+p'f'+p'^2f''=i(p'-a)^2\sqrt{k},$$
$$f+p''f'+p''^2f''=i'(p''-a)^2\sqrt{k},$$
$$f+p'''f'+p'''^2f''=i''(p'''-a)^2\sqrt{k},$$

i, i' et i'' désignant le double signe $\pm$. De là on tire

$$(p-p')f'+(p^2-p'^2)f''=[(p-a)^2-i(p'-a)^2]\sqrt{k}.$$

En divisant par $p-p'$, on aura

$$f'+(p+p')f''=\frac{(p-a)^2-i(p'-a)^2}{p-p'}\sqrt{k}.$$

De la même manière

$$f'+(p+p'')f''=\frac{(p-a)^2-i'(p''-a)^2}{p-p''}\sqrt{k}.$$

$$f'+(p+p''')f''=\frac{(p-a)^2-i''(p'''-a)^2}{p-p'''}\sqrt{k}.$$

De ces équations on tire de même

$$(p'-p'')f''=(p-a)^2\left(\frac{1}{p-p'}-\frac{1}{p-p''}\right)\sqrt{k}-\left(\frac{i(p'-a)^2}{p-p'}-\frac{i'(p''-a)^2}{p-p''}\right)\sqrt{k},$$

d'où

$$f''=\left(\frac{(p-a)^2}{(p-p')(p-p'')}-\frac{i(p'-a)^2}{(p-p')(p'-p'')}+\frac{i'(p''-a)^2}{(p-p'')(p'-p'')}\right)\sqrt{k}.$$

De la même manière

$$f''=\left(\frac{(p-a)^2}{(p-p')(p-p''')}-\frac{i(p'-a)^2}{(p-p')(p'-p''')}+\frac{i''(p'''-a)^2}{(p-p''')(p'-p''')}\right)\sqrt{k}.$$

Donc enfin

$$\left.\begin{aligned}&(p-a)^2\left(\frac{1}{(p-p')(p-p'')}-\frac{1}{(p-p')(p-p''')}\right)\\&-i(p'-a)^2\left(\frac{1}{(p-p')(p'-p'')}-\frac{1}{(p-p')(p'-p''')}\right)\\&+\frac{i'(p''-a)^2}{(p-p'')(p'-p'')}-\frac{i''(p'''-a)^2}{(p-p''')(p'-p''')}\end{aligned}\right\}=0,$$

ou bien

$$\left.\begin{aligned}&\frac{(p-a)^2}{(p-p')(p-p'')(p-p''')}+\frac{i.(p'-a)^2}{(p'-p)(p'-p'')(p'-p''')}\\&+\frac{i'.(p''-a)^2}{(p''-p)(p''-p')(p''-p''')}+\frac{i''.(p'''-a)^2}{(p'''-p)(p'''-p')(p'''-p'')}\end{aligned}\right\}=0.$$

Donc

$$C-2C_1a+C_2a^2=0,$$

où

$$C=\frac{p^2}{(p-p')(p-p'')(p-p''')}+\frac{ip'^2}{(p'-p)(p'-p'')(p'-p''')}+\cdots,$$

$$C_1=\frac{p}{(p-p')(p-p'')(p-p''')}+\frac{ip'}{(p'-p)(p'-p'')(p'-p''')}+\cdots,$$

$$C_2=\frac{1}{(p-p')(p-p'')(p-p''')}+\frac{i}{(p'-p)(p'-p'')(p'-p''')}+\cdots.$$

Quant à la valeur de i, de i' et de i'', on ne peut faire que $i=1$, $i'=-1$, $i''=-1$, car dans tout autre cas on aura $f''=\sqrt{k}$, ce qui donne $\varepsilon=0$. Soit donc $i=1$, $i'=-1$ et $i''=-1$, on trouvera sans peine

$$C=-2\frac{pp'.(p''+p''')-p''p'''.(p+p')}{(p-p'')(p-p''')(p'-p'')(p'-p''')},$$

$$C_1=-2\frac{pp'-p''p'''}{(p-p'')(p-p''')(p'-p'')(p'-p''')},$$

$$C_2=-2\frac{p+p'-p''-p'''}{(p-p'')(p-p''')(p'-p'')(p'-p''')},$$

donc

$$(p+p'-p''-p''')a^2-2(pp'-p''p''')a+pp'(p''+p''')-p''p'''(p+p')=0.$$

Connaissant a, on aura

$$f''=\frac{p+p'+p''+p'''-4a}{p+p'-p''-p'''}\sqrt{k};$$

donc l'équation $f''^2-\varepsilon=k$ devient, en faisant $\varepsilon=1$,

$$\left[\left(\frac{p+p'+p''+p'''-4a}{p+p'-p''-p'''}\right)^2-1\right]k=\varepsilon=1,$$

donc

$$k=\frac{(p+p'-p''-p''')^2}{[2(p''+p''')-4a][2(p+p')-4a]},$$

$$f''=\sqrt{1+k}=\frac{p+p'+p''+p'''-4a}{\sqrt{[2(p+p')-4a][2(p''+p''')-4a]}},$$

$$f=\sqrt{pp'p''p'''+ka^4},$$

$$f'=-\frac{p+p'+p''+p'''+4ka}{2\sqrt{1+k}}.$$

Il reste maintenant à déterminer A et L. On a

$$M=A\left(2N\frac{dP}{dx}-P\frac{dN}{dx}\right),$$

donc

$$M=-Ak(x-a)^3[2af'+4f+(2f'+4af'')x],$$

et par suite

$$\frac{M}{N}=-\frac{A(2af'+4f)+A(2f'+4af'')x}{x-a}$$

$$=-A(2f'+4af'')-\frac{A(2af'+4f)+Aa(2f'+4af'')}{x-a}$$

$$=1-\frac{L}{x-a};$$

donc

$$A = -\frac{1}{2(f' + 2af'')},$$

$$L = -\frac{2(f + af' + a^2 f'')}{f' + 2af''},$$

ou bien

$$A = \frac{1}{2\sqrt{(p+p'-2a)(p''+p'''-2a)}},$$

$$L = 2\sqrt{\frac{(a-p)(a-p')(a-p'')(a-p''')}{[2a-(p+p')][2a-(p''+p''')]}}.$$

Connaissant ces valeurs, on aura

$$\int \frac{dx}{\sqrt{(x-p)(x-p')(x-p'')(x-p''')}} = L \int \frac{dx}{(x-a)\sqrt{(x-p)(x-p')(x-p'')(x-p''')}}$$
$$+ A \cdot \log \frac{f + f'x + f''x^2 + \sqrt{(x-p)(x-p')(x-p'')(x-p''')}}{f + f'x + f''x^2 - \sqrt{(x-p)(x-p')(x-p'')(x-p''')}}.$$

32. Appliquons cette équation aux cas suivans:

1. $p' = -p$, $p''' = -p''$.

2. $p'' = -p$, $p''' = -p'$.

Dans le premier cas on aura

$$A = -\frac{1}{4a}, \quad L = \frac{\sqrt{(a^2-p^2)(a^2-p''^2)}}{a},$$

$$f'' = -1, \; f' = 0, \; f = pp'', \; a = 0.$$

Donc A et L sont infinis. Dans le second cas, on aura

$$a = \sqrt{pp'},$$

$$A = \tfrac{1}{2} \frac{1}{\sqrt{4a^2 - (p+p')^2}} = -\frac{1}{2(p-p')\sqrt{-1}}, \quad L = -2\sqrt{pp'},$$

$$f'' = \frac{2\sqrt{pp'}}{(p-p')\sqrt{-1}}, \; f' = -\frac{(p+p')^2}{(p-p')\sqrt{-1}}, \; f = \frac{2pp'\sqrt{pp'}}{(p-p')\sqrt{-1}}.$$

Donc

$$P = \frac{1}{(p-p')\sqrt{-1}}[2pp'\sqrt{pp'} - (p+p')^2 x + 2\sqrt{pp'}\,x^2].$$

Donc

$$A \cdot \log \frac{P + \sqrt{R}}{P - \sqrt{R}} = \frac{1}{p-p'} \cdot \text{arc tang} \frac{\sqrt{R}}{P\sqrt{-1}},$$

et enfin

$$\int \frac{dx}{\sqrt{(x^2-p^2)(x^2-p'^2)}} = -2\sqrt{pp'}\int \frac{dx}{(x-\sqrt{pp'})\sqrt{(x^2-p^2)(x^2-p'^2)}}$$

$$-\frac{1}{p-p'}\,.\,\text{arc tang}\,\frac{(p-p')\sqrt{(x^2-p^2)(x^2-p'^2)}}{2\,pp'\sqrt{pp'}-(p+p')^2x+2\sqrt{pp'}\,.\,x^2}$$

On a

$$(x^2-p^2)(x^2-p'^2)=(x-p)(x-p')(x+p)(x+p')$$

$$=[x^2-(p+p')x+pp'][x^2+(p+p')x+pp'].$$

Soit $p+p'=q$, et $pp'=r$, on aura

$$p^2-qp+r=0,$$

$$p=\tfrac{1}{2}q+\tfrac{1}{2}\sqrt{q^2-4r},\quad p'=\tfrac{1}{2}q-\tfrac{1}{2}\sqrt{q^2-4r}$$

$$p-p'=\sqrt{q^2-4r},\quad \sqrt{pp'}=\sqrt{r}.$$

Donc

$$\int \frac{dx}{\sqrt{(x^2+qx+r)(x^2-qx+r)}} = -2\sqrt{r}\int \frac{dx}{(x-\sqrt{r})\sqrt{(x^2+qx+r)(x^2-qx+r)}}$$

$$-\frac{1}{\sqrt{q^2-4r}}\ \text{arc tang}\,\frac{\sqrt{q^2-4r}\sqrt{(x^2+qx+r)(x^2-qx+r)}}{2r\sqrt{r}-q^2x+2\sqrt{r}\;x^2},$$

la même formule qu'on a trouvée plus haut, mais sous une autre forme.

33. Il est à remarquer qu'on peut toujours supposer que P n'ait aucun facteur commun avec R; car soit $R=R'r$ et $P=P'r$, on aura

$$\log\frac{P+Q\sqrt{R}}{P-Q\sqrt{R}}=\log\frac{P'r+Q\sqrt{R'r}}{P'r-Q\sqrt{R'r}}$$

$$=\log\frac{P'\sqrt{r}+Q\sqrt{R'}}{P'\sqrt{r}-Q\sqrt{R'}}=\tfrac{1}{2}\log\frac{(P'\sqrt{r}+Q\sqrt{R'}\,)^2}{(P'\sqrt{r}-Q\sqrt{R'}\,)^2}$$

$$=\tfrac{1}{2}\log\frac{P'^2r+Q^2R'+2\,P'Q\sqrt{rR'}}{P'^2r+Q^2R'-2\,P'Q\sqrt{rR'}}=\tfrac{1}{2}\log\frac{P''+Q'\sqrt{R}}{P''-Q'\sqrt{R}},$$

expression dans laquelle $P''=P'^2r+Q^2R'$ et $Q'=2\,P'Q$; et il est évident que P'' n'a point de facteurs communs avec R; donc etc.

Voilà la raison par laquelle nous avons trouvé la même formule de réduction pour l'intégrale $\int\frac{dx}{\sqrt{R}}$, soit en supposant P facteur de R, soit non. Néanmoins il est utile de supposer P facteur de R, car les calculs deviennent par là plus simples.

Problème II.

Trouver les conditions nécessaires pour que

$$\int \frac{x^m + k^{(m-1)} x^{m-1} + \cdots + k'x + k}{x^m + l^{(m-1)} x^{m-1} + \cdots + l'x + l} \cdot \frac{dx}{\sqrt{R}} = A \cdot \log \frac{P + Q\sqrt{R}}{P - Q\sqrt{R}}.$$

---

34. On peut se convaincre aisément par un raisonnement analogue à celui qu'on a employé dans le problème précédent, qu'on doit faire

$$Q = e + e'x + e''x^2 + \cdots + e^{(n-1)} x^{n-1} + x^n,$$
$$P = f + f'x + f''x^2 + \cdots + f^{(n+1)} x^{n+1} + f^{(n+2)} x^{n+2},$$

n étant un nombre entier quelconque qui satisfait à la condition:

$$2n + 4 \geqq m.$$

Soit

$$x^m + l^{(m-1)} x^{m-1} + \cdots + l'x + l = (x - a)(x - a')(x - a'') \ldots (x - a^{(m-1)}).$$

Pour que $\frac{M}{N}$ soit réductible à la forme:

$$\frac{x^m + k^{(m-1)} x^{m-1} + \cdots + k}{x^m + l^{(m-1)} x^{m-1} + \cdots + l} = \frac{M'}{(x - a)(x - a')(x - a'') \ldots (x - a^{(m-1)})},$$

il est clair, selon ce qu'on a vu précédemment, qu'on doit faire

(1) $$N = P^2 - Q^2 R = C(x - a)^{\mu} (x - a')^{\mu'} \ldots (x - a^{(m-1)})^{\mu^{(m-1)}} = CS,$$

$$\text{où} \quad 2n + 4 = \mu + \mu' + \mu'' + \cdots + \mu^{(m-1)}.$$

Il s'agit maintenant de satisfaire à cette équation.

35. *Première méthode.* Supposons que

$$(x-a)^{\mu}(x-a')^{\mu'} \ldots (x-a^{(m-1)})^{\mu^{(m-1)}} = g + g'x + g''x^2 + \cdots + g^{(2n+3)} x^{2n+3} + x^{2n+4},$$

on aura

$$P^2 - Q^2 R = C(g + g' x + g'' x^2 + \cdots + g^{(2n+3)} x^{2n+3} + x^{2n+4})$$
$$= (f + f' x + f'' x^2 + \cdots + f^{(n+2)} x^{n+2})^2$$
$$-(e + e' x + \cdots + e^{(n-1)} x^{n-1} + x^n)^2 (\alpha + \beta x + \gamma x^2 + \delta x^3 + \varepsilon x^4):$$

En développant et comparant les coefficiens, on trouvera l'équation générale:

$$(2) \qquad \left\{ \begin{array}{l} ff^{(p)} + f' f^{(p-1)} + f'' f^{(p-2)} + f''' f^{(p-3)} + \cdots \\ - \alpha(ee^{(p)} + e' e^{(p-1)} + e'' e^{(p-2)} + e''' e^{(p-3)} + \cdots) \\ - \beta(ee^{(p-1)} + e' e^{(p-2)} + e'' e^{(p-3)} + e''' e^{(p-4)} + \cdots) \\ - \gamma(ee^{(p-2)} + e' e^{(p-3)} + e'' e^{(p-4)} + e''' e^{(p-5)} + \cdots) \\ - \delta(ee^{(p-3)} + e' e^{(p-4)} + e'' e^{(p-5)} + e''' e^{(p-6)} + \cdots) \\ - \varepsilon(ee^{(p-4)} + e' e^{(p-5)} + e'' e^{(p-6)} + e''' e^{(p-7)} + \cdots) \end{array} \right\} = \tfrac{1}{2} C g^{(p)}.$$

En faisant dans cette équation successivement $p = 0, 1, 2, 3, 4 \ldots 2n+3, 2n+4$, on obtiendra $2n+5$ équations, et ces $2n+5$ équations contiennent les conditions qui résultent de l'équation (1).

On peut par ces équations déterminer les coefficiens e, e' etc. f, f', f'', etc. en fonction de C, a, a', a'', etc.

Déterminons maintenant la valeur de $g^{(p)}$. En prenant le logarithme on a

$$\log(g + g' x + g'' x^2 + \cdots + x^{2n+4}) = \mu \log(x - a) + \mu' \log(x - a') + \cdots,$$

donc en différentiant

$$\frac{g' + 2g'' x + \cdots + (2n+4)\, x^{2n+3}}{g + g' x + g'' x^2 + \cdots + x^{2n+4}} = \frac{\mu}{x - a} + \frac{\mu'}{x - a'} + \cdots,$$

donc

$$g' + 2g'' x + \cdots + (2n+4) x^{2n+3} = \mu \, \frac{x^{2n+4} + g^{(2n+3)} x^{2n+3} + \cdots + g' x + g}{x - a}$$
$$+ \mu' \, \frac{x^{2n+4} + g^{(2n+3)} x^{2n+3} + \cdots + g' x + g}{x - a'}$$
$$+ \mu'' \, \frac{x^{2n+4} + g^{(2n+3)} x^{2n+3} + \cdots + g' x + g}{x - a''}$$
$$+ \cdots\cdots\cdots\cdots\cdots\cdots$$

Le coefficient de x^p dans $\dfrac{S}{x - a}$ est $-\left(\dfrac{g^{(p)}}{a} + \dfrac{g^{(p-1)}}{a^2} + \cdots + \dfrac{g}{a^{p+1}}\right)$. Donc il est aisé de voir qu'on aura

$$(3)\quad \left.\begin{array}{l} g^{(p)}\left(\frac{\mu}{a}+\frac{\mu'}{a'}+\frac{\mu''}{a''}+\cdots\right) \\ +g^{(p-1)}\left(\frac{\mu}{a^2}+\frac{\mu'}{a'^2}+\frac{\mu''}{a''^2}+\cdots\right) \\ +g^{(p-2)}\left(\frac{\mu}{a^3}+\frac{\mu'}{a'^3}+\frac{\mu''}{a''^3}+\cdots\right) \\ +\cdots\cdots\cdots\cdots \\ +\quad g'\left(\frac{\mu}{a^p}+\frac{\mu'}{a'^p}+\frac{\mu''}{a''^p}+\cdots\right) \\ +g\left(\frac{\mu}{a^{p+1}}+\frac{\mu'}{a'^{p+1}}+\frac{\mu''}{a''^{p+1}}+\cdots\right) \end{array}\right\} = -(p+1)g^{(p+1)}.$$

En faisant $p=0, 1, 2, 3$ etc., on déterminera aisément les quantités g', g'', etc. en fonction de g, et celle-ci est égale à $a^{\mu}a'^{\mu'}a''^{\mu''}\ldots(a^{(m-1)})^{\mu^{(m-1)}}$.

36. *Seconde méthode.* Soit $P=Fx$, $Q=fx$, $R=\varphi x$, on aura d'abord, en faisant $x=a$, a', a'' etc., les m équations suivantes:

$$\begin{array}{l} (Fa)^2 - (fa)^2\,\varphi a = 0, \\ (Fa')^2 - (fa')^2\,\varphi a' = 0, \\ (Fa'')^2 - (fa'')^2\,\varphi a'' = 0, \\ \cdots\cdots\cdots\cdots \\ (Fa^{(m-1)})^2 - (fa^{(m-1)})^2\,\varphi a^{(m-1)} = 0. \end{array}$$

De ces équations on tire

$$(4)\quad \left\{\begin{array}{l} Fa = \pm fa\sqrt{\varphi a} = i\, fa\sqrt{\varphi a}, \\ Fa' = \pm fa'\sqrt{\varphi a'} = i'\, fa'\sqrt{\varphi a'}, \\ Fa'' = \pm fa''\sqrt{\varphi a''} = i''\, fa''\sqrt{\varphi a''}, \\ \cdots\cdots\cdots\cdots \\ Fa^{(m-1)} = \pm fa^{(m-1)}.\sqrt{\varphi a^{(m-1)}} = i^{(m-1)}.fa^{(m-1)}.\sqrt{\varphi a^{(m-1)}}. \end{array}\right.$$

En différentiant la première $\mu-1$ fois, la seconde $\mu'-1$ fois etc. par rapport à a, on obtiendra des équations qui deviennent toutes de la forme:

$$(5)\quad d^pFa = \pm\left(d^pfa\sqrt{\varphi a} + pd^{p-1}fa.d\sqrt{\varphi a} + \frac{p(p-1)}{2}d^{p-2}fa.d^2\sqrt{\varphi a} + \cdots + fa.d^p\sqrt{\varphi a}\right).$$

On aura des équations semblables par rapport à a', a'' etc., et en faisant dans ces équations

$$p = 0,\ 1,\ 2,\ 3,\ 4 \ldots \mu - 1,$$
$$p = 0,\ 1,\ 2,\ 3,\ 4 \ldots \mu' - 1,$$
$$p = 0,\ 1,\ 2,\ 3,\ 4 \ldots \mu'' - 1,$$
etc.

on obtiendra les équations nécessaires pour déterminer e, e', e'', etc. f, f', f'', etc.

Ces équations ont l'avantage d'être linéaires par rapport à e, e', e'', ... f, f', f'' ..., ce qui facilite beaucoup la détermination de ces quantités.

37. Il reste maintenant à trouver les coefficiens k, k', k'', ... et A. On a

$$M = A \frac{\left(2N\frac{dP}{dx} - P\frac{dN}{dx}\right)}{Q}$$

et

$$\frac{M}{N} = A \frac{\left(2\frac{dP}{dx} - P\frac{dN}{Ndx}\right)}{Q};$$

or $\frac{dN}{Ndx} = \frac{\mu}{x-a} + \frac{\mu'}{x-a'} + \frac{\mu''}{x-a''} + \cdots$, donc

$$\frac{dN}{Ndx} = \frac{h + h'x + h''x^2 + \cdots + h^{(m-1)}x^{m-1}}{l + l'x + l''x^2 + \cdots + l^{(m-1)}x^{m-1} + x^m} = \frac{t}{S'},$$

et

$$\frac{M}{N} = A \frac{\left(2\frac{dP}{Qdx}S' - \frac{Pt}{Q}\right)}{S'} = \frac{k + k'x + k''x^2 + \cdots + k^{(m-1)}x^{m-1} + x^m}{S'},$$

donc

$$k + k'x + \cdots + k^{(m-1)}x^{m-1} + x^m = A\,\frac{2\frac{dP}{dx}S' - Pt}{Q}. \tag{6}$$

En développant le second membre, on aura aisément les valeurs des coefficiens k, k', k'', etc. et A.

Ces coefficiens peuvent aussi être déterminés comme il suit. Soit $x = a$, on aura $S' = 0$ et $t = \mu(a - a')(a - a'')(a - a''') \ldots$, donc

$$k + k'a + k''a^2 + \cdots + a^m = -\mu A \frac{Fa}{fa}(a - a')(a - a'')(a - a''') \ldots,$$

or $\frac{Fa}{fa} = \pm\sqrt{\varphi a} = i\sqrt{\varphi a}$; donc

$$k + k'a + k''a^2 + \cdots + a^m = -i\mu A\sqrt{\varphi a}\,.(a - a')(a - a'') \ldots,$$

ou bien, en faisant $t = \psi x$,

$$k + k' a + k'' a^2 + k''' a^3 + \cdots + a^m = -iA\sqrt{\varphi a} \,.\, \psi a.$$

En mettant au lieu de a successivement a, a', a'' etc., on aura les équations suivantes:

$$(7)\left\{\begin{array}{l} k + k'a + k'' a^2 + \cdots + k^{(m-1)} a^{m-1} + a^m = -iA\sqrt{\varphi a} \,.\, \psi a, \\ k + k'a' + k'' a'^2 + \cdots + k^{(m-1)} a'^{(m-1)} + a'^m = -i'A\sqrt{\varphi a'} \,.\, \psi a', \\ k + k'a'' + k'' a''^2 + \cdots + k^{(m-1)} a''^{(m-1)} + a''^m = -i''A\sqrt{\varphi a''} \,.\, \psi a'', \\ \dots\dots\dots\dots\dots\dots\dots\dots\dots\dots \\ k + k'a^{(m-1)} + k'' a^{(m-1)^2} + \cdots + k^{(m-1)} a^{(m-1)(m-1)} + a^{(m-1)m} = -i^{(m-1)}A\sqrt{\varphi a^{(m-1)}} \,.\, \psi a^{(m-1)}. \end{array}\right.$$

Au moyen de ces équations il est aisé de déterminer k, k', k'', k''', etc. en fonction de A, a, a', a'', etc. On trouvera

$$A = \frac{1}{f^{(n+2)}[(2n+4)l^{(m-1)} - h^{(m-2)}] + f^{(n+1)}(2n+2-h^{(m-1)})};$$

or

$$h^{(m-1)} = \mu + \mu' + \mu'' + \cdots = 2n + 4,$$

$$\left.\begin{array}{l} h^{(m-2)} = -\mu(a' + a'' + a''' + \cdots) \\ \qquad\quad -\mu'(a + a'' + a''' + \cdots) \\ \qquad\quad -\mu''(a + a' + a''' + \cdots) \\ \qquad\quad - \dots\dots\dots\dots \end{array}\right\} = \left\{\begin{array}{l} \mu(l^{(m-1)} + a) \\ + \mu'(l^{(m-1)} + a') \\ + \mu''(l^{(m-1)} + a'') \\ + \dots\dots\dots \end{array}\right.$$

donc

$$h^{(m-2)} = (2n+4)l^{(m-1)} + \mu a + \mu' a' + \mu'' a'' + \cdots;$$

on tire de là

$$(8) \qquad A = -\frac{1}{(\mu a + \mu' a' + \mu'' a'' + \cdots)f^{(n+2)} + 2f^{(n+1)}}.$$

38. Appliquons ce qui précède au cas où $\mu = \mu' = \mu'' = \cdots = 1$. Dans ce cas on a $m = 2n + 4$. Les seules équations qui sont nécessaires dans ce cas, sont les équations (4) et (7). Considérons d'abord les équations (4)

$$\begin{array}{l} f + f'a + f''a^2 + \cdots + f^{(n+2)}a^{n+2} = ifa\sqrt{\varphi a}, \\ f + f'a' + f''a'^2 + \cdots + f^{(n+2)}a'^{n+2} = i'fa'\sqrt{\varphi a'}, \\ f + f'a'' + f''a''^2 + \cdots + f^{(n+2)}a''^{n+2} = i''fa''\sqrt{\varphi a''}, \\ \dots\dots\dots\dots\dots\dots\dots\dots \\ f + f'a^{(m-1)} + f''a^{(m-1)^2} + \cdots + f^{(n+2)}a^{(m-1)(n+2)} = i^{(m-1)}fa^{(m-1)}\sqrt{\varphi a^{(m-1)}}. \end{array}$$

On peut aisément éliminer les quantités f, f', f'' etc. de la manière suivante:

On a, comme on sait,

$$\frac{a^{m-p-2}}{(a-a')(a-a'')(a-a''')\ldots}+\frac{a'^{m-p-2}}{(a'-a)(a'-a'')\ldots}+\frac{a''^{m-p-2}}{(a''-a)(a''-a')\ldots}+\cdots=0,$$

p étant un nombre entier positif; ou bien

$$\frac{a^p}{\psi a}+\frac{a'^p}{\psi a'}+\frac{a''^p}{\psi a''}+\cdots+\frac{a^{(m-1)p}}{\psi a^{(m-1)}}=0,$$

lorsque $p<m-1$, c'est-à-dire $p<2n+3$. Donc si l'on multiplie la première des équations précédentes par $\frac{a^p}{\psi a}$, la seconde par $\frac{a'^p}{\psi a'}$ etc., et qu'on les ajoute ensuite, il est aisé de voir que la somme des premiers membres devient égale à zéro si $p<n+1$. On a donc

(9) $$i\frac{a^p\sqrt{\varphi a}}{\psi a}fa+i'\frac{a'^p\sqrt{\varphi a'}}{\psi a'}fa'+\cdots=0.$$

En faisant dans cette équation successivement $p=0, 1, 2, 3, \ldots n$, on obtiendra $n+1$ équations par lesquelles on déterminera les n quantités $e, e', e'', \ldots e^{(n-1)}$, et on trouvera de plus la relation qui doit avoir lieu entre les quantités a, a', a'', a''' etc.

39. Supposons que $n=0$. Dans ce cas on aura

$$fa=fa'=fa''=\cdots=1;$$

donc l'équation précédente devient

$$\frac{i\sqrt{\varphi a}}{(a-a')(a-a'')(a-a''')}+\frac{i'\sqrt{\varphi a'}}{(a'-a)(a'-a'')(a'-a''')}$$
$$+\frac{i''\sqrt{\varphi a''}}{(a''-a)(a''-a')(a''-a''')}+\frac{i'''\sqrt{\varphi a'''}}{(a'''-a)(a'''-a')(a'''-a'')}=0.$$

C'est la relation qui existe entre les quatre quantités a, a', a'', a'''.

Les équations (4) deviennent

$$f+f'a+f''a^2=i\sqrt{\varphi a},$$
$$f+f'a'+f''a'^2=i'\sqrt{\varphi a'},$$
$$f+f'a''+f''a''^2=i''\sqrt{\varphi a''},$$
$$f+f'a'''+f''a'''^2=i'''\sqrt{\varphi a'''}.$$

En multipliant la première par $\frac{1}{a(a-a')(a-a'')(a-a''')}$ etc., et en ajoutant ensuite, on aura

$$f.\left(\frac{1}{a(a-a')(a-a'')(a-a''')}+\frac{1}{a'(a'-a)(a'-a'')(a'-a''')}+\dots\right)$$
$$=\frac{i\sqrt{\varphi a}}{a(a-a')(a-a'')(a-a''')}+\frac{i'\sqrt{\varphi a'}}{a'(a'-a)(a'-a'')(a'-a''')}+\dots,$$

d'où

$$-f=i\frac{a'a''a'''}{(a-a')(a-a'')(a-a''')}\sqrt{\varphi a}+i'\frac{a\,a''a'''}{(a'-a)(a'-a'')(a'-a''')}\sqrt{\varphi a'}$$
$$+i''\frac{a\,a'a'''}{(a''-a)(a''-a')(a''-a''')}\sqrt{\varphi a''}+i'''\frac{a\,a'a''}{(a'''-a)(a'''-a')(a'''-a'')}\sqrt{\varphi a'''}.$$

De la même manière

$$f''=\frac{i\sqrt{\varphi a}}{(a-a')(a-a'')}+\frac{i'\sqrt{\varphi a'}}{(a'-a)(a'-a'')}+\frac{i''\sqrt{\varphi a''}}{(a''-a)(a''-a')},$$

et ensuite

$$f'=\frac{i\sqrt{\varphi a}}{a-a'}+\frac{i'\sqrt{\varphi a'}}{a'-a}-(a+a')f''.$$

Connaissant f, f', f'', on aura aisément la valeur de A par l'équation (8), qui devient dans ce cas

$$A=-\frac{1}{(a+a'+a''+a''')f''+2f'};$$

k, k', k'' et k''' se déterminent par les équations (7).

On peut aussi déterminer les coefficiens de la manière suivante. Soit

$$R=(x-p)(x-p')(x-p'')(x-p''');$$

si dans les équations

$$P=\sqrt{R+C.S},\quad S=l+l'x+l''x^2+l'''x^3+x^4=\theta x,$$

on fait $x=p,\ p',\ p'',\ p'''$, on obtiendra

$$f+p\,f'+p^2\,f''=\sqrt{C}.\sqrt{\theta p},$$
$$f+p'\,f'+p'^2\,f''=\sqrt{C}.\sqrt{\theta p'},$$
$$f+p''f'+p''^2f''=\sqrt{C}.\sqrt{\theta p''},$$
$$f+p'''f'+p'''^2f''=\sqrt{C}.\sqrt{\theta p'''}.$$

En éliminant f, f' et f'', il restera l'équation:

$$0=\frac{\sqrt{(p-a)(p-a')(p-a'')(p-a''')}}{(p-p')(p-p'')(p-p''')}+\frac{\sqrt{(p'-a)(p'-a')(p'-a'')(p'-a''')}}{(p'-p)(p'-p'')(p'-p''')}$$

$$+\frac{\sqrt{(p''-a)(p''-a')(p''-a'')(p''-a''')}}{(p''-p)(p''-p')(p''-p''')}+\frac{\sqrt{(p'''-a)(p'''-a')(p'''-a'')(p'''-a''')}}{(p'''-p)(p'''-p')(p'''-p'')},$$

qui exprime la relation entre a, a', a'', a''', et qui est plus simple que celle trouvée plus haut.

40. Supposons maintenant que $m=2$. Dans ce cas on peut faire les suppositions suivantes:

$$1)\quad P^2-Q^2R=C(x-a)\,(x-a')^{2n+3},$$

$$2)\quad P^2-Q^2R=C(x-a)^2(x-a')^{2n+2},$$

$$3)\quad P^2-Q^2R=C(x-a)^3(x-a')^{2n+1},$$

. . . .

$$n+2)\quad P^2-Q^2R=C(x-a)^{n+2}.(x-a')^{n+2}.$$

Dans tous ces cas les équations (7) deviennent

$$k+k'a+a^2=-A\mu\,(a-a').\sqrt{\varphi a},$$

$$k+k'a'+a'^2=-A\mu'(a'-a).\sqrt{\varphi a'},$$

d'où l'on tire

$$k'=-(a+a')-A(\mu\sqrt{\varphi a}+\mu'\sqrt{\varphi a'}),$$

$$k=aa'+A(a'\mu\sqrt{\varphi a}+a\mu'\sqrt{\varphi a'}).$$

Les autres coefficiens se déterminent par l'équation (5). Je vais les évaluer dans les cas où $n=0$ et $n=1$.

1. Lorsque $n=0$, on peut faire

$$\text{a)}\quad P^2-R=C(x-a)\,(x-a')^3,$$

$$\text{b)}\quad P^2-R=C(x-a)^2(x-a')^2.$$

a) Si $P^2-R=C(x-a)(x-a')^3$. Dans ce cas l'équation (5) donne

$$Fa=\sqrt{\varphi a},$$

$$Fa'=\sqrt{\varphi a'},$$

$$d(Fa')=\tfrac{1}{2}\frac{d\varphi a'}{\sqrt{\varphi a'}},$$

$$d^2(Fa')=\tfrac{1}{2}\frac{d^2\varphi a'}{\sqrt{\varphi a'}}-\tfrac{1}{4}\frac{(d\varphi a')^2}{\sqrt{(\varphi a')^3}},$$

ou bien

$$f + f'a + f''a^2 = \sqrt{\varphi a},$$
$$f + f'a' + f''a'^2 = \sqrt{\varphi a'},$$
$$f' + 2f''a' = \tfrac{1}{2}\cdot\frac{\varphi' a'}{\sqrt{\varphi a'}},$$
$$2f'' = \tfrac{1}{2}\cdot\frac{\varphi'' a'}{\sqrt{\varphi a'}} - \tfrac{1}{4}\cdot\frac{(\varphi' a')^2}{\sqrt{(\varphi a')^3}};$$

donc

$$f'' = \tfrac{1}{8}\cdot\frac{2\,\varphi a'\,.\,\varphi'' a' - (\varphi' a')^2}{\varphi a'\sqrt{\varphi a'}},$$
$$f' = \tfrac{1}{2}\cdot\frac{\varphi' a'}{\sqrt{\varphi a'}} - \frac{a'}{4}\cdot\frac{2\varphi a'\,.\,\varphi'' a' - (\varphi' a')^2}{\varphi a'\sqrt{\varphi a'}},$$
$$f = \sqrt{\varphi a} - \frac{a'}{2}\cdot\frac{\varphi' a'}{\sqrt{\varphi a'}} + \frac{a'^2}{8}\cdot\frac{2\,\varphi a'\,.\,\varphi'' a' - (\varphi' a')^2}{\varphi a'\sqrt{\varphi a'}},$$

et la relation entre a et a' devient

$$\sqrt{\varphi a} - \sqrt{\varphi a'} - \tfrac{1}{2}(a - a')\frac{\varphi' a'}{\sqrt{\varphi a'}} - \tfrac{1}{8}(a - a')^2\,\frac{2\varphi a'\,.\,\varphi'' a' - (\varphi' a')^2}{\varphi a'\sqrt{\varphi a'}} = 0,$$

ou

$$\sqrt{\varphi a}\,.\,\sqrt{\varphi a'} = \varphi a' + \tfrac{1}{2}(a - a')\,\varphi' a' + \tfrac{1}{8}(a - a')^2\,\frac{2\,\varphi a'\,.\,\varphi'' a' - (\varphi' a')^2}{\varphi a'}.$$

On aura ensuite A par l'équation

$$A = -\frac{1}{(a + 3a')f'' + 2f'}.$$

41. On peut aussi trouver ces équations de la manière suivante. On a

$$P = \sqrt{R + C(x - a)(x - a')^3}.$$

Soit

$$R = (x - p)(x - p')(x - p'')(x - p''');$$

si nous faisons $x = p,\ p',\ p'',\ p'''$, nous aurons

$$f + f'p + f''p^2 = \sqrt{C}\,.\,\sqrt{(p - a)(p - a')}\,.\,(p - a'),$$
$$f + f'p' + f''p'^2 = \sqrt{C}\,.\,\sqrt{(p' - a)(p' - a')}\,.\,(p' - a'),$$
$$f + f'p'' + f''p''^2 = \sqrt{C}\,.\,\sqrt{(p'' - a)(p'' - a')}\,.\,(p'' - a'),$$
$$f + f'p''' + f''p'''^2 = \sqrt{C}\,.\,\sqrt{(p''' - a)(p''' - a')}\,.\,(p''' - a').$$

En éliminant f, f' et f'', on aura entre a et a' la relation suivante:

$$\left.\begin{array}{l}\dfrac{(p-a')\sqrt{(p-a)(p-a')}}{(p-p')(p-p'')(p-p''')}+\dfrac{(p'-a')\sqrt{(p'-a)(p'-a')}}{(p'-p)(p'-p'')(p'-p''')}\\ +\dfrac{(p''-a')\sqrt{(p''-a)(p''-a')}}{(p''-p)(p''-p')(p''-p''')}+\dfrac{(p'''-a')\sqrt{(p'''-a)(p'''-a')}}{(p'''-p)(p'''-p')(p'''-p'')}\end{array}\right\}=0.$$

b) Si $P^2-R=C(x-a)^2(x-a')^2$. Dans ce cas l'équation (5) donne

$$f+f'a+f''a^2=\sqrt{\varphi a},$$

$$f+f'a'+f''a'^2=\sqrt{\varphi a'},$$

$$f'+2f''a=\tfrac{1}{2}\cdot\frac{\varphi' a}{\sqrt{\varphi a}},$$

$$f'+2f''a'=\tfrac{1}{2}\cdot\frac{\varphi' a'}{\sqrt{\varphi a'}}.$$

Des deux dernières équations on tire

$$f''=\tfrac{1}{4}\cdot\frac{\varphi' a}{(a-a')\sqrt{\varphi a}}+\tfrac{1}{4}\cdot\frac{\varphi' a'}{(a'-a)\sqrt{\varphi a'}},$$

$$f'=\tfrac{1}{2}\cdot\frac{a'.\varphi' a}{(a'-a)\sqrt{\varphi a}}+\tfrac{1}{2}\cdot\frac{a\varphi'.a'}{(a-a')\sqrt{\varphi a'}}.$$

En substituant ces valeurs dans les deux premières équations, on en tirera

$$f=\tfrac{1}{4}\cdot\frac{aa'}{a-a'}\cdot\frac{\varphi' a}{\sqrt{\varphi a}}+\tfrac{1}{4}\cdot\frac{aa'}{a'-a}\cdot\frac{\varphi' a'}{\sqrt{\varphi a'}}-\frac{a'\sqrt{\varphi a}-a\sqrt{\varphi a'}}{a-a'},$$

et

$$\sqrt{\varphi a}-\sqrt{\varphi a'}-\tfrac{1}{4}(a-a')\left(\frac{\varphi' a}{\sqrt{\varphi a}}+\frac{\varphi' a'}{\sqrt{\varphi a'}}\right)=0.$$

On a ensuite

$$A=-\frac{1}{2(a+a')f''+2f'}=-\frac{2}{\frac{\varphi' a}{\sqrt{\varphi a}}+\frac{\varphi' a'}{\sqrt{\varphi a'}}}.$$

En substituant ces valeurs dans les expressions de k et k', on obtiendra:

$$k=aa'-4\frac{a'\sqrt{\varphi a}+a\sqrt{\varphi a'}}{\frac{\varphi' a}{\sqrt{\varphi a}}+\frac{\varphi' a'}{\sqrt{\varphi a'}}}=aa'+2b,$$

$$k'=-(a+a')+4\frac{\sqrt{\varphi a}+\sqrt{\varphi a'}}{\frac{\varphi' a}{\sqrt{\varphi a}}+\frac{\varphi' a'}{\sqrt{\varphi a'}}}=-(a+a')+2b'.$$

Par ces valeurs on a

$$\frac{k+k'x+x^2}{(x-a)(x-a')}=\frac{aa'-(a+a')x+x^2+2b+2b'x}{(x-a)(x-a')}$$
$$=1+\frac{2b+2b'x}{(x-a)(x-a')}.$$

Donc on aura

$$\int\frac{dx}{\sqrt{\varphi x}}=-\int\frac{(2b+2b'x)}{(x-a)(x-a')}\cdot\frac{dx}{\sqrt{\varphi x}}+A.\log\frac{P+\sqrt{\varphi x}}{P-\sqrt{\varphi x}}.$$

La relation entre a et a' peut aussi s'exprimer de la manière suivante:

$$\frac{(p-a)(p-a')}{(p-p')(p-p'')(p-p''')}+\frac{(p'-a)(p'-a')}{(p'-p)(p'-p'')(p'-p''')}-\frac{(p''-a)(p''-a')}{(p''-p)(p''-p')(p''-p''')}-\frac{(p'''-a)(p'''-a')}{(p'''-p)(p'''-p')(p'''-p'')}=0,$$

ou

$$(p+p'-p''-p''')aa'-(pp'-p''p''')(a+a')+pp'(p''+p''')-p''p'''(p+p')=0,$$

d'où l'on tire

$$a'=\frac{(pp'-p''p''')a+(p+p')p''p'''-(p''+p''')pp'}{(p+p'-p''-p''')a-pp'+p''p'''}.$$

42. Supposons maintenant que

$$P^2-R=C(x-p)(x-a)(x-a')^2,$$

$x-p$ étant facteur de R. On a donc

$$P=(x-p)(f+f'x),$$

donc

$$(f+f'x)^2=\frac{(x-p')(x-p'')(x-p''')}{x-p}+C.\frac{(x-a)(x-a')^2}{x-p}.$$

Faisons $x=p'$ p'', p''', on aura

$$f+f'p'=\frac{(p'-a')}{\sqrt{p'-p}}\sqrt{C}.\sqrt{p'-a},$$
$$f+f'p''=\frac{p''-a'}{\sqrt{p''-p}}\sqrt{C}.\sqrt{p''-a},$$
$$f+f'p'''=\frac{p'''-a'}{\sqrt{p'''-p}}\sqrt{C}.\sqrt{p'''-a}.$$

En éliminant f et f', on aura

$$\frac{(p'-a')\sqrt{p'-a}}{(p'-p'')(p'-p''')\sqrt{p'-p}}+\frac{(p''-a')\sqrt{p''-a}}{(p''-p')(p''-p''')\sqrt{p''-p}}+\frac{(p'''-a')\sqrt{p'''-a}}{(p'''-p')(p'''-p'')\sqrt{p'''-p}}=0,$$

d'où l'on tirera

$$a'=\frac{Bp'\sqrt{p'-a}+B'p''\sqrt{p''-a}+B''p'''\sqrt{p'''-a}}{B\sqrt{p'-a}+B'\sqrt{p''-a}+B''\sqrt{p'''-a}},$$

en faisant pour abréger

$$B=\frac{1}{(p'-p'')(p'-p''').\sqrt{p'-p}},\quad B'=\frac{1}{(p''-p')(p''-p''')\sqrt{p''-p}},$$

$$B''=\frac{1}{(p'''-p')(p'''-p'')\sqrt{p'''-p}}.$$

43. Dans les trois numéros précédens nous avons considéré le cas où $m=2$. Supposons maintenant $m=1$. Dans ce cas on a

$$P^2-Q^2R=C(x-a)^{2n+4},$$

$$\int\frac{x+k}{x-a}\cdot\frac{dx}{\sqrt{R}}=A.\log\frac{P+Q\sqrt{R}}{P-Q\sqrt{R}}.$$

k se détermine immédiatement par l'équation (7), qui donne

$$k=-a-\mu A.\sqrt{\varphi a}.$$

Les quantités A, a, f, f', etc. e, e' e'', etc. se déterminent par l'équation (5), qui donne les suivantes:

$$Fa=fa.\sqrt{\varphi a},$$

$$dFa=dfa.\sqrt{\varphi a}+fa.d\sqrt{\varphi a},$$

$$d^2Fa=d^2fa.\sqrt{\varphi a}+2dfa.d\sqrt{\varphi a}+fa.d^2\sqrt{\varphi a},$$

. . . .

$$d^{2n+3}Fa=d^{2n+3}fa.\sqrt{\varphi a}+(2n+3)d^{2n+2}fa.d\sqrt{\varphi a}$$
$$+\frac{(2n+3)(2n+2)}{2}.d^{2n+1}fa.d^2\sqrt{\varphi a}+\cdots.$$

Par ces équations, qui sont toutes linéaires par rapport à f, f', f'', etc. e, e', e'' etc., on peut déterminer ces quantités et a, mais par des calculs assez longs. Je donnerai dans la suite une méthode sûre et directe de déterminer ces quantités dans tous les cas. Pour le moment je vais résoudre le problème en supposant

$$Q=1,\ \text{et}\ P^2-R=C(x-p)(x-a)^3,$$

$x-p$ étant facteur de R, et $R=(x-p)(x-p')(x-p'')(x-p''')$. Soit

$$P=(x-p)(f+f'x),$$

d'où

$$(f+f'x)^2=\frac{(x-p')(x-p'')(x-p''')}{x-p}+C\frac{(x-a)^3}{x-p}.$$

En faisant successivement $x=p', p'', p'''$, il viendra

$$f+f'p' = \sqrt{C}.(p'-a)\sqrt{\frac{p'-a}{p'-p}},$$

$$f+f'p'' = \sqrt{C}.(p''-a)\sqrt{\frac{p''-a}{p''-p}},$$

$$f+f'p''' = \sqrt{C}.(p'''-a)\sqrt{\frac{p'''-a}{p'''-p}}.$$

On a de plus, en faisant $x=0$,

$$f^2 = \frac{p'p''p'''}{p} + \frac{C.a^3}{p}.$$

En éliminant f et f entre les trois premières équations il viendra

$$\frac{(p'-a)\sqrt{\frac{p'-a}{p'-p}}}{(p'-p'')(p'-p''')} + \frac{(p''-a)\sqrt{\frac{p''-a}{p''-p}}}{(p''-p')(p''-p''')} + \frac{(p'''-a)\sqrt{\frac{p'''-a}{p'''-p}}}{(p'''-p')(p'''-p'')} = 0.$$

De cette équation on peut tirer la valeur de a, et celle-ci étant connue, on aura aisément les valeurs de f, f' et C, que je me dispenserai d'écrire.

44. De l'équation $\int \frac{x+k}{x-a} \cdot \frac{dx}{\sqrt{R}} = A.\log \frac{P+Q\sqrt{R}}{P-Q\sqrt{R}}$ on tire, en substituant la valeur de $k=-a-\mu A\sqrt{\varphi a}$,

$$\int \frac{dx}{\sqrt{R}} - \mu A\sqrt{\varphi a}\int \frac{dx}{(x-a)\sqrt{R}} = A.\log \frac{P+Q\sqrt{R}}{P-Q\sqrt{R}};$$

donc

$$\int \frac{dx}{(x-a)\sqrt{R}} = \frac{1}{\mu A\sqrt{\varphi a}} \cdot \int \frac{dx}{\sqrt{R}} - \frac{1}{\mu\sqrt{\varphi a}}.\log \frac{P+Q\sqrt{R}}{P-Q\sqrt{R}}.$$

De cette manière on trouvera donc toutes les intégrales de la forme $\int \frac{dx}{(x-a)\sqrt{R}}$ qui peuvent se réduire à l'intégrale $\int \frac{dx}{\sqrt{R}}$ à l'aide d'une fonction logarithmique de la forme $A.\log \frac{P+Q\sqrt{R}}{P-Q\sqrt{R}}$. Je donnerai dans la suite la résolution de ce problème dans toute sa généralité. Elle dépend, comme nous venons de le voir, de la résolution de l'équation

$$P^2 - Q^2R = C(x-a)^{2n+4}.$$

Pour le moment je remarque qu'on peut lui donner la forme

$$P'^2 - Q'^2.R' = C.$$

En effet, soit

$$P = f_1 + f_1'(x-a) + f_1''(x-a)^2 + \cdots,$$
$$Q = e_1 + e_1'(x-a) + e_1''(x-a)^2 + \cdots,$$
$$R = \alpha' + \beta'(x-a) + \gamma'(x-a)^2 + \delta'(x-a)^3 + \varepsilon'(x-a)^4,$$

et faisons $y = \frac{1}{x-a}$, on aura, $x - a = \frac{1}{y}$; donc

$$P = f_1 + f_1'\frac{1}{y} + f_1''\frac{1}{y^2} + \cdots = \frac{P'}{y^{n+2}},$$
$$Q = e_1 + e_1'\frac{1}{y} + e_1''\frac{1}{y^2} + \cdots = \frac{Q'}{y^n},$$
$$R = \alpha' + \frac{\beta'}{y} + \frac{\gamma'}{y^2} + \frac{\delta'}{y^3} + \frac{\varepsilon'}{y^4} = \frac{R'}{y^4},$$

et en substituant et multipliant par y^{2n+4},

$$P'^2 - Q'^2 R' = C.$$

Donc si l'on peut résoudre cette équation, on peut aussi résoudre la proposée.

La résolution de l'équation précédente sera donnée dans le cours du problème suivant, qui consiste à déterminer k et R de la manière que l'intégrale $\int \frac{(x+k)\,dx}{\sqrt{R}}$ devienne intégrable par la fonction logarithmique $A \cdot \log \frac{P + Q\sqrt{R}}{P - Q\sqrt{R}}$.

45. Nous avons vu, dans ce qui précède, que si l'on a

$$\int \frac{x^m + k^{(m-1)}x^{m-1} + \cdots + k'x + k}{(x-a)(x-a')\ldots(x-a^{(m-1)})} \cdot \frac{dx}{\sqrt{R}} = A \cdot \log \frac{P + Q\sqrt{R}}{P - Q\sqrt{R}},$$

il en résulte nécessairement $m+1$ conditions entre les $2m$ quantités a, a', a'', ... $a^{(m-1)}$, k, k' ... $k^{(m-1)}$; on peut donc prendre $m-1$, mais non pas un plus grand nombre de ces quantités, à volonté, et puis déterminer les autres. Il suit de là qu'on peut faire

$$\frac{x^m + k^{(m-1)}x^{m-1} + \cdots + k'x + k}{(x-a)(x-a')\ldots(x-a^{(m-1)})} = \frac{x^n + k_1^{(n-1)}x^{n-1} + \cdots + k_1'x + k_1}{(x-a)(x-a')\ldots(x-a^{(n-1)})}$$
$$+ \frac{L}{x-c} + \frac{L'}{x-c'} + \cdots + \frac{L^{(n-1)}}{x-c^{(n-1)}} + \frac{L^{(n)}}{x-c^{(n)}},$$

$k_1^{(n-1)}$, $k_1^{(n-2)}$, ... k_1', k_1, a, a', a'', ... $a^{(n-1)}$ étant quelconques, d'où il résulte qu'on peut exprimer l'intégrale

$$\int \frac{x^n + k_1^{(n-1)}x^{n-1} + \cdots + k_1'x + k_1}{(x-a)(x-a')\ldots(x-a^{(n-1)})} \cdot \frac{dx}{\sqrt{R}}$$

par $n+1$ intégrales de la forme $\int \frac{dx}{(x-c)\sqrt{R}}$.

On voit de même qu'on peut exprimer l'intégrale $\int \frac{dx}{\sqrt{R}}$ par n intégrales de la forme $\int \frac{dx}{(x-a)\sqrt{R}}$, dont $n-1$ sont arbitraires par rapport à a.

Problème III.

Trouver toutes les intégrales de la forme $\int \frac{(k+x)\,dx}{\sqrt{R}}$ *qui peuvent être exprimées par la fonction* $A.\log \frac{P+Q\sqrt{R}}{P-Q\sqrt{R}}$.

---

46. Puisque $\int \frac{(x+k)\,dx}{\sqrt{R}} = A.\log \frac{P+Q\sqrt{R}}{P-Q\sqrt{R}}$, on aura en différentiant

$$x+k=\frac{M}{N},\quad M=A\frac{\left(2N\frac{dP}{dx}-P\frac{dN}{dx}\right)}{Q},$$

$$N=P^2-Q^2R.$$

Pour que l'équation $\frac{M}{N}=x+k$ puisse avoir lieu, il faut que $N=\text{const.}=c$; on a donc les deux équations:

$$c(x+k)=2Ac\frac{dP}{Q.dx},$$

$$c=P^2-Q^2R;$$

ou bien en supposant $c=1$,

$$x+k=2A\frac{dP}{Q.dx},$$

$$1=P^2-Q^2R.$$

La première équation n'a aucune difficulté. Elle donne aisément les valeurs de A et k, quand P et Q sont connus. En effet, soit

$$P=f+f'x+\cdots+f^{(n+2)}x^{n+2},$$

$$Q=e+e'x+\cdots+e^{(n)}x^n,$$

on a en substituant

$$x+k=2A\frac{(n+2)f^{(n+2)}x^{n+1}+(n+1)f^{(n+1)}x^n+\cdots}{e^{(n)}x^n+e^{(n-1)}x^{n-1}+\cdots},$$

d'où l'on tire

$$1=\frac{2A(n+2)f^{(n+2)}}{e^{(n)}},$$

$$k=\frac{2Af'}{e};$$

donc

$$(1)\qquad \begin{cases} A=\dfrac{e^{(n)}}{(2n+4)f^{(n+2)}} \\ k=\dfrac{f'e^{(n)}}{(n+2)ef^{(n+2)}}. \end{cases}$$

Considérons maintenant l'équation

$$P^2-Q^2R=1,$$

et cherchons à trouver les valeurs de P et Q.

Première méthode.

47. La méthode la plus simple qui s'offre est celle des coefficiens indéterminés. Substituant les valeurs de P et Q on obtiendra

$$(f+f'x+f''x^2+\cdots+f^{(n+2)}x^{n+2})^2 \\ -(e+e'x+\cdots+e^{(n)}x^n)^2(\alpha+\beta x+\cdots+\varepsilon x^4)=1.$$

En développant et comparant les coefficiens, on aura les équations suivantes au nombre de $2n+5$:

$$f^2-\alpha e^2=1,$$

$$(2)\qquad \left.\begin{aligned} &ff^{(p)}+f'f^{(p-1)}+f''f^{(p-2)}+f'''f^{(p-3)}+\cdots \\ &-\alpha(ee^{(p)}+e'e^{(p-1)}+e''e^{(p-2)}+\cdots) \\ &-\beta(ee^{(p-1)}+e'e^{(p-2)}+e''e^{(p-3)}+\cdots) \\ &-\gamma(ee^{(p-2)}+e'e^{(p-3)}+e''e^{(p-4)}+\cdots) \\ &-\delta(ee^{(p-3)}+e'e^{(p-4)}+e''e^{(p-5)}+\cdots) \\ &-\varepsilon(ee^{(p-4)}+e'e^{(p-5)}+e''e^{(p-6)}+\cdots) \end{aligned}\right\}=0.$$

En faisant dans cette équation successivement $p=1, 2, 3$, etc. jusqu'à $2n+4$, on aura les équations nécessaires pour satisfaire à l'équation $P^2-Q^2R=1$. Ayant $2n+5$ équations mais seulement $2n+4$ coefficiens indéterminés, il est clair qu'on obtiendra une relation entre les cinq quantités α, β, γ, δ, ε.

En faisant dans l'équation (2) $p=2n+4$, on obtiendra

$$f^{(n+2)2}-\varepsilon e^{(n)2}=0,$$

donc

$$f^{(n+2)}=e^{(n)}\sqrt{\varepsilon}.$$

En substituant cette valeur dans les expressions de A et de k, elles deviennent

$$(3)\qquad \begin{cases} A=\dfrac{1}{(2n+4)\sqrt{\varepsilon}}, \\ k=\dfrac{1}{(n+2)\sqrt{\varepsilon}}\dfrac{f'}{e}. \end{cases}$$

48. Avant d'aller plus loin je vais appliquer la méthode précédente en supposant $n=0$. On a dans ce cas $Q=e$, $P=f+f'x+f''x^2$. Les équations (2) deviennent donc

$$f^2-\alpha e^2=1,$$
$$2ff'-\beta e^2=0,$$
$$f'^2+2ff''-\gamma e^2=0,$$
$$2f'f''-\delta e^2=0,$$
$$f''^2-\varepsilon e^2=0.$$

On tire de ces équations

$$f''=e\sqrt{\varepsilon}=\frac{\delta\sqrt{\varepsilon}}{\sqrt{\beta^2\varepsilon-\alpha\delta^2}},$$

$$f'=\frac{\delta e}{2\sqrt{\varepsilon}}=\frac{\delta^2}{2\sqrt{\beta^2\varepsilon^2-\alpha\varepsilon\delta^2}},$$

$$f=\frac{\beta e}{\delta}\sqrt{\varepsilon}=\frac{\beta\sqrt{\varepsilon}}{\sqrt{\beta^2\varepsilon-\alpha\delta^2}},$$

$$e=\frac{\delta}{\sqrt{\beta^2\varepsilon-\alpha\delta^2}}.$$

En substituant ces valeurs dans l'équation $f'^2+2ff''-\gamma e^2=0$, il viendra

$$\frac{\delta^2}{4\varepsilon}+\frac{2\beta\varepsilon}{\delta}-\gamma=0,\quad \gamma=\frac{\delta^2}{4\varepsilon}+\frac{2\beta\varepsilon}{\delta}.$$

Celle-ci est donc la relation qui doit avoir lieu entre les quantités β, γ, δ et ε. Il est remarquable que α ne s'y trouve point.

Par les équations (3) on a ensuite

$$A = \frac{1}{4\sqrt{\varepsilon}}, \quad k = \frac{\delta}{4\varepsilon}.$$

On a donc

$$\int \frac{\left(x + \frac{\delta}{4\varepsilon}\right) dx}{\sqrt{\alpha + \beta x + \left(\frac{\delta^2}{4\varepsilon} + 2\frac{\beta\varepsilon}{\delta}\right) x^2 + \delta x^3 + \varepsilon x^4}} = \frac{1}{4\sqrt{\varepsilon}} \log \frac{P + Q\sqrt{R}}{P - Q\sqrt{R}}.$$

Au reste cette intégrale est facile à trouver; car en faisant $x + \frac{\delta}{4\varepsilon} = y$, on aura

$$\int \frac{y dy}{\sqrt{\alpha^1 + \gamma^1 y^2 + \varepsilon y^4}},$$

intégrale facile à trouver par les méthodes connues.

49. Les équations (2) ont l'inconvénient de ne pas être linéaires. On peut trouver un système d'équations linéaires qui les remplacent de la manière suivante. En mettant $\frac{1}{y}$ au lieu de x dans l'équation

$$P^2 - Q^2 R = 1,$$

on obtiendra une équation de la forme

$$(Fy)^2 - (fy)^2 \varphi y = y^{2n+4},$$

dans laquelle

$$Fy = f y^{n+2} + f' y^{n+1} + \cdots + f^{(n+2)},$$

$$fy = e y^n + e' y^{n-1} + \cdots + e^{(n)},$$

$$\varphi y = \alpha y^4 + \beta y^3 + \gamma y^2 + \delta y + \varepsilon.$$

Il est clair que l'équation

$$Fy = fy . \sqrt{\varphi y}$$

aura lieu dans la supposition de $y = 0$, en la différentiant $2n + 3$ fois de suite. On a donc les équations suivantes:

$$Fy = fy . \sqrt{\varphi y},$$

$$dFy = dfy . \sqrt{\varphi y} + fy . d\sqrt{\varphi y},$$

$$d^2 Fy = d^2 fy . \sqrt{\varphi y} + 2 dfy . d\sqrt{\varphi y} + fy . d^2 \sqrt{\varphi y},$$

. . . .

$$d^{2n+3} Fy = d^{2n+3} fy . \sqrt{\varphi y} + (2n+3) d^{2n+2} fy . d\sqrt{\varphi y}$$
$$+ \frac{(2n+3)(2n+2)}{2} d^{2n+1} fy . d^2 \sqrt{\varphi y} + \cdots.$$

En faisant dans ces équations $y=0$, on aura

$$Fy=f^{(n+2)},$$
$$\frac{dFy}{dy}=f^{(n+1)},$$
$$\frac{d^2Fy}{dy^2}=1.2.f^{(n)},$$
$$\ldots\ldots\ldots\ldots$$
$$\frac{d^pFy}{dy^p}=1.2.3\ldots p.f^{(n+2-p)},$$
$$\ldots\ldots\ldots\ldots\ldots\ldots$$
$$\frac{d^{n+2}Fy}{dy^{n+2}}=1.2.3\ldots(n+2).f,$$
$$\frac{d^{n+2+p}Fy}{dy^{n+p+2}}=0.$$

De même

$$fy=e^{(n)},$$
$$\frac{dfy}{dy}=e^{(n-1)},$$
$$\frac{d^2fy}{dy^2}=1.2.e^{(n-2)},$$
$$\ldots\ldots\ldots\ldots$$
$$\frac{d^nfy}{dy^n}=1.2.3\ldots n.e,$$
$$\frac{d^{n+p}fy}{dy^{n+p}}=0,$$
$$\sqrt{\varphi y}=\sqrt{\varepsilon},$$
$$\frac{d\sqrt{\varphi y}}{dy}=\frac{d\varphi y}{2dy.\sqrt{\varphi y}}=\frac{\delta}{2\sqrt{\varepsilon}},$$
$$\frac{d^2\sqrt{\varphi y}}{dy^2}=\frac{d^2\varphi y}{2dy^2.\sqrt{\varphi y}}-\frac{(d\varphi y)^2}{4dy^2\varphi y\sqrt{\varphi y}}=\frac{\gamma}{\sqrt{\varepsilon}}-\frac{\delta^2}{4\varepsilon\sqrt{\varepsilon}},$$
$$\frac{d^3\sqrt{\varphi y}}{dy^3}=\frac{1}{dy^3}\left(\frac{d^3\varphi y}{2\sqrt{\varphi y}}-\frac{3d\varphi y.d^2\varphi y}{4\varphi y\sqrt{\varphi y}}+\frac{3(d\varphi y)^3}{8(\varphi y)^2\sqrt{\varphi y}}\right),$$
$$\frac{d^3\sqrt{\varphi y}}{dy^3}=\frac{3\beta}{\sqrt{\varepsilon}}-\frac{3\gamma\delta}{2\varepsilon\sqrt{\varepsilon}}+\frac{3\delta^3}{8\varepsilon^2\sqrt{\varepsilon}}$$

De la même manière on trouvera $\frac{d^4\sqrt{\varphi y}}{dy^4}$ etc. en supposant $y=0$. Pour plus de simplicité, je désigne par $c^{(p)}$ la valeur de $\frac{d^p\sqrt{\varphi y}}{dy^p}$ en y faisant $y=0$.

En substituant les valeurs trouvées, on obtiendra les équations suivantes:

$$f^{(n+2)} = ce^{(n)},$$
$$f^{(n+1)} = ce^{(n-1)} + c'e^{(n)},$$
$$f^{(n)} = ce^{(n-2)} + c'e^{(n-1)} + \tfrac{1}{2}c''e^{(n)},$$
$$f^{(n-1)} = ce^{(n-3)} + c'e^{(n-2)} + \tfrac{1}{2}c''e^{(n-1)} + \frac{1}{2.3}c'''e^{(n)},$$

. . . .

$$f^{(n-p+2)} = ce^{(n-p)} + c\,e^{(n-p+1)} + \frac{c''}{2}e^{(n-p+2)} + \frac{c'''}{2.3}e^{(n-p+3)} + \cdots$$
$$\cdots + \frac{c^{(k)}}{.2.3\ldots k}.e^{(n-p+k)} + \cdots + \frac{c^{(p)}}{2.3\ldots p}e^{(n)},$$

. . . .

$$f'' = ce + c'e' + \frac{c''}{2}e'' + \frac{c'''}{2.3}e''' + \cdots + \frac{c^{(n)}}{2.3\ldots n}e^{(n)},$$
$$f' = c'e + \frac{c''}{2}e' + \frac{c'''}{2.3}e'' + \cdots + \frac{c^{(n+1)}}{2.3\ldots(n+1)}.e^{(n)},$$
$$f = \frac{c''}{2}e + \frac{c'''}{2.3}e' + \frac{c''''}{2.3.4}e'' + \cdots + \frac{c^{(n+2)}}{2.3\ldots(n+2)}e^{(n)},$$
$$0 = \frac{c'''}{2.3}e + \frac{c''''}{2.3.4}e' + \frac{c'''''}{2.3.4.5}e'' + \cdots + \frac{c^{(n+3)}}{2.3\ldots(n+3)}e^{(n)},$$
$$0 = \frac{c''''}{2.3.4}e + \frac{c'''''}{2.3.4.5}e' + \cdots + \frac{c^{(n+4)}}{2.3\ldots(n+4)}e^{(n)},$$

. . . .

$$0 = \frac{c^{(p)}}{2.3\ldots p}e + \frac{c^{(p+1)}}{2.3\ldots(p+1)}e' + \cdots + \frac{c^{(n+p)}}{2.3\ldots(n+p)}e^{(n)},$$

. . . .

$$0 = \frac{c^{(n+3)}}{2.3\ldots(n+3)}e + \frac{c^{(n+4)}}{2.3\ldots(n+4)}e' + \cdots + \frac{c^{(2n+3)}}{2.3\ldots(2n+3)}e^{(n)}.$$

50. Ces équations sont, comme on le voit, très commodes pour déterminer les coefficiens e, e', e'' etc. et f, f', f'' etc. Les $n+1$ dernières donnent les coefficiens e', e'', $\ldots e^{(n)}$ en e, et de plus une relation entre les quantités c''', c'''' etc. Les $n+2$ premières donnent ensuite immédiatement les coefficiens f, f', f'' etc. en e. Celui-ci est arbitraire et disparaît du résultat, comme il est aisé de le voir. Si l'on fait $k=0$, on aura $f'=0$, d'où il résultera une seconde relation entre les quantités c', c'' etc. Au reste cette supposition ne diminue pas la généralité du problème; car en faisant dans le résultat $x=y+k$, on aura la même intégrale que si l'on n'avait pas supposé $k=0$. Soit donc $f'=0$, on voit que

$$\int \frac{x\,dx}{\sqrt{\alpha+\beta x+\gamma x^2+\delta x^3+\varepsilon x^4}}$$

peut s'exprimer par des logarithmes, toutes les fois qu'on a entre les quantités α, β, γ, δ, ε les deux relations qui résultent de l'élimination des quantités e, e', e'' etc. des $n+2$ équations

$$0=c'e+\frac{c''}{2}e'+\cdots+\frac{c^{(n+1)}}{1.2\ldots(n+1)}e^{(n)},$$

$$0=\frac{c'''}{2.3}e+\frac{c''''}{2.3.4}e'+\cdots+\frac{c^{(n+3)}}{1.2\ldots(n+3)}e^{(n)},$$

$$\cdots\cdots\cdots\cdots\cdots\cdots$$

$$0=\frac{c^{(n+3)}}{2.3\ldots(n+3)}e+\cdots+\frac{c^{(2n+3)}}{1.2.3\ldots(2n+3)}e^{(n)}.$$

51. Appliquons ce qui précède aux cas où $n=0$ et $n=1$. Dans le premier cas on aura

$$f''=ce,\ f'=c'e,\ f=\frac{c''}{2}e,\ 0=c'''.$$

La dernière équation donne

$$0=\frac{3\beta}{\sqrt{\varepsilon}}-\frac{3\gamma\delta}{2\varepsilon\sqrt{\varepsilon}}+\frac{3\delta^3}{8\varepsilon^2\sqrt{\varepsilon}},$$

d'où $\gamma=\frac{2\varepsilon\beta}{\delta}+\frac{\delta^2}{4\varepsilon}$, comme nous avons trouvé plus haut.

Soit maintenant $n=1$. Dans ce cas on a

$$0=c'e+\frac{c''}{2}e',\ \text{d'où}\ 0=2c'+c''\frac{e'}{e},$$

$$0=\frac{c'''}{2.3}e+\frac{c''''}{2.3.4}e',\qquad 0=4c'''+c''''\frac{e'}{e},$$

$$0=\frac{c''''}{2.3.4}e+\frac{c'''''}{2.3.4.5}e',\qquad 0=5c''''+c'''''\frac{e'}{e}.$$

En éliminant $\frac{e'}{e}$ il viendra:

$$c'c''''-2c''c'''=0,$$

$$2c'c'''''-5c''c''''=0.$$

De ces deux équations on tirera, en faisant $\varepsilon=1$ et $\beta=-\alpha$, ce qui est permis:

$$\delta=2 \text{ et } \gamma=-3.$$

On a donc

$$R=x^4+2x^3-3x^2-\alpha x+\alpha.$$

On trouvera de même

$$c=1,\ c'=1,\ c''=-4,\ c'''=-3\alpha+12,$$

donc $e'=-\frac{2c'}{c''}e=\frac{1}{2}e=1$, en faisant $e=2$,

$$f'''=e'=1,\ f''=e+e'=3,\ f'=e-2e'=0,$$

$$f=\tfrac{1}{2}c''.e+\frac{1}{2\cdot 3}c'''.e'=-\frac{\alpha}{2}-2,\ k=0,\ A=\tfrac{1}{6};$$

donc

$$\int\frac{xdx}{\sqrt{x^4+2x^3-3x^2-\alpha x+\alpha}}=\tfrac{1}{6}\log\frac{x^3+3x^2-2-\frac{\alpha}{2}+(x+2)\sqrt{x^4+2x^3-3x^2-\alpha x+\alpha}}{x^3+3x^2-2-\frac{\alpha}{2}-(x+2)\sqrt{x^4+2x^3-3x^2-\alpha x+\alpha}}$$

52. De l'équation $P^2-1=Q^2R$ on tire

$$(P+1)(P-1)=Q^2R=P'^2Q'^2R'R'',$$

en faisant $Q=P'Q'$ et $R=R'R''$. On aura donc

$$P+1=P'^2R',$$
$$P-1=Q'^2R'',$$

d'où l'on tire

$$P=\tfrac{1}{2}(P'^2R'+Q'^2R''),\ 2=P'^2R'-Q'^2R''.$$

Cette équation est plus simple que l'équation $P^2-Q^2R=1$.

En multipliant par R' on aura

$$(P'R')^2-Q'^2R=2R'.$$

On peut donc mettre $P'R'$ et Q' à la place de P et Q dans l'expression $\log\frac{P+Q\sqrt{R}}{P-Q\sqrt{R}}$; mais il faut observer que A change de valeur.

Pour montrer l'usage de l'équation

$$2=P'^2R'-Q'^2R'',$$

soit

$$R'=x^2+2qx+p,\ R''=x^2+2q'x+p',$$

et P' et Q' deux constantes. On aura

$$2=pP'^2-p'Q'^2+2(qP'^2-q'Q'^2)x+(P'^2-Q'^2)x^2,$$

$$P'^2=Q'^2,\ q=q',\ 2=pP'^2-p'Q'^2,$$

$$P'=Q'=\frac{\sqrt{2}}{\sqrt{p-p'}},$$

$$P = P'^2 R' - 1 = \frac{2}{p-p'}(x^2+2qx+p) - 1 = \frac{2x^2+4qx+p+p'}{p-p'},$$

$$Q = P'Q' = P'^2 = \frac{2}{p-p'}, \quad k = \tfrac{1}{2}\,\frac{f'}{e} = \tfrac{1}{2}\,\frac{\frac{4q}{p-p'}}{\frac{2}{p-p'}} = q, \quad A = \tfrac{1}{4};$$

donc

$$\int \frac{(x+q)dx}{\sqrt{(x^2+2qx+p)(x^2+2qx+p')}} = \tfrac{1}{4} \log \frac{2x^2+4qx+p+p'+2\sqrt{R}}{2x^2+4qx+p+p'-2\sqrt{R}},$$

ce qu'on peut aisément vérifier en faisant $x+q=y$.

Soit maintenant

$$P' = \frac{x+m}{c}, \quad Q' = \frac{x+m'}{c}.$$

On aura

$$2c^2 = (x^2+2mx+m^2)(x^2+2qx+p) - (x^2+2m'x+m'^2)(x^2+2q'x+p'),$$

d'où l'on tire

$$\begin{aligned} 2c^2 &= m^2 p - m'^2 p', \\ 0 &= m^2 q - m'^2 q' + mp - m'p', \\ 0 &= p - p' + 4mq - 4m'q' + m^2 - m'^2, \\ 0 &= q - q' + m - m'. \end{aligned}$$

Soit $q+q'=r$, on aura

$$\begin{aligned} 2q &= r + m' - m, \\ 2q' &= r + m - m', \\ p &= \tfrac{1}{2} r(3m'-m) + \tfrac{1}{2} m^2 - \tfrac{1}{2} m'^2 - mm', \\ p' &= \tfrac{1}{2} r(3m-m') + \tfrac{1}{2} m'^2 - \tfrac{1}{2} m^2 - mm', \\ 2c^2 &= \tfrac{1}{2} r(m'-m)^3 + \tfrac{1}{2}(m-m')(m^3 - m^2 m' - m'^2 m + m'^3). \end{aligned}$$

Par là on obtiendra

$$P = P'^2 R' - 1 = \frac{(x^2+2mx+m^2)(x^2+2qx+p) - c^2}{c^2},$$

$$Q = P'Q' = \frac{x^2+(m+m')x+mm'}{c^2},$$

donc

$$e = \frac{mm'}{c^2}, \quad f' = \frac{2mp+2m^2q}{c^2}, \quad n = 2,$$

d'où

$$k = \frac{1}{(n+2)\sqrt{\varepsilon}} \cdot \frac{f'}{e} = \tfrac{1}{4} \cdot \frac{2mp+2m^2q}{mm'};$$

or

$$2mp = r(3mm' - m^2) + m^3 - m'^2 m - 2m^2 m',$$

$$2m^2 q = rm^2 + m'm^2 - m^3,$$

donc

$$2mp + 2m^2 q = 3rmm' - m'^2 m - m^2 m',$$

$$k = \tfrac{1}{4}(3r - m' - m).$$

L'intégrale cherchée a donc la forme

$$\int \frac{(x+k)\,dx}{\sqrt{R}}$$

Soit $k=0$, on aura $r = \frac{m+m'}{3}$, donc

$$2q = \tfrac{4}{3}m' - \tfrac{2}{3}m, \quad 2q' = \tfrac{4}{3}m - \tfrac{2}{3}m',$$

d'où

$$m = 2q' + q, \quad m' = 2q + q',$$

$$3m' - m = 5q + q', \quad 3m - m' = 5q' + q,$$

$$\tfrac{1}{2}m^2 = 2q'^2 + 2qq' + \tfrac{1}{2}q^2, \quad \tfrac{1}{2}m'^2 = 2q^2 + 2qq' + \tfrac{1}{2}q'^2,$$

$$mm' = 5qq' + 2q^2 + 2q'^2, \quad r = q + q';$$

donc

$$p = \frac{q+q'}{2}(5q+q') - \tfrac{1}{2}q'^2 - \tfrac{7}{2}q^2 - 5qq',$$

c'est-à-dire

$$p = -q^2 - 2qq';$$

de même

$$p' = -q'^2 - 2qq'.$$

On a donc en substituant

$$R = (x^2 + 2qx - q^2 - 2qq')(x^2 + 2q'x - q'^2 - 2qq'),$$

$$\int \frac{x\,.\,dx}{\sqrt{(x^2 + 2qx - q^2 - 2qq')(x^2 + 2q'x - q'^2 - 2qq')}} = \tfrac{1}{4}\log\frac{P + Q\sqrt{R}}{P - Q\sqrt{R}},$$

$$\text{où}\quad P = (x^2 + 2qx - q^2 - 2qq')(x + q + 2q'),$$

$$Q = x + q' + 2q;$$

ou bien

$$\int \frac{xdx}{\sqrt{(x^2 + 2qx - q^2 - 2qq')(x^2 + 2q'x - q'^2 - 2qq')}}$$

$$= \tfrac{1}{4}\log\frac{(x+q+2q')\sqrt{x^2 + 2qx - q^2 - 2qq'} + (x+q'+2q)\sqrt{x^2 + 2q'x - q'^2 - 2qq'}}{(x+q+2q')\sqrt{x^2 + 2qx - q^2 - 2qq'} - (x+q'+2q)\sqrt{x^2 + 2q'x - q'^2 - 2qq'}}$$

53. *Seconde méthode.*

Dans ce qui précède nous avons réduit la résolution de l'équation

$$P^2 - Q^2R = 1$$

à la résolution d'un système d'équations linéaires; mais comme l'élimination des inconnues entre ces équations est assez laborieuse, et qu'on a de la peine à en déduire un résultat général, je vais donner une autre méthode pour la résolution de cette équation, qui n'ait pas les inconvéniens de la précédente, et qui donne une relation générale qui doit avoir lieu entre les quantités constantes dans R, pour que l'équation proposée soit résoluble.

Soit r^2 le plus grand carré parfait contenu dans R, on peut faire

$$R = r^2 + s,$$

où r est du second degré et s du premier. En substituant cette valeur de R dans l'équation proposée, elle deviendra

$$P^2 - Q^2r^2 - Q^2s = 1.$$

Il est clair que le premier coefficient de P doit être le même que le premier coefficient de Qr; on peut donc faire

$$P = Qr + Q_1,$$

le degré de Q_1 étant moindre qui celui de P. En substituant cette valeur de P on aura

$$Q_1^2 + 2QQ_1r - Q^2s = 1.$$

Soit Q du degré n, il est clair que Q_1 est du degré $n - 1$. Soit maintenant v la plus grande fonction entière contenue dans $\frac{r}{s}$, il est clair qu'on a

$$r = sv + u,$$

v étant du premier degré et u une constante. En mettant cette valeur au lieu de r dans l'équation ci-dessus, on obtiendra

$$Q_1^2 + 2QQ_1u + Qs(2vQ_1 - Q) = 1.$$

On voit sans peine qu'en faisant

$$Q = 2vQ_1 + Q_2,$$

le degré de Q_2 devient moindre que celui de Q.

En substituant on aura

$$(1 + 4uv)Q_1^2 + 2Q_1Q_2(u - sv) - sQ_2^2 = 1,$$

ou bien

$$s_1 Q_1^2 - 2r_1 Q_1 Q_2 - s Q_2^2 = 1,$$

en faisant

$$s_1 = 1 + 4uv, \quad r_1 = r - 2u.$$

Puisque le degré de Q_2 est moindre que n, il est aisé de voir que Q_2 est du degré $n-2$.

Cela posé, soit

$$r_1 = s_1 v_1 + u_1,$$

u_1 étant une constante, on aura

$$s_1 Q_1 (Q_1 - 2v_1 Q_2) - 2 Q_1 Q_2 u_1 - s Q_2^2 = 1;$$

donc en faisant

$$Q_1 = 2v_1 Q_2 + Q_3,$$

Q_3 sera d'un degré moindre que celui de Q_1. En substituant on aura

$$s_1 Q_3^2 + 2r_2 Q_2 Q_3 - s_2 Q_2^2 = 1,$$

en faisant $s_2 = s + 4u_1 v_1$, $r_2 = r_1 - 2u_1$, Q_3 étant du degré $n-3$.

Cette équation est semblable à la précédente, d'où il suit qu'on peut la réduire de la même manière à l'équation

$$s_3 Q_3^2 - 2r_3 Q_3 Q_4 - s_2 Q_4^2 = 1,$$

dans laquelle on a

$$r_2 = v_2 s_2 + u_2, \quad u_2 \text{ étant constant,}$$

$$Q_2 = 2v_2 Q_3 + Q_4, \quad Q_4 \text{ étant du degré } n-4,$$

$$s_3 = s_1 + 4u_2 v_2,$$

$$r_3 = r_2 - 2u_2.$$

En réduisant cette équation de la même manière, et ainsi de suite, on parviendra enfin à une équation qui, dans le cas où n est un nombre pair 2α, sera de la forme:

$$s_{2\alpha-1} Q_{2\alpha+1}^2 + 2r_{2\alpha} Q_{2\alpha} Q_{2\alpha+1} - s_{2\alpha} Q_{2\alpha}^2 = 1;$$

si n est un nombre impair $2\alpha' + 1$, elle sera de la forme:

$$s_{2\alpha'+1} Q_{2\alpha'+1}^2 - 2r_{2\alpha'+1} Q_{2\alpha'+1} Q_{2\alpha'+2} - s_{2\alpha'} Q_{2\alpha'+2}^2 = 1.$$

$Q_{2\alpha+1}$ est d'un degré moindre que celui de $Q_{2\alpha}$, et $Q_{2\alpha'+2}$ est d'un degré moindre que celui de $Q_{2\alpha'+1}$. Maintenant $Q_{2\alpha}$ est du degré $n - 2\alpha = 0$, donc $Q_{2\alpha}$ est une quantité constante; donc $Q_{2\alpha+1} = 0$; on a donc

$$-s_{2\alpha} Q_{2\alpha}^2 = 1.$$

Si $n=2\alpha'+1$, on aura de même

$$s_{2\alpha'+1}Q^2_{2\alpha'+1}=1;$$

donc en général

$$s_n Q^2_n=(-1)^{n+1},$$

Q_n étant une quantité constante. De là il suit aussi que s_n est une quantité constante. Donc

"Toutes les fois que l'équation

$$P^2-Q^2R=1$$

est résoluble en fonctions entières, il faut que l'une des quantités

$$s,\ s_1,\ s_2,\ s_3,\ s_4,\ \text{etc.}$$

soit constante, et réciproquement. De plus, si s_n est la première des quantités s, s_1, s_2, etc. qui est constante, P est du degré $n+2$ et Q du degré n".

Il suit de là que pour trouver toutes les valeurs que R peut avoir, il faut faire successivement s, s_1, s_2, s_3, etc. égal à une quantité constante.

54. Il s'agit maintenant de déterminer les quantités s_1, s_2, s_3 etc. r_1, r_2, r_3, etc. v_1, v_2, v_3, etc. u_1, u_2, u_3, etc. Les équations desquelles on doit les déduire, ont, comme on le voit par ce qui précède, les formes suivantes:

(1) $$s_m=s_{m-2}+4u_{m-1}v_{m-1},$$

(2) $$r_m=r_{m-1}-2u_{m-1},$$

(3) $$r_m=s_m v_m+u_m.$$

On peut de ces équations en déduire une autre qui est de la plus grande utilité dans cette recherche.

En multipliant la première des équations précédentes par s_{m-1}, on aura

$$s_{m-1}s_m=s_{m-2}s_{m-1}+4u_{m-1}v_{m-1}s_{m-1}.$$

De la seconde équation on tire

$$2u_{m-1}=r_{m-1}-r_m;$$

donc en substituant

$$s_{m-1}s_m=s_{m-2}s_{m-1}+(r_{m-1}-r_m)2v_{m-1}s_{m-1}.$$

De l'équation (3) on tire en mettant $m-1$ au lieu de m, et en multipliant par 2,

$$2r_{m-1}=2s_{m-1}v_{m-1}+2u_{m-1}.$$

En ajoutant cette équation à l'équation (2), on aura

$$2v_{m-1}s_{m-1}=r_{m-1}+r_m.$$

On aura donc

$$s_{m-1} s_m = s_{m-1} s_{m-2} + (r_{m-1} + r_m)(r_{m-1} - r_m);$$

c'est-à-dire

$$s_{m-1} s_m + r_m^2 = s_{m-1} s_{m-2} + r_{m-1}^2.$$

Il suit de là que la quantité

$$s_{m-1} s_m + r_m^2$$

est indépendante de m; donc on aura

$$s_{m-1} s_m + r_m^2 = s s_1 + r_1^2;$$

mais $s_1 = 1 + 4uv$, et $r_1 = r - 2u$; donc

$$s s_1 + r_1^2 = s + r^2 + 4u(vs - r + u);$$

mais $vs = r - u$, donc

$$s s_1 + r_1^2 = r^2 + s = R.$$

Donc on aura quel que soit m

(4) $$s_{m-1} s_m + r_m^2 = r^2 + s = R,$$

ce qui est bien remarquable.

55. Faisons dans l'équation précédente $m = n$, on aura

$$\mu . s_{n-1} + r_n^2 = r^2 + s,$$

en supposant $s_n = \text{const.} = \mu$. De cette équation on tire

$$r_n = r, \quad s_{n-1} = \frac{s}{\mu}.$$

On a de même

$$s_{n-1} . s_{n-2} + r_{n-1}^2 = r_1^2 + s s_1 = r^2 + s;$$

donc

$$\frac{s}{\mu}(s_{n-2} - \mu s_1) = r_1^2 - r_{n-1}^2;$$

donc

$$s_{n-2} = \mu s_1, \text{ si } r_{n-1} = r_1.$$

Cela a effectivement lieu, car on a

$$r_n = s_n v_n + u_n = \mu v_n + u_n,$$

d'où

$$v_n = \frac{r_n}{\mu}, \text{ et } u_n = 0.$$

Maintenant

$$r_{n-1} = s_{n-1} v_{n-1} + u_{n-1} = \frac{s}{\mu} v_{n-1} + u_{n-1},$$

or $r_{n-1} = r_n + 2u_{n-1} = r + 2u_{n-1}$, donc

$$r = \frac{s}{\mu} v_{n-1} - u_{n-1};$$

mais $r = sv + u$, donc

$$v_{n-1} = \mu v, \quad u_{n-1} = -u,$$

donc

$$r_{n-1} = sv - u = r - 2u = r_1,$$

et par conséquent

$$s_{n-2} = \mu s_1.$$

On démontre de la même manière que

$$r_{n-k} = r_k,$$
$$s_{n-k} = s_{k-1} \mu^{\pm 1},$$
$$v_{n-k} = v_{k-1} \mu^{\mp 1},$$
$$u_{n-k} = -u_{k-1}.$$

Le signe supérieur a lieu si k est pair, et l'inférieur si k est impair.

Soit n un nombre impair $2\alpha + 1$, on aura, en faisant $k = \alpha + 1$,

$$r_\alpha = r_{\alpha+1},$$
$$s_\alpha = s_\alpha \mu^{\pm 1},$$
$$v_\alpha = v_\alpha \mu^{\mp 1},$$
$$u_\alpha = -u_\alpha,$$

donc $u = 1$. Donc, si n est un nombre impair, on a

$$s_{n-k} = s_{k-1},$$
$$v_{n-k} = v_{k-1}.$$

On a aussi $u_\alpha = 0$. Donc:

"Toutes les fois que l'équation $P^2 - Q^2 R = 1$ est résoluble en supposant Q une fonction d'un degré impair $2\alpha + 1$, on a $u_\alpha = 0$".

L'inverse a aussi lieu, ce qu'il est aisé de voir.

Lorsque n est un nombre pair 2α, on a

$$u_{\alpha-1} + u_\alpha = 0$$

pour condition de la résolubilité de l'équation $P^2 - Q^2 R = 1$. On voit aisément que ces conditions sont bien plus simples que la condition mentionnée plus haut que s_n doit être une quantité constante.

56. Connaissant la valeur de Q_n par l'équation

$$s_n Q_n^2 = (-1)^{n+1},$$

on aura les valeurs de P et Q par les équations suivantes:

$$Q_{n-1}=2v_{n-1}Q_n,$$
$$Q_{n-2}=2v_{n-2}Q_{n-1}+Q_n,$$
$$Q_{n-3}=2v_{n-3}Q_{n-2}+Q_{n-1},$$
$$\cdots\cdots\cdots\cdots\cdots\cdots$$
$$Q_1=2v_1Q_2+Q_3,$$
$$Q=2vQ_1+Q_2,$$
$$P=rQ+Q_1.$$

La forme de ces équations conduit à exprimer la quantité $\frac{P}{Q}$ par une fraction continue.

En effet il est aisé de voir qu'on a

$$\frac{P}{Q}=r+\cfrac{1}{2v+\cfrac{1}{2v_1+\cfrac{1}{2v_2+\cfrac{1}{2v_3+\cdots+\cfrac{1}{2v_{n-2}+\cfrac{1}{2v_{n-1}}}}}}}.$$

On a donc P et Q en transformant cette fraction en fraction ordinaire.

De cette expression on peut aussi déduire la valeur de $\sqrt{R}$ en fraction continue. En effet, en posant n infini, on a $\frac{P}{Q}=\sqrt{R}$, donc

$$\sqrt{R}=r+\cfrac{1}{2v+\cfrac{1}{2v_1+\cfrac{1}{2v_2+\cfrac{1}{2v_3+\cdots}}}}$$

Dans le cas où l'équation $P^2-Q^2R=1$ est résoluble, cette fraction prend une forme remarquable, car elle devient dans ce cas périodique; ce dont il est aisé de se convaincre par ce qu'on a vu précédemment.

On voit aussi que si Q est du degré n, les quantités v, v_1, v_2, v_3 etc. sont du premier degré, excepté

$$v_n,\ v_{2n+1},\ v_{3n+2},\ \ldots\ v_{kn-k+1}\ \text{etc.},$$

qui sont toutes du second degré. En effet

$$v_n=v_{3n+2}=\cdots=v_{(2k+1)n+2k}=\frac{r}{\mu},$$
$$v_{2n+1}=v_{4n+3}=\cdots=v_{2kn+2k-1}=r.$$

57. Je vais maintenant déterminer les quantités v_m, u_m, s_m et r_m pour toute valeur de m. Soit pour cela

$$r_m = x^2 + ax + b_m,$$
$$s_m = c_m + p_m x,$$
$$v_m = (g_m + x)\frac{1}{p_m}.$$

a est le même pour toute valeur de m, ce qu'il est aisé de voir. En substituant ces valeurs de r_m, s_m, et v_m dans les équations (1), (2) et (3), on aura

$$c_m + p_m x = c_{m-2} + p_{m-2}x + 4u_{m-1}(x + g_{m-1})\frac{1}{p_{m-1}},$$
$$x^2 + ax + b_m = x^2 + ax + b_{m-1} - 2u_{m-1},$$
$$x^2 + ax + b_m = (c_m + p_m x)(g_m + x)\frac{1}{p_m} + u_m.$$

De ces équations on tire sans peine

$$c_m = c_{m-2} + 4\frac{u_{m-1}g_{m-1}}{p_{m-1}},$$
$$p_m = p_{m-2} + 4\frac{u_{m-1}}{p_{m-1}}.$$
$$b_m = b_{m-1} - 2u_{m-1},$$
$$g_m = a - \frac{c_m}{p_m},$$
$$u_m = b_m - \frac{c_m g_m}{p_m},$$
$$b_m = -b_{m-1} + 2\frac{c_{m-1}}{p_{m-1}}\left(a - \frac{c_{m-1}}{p_{m-1}}\right)$$

Au moyen de ces équations on peut successivement déterminer toutes les quantités

$$c_m, u_m, g_m, p_m \text{ et } b_m;$$

mais en les combinant avec l'équation (4) on les déterminera de la plus simple manière. Cette équation donne

$$(c_{m-1} + p_{m-1}x)(c_m + p_m x) + (x^2 + ax + b_m)^2 = (x^2 + ax + b)^2 + c + px,$$

d'où l'on tire

$$c_{m-1} \cdot c_m = c + b^2 - b_m^2,$$
$$p_{m-1} \cdot p_m = 2(b - b_m),$$
$$c_{m-1} \cdot p_m + c_m \cdot p_{m-1} = p + 2a(b - b_m);$$

en multipliant la dernière équation par $c_{m-1}p_{m-1}$, on aura

$$c_{m-1}^2 p_m p_{m-1} + p_{m-1}^2 c_m c_{m-1} = [p + 2a(b - b_m)]\, c_{m-1} p_{m-1};$$

en substituant dans cette équation la valeur de $p_m p_{m-1}$ et de $c_m c_{m-1}$, il vient

$$2c_{m-1}^2 (b - b_m) + p_{m-1}^2 (c + b^2 - b_m^2) = [p + 2a(b - b_m)]\, c_{m-1} p_{m-1},$$

et en divisant par p_{m-1}^2,

$$2\,\frac{c_{m-1}^2}{p_{m-1}^2}(b - b_m) + c + b^2 - b_m^2 = [p + 2a(b - b_m)]\,\frac{c_{m-1}}{p_{m-1}},$$

c'est-à-dire

$$2\,\frac{c_{m-1}}{p_{m-1}}\left(a - \frac{c_{m-1}}{p_{m-1}}\right)(b - b_m) = c + b^2 - b_m^2 - p\,\frac{c_{m-1}}{p_{m-1}}.$$

mais on a

$$2\,\frac{c_{m-1}}{p_{m-1}}\left(a - \frac{c_{m-1}}{p_{m-1}}\right) = b_m + b_{m-1};$$

donc

$$(b_m + b_{m-1})(b - b_m) = c + b^2 - b_m^2 - p\,\frac{c_{m-1}}{p_{m-1}},$$

ou bien

$$p\,\frac{c_{m-1}}{p_{m-1}} = c + b^2 - b\,b_{m-1} - b\,b_m + b_m b_{m-1};$$

d'où

$$p\,\frac{c_{m-1}}{p_{m-1}} = c + (b - b_{m-1})(b - b_m).$$

En substituant cette valeur dans l'équation

$$p^2(b_m + b_{m-1}) = 2p\,\frac{c_{m-1}}{p_{m-1}}\left(ap - p\,\frac{c_{m-1}}{p_{m-1}}\right),$$

on obtiendra

$$p^2(b_m + b_{m-1}) = 2[c + (b - b_{m-1})(b - b_m)]\,[ap - c - (b - b_{m-1})(b - b_m)].$$

Cette équation donne une relation entre b_m et b_{m-1} et des quantités constantes. On peut donc déterminer b_m par b_{m-1}, et ainsi trouver la valeur de b_m par des substitutions successives; mais comme b_m dans cette équation monte au second degré, il est plus facile de se servir de la methode suivante.

En mettant $m - 1$ au lieu de m, on aura

$$p^2(b_{m-1} + b_{m-2}) = 2[c + (b - b_{m-2})(b - b_{m-1})]\,[ap - c - (b - b_{m-2})(b - b_{m-1})],$$

ou en développant

$$p^2(b_{m-1} + b_{m-2}) = 2(ap - 2c)(b - b_{m-2})(b - b_{m-1}) + 2c(ap - c) - 2(b - b_{m-2})^2(b - b_{m-1})^2;$$

en retranchant cette équation de celle-ci

$$p^2(b_m+b_{m-1})=2(ap-2c)(b-b_m)(b-b_{m-1})+2c(ap-c)-2(b-b_m)^2(b-b_{m-1})^2,$$

on obtiendra

$$p^2(b_m-b_{m-2})=2(ap-2c)(b-b_{m-1})(b_{m-2}-b_m)-2(b-b_{m-1})^2(b_m-b_{m-2})(b_m+b_{m-2}-2b),$$

et en divisant par b_m-b_{m-2},

$$p^2=-2(ap-2c)(b-b_{m-1})-2(b-b_{m-1})^2(b_m+b_{m-2}-2b),$$

d'où l'on tire

$$b_m=2b-b_{m-2}-\frac{(ap-2c)}{b-b_{m-1}}-\frac{\frac{1}{2}p^2}{(b-b_{m-1})^2}.$$

Voilà l'équation qui détermine b_m.

Si l'on fait $b-b_m=q_m$, on aura

$$q_m=-q_{m-2}+\frac{ap-2c}{q_{m-1}}+\frac{\frac{1}{2}p^2}{q_{m-1}^2},$$

ou bien

$$q_m=\frac{\frac{1}{2}p^2+(ap-2c)q_{m-1}-q_{m-2}q_{m-1}^2}{q_{m-1}^2}.$$

58. Avant de donner l'expression explicite de q_m, je vais montrer comment on peut exprimer les quantités u_m, p_m, c_m, et g_m par q_m, q_{m-1} etc.

On a d'abord

$$u_m=\frac{b_m-b_{m+1}}{2}=\tfrac{1}{2}(q_{m+1}-q_m);$$

on a de même

$$\frac{c_{m-1}}{p_{m-1}}=\frac{c+q_{m-1}q_m}{p},$$

donc

$$\frac{c_m}{p_m}=\frac{c+q_mq_{m+1}}{p};$$

mais $g_m=a-\frac{c_m}{p_m}$, donc

$$g_m=a-\frac{c+q_mq_{m+1}}{p}.$$

On a de plus $p_mp_{m-1}=2(b-b_m)=2q_m$, d'où l'on tire

$$p_m=\frac{2q_m}{p_{m-1}}=\frac{2q_m}{2q_{m-1}}p_{m-2},$$

donc

$$p_{2\alpha}=\frac{q_{2\alpha}}{q_{2\alpha-1}}\cdot\frac{q_{2\alpha-2}}{q_{2\alpha-3}}\cdot\frac{q_{2\alpha-4}}{q_{2\alpha-5}}\cdots\frac{q_2}{q_1}\cdot p,$$

$$p_{2\alpha+1}=2\,\frac{q_{2\alpha+1}}{q_{2\alpha}}\cdot\frac{q_{2\alpha-1}}{q_{2\alpha-2}}\cdot\frac{q_{2\alpha-3}}{q_{2\alpha-4}}\cdots\frac{q_3}{q_2}\cdot\frac{q_1}{p}.$$

Ayant p_m on a aussi c_m, car

$$c_m = (c + q_m q_{m-1}) \frac{p_m}{p}.$$

Reprenons maintenant l'équation

$$q_m = \frac{\frac{1}{2}p^2 + (ap - 2c) q_{m-1} - q_{m-2} q_{m-1}^2}{q_{m-1}^2}.$$

On peut par cette équation déterminer q_m, si l'on connaît q et q_1. Cherchons donc d'abord ces quantités. On a $q_m = b - b_m$, donc $q = b - b = 0$, et $q_1 = b - b_1$. Maintenant on a

$$b_m = -b_{m-1} + 2\frac{c_{m-1}}{p_{m-1}}\left(a - \frac{c_{m-1}}{p_{m-1}}\right),$$

donc en faisant $m = 1$,

$$b_1 = -b + 2\frac{c}{p}\left(a - \frac{c}{p}\right);$$

donc

$$q_1 = 2\left[b - a\frac{c}{p} + \left(\frac{c}{p}\right)^2\right] = 2\frac{bp^2 - acp + c^2}{p^2}.$$

Déterminons maintenant q_m. On voit que q_m est une fonction rationnelle fractionnaire de a, b, c et p. Soit donc

$$q_m = \frac{y_m}{z_m},$$

y_m et z_m étant deux fonctions entières des quantités a, b, c et p. En substituant cette valeur on aura

$$\frac{y_m}{z_m} = \frac{\frac{1}{2}p^2 z_{m-2} z_{m-1}^2 + (ap - 2c) y_{m-1} z_{m-2} z_{m-1} - y_{m-2} y_{m-1}^2}{y_{m-1}^2 z_{m-2}}.$$

Donc on aura

$$z_m = z_{m-2} y_{m-1}^2$$
$$y_m = \frac{1}{2}p^2 z_{m-2} z_{m-1}^2 + (ap - 2c) y_{m-1} z_{m-1} z_{m-2} - y_{m-2} y_{m-1}^2.$$

Au moyen de ces équations on déterminera sans peine z_m et y_m par des substitutions successives. De la première équation on tire

$$z_m^2 = y_{m-1}^2 y_{m-3}^2 y_{m-5}^2 \dots y_{m-2k+1}^2 z_{m-2k},$$

donc

$$z_{2\alpha} = y_{2\alpha-1}^2 y_{2\alpha-3}^2 y_{2\alpha-5}^2 \dots y_3^2 \cdot y_1^2,$$
$$z_{2\alpha+1} = y_{2\alpha}^2 y_{2\alpha-2}^2 y_{2\alpha-4}^2 \dots y_2^2 \cdot z_1,$$

deux équations qui donnent z_m en fonction de $y_2, y_3, \dots y_{m-1}$.

Développons les valeurs de quelques-unes des quantités z, z_1, z_2, etc. y, y_1, y_2 etc. En faisant $m = 2$, 3 etc., on aura

$$z_2 = y_1^2,$$
$$y_2 = \tfrac{1}{2}p^2 z_1^2 + (ap - 2c) y_1 z_1,$$
$$z_2 = 4(bp^2 - acp + c^2)^2,$$
$$y_2 = \tfrac{1}{2}p^6 + 2(ap - 2c)p^2(bp^2 - acp + c^2),$$
$$z_3 = z_1 y_2^2 = p^2 y_2^2,$$
$$y_3 = \tfrac{1}{2}p^2 z_1 z_2^2 + (ap - 2c) y_2 z_1 z_2 - y_1 y_2^2,$$
etc.

Lorsque $c = 0$ ces valeurs se simplifient beaucoup, et on aura alors

$$b_1 = -b,$$
$$q_1 = 2b = \frac{y_1}{z_1},$$
$$z_2 = y_1^2 = 4b^2,$$
$$y_2 = \tfrac{1}{2}p^2 + 2abp = \tfrac{1}{2}p(p + 4ab),$$
$$z_3 = y_2^2 = \tfrac{1}{4}p^2(p + 4ab)^2,$$
$$y_3 = \tfrac{1}{2}p^2 z_2^2 + apy_2 z_2 - 2by_2^2,$$
$$y_3 = \tfrac{1}{2}bp^2[16b^3 - p(p + 4ab)],$$
$$z_4 = z_2 y_3^2 = b^4 p^4 [16b^3 - p(p + 4ab)]^2,$$
$$y_4 = \tfrac{1}{2}p^2 z_2 z_3^2 + apy_3 z_3 z_2 - y_2 y_3^2,$$
$$y_4 = 4b^5 p^5 (p + 4ab)[(p + 2ab)(p + 4ab) - 8b^3],$$
etc.

Au lieu de faire $c = 0$, supposons maintenant $ap - 2c = 0$, on aura

$$q_m = \frac{\tfrac{1}{2}p^2 - q_{m-2}\, q_{m-1}^2}{q_{m-1}^2}.$$

Si l'on fait $m = 2, 3, 4$ etc. on aura

$$q_2 = \frac{\tfrac{1}{2}p^2}{q_1^2},$$
$$q_3 = \frac{\tfrac{1}{2}p^2 - q_1 q_2^2}{q_2^2} = \frac{\tfrac{1}{2}p^2 - \tfrac{1}{4}\dfrac{p^4}{q_1^4}\, q_1}{\dfrac{\tfrac{1}{4}p^4}{q_1^4}},$$
$$q_3 = \frac{2q_1^4 - q_1 p^2}{p^2} = q_1 \frac{2q_1^3 - p^2}{p^2},$$
$$q_4 = \frac{\tfrac{1}{2}p^2 - q_2 q_3^2}{q_3^2} = \frac{p^2[p^4 - (2q_1^3 - p^2)^2]}{2q_1^2(2q_1^3 - p^2)^2};$$

$$q_4 = \frac{2p^2 q_1 (p^2 - q_1^3)}{(2q_1^3 - p^2)^2},$$

$$q_5 = \frac{(2q_1^3 - p^2)(4q_1^6 - 2q_1^3 p^2 - p^4)}{8q_1^2 (p^2 - q_1^3)^2}.$$

59. Appliquons maintenant ce qui précède à l'intégrale

$$\int \frac{(x+k)\,dx}{\sqrt{(x^2+ax+b)^2+c+px}}.$$

Pour rendre les résultats plus simples, je fais $c=0$, ce qui est permis, comme on le voit aisément. On a

$$\int \frac{(x+k)\,dx}{\sqrt{(x^2+ax+b)^2+px}} = \frac{1}{2n+4} \log \frac{P+Q\sqrt{R}}{P-Q\sqrt{R}},$$

ou bien, puisque $P^2 - Q^2R = 1$,

$$\int \frac{(x+k)\,dx}{\sqrt{(x^2+ax+b)^2+px}} = \frac{1}{n+2} \log (P+Q\sqrt{R}).$$

Pour que cette équation soit possible, il faut avant tout que

$$P^2 - Q^2R = 1,$$

donc on aura pour condition de l'intégrabilité:

$$s_n = \text{const.}$$

Or on a $s_n = c_n + p_n x_n$. Il faut donc que

$$p_n = 0.$$

Si cette condition est remplie, on peut toujours déterminer k de manière que $\int \frac{(x+k)\,dx}{\sqrt{(x^2+ax+b)^2+px}}$ devienne égale à $\frac{1}{n+2} \log (P+Q\sqrt{R})$.

Cherchons cette valeur de k. On a vu qu'en faisant

$$P = f + f'x + \cdots,$$

$$Q = e + e'x + \cdots,$$

k est égal à $\frac{1}{n+2} \cdot \frac{f'}{e}$ (nº. 47). Il s'agit donc de trouver $\frac{f'}{e}$. On a

$$P = rQ + Q_1,$$

$$Q = \frac{2}{p}(x+g)\,Q_1 + Q_2,$$

$$Q_1 = \frac{2}{p_1}(x+g_1)\,Q_2 + Q_3,$$

. . . .

$$Q_2 = \frac{2}{p_2}(x+g_2)Q_3 + Q_4,$$

$$\cdots\cdots\cdots\cdots\cdots\cdots\cdots$$

$$Q_{n-1} = \frac{2}{p_{n-1}}(x+g_{n-1})Q_n,$$

$$Q_n = \text{const.},$$

d'où l'on tire sans peine

$$e^{(n)} = \frac{2}{p}\cdot\frac{2}{p_1}\cdot\frac{2}{p_2}\cdot\frac{2}{p_3}\cdots\frac{2}{p_{n-1}}Q_n,$$

$$e^{(n-1)} = \frac{2}{p}\cdot\frac{2}{p_1}\cdot\frac{2}{p_2}\cdot\frac{2}{p_3}\cdots\frac{2}{p_{n-1}}(g+g_1+g_2+\cdots+g_{n-1})Q_n;$$

donc

$$\frac{e^{(n-1)}}{e^{(n)}} = g+g_1+g_2+g_3+\cdots+g_{n-1}.$$

Maintenant on a

$$x+k = 2A\frac{(n+2)f^{(n+2)}x^{n+1}+(n+1)f^{(n+1)}x^n+\cdots}{e^{(n)}x^n+e^{(n-1)}x^{n-1}+\cdots};$$

donc

$$(x+k)(e^{(n)}x^n+\cdots) = 2A(n+2)f^{(n+2)}x^{n+1}+2A(n+1)f^{(n+1)}x^n+\cdots,$$

donc

$$e^{(n)}k+e^{(n-1)} = 2A(n+1)f^{(n+1)} = \frac{n+1}{n+2}f^{(n+1)};$$

or $f^{(n+1)} = e^{(n-1)}+ae^{(n)}$ (n° 49), donc

$$e^{(n)}k+e^{(n-1)} = \frac{n+1}{n+2}e^{(n-1)}+\frac{n+1}{n+2}ae^{(n)},$$

donc

$$k = \frac{n+1}{n+2}a - \frac{1}{n+2}\cdot\frac{e^{(n-1)}}{e^{(n)}},$$

et par suite

$$k = \frac{n+1}{n+2}a - \frac{1}{n+2}(g+g_1+g_2+\cdots+g_{n-1}).$$

On peut aussi exprimer k d'une autre manière. On a $g_m = a - \frac{c_m}{p_m}$; donc en substituant et remarquant que $c_{n-1} = c = 0$,

$$k = \frac{1}{n+2}a + \frac{1}{n+2}\left(\frac{c_1}{p_1}+\frac{c_2}{p_2}+\frac{c_3}{p_3}+\cdots+\frac{c_{n-2}}{p_{n-2}}\right).$$

60. On a vu que l'équation

$$p_n = 0$$

exprime la condition pour que

$$\int \frac{(x+k)\,dx}{\sqrt{R}} = 2A \log (P + Q\sqrt{R}).$$

Cette condition équivaut à celle-ci:

$$q_n = 0,$$

car on a $p_n p_{n-1} = 2q_n$ (n⁰ 57). On a aussi dans le même cas

$$q_{n-k} = q_k.$$

En combinant cela avec ce qu'on a vu précédemment, on en déduira la règle suivante pour trouver toutes les intégrales de la forme

$$\int \frac{(x+k)\,dx}{\sqrt{(x^2+ax+b)^2+px+c}}$$

qui puissent s'exprimer par la fonction logarithmique

$$2A \log \left[P + Q\sqrt{(x^2+ax+b)^2+px+c}\right],$$

savoir:

"On calcule toutes les quantités q_2, q_3, q_4, etc. d'après la formule

$$q_m = \frac{\frac{1}{2}p^2 + (ap-2c)\,q_{m-1} - q_{m-2}\,q_{m-1}^2}{q_{m-1}^2},$$

en supposant $q=0$ et $q_1 = 2\,\dfrac{bp^2 - acp + c^2}{p^2}$. Puis on fait successivement

$$q_1 = 0,\ q_2 = 0,\ q_3 = 0, \ldots\ q_n = 0 \text{ etc.},$$

où en général

$$q_{n-k} = q_k,$$

en donnant à n toutes les valeurs possibles. Cela posé, on aura toutes les valeurs que R peut avoir en éliminant une des quantités a, p, b et c par une de ces équations. Ayant trouvé R on a

$$k = \frac{1}{n+2}\,a + \frac{1}{n+2}\left(\frac{c}{p} + \frac{c_1}{p_1} + \frac{c_2}{p_2} + \cdots + \frac{c_{n-1}}{p_{n-1}}\right),$$

où l'on a

$$\frac{c_m}{p_m} = \frac{c + q_m\,q_{m+1}}{p}.$$

Faisant ensuite

$$p_{2\alpha} = \frac{q_{2\alpha}}{q_{2\alpha-1}} \cdot \frac{q_{2\alpha-2}}{q_{2\alpha-3}} \cdots \frac{q_2}{q_1} \cdot p,$$

$$p_{2\alpha+1} = 2\,\frac{q_{2\alpha+1}}{q_{2\alpha}} \cdot \frac{q_{2\alpha-1}}{q_{2\alpha-2}} \cdots \frac{q_3}{q_2} \cdot \frac{q_1}{p},$$

$$g_m = a - \frac{c + q_m q_{m+1}}{p},$$

on aura les valeurs de P et de Q en transformant la fraction continue

$$\frac{P}{Q} = x^2 + ax + b + \cfrac{1}{2\frac{x+g}{p} + \cfrac{1}{2\frac{x+g_1}{p_1} + \cdot \quad + \cfrac{1}{2\frac{x+g_{n-2}}{p_{n-2}} + \cfrac{1}{2\frac{x+g_{n-1}}{p_{n-1}}}}}}$$

en fraction ordinaire, savoir en supposant $q_{n-k} = q_k$. Ces valeurs trouvées, on a enfin

$$\int \frac{(x+k)\,dx}{\sqrt{(x^2+ax+b)^2+c+px}} = \frac{1}{n+2} \log \left[P + Q\sqrt{(x^2+ax+b)^2+c+px}\right].\text{“}$$

La résolution du problème dépend donc du calcul des quantités q_1, q_2, q_3, q_4, etc. Les valeurs de z_1, y_1, z_2, y_2, z_3, y_3, etc. trouvées dans le numéro 58, donnent immédiatement, dans la supposition de $c = 0$, quelques-unes de ces quantités. Les voici

$$q = 0,$$

$$q_1 = 2b,$$

$$q_2 = \frac{p(p+4ab)}{8b^2},$$

$$q_3 = \frac{2b(16b^3 - p(p+4ab))}{(p+4ab)^2},$$

$$q_4 = \frac{4bp(p+4ab)(p^2+6abp+8a^2b^2-8b^3)}{(16b^3-p(p+4ab))^2}.$$

61. Prenons maintenant quelques exemples.

1. Soit $n = 1$. Dans ce cas on a $q_1 = 0$; c'est-à-dire $b = 0$; donc

$$k = \tfrac{1}{3}a, \quad g = a.$$

On a par là

$$\frac{P}{Q} = x^2 + ax + \frac{1}{2\frac{x+a}{p}} = \frac{(x+a)^2 x + \frac{1}{2}p}{x+a};$$

$$P = (x+a)^2 x + \tfrac{1}{2}p, \quad Q = x + a;$$

donc enfin

$$\int \frac{(x+\frac{1}{3}a)\,dx}{\sqrt{(x^2+ax)^2+px}} = \tfrac{1}{3}\log\left[(x+a)^2 x + \tfrac{1}{2}p + (x+a)\sqrt{(x^2+ax)^2+px}\right].$$

2. Soit $n=2$. On a $q_2=0$; donc $p=-4ab$, $k=\frac{1}{4}a$; on aura donc

$$\int \frac{(x+\frac{1}{4}a)\,dx}{\sqrt{(x^2+ax+b)^2-4abx}}=\tfrac{1}{4}\log(P+Q\sqrt{R}).$$

3. Soit $n=3$. On a $q_3=0$, donc $p^2+4abp=16b^3$, d'où l'on tire

$$p=-2b(a\pm\sqrt{a^2+4b}),$$

$$k=\tfrac{1}{5}a+\tfrac{1}{5}\cdot\frac{c_1}{p_1},$$

$$\frac{c_1}{p_1}=\frac{q_1q_2}{p}=\frac{q_1^2}{p}=\frac{4b^2}{p}=\tfrac{1}{2}(a\mp\sqrt{a^2+4b});$$

donc

$$k=\tfrac{1}{5}(\tfrac{3}{2}a\mp\tfrac{1}{2}\sqrt{a^2+4b}).$$

On aura donc

$$\int \frac{[x+\frac{1}{10}(3a-\sqrt{a^2+4b})]\,dx}{\sqrt{(x^2+ax+b)^2-2b(a+\sqrt{a^2+4a})x}}=\tfrac{1}{5}\log(P+Q\sqrt{R}).$$

Nous avons supposé dans ces exemples $c=0$, mais il est clair qu'on obtiendra les intégrales les plus générales en mettant $x+\alpha$ au lieu de x, α étant une quantité indéterminée.

Problème IV.

Trouver toutes les intégrales de la forme $\int \frac{x+k}{x+l}\cdot\frac{dx}{\sqrt{R}}$ *qui peuvent s'exprimer par la fonction logarithmique* $A\,.\log\frac{P+Q\sqrt{R}}{P-Q\sqrt{R}}$.

---

62. Ce problème est dans le fond un cas particulier du problème II, mais comme sa résolution est très importante dans la théorie des fonctions elliptiques, je veux en donner une autre au moyen du problème précédent. Soit

$$\int \frac{(y+k')\,dy}{\sqrt{R'}}=A'.\log\frac{P'+Q'\sqrt{R'}}{P'-Q'\sqrt{R'}}$$

l'intégrale la plus générale de cette forme qu'on puisse exprimer par l'expression

$$A'.\log\frac{P'+Q'\sqrt{R'}}{P'-Q'\sqrt{R'}}.$$

En substituant $\frac{1}{x+l}$ au lieu de y, on aura

$$y+k'=k'+\frac{1}{x+l}=\frac{k'x+k'l+1}{x+l}=\frac{k'\left(x+l+\frac{1}{k'}\right)}{x+l}=\frac{k'(x+k)}{x+l},$$

en faisant $k=l+\frac{1}{k'}$. On a de même $dy=-\frac{dx}{(x+l)^2}$. Soit

$$R'=(y^2+ay+b)^2+c+py,$$

on aura

$$R'=\left(\frac{1}{(x+l)^2}+\frac{a}{x+l}+b\right)^2+c+\frac{p}{x+l},$$

$$R'=\frac{[1+a(x+l)+b(x+l)^2]^2+p(x+l)^3+c(x+l)^4}{(x+l)^4};$$

donc

$$\sqrt{R'}=\frac{\sqrt{[1+a(x+l)+b(x+l)^2]^2+p(x+l)^3+c(x+l)^4}}{(x+l)^2}=\frac{\sqrt{R}}{(x+l)^2}.$$

Désignons par $\frac{P+Q\sqrt{R}}{P-Q\sqrt{R}}$ ce que deviendra $\frac{P'+Q'\sqrt{R'}}{P'-Q'\sqrt{R'}}$ en substituant $\frac{1}{x+l}$ au lieu de y, on aura

$$-k'\int\frac{(x+k)\,dx}{(x+l)\sqrt{R}}=A'.\log\frac{P+Q\sqrt{R}}{P-Q\sqrt{R}},$$

ou, en faisant $-\frac{A'}{k'}=A$,

$$\int\frac{x+k}{x+l}\cdot\frac{dx}{\sqrt{R}}=A.\log\frac{P+Q\sqrt{R}}{P-Q\sqrt{R}}.$$

Cette intégrale est maintenant l'intégrale cherchée la plus générale, ce qu'il est aisé de voir.

Il faut maintenant déterminer l. On a

$$R=[1+(x+l)a+(x+l)^2b]^2+p(x+l)^3+c(x+l)^4,$$

c'est-à-dire

$$R=1+2a(x+l)+(a^2+2b)(x+l)^2+(2ab+p)(x+l)^3+(b^2+c)(x+l)^4,$$

ou

$$R=(b^2+c)(x^4+\delta x^3+\gamma x^2+\beta x+\alpha),$$

où

$$\delta = [4(b^2+c)l + 2ab + p] : (b^2+c),$$
$$\gamma = [6(b^2+c)l^2 + 3(2ab+p)l + a^2 + 2b] : (b^2+c),$$
$$\beta = [4(b^2+c)l^3 + 3(2ab+p)l^2 + 2(a^2+2b)l + 2a] : (b^2+c),$$
$$\alpha = [(b^2+c)l^4 + (2ab+p)l^3 + (a^2+2b)l^2 + 2al + 1] : (b^2+c).$$

De ces équations on tire

$$2ab + p = (b^2+c)(\delta - 4l),$$
$$a^2 + 2b = (b^2+c)(\gamma - 3\delta l + 6l^2),$$
$$2a = (b^2+c)(\beta - 2\gamma l + 3\delta l^2 - 4l^3),$$
$$1 = (b^2+c)(\alpha - \beta l + \gamma l^2 - \delta l^3 + l^4);$$

d'où, en faisant

$$\alpha' = \alpha - \beta l + \gamma l^2 - \delta l^3 + l^4,$$
$$\beta' = \beta - 2\gamma l + 3\delta l^2 - 4l^3,$$
$$\gamma' = \gamma - 3\delta l + 6l^2,$$
$$\delta' = \delta - 4l,$$

on tire

$$a = \tfrac{1}{2} \cdot \frac{\beta'}{\alpha'},$$

$$b = -\tfrac{1}{8} \cdot \frac{\beta'^2}{\alpha'^2} + \tfrac{1}{2} \cdot \frac{\gamma'}{\alpha'},$$

$$c = \frac{1}{\alpha'} - \tfrac{1}{4}\left(\frac{\gamma'}{\alpha'} - \tfrac{1}{4}\frac{\beta'^2}{\alpha'^2}\right)^2,$$

$$p = \frac{\delta'}{\alpha'} - \tfrac{1}{2} \cdot \frac{\beta'}{\alpha'}\left(\frac{\gamma'}{\alpha'} - \tfrac{1}{4}\frac{\beta'^2}{\alpha'^2}\right).$$

En substituant maintenant ces valeurs de a, b, c et p dans l'équation qui exprime la relation qui a lieu entre ces quantités, on aura une équation entre l, α, β, γ et δ, d'où l'on tirera la valeur de l. On aura donc enfin

$$\int \frac{(x+k)\,dx}{(x+l)\sqrt{x^4 + \delta x^3 + \gamma x^2 + \beta x + \alpha}} = A\sqrt{b^2+c}\,.\log \frac{P + Q\sqrt{R}}{P - Q\sqrt{R}}.$$

De cette équation on tire ensuite

$$\int \frac{dx}{\sqrt{R}} + (k-l)\int \frac{dx}{(x+l)\sqrt{R}} = A\sqrt{b^2+c}\,.\log \frac{P + Q\sqrt{R}}{P - Q\sqrt{R}},$$

d'où

$$\int \frac{dx}{(x+l)\sqrt{R}} = \frac{1}{l-k}\int \frac{dx}{\sqrt{R}} - \frac{A\sqrt{b^2+c}}{l-k}\,.\log \frac{P + Q\sqrt{R}}{P - Q\sqrt{R}},$$

et de cette manière on obtiendra toutes les intégrales de la forme

$$\int \frac{dx}{(x+l)\sqrt{R}}$$

qui peuvent être exprimées par l'intégrale $\int \frac{dx}{\sqrt{R}}$ et la fonction logarithmique $A.\log \frac{P+Q\sqrt{R}}{P-Q\sqrt{R}}$.

En mettant $-l$ au lieu de l, on aura

$$\int \frac{dx}{(x-l)\sqrt{R}} = -\frac{1}{l+k}\cdot\int \frac{dx}{\sqrt{R}} + \frac{A\sqrt{b^2+c^2}}{l+k}\cdot\log \frac{P+Q\sqrt{R}}{P-Q\sqrt{R}},$$

ou bien (n⁰ 44),

$$\int \frac{dx}{(x-l)\sqrt{R}} = -\frac{1}{l+k}\cdot\int \frac{dx}{\sqrt{R}} - \frac{1}{(2n+4)\sqrt{\alpha+\beta l+\gamma l^2+\delta l^3+l^4}}\cdot\log \frac{P+Q\sqrt{R}}{P-Q\sqrt{R}}.$$

Si l'on suppose $k+l=\frac{1}{k'}=\infty$, ou $k'=0$, on aura

$$\int \frac{dx}{(x-l)\sqrt{R}} = -\frac{1}{(2n+4)\sqrt{\alpha+\beta l+\gamma l^2+\delta l^3+l^4}}\cdot\log \frac{P+Q\sqrt{R}}{P-Q\sqrt{R}}.$$

Prenons un exemple. On a (n⁰ 51)

$$\int \frac{xdx}{\sqrt{x^4+2x^3-3x^2-\alpha'(x-1)}} = \tfrac{1}{6}.\log \frac{P'+Q'\sqrt{R'}}{P'-Q'\sqrt{R'}}.$$

Soit $x=\frac{1}{y-l}$, on aura

$$xdx = -\frac{dy}{(y-l)^3},$$

$$R = \frac{1+2(y-l)-3(y-l)^2-\alpha'(y-l)^3+\alpha'(y-l)^4}{(y-l)^4},$$

donc

$$R = \frac{(y^4+\delta y^3+\gamma y^2+\beta y+\alpha)}{(y-l)^4}\,.\,\alpha',$$

d'où l'on tire

$$\delta = -1-4l,$$

$$\gamma = (-3+3\alpha' l+6\alpha' l^2):\alpha',$$

$$\beta = (2+6l-3\alpha' l^2-4\alpha' l^3):\alpha',$$

$$\alpha = (1-2l-3l^2+\alpha' l^3+\alpha' l^4):\alpha';$$

donc

$$l = -\frac{1+\delta}{4}, \quad \alpha' = \frac{3}{6l^2+3l-\gamma}, \quad \text{etc.}$$

En faisant $l=0$, on aura

$$\int \frac{dx}{x\sqrt{1+2x-3x^2-\alpha'(x^3-x^4)}} = -\tfrac{1}{6}.\log\frac{P+Q\sqrt{R}}{P-Q\sqrt{R}},$$

or

$$P' = x^3+3x^2-2-\frac{\alpha}{2}, \quad Q' = x+2;$$

donc

$$P = 1+3x-\left(2+\frac{\alpha}{2}\right)x^3, \quad Q = 1+2x.$$

Dans le troisième problème j'ai donné une méthode pour trouver toutes les intégrales de la forme $\int\frac{(x+k)\,dx}{\sqrt{R}}$ qui peuvent être exprimées par la fonction logarithmique $A.\log\frac{P+Q\sqrt{R}}{P-Q\sqrt{R}}$. Dans la suite de la théorie des transcendantes elliptiques je montrerai comment on peut trouver une infinité d'autres intégrales de la même forme, intégrables par d'autres fonctions logarithmiques, qui sont toutes composées de termes de la forme $A.\log\frac{P+Q\sqrt{R}}{P-Q\sqrt{R}}$, comme nous l'avons vu à la tête de ce chapitre.

CHAPITRE III.

Sur une relation remarquable qui existe entre plusieurs intégrales de la forme

$$\int\frac{dx}{\sqrt{R}}, \int\frac{x\,dx}{\sqrt{R}}, \int\frac{x^2\,dx}{\sqrt{R}}, \int\frac{dx}{(x-a)\sqrt{R}}.$$

---

63. Nous avons vu dans le chapitre précédent qu'il est en général impossible d'exprimer l'intégrale $\int\frac{dx}{(x-a)\sqrt{R}}$ par les intégrales $\int\frac{dx}{\sqrt{R}}$, $\int\frac{x\,dx}{\sqrt{R}}$, $\int\frac{x^2\,dx}{\sqrt{R}}$; néanmoins si l'on prend cette intégrale entre des limites convenables

il est toujours possible d'exprimer l'intégrale $\int \frac{dx}{(x-a)\sqrt{R}}$ par les trois intégrales ci-dessus. Ces limites sont, comme on le verra, les valeurs de x qui rendent $R=0$. Soit

$$p=\int \frac{dx}{(x-a)\sqrt{R}}.$$

En différentiant p par rapport à a, on aura

$$\frac{dp}{da}=\int \frac{dx}{(x-a)^2\sqrt{R}}.$$

Maintenant on a vu dans le premier chapitre que $\int \frac{dx}{(x-a)^2\sqrt{R}}$ est toujours réductible à l'intégrale $\int \frac{dx}{(x-a)\sqrt{R}}$. En effet on a (n⁰ 14)

$$\int \frac{dx}{(x-a)^2\sqrt{R}}=\frac{1}{fa}\cdot\int \frac{dx}{\sqrt{R}}(A+Bx+Cx^2)-\tfrac{1}{2}\frac{f'a}{fa}\int \frac{dx}{(x-a)\sqrt{R}}$$
$$-\frac{\sqrt{R}}{(x-a)fa}+\text{const.},$$

où

$$A=-\varepsilon a^2-\tfrac{1}{2}\delta a,\quad B=\tfrac{1}{2}\delta,\quad C=\varepsilon,\quad R=fx.$$

Donc en substituant pour $\int \frac{dx}{(x-a)\sqrt{R}}$ et $\int \frac{dx}{(x-a)^2\sqrt{R}}$ leurs valeurs, p et $\frac{dp}{da}$, et prenant les intégrales de manière qu'elles s'évanouissent lorsque $x=r$, r étant une valeur de x qui rend $R=fx=0$, on aura

$$\frac{dp}{da}+\tfrac{1}{2}\frac{f'a}{fa}p=\frac{\sqrt{fx}}{(a-x)fa}+\frac{1}{fa}\int \frac{dx}{\sqrt{fx}}(A+Bx+Cx^2).$$

Cette équation devient intégrable en la multipliant par $\sqrt{fa}\,.\,da$; car on a alors

$$\sqrt{fa}\,.\,dp+p\,.\,d\sqrt{fa}=\sqrt{fx}\,\frac{da}{(a-x)\sqrt{fa}}+\frac{da}{\sqrt{fa}}\cdot\int \frac{dx}{\sqrt{fx}}(A+Bx+Cx^2).$$

En intégrant on aura

$$p\sqrt{fa}-\sqrt{fx}\int \frac{da}{(a-x)\sqrt{fa}}=\int \frac{da}{\sqrt{fa}}\int \frac{dx}{\sqrt{fx}}(A+Bx+Cx^2)+\text{const.}$$

Si l'on prend l'intégrale de $a=r$, on a: const. $=0$, en remarquant que

$$A+Bx+Cx^2=\tfrac{1}{2}\delta x+\varepsilon x^2-(\tfrac{1}{2}\delta a+\varepsilon a^2).$$

Maintenant on a

$$\int\frac{da}{\sqrt{fa}}\int\frac{dx}{\sqrt{fx}}(\tfrac{1}{2}\delta x+\varepsilon x^2-\tfrac{1}{2}\delta a-\varepsilon a^2)$$

$$=\int\frac{da}{\sqrt{fa}}\cdot\int\frac{(\frac{1}{2}\delta x+\varepsilon x^2)\,dx}{\sqrt{fx}}-\int\frac{dx}{\sqrt{fx}}\cdot\int\frac{(\frac{1}{2}\delta a+\varepsilon a^2)\,da}{\sqrt{fa}}$$

Donc en substituant cette valeur et remettant la valeur de p, on aura l'équation suivante:

$$(\alpha)\quad\left\{\begin{aligned}&\sqrt{fa}\int\frac{dx}{(x-a)\sqrt{fx}}-\sqrt{fx}\int\frac{da}{(a-x)\sqrt{fa}}\\&=\int\frac{da}{\sqrt{fa}}\cdot\int\frac{(\frac{1}{2}\delta x+\varepsilon x^2)dx}{\sqrt{fx}}-\int\frac{dx}{\sqrt{fx}}\cdot\int\frac{(\frac{1}{2}\delta a+\varepsilon a^2)\,da}{\sqrt{fa}}\end{aligned}\right.$$

Cette équation donne la différence entre les deux intégrales $\sqrt{fa}\,.\int\frac{dx}{(x-a)\sqrt{fx}}$ et $\sqrt{fx}\,.\int\frac{da}{(a-x)\sqrt{fa}}$ exprimée par des intégrales de la forme $\int\frac{dy}{\sqrt{fy}}$ et $\int\frac{(\frac{1}{2}\delta y+\varepsilon y^2)\,dy}{\sqrt{fy}}$, ce qui est très remarquable.

Supposons maintenant qu'on prenne l'intégrale $\int\frac{dx}{(x-a)\sqrt{fx}}$ de $x=r$ à $x=r'$, r' étant une autre valeur qui rend $fx=0$. On a dans ce cas

$$(\beta)\quad\sqrt{fa}\int_r^{r'}\frac{dx}{(x-a)\sqrt{fx}}=\int_r\frac{da}{\sqrt{fa}}\cdot\int_r^{r'}\frac{(\frac{1}{2}\delta x+\varepsilon x^2)dx}{\sqrt{fx}}-\int_r^{r'}\frac{dx}{\sqrt{fx}}\cdot\int_r\frac{(\frac{1}{2}\delta a+\varepsilon a^2)da}{\sqrt{fa}}.$$

Cette équation montre qu'on peut exprimer l'intégrale définie $\int_r^{r'}\frac{dx}{(x-a)\sqrt{fx}}$ par des intégrales de la forme $\int\frac{dy}{\sqrt{fy}}$ et $\int\frac{(\frac{1}{2}\delta y+\varepsilon y^2)dy}{\sqrt{fy}}$, ce qui est très important dans la théorie des transcendantes elliptiques.

Soit r'' une troisième valeur qui rend $fx=0$, et supposons $a=r''$, on aura $fa=0$, et

$$(\gamma)\quad\int_r^{r''}\frac{da}{\sqrt{fa}}\cdot\int_r^{r'}\frac{(\frac{1}{2}\delta x+\varepsilon x^2)\,dx}{\sqrt{fx}}=\int_r^{r'}\frac{dx}{\sqrt{fx}}\cdot\int_r^{r''}\frac{(\frac{1}{2}\delta a+\varepsilon a^2)\,da}{\sqrt{fa}},$$

équation qui exprime une relation entre quatre intégrales définies.

Supposons, dans l'équation (α), que x ait une valeur telle que l'intégrale $\int\frac{da}{(a-x)\sqrt{fa}}$ puisse être exprimée par des intégrales de la forme $\int\frac{da}{\sqrt{fa}}$ et $\int\frac{ada}{\sqrt{fa}}$, et soit

$$\int \frac{da}{(a-x)\sqrt{fa}} = \int \frac{(A+Ba)\,da}{\sqrt{fa}} + w,$$

w étant une fonction logarithmique.

En substituant cette valeur, on aura

$$\sqrt{fa}\int_r^{\omega} \frac{dx}{(x-a)\sqrt{fx}} = \sqrt{f\omega}\int_r \frac{(A+Ba).da}{\sqrt{fa}} + \sqrt{f\omega}.w$$
$$+\int_r \frac{da}{\sqrt{fa}}.\int_r^{\omega} \frac{(\frac{1}{2}\delta x + \varepsilon x^2)\,dx}{\sqrt{fx}} - \int_r^{\omega} \frac{dx}{\sqrt{fx}}.\int_r \frac{(\frac{1}{2}\delta a + \varepsilon a^2)\,da}{\sqrt{fa}}.$$

Les intégrales sont prises depuis $x=r$ jusqu'à $x=\omega$, ω étant une valeur telle que

$$\int \frac{da}{(a-\omega)\sqrt{fa}} = \int \frac{(A+Ba)\,da}{\sqrt{fa}} + w.$$

Supposons de plus qu'on assigne à a une valeur $a=\omega'$ qui donne

$$\int \frac{dx}{(x-\omega')\sqrt{fx}} = \int \frac{(A'+B'x)\,dx}{\sqrt{fx}} + w',$$

w' étant une fonction logarithmique, on aura

$$w'\sqrt{f\omega'} - w\sqrt{f\omega} = \sqrt{f\omega}\int_r^{\omega'} \frac{(A+Ba)\,da}{\sqrt{fa}} - \sqrt{f\omega'}\int_r^{\omega} \frac{(A'+B'x)\,dx}{\sqrt{fx}}$$
$$+\int_r^{\omega} \frac{da}{\sqrt{fa}}.\int_r^{\omega} \frac{(\frac{1}{2}\delta x + \varepsilon x^2)\,dx}{\sqrt{fx}} - \int_r^{\omega} \frac{dx}{\sqrt{fx}}.\int_r^{\omega'} \frac{(\frac{1}{2}\delta a + \varepsilon a^2)\,da}{\sqrt{fa}}$$

64. On peut trouver une relation encore plus générale entre plusieurs intégrales définies de la manière suivante.

Soit s une fonction logarithmique quelconque de la forme

$$A.\log\frac{P+Q\sqrt{R}}{P-Q\sqrt{R}} + A.\log\frac{P'+Q'\sqrt{R}}{P'-Q'\sqrt{R}} + \cdots.$$

En prenant la différentielle de cette expression on a, suivant ce qu'on a vu précédemment, un résultat de la forme:

$$ds = \frac{dx}{\sqrt{R}}\left(B + Cx + \frac{L}{x-a} + \frac{L'}{x-a'} + \frac{L''}{x-a''} + \cdots\right),$$

donc en intégrant

$$s = \int \frac{B+Cx}{\sqrt{R}}\,dx + L\int \frac{dx}{(x-a)\sqrt{R}} + L'\int \frac{dx}{(x-a')\sqrt{R}} + \cdots.$$

Prenant ensuite l'intégrale depuis $x = r$ jusqu'à $x = r'$, on a

$$s' - s = \int_r^{r'} \frac{(B + Cx)\,dx}{\sqrt{fx}}$$

$$+ \frac{L}{\sqrt{fa}} \left(\int_r \frac{da}{\sqrt{fa}} \cdot \int_r^{r'} \frac{(\frac{1}{2}\,\delta x + \varepsilon x^2)\,dx}{\sqrt{fx}} - \int_r^{r'} \frac{dx}{\sqrt{fx}} \cdot \int_r \frac{(\frac{1}{2}\delta a + \varepsilon a^2)\,da}{\sqrt{fa}} \right)$$

$$+ \frac{L'}{\sqrt{fa'}} \left(\int_r \frac{da'}{\sqrt{fa'}} \cdot \int_r^{r'} \frac{(\frac{1}{2}\,\delta x + \varepsilon x^2)\,dx}{\sqrt{fx}} - \int_r^{r'} \frac{dx}{\sqrt{fx}} \cdot \int_r \frac{(\frac{1}{2}\delta a' + \varepsilon a'^2)\,da'}{\sqrt{fa'}} \right)$$

$$+ \ldots\ldots\ldots\ldots\ldots\ldots\ldots\ldots\ldots ,$$

ou bien

$$s' - s = \int_r^{r'} \frac{(B + Cx)\,dx}{\sqrt{fx}}$$

$$- \int_r^{r'} \frac{dx}{\sqrt{fx}} \left(\frac{L}{\sqrt{fa}} \int_r \frac{(\frac{1}{2}\,\delta a + \varepsilon a^2)\,da}{\sqrt{fa}} + \frac{L'}{\sqrt{fa'}} \int_r \frac{(\frac{1}{2}\delta a' + \varepsilon a'^2)\,da'}{\sqrt{fa'}} + \cdots \right)$$

$$+ \int_r^{r'} \frac{(\frac{1}{2}\delta x + \varepsilon x^2)\,dx}{\sqrt{fx}} \left(\frac{L}{\sqrt{fa}} \int_r \frac{da}{\sqrt{fa}} + \frac{L'}{\sqrt{fa'}} \int_r \frac{da'}{\sqrt{fa'}} + \cdots \right).$$

Toutes les intégrales qui se trouvent dans cette formule, sont, comme on le voit, de la forme

$$\int \frac{dy}{\sqrt{fy}}, \quad \int \frac{y\,dy}{\sqrt{fy}} \quad \text{et} \quad \int \frac{y^2\,dy}{\sqrt{fy}},$$

et l'équation exprime par conséquent une relation très générale entre un système d'intégrales de cette forme.

Réduction de l'intégrale $\int \frac{P\,dx}{\sqrt{R}}$ *à la forme*

$$\int \frac{f(\sin^2 \varphi) \, . \, d\varphi}{\sqrt{1 - c^2 \sin^2 \varphi}}.$$

Voyez *Legendre* Exercices de calc. int.

Réduction de l'intégrale $\int \frac{f(\sin^2\varphi).d\varphi}{\sqrt{1-c^2\sin^2\varphi}}$

aux intégrales $\int \frac{d\varphi}{\sqrt{1-c^2\sin^2\varphi}}$, $\int d\varphi \sqrt{1-c^2\sin^2\varphi}$ *et* $\int \frac{d\varphi}{(1+n\sin^2\varphi)\sqrt{1-c^2\sin^2\varphi}}$

Voyez *Legendre* Exercices de calc. int.

Comparaison des transcendantes elliptiques.

Voyez *Legendre* Exercices de calc. int.

Evaluation des transcendantes elliptiques par approximation.

Voyez *Legendre* Exercices de calc. int.

Réduction des transcendantes elliptiques de troisième espèce par rapport au paramètre.

Considérons l'expression

$$\text{arc tang}\,\frac{P\sqrt{R}}{Q}=s;$$

en la différentiant, on aura

$$ds=\frac{d\left(\frac{P\sqrt{R}}{Q}\right)}{1+\frac{P^2R}{Q^2}}=\frac{\frac{1}{2}\frac{P}{Q}\cdot\frac{dR}{\sqrt{R}}+\frac{R(QdP-PdQ)}{Q^2\sqrt{R}}}{1+\frac{P^2R}{Q^2}},$$

ou bien

$$ds=\frac{\frac{1}{2}PQ\frac{dR}{dx}+R\left(Q\frac{dP}{dx}-P\frac{dQ}{dx}\right)}{Q^2+P^2R}\cdot\frac{dx}{\sqrt{R}}=\frac{M}{N}\cdot\frac{dx}{\sqrt{R}}.$$

Soit

$$N=Q^2+P^2R=k(1+nx^2)(1+n_1x^2)^2,$$
$$P=1,\ \text{et}\ Q=x(a+bx^2).$$

En substituant on aura

$$x^2(a+bx^2)^2+(1-x^2)(1-c^2x^2)=k(1+nx^2)(1+n_1x^2)^2.$$

En faisant $x=1$ et $x=\frac{1}{c}$, on aura

$$(a+b)^2=k(1+n)(1+n_1)^2,$$

$$\frac{1}{c^2}\left(a+\frac{b}{c^2}\right)^2=k\left(1+\frac{n}{c^2}\right)\left(1+\frac{n_1}{c^2}\right)^2,$$

d'où l'on tire

$$a+b=(1+n_1)\sqrt{1+n}.\sqrt{k}$$

$$\frac{1}{c}\left(a+\frac{b}{c^2}\right)=\left(1+\frac{n_1}{c^2}\right)\sqrt{1+\frac{n}{c^2}}.\sqrt{k};$$

donc

$$b\left(1-\frac{1}{c^2}\right)=\left[(1+n_1)\sqrt{1+n}-c\left(1+\frac{n_1}{c^2}\right)\sqrt{1+\frac{n}{c^2}}\right]\sqrt{k},$$

$$a\left(1-\frac{1}{c^2}\right)=\left[c\left(1+\frac{n_1}{c^2}\right)\sqrt{1+\frac{n}{c^2}}-\frac{1}{c^2}(1+n_1)\sqrt{1+n}\right]\sqrt{k}.$$

On a de même

$$b^2=knn_1^2,$$

$$b=n_1\sqrt{n}\sqrt{k}.$$

En substituant cette valeur, on a

$$-n_1\sqrt{n}\left(\frac{1-c^2}{c^2}\right)=(1+n_1)\sqrt{1+n}-\frac{1}{c^2}(c^2+n_1)\sqrt{c^2+n},$$

ou

$$n_1\left(-(1-c^2)\sqrt{n}-c^2\sqrt{1+n}+\sqrt{c^2+n}\right)=c^2\left(\sqrt{1+n}-\sqrt{c^2+n}\right);$$

donc

$$n_1=\frac{c^2(\sqrt{1+n}-\sqrt{c^2+n})}{-(1-c^2)\sqrt{n}-c^2\sqrt{1+n}+\sqrt{c^2+n}},$$

ou bien, en multipliant en haut et en bas par $\sqrt{1+n}+\sqrt{c^2+n}$, et en réduisant,

$$n_1=\frac{c^2}{n-\sqrt{n}.\sqrt{n+1}+\sqrt{(1+n)(c^2+n)}-\sqrt{n(c^2+n)}},$$

c'est-à-dire

$$n_1=\frac{c^2}{(\sqrt{n}-\sqrt{1+n})(\sqrt{n}-\sqrt{c^2+n})};$$

et en multipliant en haut et en bas par $(\sqrt{n}+\sqrt{1+n})(\sqrt{n}+\sqrt{c^2+n})$,

on aura

$$n_1 = (\sqrt{1+n} + \sqrt{n})(\sqrt{c^2+n} + \sqrt{n}),$$

ou enfin

$$n_1 = n\left(\sqrt{1+\frac{1}{n}}+1\right)\left(\sqrt{1+\frac{c^2}{n}}+1\right).$$

On a

$$k = 1, \quad b = n_1\sqrt{n}, \quad a = (1+n_1)\sqrt{1+n} - n_1\sqrt{n}.$$

On trouvera de même

$$a = \frac{1}{c^2}\left((c^2+n_1)\sqrt{c^2+n} - n_1\sqrt{n}\right).$$

Cherchons maintenant la valeur de M.

On a

$$Q^2 + R = (1+nx^2)(1+n_1x^2)^2;$$

donc en différentiant

$$2Q\,dQ + dR = 2(1+n_1x^2)[(1+nx^2)2n_1x + (1+n_1x^2)nx]\,dx,$$

d'où

$$2Q\frac{dQ}{dx} + \frac{dR}{dx} = 2(1+n_1x^2)(2n_1+n+3nn_1x^2)x.$$

En multipliant par Q et substituant pour Q^2 sa valeur $(1+nx^2)(1+n_1x^2)^2 - R$, on obtiendra

$$2(1+nx^2)(1+n_1x^2)^2\frac{dQ}{dx} - 2R\frac{dQ}{dx} + Q\frac{dR}{dx} = 2Q(1+n_1x^2)(2n_1+n+3nn_1x^2)x.$$

Maintenant on a

$$M = \tfrac{1}{2}Q\frac{dR}{dx} - R\frac{dQ}{dx};$$

donc

$$M = (1+n_1x^2)\left((2n_1+n+3nn_1x^2)xQ - (1+nx^2)(1+n_1x^2)\frac{dQ}{dx}\right)$$

Or $Q = ax + bx^3$, donc $\frac{dQ}{dx} = a + 3bx^2$. On tire de là

$$M = (1+n_1x^2)[(2nn_1a - (n_1+2n)b)x^4 + (n_1a - 3b)x^2 - a].$$

Donc

$$\frac{M}{N} = \frac{[2nn_1a - (n_1+2n)b]x^4 + (n_1a-3b)x^2 - a}{(1+nx^2)(1+n_1x^2)},$$

$$= A + \frac{L}{1+nx^2} + \frac{L'}{1+n_1x^2},$$

où

$$A = 2a - \left(\frac{1}{n} + \frac{2}{n_1}\right) b,$$

$$L = \frac{b}{n} - a = \frac{n_1}{\sqrt{n}} - a,$$

$$L' = \frac{2b}{n_1} - 2a = 2\sqrt{n} - 2a.$$

On aura par conséquent

$$\text{arc tg.} \frac{\sqrt{R}}{Q} = \left[2a - \left(\frac{1}{n} + \frac{2}{n_1}\right) b\right] F + \left(\frac{n_1}{\sqrt{n}} - a\right) \Pi(n) + (2\sqrt{n} - 2a)\, \Pi(n_1);$$

donc

$$\Pi(n) = \frac{\sqrt{n}}{n_1 - a\sqrt{n}} \text{arc tg.} \frac{\sqrt{R}}{Q} - \frac{2a - \left(\frac{1}{n} + \frac{2}{n_1}\right) b}{\frac{n_1}{\sqrt{n}} - a} F + \frac{(2a - 2\sqrt{n})\sqrt{n}}{n_1 - a\sqrt{n}} \Pi(n_1).$$

On trouvera

$$\frac{2a - \left(\frac{2}{n_1} + \frac{1}{n}\right) b}{\frac{n_1}{\sqrt{n}} - a} = \frac{2a\sqrt{n} - (2n + n_1)}{n_1 - a\sqrt{n}} = -\frac{(\sqrt{c^2 + n} - \sqrt{n})(\sqrt{1 + n} - \sqrt{n})}{\sqrt{1 + n} . \sqrt{c^2 + n}}.$$

Donc on aura

$$\Pi(n) = \frac{\sqrt{n}}{n_1 - a\sqrt{n}} \text{arc tg.} \frac{\sqrt{R}}{ax + bx^3} + \frac{2a\sqrt{n} - (2n + n_1)}{n_1 - a\sqrt{n}} F + \frac{(2a - 2\sqrt{n})\sqrt{n}}{n_1 - a\sqrt{n}} \Pi(n_1) + C,$$

où

$$n_1 = \pm(\sqrt{n+1} \pm \sqrt{n})(\sqrt{n + c^2} \pm \sqrt{n}) = f(n),$$

$$b = \pm n_1 \sqrt{n} = f(n)\sqrt{n},$$

$$a = (n_1 + 1)\sqrt{n+1} \mp n_1 \sqrt{n} = \chi(n).$$

Ou bien, en faisant pour abréger

$$\frac{\pm\sqrt{n}}{n_1 \mp a\sqrt{n}} = \alpha = \varphi(n),$$

$$-\frac{\pm 2a\sqrt{n} - 2n - n_1}{n_1 \mp a\sqrt{n}} = \beta = \theta(n),$$

$$\frac{\pm(2a \mp 2\sqrt{n})\sqrt{n}}{n_1 \mp a\sqrt{n}} = \gamma = \psi(n) \quad \text{et} \quad C = -\frac{\alpha\pi}{2},$$

on obtiendra

$$\Pi(n) = \beta F + \gamma \Pi(n_1) + \alpha . \text{arc tang} \frac{ax + bx^3}{\sqrt{R}}$$

Soit maintenant

$$n_2 = f(n_1),\quad b_1 = \sqrt{n_1}\,.\,f(n_1),\quad a_1 = \chi(n_1),$$
$$\alpha_1 = \varphi(n_1),\quad \beta_1 = \theta(n_1),\quad \gamma_1 = \psi(n_1),$$

on aura de la même manière

$$\Pi(n_1) = \beta_1 F + \gamma_1 \Pi(n_2) + \alpha_1 \text{ arc tang } \frac{a_1 x + b_1 x^3}{\sqrt{R}}\,.$$

En dérivant les quantités n_3 α_2, β_2, γ_2, a_2, b_2 de la même manière, on aura

$$\Pi(n_2) = \beta_2 F + \gamma_2 \Pi(n_3) + \alpha_2 \text{ arc tang } \frac{a_2 x + b_2 x^3}{\sqrt{R}}\,,$$

et ainsi de suite.

En faisant des substitutions successives, on aura donc

$$\Pi(n) = (\beta + \beta_1 \gamma + \beta_2 \gamma\gamma_1 + \beta_3 \gamma\gamma_1\gamma_2 + \cdots + \beta_{m-1}\gamma\gamma_1\gamma_2 \ldots \gamma_{m-2}) F$$
$$+ \gamma\gamma_1\gamma_2\gamma_3 \ldots \gamma_{m-1} \,.\, \Pi(n_m) + \alpha \,.\, \text{arc tang } \frac{(a + bx^2)\,x}{\sqrt{R}}$$
$$+ \alpha_1 \gamma \,.\, \text{arc tang } \frac{(a_1 + b_1 x^2)\,x}{\sqrt{R}}$$
$$+ \alpha_2 \gamma\gamma_1 \,.\, \text{arc tang } \frac{(a_2 + b_2 x^2)\,x}{\sqrt{R}}$$
$$\ldots\ldots\ldots\ldots\ldots\ldots\ldots$$
$$+ \alpha_{m-1} \gamma\gamma_1\gamma_2\gamma_3 \ldots \gamma_{m-2} \,.\, \text{arc tang } \frac{(a_{m-1} + b_{m-1} x^2)\,x}{\sqrt{R}}\,.$$

Considérons maintenant la loi que suivent les quantités n, n_1, n_2 etc.; n_1 a les quatre valeurs suivantes:

$$1)\quad n_1 = (\sqrt{n+1} + \sqrt{n})(\sqrt{n+c^2} + \sqrt{n}),$$
$$2)\quad n_1 = (\sqrt{n+1} - \sqrt{n})(\sqrt{n+c^2} - \sqrt{n}),$$
$$3)\quad n_1 = -(\sqrt{n+1} + \sqrt{n})(\sqrt{n+c^2} - \sqrt{n}),$$
$$4)\quad n_1 = -(\sqrt{n+1} - \sqrt{n})(\sqrt{n+c^2} + \sqrt{n}).$$

Soit d'abord

$$n_1 = (\sqrt{n+1} + \sqrt{n})(\sqrt{n+c^2} + \sqrt{n});$$

on voit aisément que $n_1 > 4n$, car comme $\sqrt{n+1} > \sqrt{n}$ et $\sqrt{n+c^2} > \sqrt{n}$, on a

$$n_1 > (\sqrt{n} + \sqrt{n})(\sqrt{n} + \sqrt{n}),$$

c'est-à-dire

$$n_1 > 4n;$$

de même

$$n_2 > 4n_1 > 4^2 n,$$

$$n_3 > 4n_2 > 4^3 n,$$

$$\cdots\cdots\cdots$$

$$n_m > 4n_{m-1} > 4^m n.$$

On peut donc faire en sorte que n_m devienne aussi grand qu'on le voudra. D'où il suit qu'on peut exprimer la fonction $\Pi(n)$ par la fonction $\Pi(n_m)$ dans laquelle n_m est plus grand qu'un nombre donné quelconque.

Considérons maintenant les quantités a, b, α, β etc. On a $b = n_1\sqrt{n}$; b est donc positif et très grand, si n est grand. La valeur de a est

$$a = (n_1 + 1)\sqrt{n+1} - n_1\sqrt{n},$$

d'où l'on voit sans difficulté que a croît en même temps que n, et que par suite les quantités a, a_1, a_2, etc. vont en croissant.

On a de même

$$\alpha_{m-1} = \frac{\sqrt{n_{m-1}}}{n_m - a_{m-1}\sqrt{n_{m-1}}}.$$

En substituant les valeurs de n_m et de a_{m-1} en n_{m-1}, on verra que α_{m-1} est une très petite quantité de l'ordre $\frac{1}{\sqrt{n_{m-1}}}$.

On a

$$\beta_{m-1} = \frac{(\sqrt{c^2 + n_{m-1}} - \sqrt{n_{m-1}})(\sqrt{1 + n_{m-1}} - \sqrt{n_{m-1}})}{\sqrt{c^2 + n_{m-1}}\sqrt{1 + n_{m-1}}},$$

d'où l'on voit sans peine que β est toujours contenu entre les limites 1 et 0, et que la série des valeurs de β tend continuellement vers la dernière limite, lorsque n est positif.

Enfin on a

$$\gamma = \frac{(2a - 2\sqrt{n})\sqrt{n}}{n_1 - a\sqrt{n}} = 2\sqrt{n}\,\frac{\sqrt{1+n} + \sqrt{c^2+n}}{\sqrt{1+n}\,.\,\sqrt{c^2+n}}.$$

On conclut de là que la suite des valeurs de γ tend continuellement vers la limite 4 en croissant.

Considérons maintenant la seconde formule

$$n_1 = (\sqrt{n+1} - \sqrt{n})(\sqrt{n+c^2} - \sqrt{n}).$$

Supposons d'abord que n soit très grand; alors on a

$$\sqrt{n+1}=\sqrt{n}+\frac{1}{2\sqrt{n}}, \quad \sqrt{n+c^2}=\sqrt{n}+\frac{c^2}{2\sqrt{n}};$$

donc

$$n_1=\frac{c^2}{4n}.$$

Donc à mesure que n devient plus grand, n_1 devient plus petit, si n est plus grand que l'unité. La même chose a lieu si n est moindre que l'unité, ce dont on peut se convaincre aisément, en différentiant la valeur de n_1, car on trouve

$$dn_1=-n_1\left(\frac{1}{\sqrt{n}\sqrt{n+1}}+\frac{1}{\sqrt{n}\sqrt{n+c^2}}\right)\frac{dn}{2};$$

donc, la différentielle étant négative, il est clair que n_1 croît si n diminue, et réciproquement.

Cherchons maintenant si la série des quantités n, n_1, n_2, ... a une limite. Si elle en a une, cette limite est la valeur que reçoit n en faisant $n_1=n$. Soit k cette valeur, on aura

$$k=(\sqrt{k+1}-\sqrt{k})(\sqrt{k+c^2}-\sqrt{k}).$$

Faisons $n=k+\alpha$, on aura

$$n_1=k\left[1-\tfrac{1}{2}\left(\frac{1}{\sqrt{k^2+k}}+\frac{1}{\sqrt{k^2+c^2k}}\right)\alpha\right]+\cdots,$$

donc

$$n_1=k-\tfrac{1}{2}\left(\frac{\sqrt{k}}{\sqrt{k+1}}+\frac{\sqrt{k}}{\sqrt{k+c^2}}\right)\alpha+\cdots,$$

maintenant $\tfrac{1}{2}\left(\frac{\sqrt{k}}{\sqrt{k+1}}+\frac{\sqrt{k}}{\sqrt{k+c^2}}\right)<1$, donc

$$k-n_1<\alpha.$$

Donc n_1 diffère moins de k que n; donc k est la limite des quantités n, n_1, n_2, etc.

On peut donc réduire $\Pi(n)$ à la fonction $\Pi(n_m)$, où n_m diffère de k d'une quantité aussi petite qu'on le voudra. La fonction $\Pi(k)$ peut s'exprimer par la fonction F et des logarithmes, car on a

$$(1-\gamma)\,\Pi(k)=\beta F+\alpha\,.\,\text{arc tang}\,\frac{(a+bx^2)\,x}{\sqrt{R}},$$

$$b=-n_1\sqrt{n}=-k^{\frac{3}{2}}, \quad a=(k+1)^{\frac{3}{2}}+k^{\frac{3}{2}},$$

$$\beta = \frac{2a + 3\sqrt{k}}{a + \sqrt{k}}, \quad \gamma = -2,$$

$$1 - \gamma = 3, \qquad \alpha = -\frac{1}{a + \sqrt{k}};$$

donc

$$\Pi(k) = \frac{2a + 3\sqrt{k}}{3(a + \sqrt{k})} F - \frac{1}{3(a + \sqrt{k})} . \operatorname{arc\,tang} \frac{ax - k^{\frac{3}{2}} x^3}{\sqrt{R}};$$

k est déterminé par l'équation

$$k = (\sqrt{k+1} - \sqrt{k})(\sqrt{k+c^2} - \sqrt{k}).$$

Considérons maintenant la troisième formule:

$$n_1 = -(\sqrt{n+1} + \sqrt{n})(\sqrt{n+c^2} - \sqrt{n});$$

n_1 est donc toujours négatif. En différentiant on aura

$$dn_1 = -\tfrac{1}{2} n_1 \left(\frac{1}{\sqrt{n^2 + c^2 n}} - \frac{1}{\sqrt{n^2 + n}} \right) dn;$$

l'accroissement de n_1 est donc positif.

Soit d'abord n très grand; on a alors

$$n_1 = -2\sqrt{n} \left(\tfrac{1}{2} \frac{c^2}{\sqrt{n}} \right) = -c^2.$$

Donc lorsque n est très grand, n_1 est très peu différent de $-c^2$, qui est aussi la plus petite valeur que puisse recevoir n_1. La plus grande est $-c$, qu'on obtient en faisant $n = 0$. Toutes les valeurs de n_1 sont donc renfermées entre $-c^2$ et $-c$.

On peut donc toujours supposer n négatif et compris entre ces deux limites très étroites.

La dernière formule est

$$n_1 = -(\sqrt{n+1} - \sqrt{n})(\sqrt{n+c^2} + \sqrt{n}).$$

Si n est très grand, on a

$$n_1 = -\tfrac{1}{2} \cdot \frac{1}{\sqrt{n}} . 2\sqrt{n} = -1.$$

Donc, lorsque n est très grand, n_1 est très peu différent de -1. C'est la plus grande valeur que puisse avoir n_1. On obtient sa plus petite valeur en faisant $n = 0$, et on aura alors $n_1 = -c$. Donc n_1 est contenu entre -1 et $-c$.

Dans ce qui précède nous avons supposé n positif. Considérons maintenant le cas où n est négatif. Soit $n = -\alpha$, α étant positif, et soit d'abord

$$n_1 = -\alpha_1 = (\sqrt{-\alpha} + \sqrt{-\alpha+1})(\sqrt{-\alpha} + \sqrt{-\alpha+c^2}),$$

donc

$$\alpha_1 = \alpha\left(1 + \sqrt{1 - \frac{1}{\alpha}}\right)\left(1 + \sqrt{1 - \frac{c^2}{\alpha}}\right)$$

On voit par là que $\alpha_1 > \alpha$, et si α est extrêmement grand, on a

$$\alpha_1 = 4\alpha.$$

Lorsque

$$\alpha_1 = \alpha\left(1 - \sqrt{1 - \frac{1}{\alpha}}\right)\left(1 - \sqrt{1 - \frac{c^2}{\alpha}}\right),$$

on a $\alpha_1 < \alpha$, et si α est très grand, α_1 est très petit.

Lorsque

$$\alpha_1 = \alpha\left(1 - \sqrt{1 - \frac{1}{\alpha}}\right)\left(1 + \sqrt{1 - \frac{c^2}{\alpha}}\right),$$

on a, si α est très grand,

$$\alpha_1 = \alpha \frac{1}{2\alpha} \,.\, 2 = 1,$$

ou plus approché

$$\alpha_1 = \alpha\left(\frac{1}{2\alpha} + \frac{1}{8\alpha^2}\right)\left(2 - \frac{c^2}{2\alpha}\right) = 1 + \frac{1-c^2}{4} \cdot \frac{1}{\alpha};$$

donc la plus petite valeur de α_1 est égale à 1; α_1 reçoit sa plus grande valeur en faisant $\alpha = 1$; alors on a

$$\alpha_1 = 1 + \sqrt{1-c^2}.$$

Lorsque

$$\alpha_1 = \alpha\left(1 + \sqrt{1 - \frac{1}{\alpha}}\right)\left(1 - \sqrt{1 - \frac{c^2}{\alpha}}\right),$$

toutes les valeurs de α_1 sont renfermées entre les limites

$$1 - \sqrt{1-c^2} \quad \text{et} \quad c^2.$$

Cherchons maintenant la valeur de n en n_1. En faisant le produit des quatre expressions suivantes:

$$n_1 - (\sqrt{n} + \sqrt{n+1})(\sqrt{n} + \sqrt{n+c^2}),$$
$$n_1 - (\sqrt{n} - \sqrt{n+1})(\sqrt{n} - \sqrt{n+c^2}),$$
$$n_1 - (\sqrt{n} - \sqrt{n+1})(\sqrt{n} + \sqrt{n+c^2}),$$
$$n_1 - (\sqrt{n} + \sqrt{n+1})(\sqrt{n} - \sqrt{n+c^2}),$$

on aura

$$n_1^4 - 4nn_1^3 - [2c^2 + 4(1+c^2)n]\,n_1^2 - 4c^2nn_1 + c^4 = 0,$$

d'où l'on tire

$$n = \frac{(n_1^2 - c^2)^2}{4n_1(n_1+1)(n_1+c^2)}.$$

Cette valeur est très remarquable parce qu'elle est rationnelle en n_1 et en c^2. Elle est aussi très commode pour le calcul logarithmique, car on a

$$\log n = -\log 4 + 2\log(n_1 - c) + 2\log(n_1 + c) - \log n_1 - \log(n_1 + 1) - \log(n_1 + c^2).$$

La formule trouvée dans ce qui précède, peut aussi servir à trouver une infinité de fonctions elliptiques de la troisième espèce qui sont indéfiniment réductibles à la première espèce. Il suffit de faire

$$n = n_m,$$

et on aura une intégrale $\Pi(n)$ déterminée par des logarithmes et par la fonction F.

Soit par exemple $n_1 = n$, on aura

$$n = \frac{(n^2 - c^2)^2}{4n(n+1)(n+c^2)},$$

ou

$$3n^4 + 4(1+c^2)n^3 + 6c^2n^2 - c^4 = 0,$$

d'où l'on tire quatre valeurs de n.

Lorsqu'on connaît une valeur de n telle que $\Pi(n)$ puisse s'exprimer par la fonction elliptique de la première espèce, on en peut trouver une infinité d'autres qui jouissent de la même propriété; ce qui est bien évident, car connaissant $\Pi(n)$ on connaît aussi

$$\Pi(n_1),\quad \Pi(n_2),\quad \Pi(n_3),\quad \text{etc.},$$

$$\Pi(n_{-1}),\quad \Pi(n_{-2}),\quad \Pi(n_{-3}),\quad \text{etc.},$$

en continuant la suite $n, n_1, n_2 \ldots$ vers le côté opposé.

Ainsi l'on a par exemple

$$\Pi(c) = \tfrac{1}{2}F + \frac{\frac{1}{2}}{1+c}\,\text{arc tang}\,\frac{(1+c)x}{\sqrt{R}},$$

donc on connaît aussi $\Pi(n_1)$, où

$$1)\quad n_1 = (\sqrt{c+1} + \sqrt{c})(\sqrt{c^2+c} + \sqrt{c}),$$

$$2)\quad n_1 = (\sqrt{c+1} - \sqrt{c})(\sqrt{c^2+c} - \sqrt{c}),$$

$$3)\quad n_1 = -(\sqrt{c+1}-\sqrt{c})(\sqrt{c^2+c}+\sqrt{c})$$
$$4)\quad n_1 = -(\sqrt{c+1}+\sqrt{c})(\sqrt{c^2+c}-\sqrt{c}).$$

De ces valeurs on déduit ensuite de nouvelles.

On connaît aussi

$$\Pi(-1+\sqrt{1-c^2}),\ \text{donc aussi}\ \Pi(n_1),\ \text{où}$$

$$n_1 = \frac{[(-1+\sqrt{1-c^2})^2-c^2]^2}{4(-1+\sqrt{1-c^2}).\sqrt{1-c^2}.(c^2-1+\sqrt{1-c^2})} = -1;$$

mais cette valeur rend la formule illusoire parce que $1-x^2$ est facteur de R.

Méthode pour trouver une infinité de formules de réduction pour les transcendantes elliptiques de la troisième espèce.

Pour trouver une formule de réduction pour les transcendantes elliptiques de la troisième espèce, il s'agit de trouver une relation entre deux de ces fonctions qui ne diffèrent que par rapport au paramètre. Cette relation doit être déduite en différentiant une fonction logarithmique de la forme

$$A.\log\frac{P+Q\sqrt{R}}{P-Q\sqrt{R}} + A'.\log\frac{P'+Q'\sqrt{R}}{P'-Q'\sqrt{R}} + \cdots,$$

expression qui peut aussi être mise sous cette forme

$$A.\operatorname{arc\,tang}\frac{Q\sqrt{R}}{P} + A.\operatorname{arc\,tang}\frac{Q'\sqrt{R}}{P} + \cdots.$$

Suivant ce qu'on a vu dans le chapitre second, il est aisé de voir que la relation entre les deux fonctions doit avoir la forme:

$$L\int\frac{dx}{(1+nx^2)\sqrt{R}} + L'\int\frac{dx}{(1+n_1x^2)\sqrt{R}} = C\int\frac{dx}{\sqrt{R}} + \Sigma A.\operatorname{arc\,tang}\frac{fx\sqrt{R}}{\varphi x}.$$

En mettant $-x$ au lieu de x, on aura

$$L\int\frac{dx}{(1+nx^2)\sqrt{R}} + L'\int\frac{dx}{(1+n_1x^2)\sqrt{R}} = C\int\frac{dx}{\sqrt{R}} - \Sigma A.\operatorname{arc\,tang}\frac{f(-x)\sqrt{R}}{\varphi(-x)}$$

Il faut donc que $\dfrac{fx}{\varphi x}$ soit une fonction impaire, ou de la forme $xF(x^2)$.

Considérons seulement la fonction $A.\operatorname{arc\,tang}\dfrac{Q\sqrt{R}}{P} = S.$

En différentiant on aura

$$dS = \frac{d\frac{Q\sqrt{R}}{P}}{1+\frac{Q^2R}{P^2}} = \frac{\frac{1}{2}PQ\frac{dR}{dx}+R\left(P\frac{dQ}{dx}-Q\frac{dP}{dx}\right)}{P^2+Q^2R}\cdot\frac{dx}{\sqrt{R}} = \frac{M}{N}\cdot\frac{dx}{\sqrt{R}}.$$

Comme $\frac{M}{N}$ doit avoir la forme $C+\frac{L}{1+nx^2}+\frac{L'}{1+n_1x^2}$, il faut que

$$P^2+Q^2R=(1+nx^2)^{\mu}(1+n_1x^2)^{\mu'}=N,$$

μ et μ' étant des nombres entiers et positifs quelconques.

En différentiant on aura

$$2PdP+2QRdQ+Q^2dR=dN,$$

et en multipliant par P et remettant la valeur de P^2,

$$2(N-Q^2R)dP+2PQRdQ+PQ^2dR=PdN,$$

c'est-à-dire:

$$M=\frac{\frac{1}{2}P\frac{dN}{dx}-N\frac{dP}{dx}}{Q};$$

en substituant la valeur de N, on aura

$$M=\frac{1}{Q}(1+nx^2)^{\mu-1}(1+n_1x^2)^{\mu'-1}\Big(P[\mu nx(1+n_1x^2)+$$

$$\mu'n_1x(1+nx^2)]-(1+nx^2)(1+n_1x^2)\frac{dP}{dx}\Big);$$

donc

$$\frac{M}{N}=\frac{\frac{1}{Q}\left([(\mu n+\mu'n_1)x+(\mu+\mu')nn_1x^3]P-[1+(n+n_1)x^2+nn_1x^4]\frac{dP}{dx}\right)}{(1+nx^2)(1+n_1x^2)}.$$

Le numérateur de cette fraction doit être de la forme:

$$(k+k'x^2+x^4)A.$$

Il y a deux cas à examiner selon que Q est une fonction paire ou impaire.

Si Q est une fonction paire, P est une fonction impaire. Dans ce cas, si $\mu+\mu'=2\nu$, la fonction Q est du degré $2\nu-2$, et P du degré $2\nu-1$; si au contraire $\mu+\mu'=2\nu+1$, la fonction Q est du dégre $2\nu-2$, et P du degré $2\nu+1$.

Si Q est une fonction impaire, P est une fonction paire Dans ce cas, si $\mu+\mu'=2\nu$, Q est du degré $2\nu-3$, et P du degré 2ν; si au contraire $\mu+\mu'=2\nu+1$, Q est du degré $2\nu-1$, et P du degré 2ν.

Déterminons maintenant les quantités k et k'.

On a, en faisant $Q=fx$ et $P=\varphi x$,

$$M=\frac{1}{fx}[(\mu n+\mu' n_1)x+(\mu+\mu')n n_1 x^3)\varphi x-(1+nx^2)(1+n_1x^2)\varphi' x]$$
$$=(k+k'x^2+x^4)A.$$

En faisant $x^2=-\frac{1}{n}$ et $x^2=-\frac{1}{n_1}$, on aura

$$\left(k-\frac{1}{n}k'+\frac{1}{n^2}\right)A=-\mu\sqrt{-n}\left(1-\frac{n_1}{n}\right)\frac{\varphi\left(\sqrt{-\frac{1}{n}}\right)}{f\left(\sqrt{-\frac{1}{n}}\right)},$$

$$\left(k-\frac{1}{n_1}k'+\frac{1}{n_1^2}\right)A=-\mu'\sqrt{-n_1}\left(1-\frac{n}{n_1}\right)\frac{\varphi\left(\sqrt{-\frac{1}{n_1}}\right)}{f\left(\sqrt{-\frac{1}{n_1}}\right)}$$

Mais on a

$$(\varphi x)^2+(fx)^2(1-x^2)(1-c^2x^2)=(1+nx^2)^\mu(1+n_1x^2)^{\mu'};$$

donc en faisant $x^2=-\frac{1}{n}$ et $x^2=-\frac{1}{n_1}$:

$$\frac{\varphi\left(\sqrt{-\frac{1}{n}}\right)}{f\left(\sqrt{-\frac{1}{n}}\right)}=\sqrt{\left(1+\frac{1}{n}\right)\left(1+\frac{c^2}{n}\right)}\cdot\sqrt{-1},$$

$$\frac{\varphi\left(\sqrt{-\frac{1}{n_1}}\right)}{f\left(\sqrt{-\frac{1}{n_1}}\right)}=\sqrt{\left(1+\frac{1}{n_1}\right)\left(1+\frac{c^2}{n_1}\right)}\cdot\sqrt{-1};$$

donc en substituant,

$$k-\frac{1}{n}k'+\frac{1}{n^2}=\frac{\mu}{A}\;\frac{n-n_1}{\sqrt{n}}\sqrt{\left(1+\frac{1}{n}\right)\left(1+\frac{c^2}{n}\right)},$$

$$k-\frac{1}{n_1}k'+\frac{1}{n_1^2}=\frac{\mu'}{A}\cdot\frac{n_1-n}{\sqrt{n_1}}\sqrt{\left(1+\frac{1}{n_1}\right)\left(1+\frac{c^2}{n_1}\right)},$$

ou bien

$$k-\frac{1}{n}k'+\frac{1}{n^2}=\frac{\mu}{A}\cdot\frac{n-n_1}{n\sqrt{n}}\sqrt{(1+n)(c^2+n)},$$

$$k-\frac{1}{n_1}k'+\frac{1}{n_1^2}=\frac{\mu'}{A}\cdot\frac{n_1-n}{n_1\sqrt{n_1}}\sqrt{(1+n_1)(c^2+n_1)}.$$

On tire de là

$$k=\frac{1}{nn_1}+\frac{1}{A}\left(\frac{\mu\sqrt{(1+n)(c^2+n)}}{\sqrt{n}}+\frac{\mu'\sqrt{1+n_1)(c^2+n_1)}}{\sqrt{n_1}}\right),$$

$$k'=\frac{1}{n}+\frac{1}{n_1'}+\frac{1}{A}\left(\frac{\mu n_1\sqrt{(1+n)(c^2+n)}}{\sqrt{n}}+\frac{\mu' n\sqrt{(1+n_1)(c^2+n_1)}}{\sqrt{n_1}}\right).$$

Soit pour abréger,

$$k=\frac{1}{nn_1}+\frac{l}{A},$$

$$k'=\frac{1}{n}+\frac{1}{n_1}+\frac{l'}{A},$$

on aura en substituant ces valeurs

$$(k+k'x^2+x^4)A=\left[\frac{1}{nn_1}+\left(\frac{1}{n}+\frac{1}{n_1}\right)x^2+x^4\right]A+l+l'x^2,$$

c'est-à-dire

$$(k+k'x^2+x^4)A=\frac{(1+nx^2)(1+n_1x^2)}{nn_1}A+l+l'x^2.$$

Donc

$$\frac{M}{N}=\frac{A}{nn_1}+\frac{l+l'x^2}{(1+nx^2)(1+n_1x^2)}.$$

Soit

$$\frac{l+l'x^2}{(1+nx^2)(1+n_1x^2)}=\frac{L}{1+nx^2}+\frac{L'}{1+n_1x^2},$$

on aura

$$L=\frac{ln-l'}{n-n_1},\quad L'=\frac{ln_1-l'}{n_1-n},$$

et, en substituant les valeurs de l et de l',

$$L=\frac{\mu\sqrt{(1+n)(c^2+n)}}{\sqrt{n}}\quad\text{et}\quad L'=\frac{\mu'\sqrt{(1+n_1)(c^2+n_1)}}{\sqrt{n_1}},$$

donc

$$\frac{M}{N}=\frac{A}{nn_1}+\frac{\mu\sqrt{(1+n)(c^2+n)}}{\sqrt{n}}\cdot\frac{1}{1+nx^2}+\frac{\mu'\sqrt{(1+n_1)(c^2+n_1)}}{\sqrt{n_1}}\cdot\frac{1}{1+n_1x^2}.$$

En multipliant par $\frac{dx}{\sqrt{R}}$ et intégrant, on aura

$$\text{arc tang}\,\frac{Q\sqrt{R}}{P}=\frac{A}{nn_1}F+\frac{\mu\sqrt{(1+n)(c^2+n)}}{\sqrt{n}}\Pi(n)+\frac{\mu'\sqrt{(1+n_1)(c^2+n_1)}}{\sqrt{n_1}}\Pi(n_1);$$

ou bien, en désignant $\frac{\sqrt{(1+n)(c^2+n)}}{\sqrt{n}}$ par $\psi(n)$,

$$\text{arc tang}\,\frac{Q\sqrt{R}}{P}=\frac{A}{nn_1}F+\mu\psi(n)\,\Pi(n)+\mu'\psi(n_1)\,\Pi(n_1).$$

On tire de là

$$\Pi(n) = -\frac{\mu'}{\mu} \cdot \frac{\psi(n_1)}{\psi(n)} \Pi(n_1) - \frac{A}{\mu n n_1 \psi(n)} F + \frac{1}{\mu \psi(n)} \text{arc tang} \frac{Q\sqrt{R}}{P},$$

ce qui est la formule de réduction demandée; n_1 est une fonction de n; je la désigne par $\chi(n)$.

En mettant n_1 au lieu de n, il faut mettre $\chi(n_1) = n_2$ à la place de n_1, on a donc

$$\Pi(n_1) = -\frac{\mu'}{\mu} \cdot \frac{\psi(n_2)}{\psi(n_1)} \Pi(n_2) - \frac{A'}{\mu n_1 n_2 \psi(n_1)} F + \frac{1}{\mu \psi(n_1)} \text{arc tang} \frac{Q'\sqrt{R}}{P'}$$

En substituant cette valeur, il vient

$$\Pi(n) = \left(\frac{\mu'}{\mu}\right)^2 \frac{\psi(n_2)}{\psi(n)} \Pi(n_2) - \frac{1}{\mu\psi(n)} \left\{ \frac{A}{n n_1} - \frac{A' \frac{\mu'}{\mu}}{n_1 n_2} \right\} F$$
$$+ \frac{1}{\mu\psi(n)} \left(\text{arc tang} \frac{Q\sqrt{R}}{P} - \frac{\mu'}{\mu} \text{arc tang} \frac{Q'\sqrt{R}}{P'} \right)$$

En général on aura

$$\Pi(n) = \pm \left(\frac{\mu'}{\mu}\right)^m \frac{\psi(n_m)}{\psi(n)} \Pi(n_m)$$
$$- \frac{1}{\mu\psi(n)} \left\{ \frac{A}{n n_1} - \frac{A'\left(\frac{\mu'}{\mu}\right)}{n_1 n_2} + \frac{A''\left(\frac{\mu'}{\mu}\right)^2}{n_2 n_3} - \frac{A'''\left(\frac{\mu'}{\mu}\right)^3}{n_3 n_4} \cdots \pm \frac{A^{(m-1)}\left(\frac{\mu'}{\mu}\right)^{m-1}}{n_{m-1} n_m} \right\} F$$
$$+ \frac{1}{\mu\psi(n)} \Bigg[\text{arc tang} \frac{Q\sqrt{R}}{P} - \frac{\mu'}{\mu} . \text{arc tang} \frac{Q'\sqrt{R}}{P'} +$$
$$\left(\frac{\mu'}{\mu}\right)^2 \text{arc tang} \frac{Q''\sqrt{R}}{P''} - \cdots \pm \left(\frac{\mu'}{\mu}\right)^{m-1} \text{arc tang} \frac{Q^{(m-1)}\sqrt{R}}{P^{(m-1)}} \Bigg].$$

Soit par exemple $P = 1 + bx^2$, $Q = ex$, on aura

$$(1 + bx^2)^2 + e^2 x^2 (1 - x^2)(1 - c^2 x^2) = (1 + nx^2)(1 + n_1 x^2)^2,$$

d'où l'on tire

$$1 + b = (1 + n_1)\sqrt{1 + n},$$
$$c^2 + b = (c^2 + n_1)\sqrt{1 + \frac{n}{c^2}},$$

donc

$$1 - c^2 = \sqrt{1 + n} - c\sqrt{c^2 + n} + n_1 \left(\sqrt{1 + n} - \sqrt{1 + \frac{n}{c^2}} \right),$$

ce qui donne

$$n_1 = \frac{1 - c^2 - \sqrt{1+n} + c\sqrt{c^2+n}}{\sqrt{1+n} - \sqrt{1+\frac{n}{c^2}}},$$

ou en réduisant,

$$n_1 = \frac{c(c - \sqrt{c^2+n})(1 - \sqrt{1+n})}{n}$$

XIV.

NOTE SUR LA FONCTION $\psi x = x + \frac{x^2}{2^2} + \frac{x^3}{3^2} + \cdots + \frac{x^n}{n^2} + \cdots$

La fonction $\psi x = x + \frac{x^2}{2^2} + \frac{x^3}{3^2} + \cdots + \frac{x^n}{n^2} + \cdots$ jouit de plusieurs propriétés remarquables, que je vais établir dans cette note. On trouve quelques-unes de ces propriétés dans *Legendre* Exerc. de calc. int. t. I, p. 244 et suiv. Les autres, si je ne me trompe, sont nouvelles. Comme la série $x + \frac{x^2}{2^2} + \frac{x^3}{3^2} + \cdots$ n'est convergente que lorsque x ne surpasse pas l'unité, il s'ensuit que la fonction ψx n'a de valeur que pour les x compris entre les limites -1 et $+1$. Pour toute autre valeur de x, la fonction n'existe pas, parce qu'elle est exprimée par une série divergente. Nous supposons donc toujours x compris entre les limites -1 et $+1$.

En différentiant on obtient

$$d\psi x = dx\left(1 + \frac{x}{2} + \frac{x^2}{3} + \cdots + \frac{x^{n-1}}{n} + \cdots\right),$$

c'est-à-dire

$$d\psi x = -\frac{dx}{x}\log(1-x);$$

donc

(1) $$\psi x = -\int \frac{dx}{x}\log(1-x),$$

l'intégrale étant prise depuis $x = 0$.

De cette expression de ψx il est facile de déduire les propriétés de cette fonction. En mettant $1-x$ au lieu de x, on obtient

$$\psi(1-x) = \int \frac{dx}{1-x} \log x,$$

et par suite

$$\psi x + \psi(1-x) = -\int \left(\frac{dx}{x} \log(1-x) - \frac{dx}{1-x} \log x \right);$$

donc

$$\psi x + \psi(1-x) = C - \log x . \log(1-x).$$

Si l'on fait ici $x = 0$, $\log x . \log(1-x)$ disparaît, et l'on a $\psi(1) = C$; mais

(2) $$\psi(1) = 1 + \frac{1}{2^2} + \frac{1}{3^2} + \frac{1}{4^2} + \cdots = \frac{\pi^2}{6}.$$

On en conclut

(3) $$\psi x + \psi(1-x) = \frac{\pi^2}{6} - \log x . \log(1-x).$$

Cette formule donne la valeur de la fonction ψx pour toutes les valeurs de x comprises entre $\frac{1}{2}$ et 1, lorsqu'on connaît la valeur de la fonction pour les x qui sont compris entre 0 et $\frac{1}{2}$. Lorsque $x = \frac{1}{2}$, cette formule donne

(4) $$\psi(\tfrac{1}{2}) = \frac{\pi^2}{12} - \tfrac{1}{2}(\log 2)^2.$$

Si dans l'expression de ψx on met $-x$ au lieu de x, on obtient

$$\psi(-x) = -x + \frac{x^2}{2^2} - \frac{x^3}{3^2} + \frac{x^4}{4^2} - \cdots,$$

donc

$$\psi(x) + \psi(-x) = \tfrac{1}{2}\left(x^2 + \frac{x^4}{2^2} + \frac{x^6}{3^2} + \cdots\right);$$

c'est-à-dire, puisque $x^2 + \frac{x^4}{2^2} + \frac{x^6}{3^2} + \cdots = \psi(x^2)$,

(5) $$\psi(x) + \psi(-x) = \tfrac{1}{2}\psi(x^2).$$

Cette formule donne la fonction ψx pour les valeurs négatives de x, lorsqu'on connaît la fonction pour les valeurs positives de la variable. Dans le cas particulier où l'on fait $x = 1$, on obtient

(6) $$\psi(-1) = -\tfrac{1}{2}\psi(1) = -\frac{\pi^2}{12},$$

c'est-à-dire

$$\frac{\pi^2}{12} = 1 - \frac{1}{2^2} + \frac{1}{3^2} - \frac{1}{4^2} + \cdots$$

ce qui est connu.

Si dans l'équation (1) on met $\frac{x}{x+1}$ au lieu de x, il viendra

$$\psi\left(\frac{x}{x+1}\right) = \int\left(\frac{dx}{x} - \frac{dx}{x+1}\right)\log(1+x) = \int\frac{dx}{x}\log(1+x) - \int\frac{dx}{x+1}\log(x+1).$$

Or on a évidemment

$$\int\frac{dx}{x}\log(1+x) = -\psi(-x),$$

$$\int\frac{dx}{1+x}\log(1+x) = \tfrac{1}{2}[\log(1+x)]^2;$$

donc, en remarquant que la constante arbitraire due à l'intégration est zéro,

$$(7) \qquad \psi\left(\frac{x}{1+x}\right) + \psi(-x) = -\tfrac{1}{2}[\log(1+x)]^2.$$

En éliminant la quantité $\psi(-x)$ des équations (5) et (7), on obtiendra la suivante:

$$(8) \qquad \psi x = \tfrac{1}{2}[\log(1+x)]^2 + \tfrac{1}{2}\psi(x^2) + \psi\left(\frac{x}{x+1}\right).$$

Par cette formule on peut exprimer une fonction donnée ψx par d'autres fonctions, dans lesquelles la variable est aussi petite qu'on voudra. Car lorsque x est positif et moindre que l'unité, on a $x^2 < x$ et $\frac{x}{x+1} < x$. Si l'on fait par exemple $x = \frac{1}{2}$ et $x = \frac{1}{3}$, la formule donne

$$\psi(\tfrac{1}{2}) = \tfrac{1}{2}(\log\tfrac{3}{2})^2 + \tfrac{1}{2}\psi(\tfrac{1}{4}) + \psi(\tfrac{1}{3}),$$

$$\psi(\tfrac{1}{3}) = \tfrac{1}{2}(\log\tfrac{4}{3})^2 + \tfrac{1}{2}\psi(\tfrac{1}{9}) + \psi(\tfrac{1}{4}).$$

En combinant ces deux équations avec celle-ci

$$\frac{\pi^2}{12} = \tfrac{1}{2}(\log 2)^2 + \psi(\tfrac{1}{2}),$$

on trouvera

$$\psi(\tfrac{1}{3}) = \frac{\pi^2}{18} - \tfrac{1}{6}(\log 3)^2 + \tfrac{1}{6}\psi(\tfrac{1}{9}),$$

$$\psi(\tfrac{1}{4}) = \frac{\pi^2}{18} + 2\log 2 \,.\, \log 3 - 2(\log 2)^2 - \tfrac{2}{3}(\log 3)^2 - \tfrac{1}{3}\psi(\tfrac{1}{9}).$$

De cette manière les fonctions $\psi(\frac{1}{3})$ et $\psi(\frac{1}{4})$ sont exprimées par des quantités connues et la fonction $\psi(\frac{1}{9})$. Si dans l'équation (8) on fait $x = \frac{1}{9}$, on obtient

$$\psi(\tfrac{1}{9}) = \tfrac{1}{2}(\log\tfrac{10}{9})^2 + \psi(\tfrac{1}{10}) + \tfrac{1}{2}\psi(\tfrac{1}{81}).$$

etc.

Toutes les formules démontrées ci-dessus se trouvent dans l'ouvrage cité de M. *Legendre.* Elles ne contiennent, comme on le voit, qu'une seule quantité arbitraire. Je vais maintenant en démontrer quelques autres, qui contiennent deux quantités indépendantes entre elles, et desquelles les formules précédentes doivent être considérées comme des cas particuliers.

Si dans l'équation

$$\psi x = -\int \frac{dx}{x} \log(1-x)$$

on met $\frac{a}{1-a} \cdot \frac{y}{1-y}$ à la place de x, on aura, en considérant a comme constant,

$$\psi\left(\frac{a}{1-a} \cdot \frac{y}{1-y}\right) = -\int \left(\frac{dy}{y} + \frac{dy}{1-y}\right) \log \frac{1-a-y}{(1-a)(1-y)};$$

c'est-à-dire

$$\psi\left(\frac{a}{1-a} \cdot \frac{y}{1-y}\right) = -\int \frac{dy}{y} \log\left(1-\frac{y}{1-a}\right) + \int \frac{dy}{y} \log(1-y)$$
$$-\int \frac{dy}{1-y} \log\left(1-\frac{a}{1-y}\right) + \int \frac{dy}{1-y} \log(1-a).$$

Toutes les intégrales du second membre de cette équation peuvent s'exprimer par la fonction ψ. En effet, on a

$$\int \frac{dy}{y} \log\left(1-\frac{y}{1-a}\right) = -\psi\left(\frac{y}{1-a}\right),$$

$$\int \frac{dy}{y} \log(1-y) = -\psi(y);$$

donc

$$\psi\left(\frac{a}{1-a} \cdot \frac{y}{1-y}\right) = \psi\left(\frac{y}{1-a}\right) - \psi y - \log(1-a)\log(1-y) - \int \frac{dy}{1-y} \log\left(1-\frac{a}{1-y}\right)$$

Soit $\frac{a}{1-y} = z$ ou, ce qui revient au même, $1-y = \frac{a}{z}$, $dy = \frac{adz}{z^2}$, on aura $\int \frac{dy}{1-y} \log\left(1-\frac{a}{1-y}\right) = \int \frac{dz}{z} \log(1-z) = -\psi(z) = -\psi\left(\frac{a}{1-y}\right)$; donc l'équation ci-dessus donnera

$$\psi\left(\frac{a}{1-a} \cdot \frac{y}{1-y}\right) = \psi\left(\frac{y}{1-a}\right) + \psi\left(\frac{a}{1-y}\right) - \psi y - \log(1-a)\log(1-y) + C.$$

Pour déterminer la constante arbitraire, soit $y=0$, on aura $C = -\psi(a)$. On aura par conséquent, en écrivant x au lieu de a,

(9) $\psi\left(\frac{x}{1-x}\cdot\frac{y}{1-y}\right)=\psi\left(\frac{y}{1-x}\right)+\psi\left(\frac{x}{1-y}\right)-\psi y-\psi x-\log(1-y)\log(1-x).$

Dans cette formule x et y doivent avoir de telles valeurs que les quantités $\frac{x}{1-x}\cdot\frac{y}{1-y}$, $\frac{y}{1-x}$, $\frac{x}{1-y}$, y, x ne surpassent pas l'unité. C'est ce qui aura lieu lorsque x et y sont positifs, si $x+y<1$. Si y est négatif et égal à $-m$ on doit avoir $x+m<1$; et si x et y sont tous deux négatifs, il suffit qu'aucune de ces quantités ne surpasse l'unité.

XV.

DÉMONSTRATION DE QUELQUES FORMULES ELLIPTIQUES.

1.

Soient a_0, a_1, $a_2 \ldots b_0$, b_1, $b_2 \ldots$ des quantités quelconques dont l'une au moins est variable. Soit

$$p = a_0 + a_1 x + a_2 x^2 + \cdots,$$
$$q = b_0 + b_1 x + b_2 x^2 + \cdots,$$

et supposons

(1) $$p^2 - q^2(1 - c^2x^2)(1 + e^2x^2) = A(x - \varphi\,\theta_1)(x - \varphi\,\theta_2) \ldots (x - \varphi\,\theta_\mu),$$

où A est une constante. Alors je dis qu'on aura

$$\varphi(\pm\,\theta_1 \pm \theta_2 \pm \theta_3 \pm \ldots \pm \theta_\mu) = C,$$

en déterminant convenablement le signe des quantités θ_1, θ_2, $\ldots\,\theta_\mu$.

Démonstration. En posant dans l'équation (1) x égal à l'une des quantités $\varphi\,\theta_1$, $\varphi\,\theta_2$, $\ldots\,\varphi\,\theta_\mu$, on aura,

(2) $$p^2 - q^2(1 - c^2x^2)(1 + e^2x^2) = 0,$$

d'où l'on tire

$$p = \pm\, q\sqrt{(1 - c^2x^2)(1 + e^2x^2)};$$

ou bien, en faisant $x = \varphi\theta$,

$$p = \pm\, q . f\theta . F\theta.$$

Désignons le premier membre de l'équation (2) par R, on aura, en différentiant par rapport à x et a_0, $a_1 \ldots b_0$, $b_1 \ldots$,

(3) $$\frac{dR}{dx}\,dx + \delta R = 0,$$

où le signe δ se rapporte seulement aux quantités $a_0, a_1 \ldots b_0, b_1 \ldots$; mais

$$\begin{aligned}\delta R &= 2p\delta p - 2q\delta q(1-c^2x^2)(1+e^2x^2)\\ &= 2p\delta p - 2q\delta q(f\theta)^2(F\theta)^2.\end{aligned}$$

Donc en mettant pour p sa valeur $\pm qf\theta.F\theta$, et pour q sa valeur $\pm \frac{p}{f\theta.F\theta}$,

$$\delta R = \pm 2f\theta.F\theta(q\delta p - p\delta q).$$

L'équation (3) deviendra donc

$$\frac{dR}{dx}dx \pm 2f\theta.F\theta(q\delta p - p\delta q) = 0.$$

Or $x=\varphi\theta$, donc $dx = d\theta.f\theta.F\theta$; par suite

$$d\theta = \pm \frac{2(q\delta p - p\delta q)}{\frac{dR}{dx}}.$$

Le numérateur $2(p\delta q - q\delta p)$ est une fonction entière de x; en la désignant par ψx et faisant $\frac{dR}{dx} = \lambda x$, on aura

$$\pm d\theta = \frac{\psi x}{\lambda x}.$$

Soit pour abréger $\varphi\,\theta_m = x_m$, l'équation précédente donnera

$$\pm d\theta_1 = \frac{\psi x_1}{\lambda x_1},\ \pm d\theta_2 = \frac{\psi x_2}{\lambda x_2},\ \ldots \pm d\theta_\mu = \frac{\psi x_\mu}{\lambda x_\mu}.$$

Donc

$$\pm d\theta_1 \pm d\theta_2 \pm \ldots \pm d\theta_\mu = \frac{\psi x_1}{\lambda x_1} + \frac{\psi x_2}{\lambda x_2} + \cdots + \frac{\psi x_\mu}{\lambda x_\mu}.$$

Maintenant le degré de la fonction entière ψx est nécessairement moindre que celui de λx; donc, d'après un théorème connu, le second membre de l'équation précédente s'évanouira. On aura par conséquent

$$\pm d\theta_1 \pm d\theta_2 \pm d\theta_3 \pm \ldots \pm d\theta_\mu = 0.$$

De là on tire en intégrant,

$$\pm \theta_1 \pm \theta_2 \pm \theta_3 \pm \ldots \pm \theta_\mu = \text{const.},$$

et par suite

$$\varphi(\pm \theta_1 \pm \theta_2 \pm \theta_3 \pm \ldots \pm \theta_\mu) = C,$$

c. q. f. d.

Le signe des quantités $\theta_1, \theta_2 \ldots$ n'est pas arbitraire. Il est le même que celui du second membre de l'équation,

$$p = \pm qf\theta.F\theta.$$

2.

Je suis parvenu à ces deux formules:

$$(1)\quad \begin{cases} \varphi\left(\alpha\frac{\omega}{2}\right)=\frac{4\pi}{\omega}\left\{\sin\left(\frac{\alpha\pi}{2}\right)\frac{e^{\frac{\pi}{2}}}{e^{\pi}+1}-\sin\left(3\alpha\frac{\pi}{2}\right)\frac{e^{\frac{3\pi}{2}}}{e^{3\pi}+1}+\cdots\right\}, \\ f\left(\alpha\frac{\omega}{2}\right)=\frac{4\pi}{\omega}\left\{\cos\left(\frac{\alpha\pi}{2}\right)\frac{e^{\frac{\pi}{2}}}{e^{\pi}-1}-\cos\left(3\alpha\frac{\pi}{2}\right)\frac{e^{\frac{3\pi}{2}}}{e^{3\pi}-1}+\cdots\right\}, \end{cases}$$

où $\frac{\omega}{2}=\int_0^1\frac{dx}{\sqrt{1-x^4}}$, $f\left(\alpha\frac{\omega}{2}\right)=\sqrt{1-\varphi^2\left(\alpha\frac{\omega}{2}\right)}$, et la fonction φ déterminée par la formule,

$$\theta=\int_0^x\frac{dx}{\sqrt{1-x^4}},$$

en faisant $x=\varphi\theta$.

Si l'on développe la fonction $\varphi\theta$ suivant les puissances de θ, il est clair qu'on aura un résultat de la forme:

$$\varphi\theta=\theta+\frac{A_1\,\theta^5}{1.2.3.4.5}+\frac{A_2\,\theta^9}{1.2.3\ldots9}+\cdots+\frac{A_n\,\theta^{4n+1}}{1.2.3\ldots(4n+1)}+\cdots,$$

où A_1, $A_2\ldots A_n\ldots$ sont des nombres rationnels et même entiers. On aura de même, en développant la fonction $f\theta$,

$$f\theta=1-\tfrac{1}{2}\theta^2+\frac{B_2\,\theta^4}{1.2.3.4}-\frac{B_3\,\theta^6}{1.2\ldots6}+\cdots\pm\frac{B_n\,\theta^{2n}}{1.2\ldots2n}\mp\cdots.$$

En vertu de ces formules les deux équations (1) donneront, en développant suivant les puissances de α,

$$\frac{e^{\frac{\pi}{2}}}{e^{\pi}+1}-3^{4n-1}\frac{e^{\frac{3\pi}{2}}}{e^{3\pi}+1}+5^{4n-1}\frac{e^{\frac{5\pi}{2}}}{e^{5\pi}+1}-\cdots=0.$$

$$\frac{e^{\frac{\pi}{2}}}{e^{\pi}+1}-3^{4n+1}\frac{e^{\frac{3\pi}{2}}}{e^{3\pi}+1}+5^{4n+1}\frac{e^{\frac{5\pi}{2}}}{e^{5\pi}+1}-\cdots=\tfrac{1}{4}A_n\left(\frac{\omega}{\pi}\right)^{4n+2}.$$

$$\frac{e^{\frac{\pi}{2}}}{e^{\pi}-1}-3^{2n}\frac{e^{\frac{3\pi}{2}}}{e^{3\pi}-1}+5^{2n}\frac{e^{\frac{5\pi}{2}}}{e^{5\pi}-1}-\cdots=\tfrac{1}{4}B_n\left(\frac{\omega}{\pi}\right)^{2n+1}.$$

La première de ces formules a été trouvée par M. *Cauchy* dans ses Exercices de mathématiques t. II. p. 267.

XVI.

SUR LES SÉRIES.

Définition. Une série

$$u_0 + u_1 + u_2 + \cdots + u_n + \cdots$$

est dite convergente, si dans

$$s_n = u_0 + u_1 + \cdots + u_n$$

on peut prendre n tel que s_{n+m} est différent d'une quantité déterminée s d'une quantité aussi petite qu'on voudra. Dans ce cas s sera appelé la somme de la série, et on écrit

$$s = u_0 + u_1 + u_2 + \cdots.$$

Si s_n, pour toutes les valeurs de n, est contenu entre des limites finies, la série est dite indéterminée, et si s_n peut surpasser toute limite, la série est appelée divergente.

De là il suit:

Théorème. Pour qu'une série soit convergente, il est nécessaire et il suffit que la somme $u_{n+1} + u_{n+2} + \cdots + u_{n+m}$, pour une valeur quelconque de m et pour toute valeur de n plus grande qu'une certaine limite aussi grande qu'on voudra, soit contenue entre des limites aussi resserrées qu'on voudra.

1. *Sur la convergence des séries dont tous les termes sont positifs.*

Théorème. Si la série

$$u_0 + u_1 + u_2 + \cdots + u_n + \cdots$$

est divergente, la série suivante:

$$\frac{u_1}{s_0^\alpha}+\frac{u_2}{s_1^\alpha}+\frac{u_3}{s_2^\alpha}+\cdots+\frac{u_n}{s_{n-1}^\alpha}+\cdots$$

le sera de même, si α ne surpasse pas l'unité.

On a

$$\log\frac{s_n}{s_{n-1}}=\log\left(1+\frac{u_n}{s_{n-1}}\right)<\frac{u_n}{s_{n-1}},$$

donc

$$s_n'=\frac{u_1}{s_0}+\frac{u_2}{s_1}+\cdots+\frac{u_n}{s_{n-1}}>\log\frac{s_n}{s_{n-1}}+\log\frac{s_{n-1}}{s_{n-2}}+\cdots+\log\frac{s_1}{s_0},$$

$$s_n'>\log s_n-\log s_0;$$

donc en remarquant que s_n peut surpasser toute limite, s' est divergente, et à plus forte raison celle-ci

$$\frac{u_1}{s_0^\alpha}+\frac{u_2}{s_1^\alpha}+\cdots+\frac{u_n}{s_{n-1}^\alpha}+\cdots,$$

où $\alpha<1$.

Théorème. Si la série Σu_n est divergente, la série $\Sigma\frac{u_n}{s_n^{\alpha+1}}$ est convergente, si α est positif.

$$s_{n-1}^{-\alpha}-s_n^{-\alpha}=(s_n-u_n)^{-\alpha}-s_n^{-\alpha}>s_n^{-\alpha}+\alpha s_n^{-\alpha-1}.u_n-s_n^{-\alpha}=\alpha.\frac{u_n}{s_n^{1+\alpha}},$$

par conséquent la serie

$$\Sigma\frac{u_n}{s_n^{1+\alpha}}$$

est convergente.

Application. Supposons que $u_n=1$, on a $s_n=n$. Par conséquent la série

$$1+\frac{1}{2}+\frac{1}{3}+\frac{1}{4}+\cdots+\frac{1}{n}+\cdots$$

est divergente, et celle-ci

$$1+\frac{1}{2^{\alpha+1}}+\frac{1}{3^{\alpha+1}}+\cdots+\frac{1}{n^{\alpha+1}}+\cdots$$

est convergente.

Si une série $\Sigma\varphi n$ est divergente, il faut pour qu'une série quelconque Σu_n soit convergente, que la plus petite des limites de $\frac{u_n}{\varphi n}$ soit zéro.

En effet, dans le cas contraire

$$u_n = p_n \cdot \varphi n,$$

où p_n ne sera pas moindre que α. Donc

$$\Sigma u_n > \Sigma \alpha . \varphi n = \alpha \Sigma \varphi n,$$

par conséquent divergente.

On a vu que $\Sigma \frac{1}{n}$ est divergente, donc pour qu'une série Σu_n soit convergente, il faut que la plus petite des limites de nu_n soit zéro.

Mais cela ne suffit pas. En général on peut démontrer qu'il n'existe pas de fonction φn telle que toute autre série Σu_n sera convergente, si $\lim. (\varphi n . u_n) = 0$, et divergente dans le cas contraire. En effet, la série

$$\Sigma \frac{1}{\varphi n}$$

sera alors divergente d'après l'hypothèse, et la suivante

$$\Sigma \frac{1}{\varphi n . \Sigma \frac{1}{\varphi(n-1)}}$$

convergente; mais nous avons vu que cette série est divergente en même temps que la précédente. Donc M. *Olivier* s'est trompé sérieusement.

La série

$$\frac{1}{2} + \frac{1}{3\left(1+\frac{1}{2}\right)} + \frac{1}{4\left(1+\frac{1}{2}+\frac{1}{3}\right)} + \cdots + \frac{1}{n\left(1+\frac{1}{2}+\frac{1}{3}+\cdots+\frac{1}{n-1}\right)} + \cdots$$

est divergente. Or

$$\log(1+n) - \log n = \log\left(1+\frac{1}{n}\right) < \frac{1}{n},$$

donc

$$1 + \frac{1}{2} + \cdots + \frac{1}{n-1} > \log n.$$

Par conséquent la série

$$\frac{1}{2\log 2} + \frac{1}{3\log 3} + \frac{1}{4\log 4} + \cdots + \frac{1}{n\log n} + \cdots$$

est divergente.

Soit φn une fonction continue de n indéfiniment croissante, on a

$$\varphi(n+1)=\varphi(n)+\varphi' n+\frac{\varphi''(n+\theta)}{1.2},$$

$$\varphi(n+1)-\varphi n<\varphi' n,$$

$$\varphi'(0)+\varphi'(1)+\cdots+\varphi'(n)>\varphi(n+1)-\varphi(0);$$

la série

$$\varphi'(0)+\varphi'(1)+\cdots+\varphi'(n)+\cdots$$

est donc divergente.

Soit

$$\varphi_m n=\log^m(n+a),$$

on a

$$\varphi'_m n=\frac{d}{dn}\log\varphi_{m-1}n=\frac{\varphi'_{m-1}n}{\varphi_{m-1}n},$$

$$\varphi'_m n=\frac{1}{(n+a).\log(n+a).\log^2(n+a)\ldots\log^{m-1}(n+a)};$$

donc la série

$$\Sigma\frac{1}{n.\log n.\log^2 n.\log^3 n\ldots\log^{m-1}n}$$

est divergente.

$$\varphi n=\int_a^n\frac{d(\log^m n)}{(\log^m n)^\alpha}=\frac{(\log^m n)^{1-\alpha}}{1-\alpha},$$

$$\varphi n=C-\frac{1}{\alpha-1}\cdot\frac{1}{(\log^m n)^{\alpha-1}},$$

$$\varphi' n=\frac{d(\log^m n)}{dn}\cdot\frac{1}{(\log^m n)^\alpha},$$

$$\varphi(n+1)-\varphi n=\varphi'(n+\lambda)>\varphi'(n+1),\quad(\lambda<1),$$

$$\varphi' n<\frac{1}{\alpha-1}\left\{\frac{1}{[\log^m(n-1)]^{\alpha-1}}-\frac{1}{(\log^m n)^{\alpha-1}}\right\},$$

$$\varphi'(n-1)<\frac{1}{\alpha-1}\left\{\frac{1}{[\log^m(n-2)]^{\alpha-1}}-\frac{1}{[\log^m(n-1)^{\alpha-1}]}\right\},$$

. . . .

$$\varphi'(a)+\varphi'(a+1)+\cdots+\varphi' n<\frac{1}{\alpha-1}\cdot\frac{1}{[\log^m(a-1)]^{\alpha-1}},$$

$\varphi'(a)+\varphi'(a+1)+\cdots+\varphi'(n)+\cdots$ convergente.

La série

$$\Sigma\frac{1}{n.\log n.\log^2 n.\log^3 n\ldots\log^{m-1}n.(\log^m n)^{1+\alpha}}$$

est donc convergente, si $\alpha>0$.

Si

$$\lim. \frac{\log\left(\frac{1}{u_n . n . \log n .. \log^{m-1} n}\right)}{\log^{m+1} n} > 1,$$

la série est convergente; si < 1, elle est divergente.

En effet, dans le premier cas on aura

$$\frac{1}{u_n . n . \log n \ldots \log^{m-1} n} > (\log^m n)^{1+\alpha},$$

$$u_n < \frac{1}{n . \log n \ldots \log^{m-1} n . (\log^m n)^{1+\alpha}},$$

etc.

Si

$$\lim. \frac{\log\left(\frac{1}{u_n} \cdot \frac{d}{dn} \log^m n\right)}{\log^{m+1} n} > 1, \text{ convergente;}$$

$$< 1, \text{ divergente;}$$

$$= 1, \text{ tantôt convergente, tantôt divergente.}$$

Si la série $\Sigma a_n x^n$ est convergente entre $-\alpha$ et $+\alpha$, on aura les différentielles en différentiant chaque terme. Ces différentielles seront toutes des fonctions continues entre les limites $-\alpha$ et $+\alpha$.

Si $\varphi_0(y) + \varphi_1(y) . x + \varphi_2(y) . x^2 + \cdots + \varphi_n(y) . x^n + \cdots = f(y)$ est convergente pour toute valeur de x moindre que α, et toute valeur de y depuis β inclusivement jusqu'à une autre quantité quelconque, on aura

$$\lim_{y=\beta-\omega} f(y) = \lim_{y=\beta-\omega} \varphi_0(y) + x . \lim_{y=\beta-\omega} \varphi_1(y) + \cdots$$
$$= A_0 + A_1 x + \cdots + A_n x^n + \cdots = R,$$

toutes les fois que cette dernière série est convergente.

$$[f(\beta-\omega)-R] = [\varphi_0(\beta-\omega)-A_0] + [\varphi_1(\beta-\omega)-A_1] . x + \cdots + [\varphi_n(\beta-\omega)-A_n] x^n + \cdots$$
$$= [\varphi_0(\beta-\omega)-A_0] + [x_1 \varphi_1(\beta-\omega)-A_1 x_1] x_2 + \cdots + [\varphi_n(\beta-\omega) . x_1^n - A_n x_1^n] x_2^n + \cdots,$$

où $x_1 < \alpha$, $x_2 < 1$.

Soit $[\varphi_m(\beta-\omega)x_1^m - A_m x_1^m]$ le plus grand des termes

$$\varphi_0(\beta-\omega) - A_0,\ \ \varphi_1(\beta-\omega).x_1 - A_1 x_1,\ \ldots,$$

on aura

$$f(\beta-\omega) = R + \frac{k}{1-x_2}.[\varphi_m(\beta-\omega).x_1^m - A_m x_1^m],$$

où k est compris entre $+1$ et -1. Le coefficient de k converge pour des valeurs décroissantes de ω vers zéro, donc

$$\lim_{y=\beta-\omega}.\ f(y) = R = A_0 + A_1 x + A_2 x^2 + \ldots.$$

De là on aura encore ce théorème:

Si $\varphi_0 y$, $\varphi_1 y, \ldots$ sont des fonctions continuès de y entre β et α, si de plus la série

$$f(y) = \varphi_0(y) + \varphi_1(y).x + \varphi_2(y).x^2 + \cdots$$

est convergente pour toutes les valeurs de x moindres que α, $f(y)$ sera de même une fonction continue de y.

Par exemple, la série

$$f(y) = 1^y.x + 2^y.x^2 + 3^y.x^3 + 4^y.x^4 + \cdots + n^y.x^n + \cdots$$

est convergente si $x<1$, quel que soit y; donc $f(y)$ est une fonction continue de y depuis $-\infty$ jusqu'à $+\infty$.

$$f(y) = \sin y.x + \tfrac{1}{2}\sin 2y.x^2 + \tfrac{1}{3}\sin 3y.x^3 + \cdots$$

est fonction continue de y, si $x<1$. Si $x=1$, la série est encore convergente, mais dans ce cas $f(y)$ est discontinue pour certaines valeurs de y.

$$f(y) = \frac{y}{1+y^2} + \frac{y}{4+y^2}x + \frac{y}{9+y^2}x^2 + \cdots$$

est convergente si $x<1$, quel que soit y. Donc $f(y)$ est fonction continue de y. Si par exemple y converge vers $\frac{1}{0}$, $f(y)$ convergera vers zéro. Si au contraire $x=1$, la série est encore convergente, mais pour des valeurs croissantes de y, $f(y)$ convergera alors vers $\frac{\pi}{2}$, et non vers zéro.

Remarque I. Si une série

$$\varphi_0(y) + \varphi_1(y).x + \varphi_2(y).x^2 + \cdots + \varphi_n(y).x^n + \cdots$$

est convergente pour $x<\alpha$ et $y<\beta$, la série suivante n'est pas toujours convergente:

$$A_0 + A_1.x + A_2.x^2 + \cdots + A_n.x^n + \cdots;$$

par exemple

$$\frac{\sin ay}{y}+\frac{\sin a^2y}{y}x+\cdots+\frac{\sin a^{n+1}y}{y}x^n+\cdots$$

est convergente, si $x<1$, $y>0$; la série

$$A_0+A_1x+\cdots \quad \text{ou} \quad a+a^2x+\cdots+a^{n+1}x^n+\cdots$$

est divergente, si $ax>1$.

Remarque II. $\lim\limits_{y=\beta-\omega}[\varphi_0(y)+\varphi_1(y).x+\cdots+\varphi_n(y).x^n+\cdots]$ finie sans que la série $A_0+A_1x+\cdots+A_nx^n+\cdots$ soit convergente; par exemple

$$1+a+\cdots+a^y-[1+2a+\cdots+(y+1)a^y].x+\left(1+3a+\cdots+\frac{(y+1)(y+2)}{2}a^y\right)x^2-\cdots$$

$$=\frac{1}{1+x}+\frac{a}{(1+x)^2}+\cdots+\frac{a^y}{(1+x)^{y+1}},\quad \lim_{y=\frac{1}{0}}(fy)=\frac{1}{1+x-a}\cdot$$

Nous avons vu que

$$\lim_{x=\beta\pm\omega}(a_0+a_1x+a_2x^2+\cdots)=a_0+a_1\beta+a_2\beta^2+a_3\beta^3+\cdots,$$

si la dernière série est convergente; je dis que si a_nx^n finit par être positif,

$$P=\lim_{x=\alpha-\omega}(a_0+a_1x+\cdots)=\frac{1}{0},$$

si $a_0+a_1\alpha+a_2\alpha^2+\cdots$ est divergente.

[Posons]

$$R=\lim_{x=\alpha-\omega}(a_mx^m+a_{m+1}x^{m+1}+a_{m+2}x^{m+2}+\cdots+a_{m+n}x^{m+n}),$$

où a_m, a_{m+1}, ... sont positifs, [et soit]

$$(\alpha-\omega)^n=\alpha^n\delta,$$

$$\omega=\alpha\left(1-\sqrt[n]{\delta}\right),$$

[on aura]

$$R=a^m\alpha^m\delta^{\frac{m}{n}}+a_{m+1}\alpha^{m+1}\delta^{\frac{m+1}{n}}+\cdots+a_{m+n}\alpha^{m+n}.\delta^{\frac{m}{n}+1},$$

$$R>(a^m\alpha^m+a_{m+1}\alpha^{m+1}+\cdots+a_{m+n}\alpha^{m+n})\delta^{\frac{m}{n}+1},$$

donc etc.

Soit

$$fx = (a_0^{(0)} + a_1^{(0)}x + a_2^{(0)}x^2 + \cdots) + (a_0^{(1)} + a_1^{(1)}x + a_2^{(1)}x^2 + \cdots) + \cdots$$
$$+ (a_0^{(n)} + a_1^{(n)}x + a_2^{(n)}x^2 + \cdots) + \cdots$$

une série convergente, si $x < 1$.

Soit

$$A_0 = \lim_{n=\frac{1}{0}} (a_0^{(0)} + a_0^{(1)} + a_0^{(2)} + \cdots + a_0^{(n)}),$$
$$A_1 = \lim_{n=\frac{1}{0}} (a_1^{(0)} + a_1^{(1)} + a_1^{(2)} + \cdots + a_1^{(n)}) \text{ etc.},$$

on aura

$$fx = A_0 + A_1 x + A_2 x^2 + \cdots + A_m x^m + \cdots,$$

si la dernière série est convergente.

[Posons]

$$f_n x = A_0^{(n)} + A_1^{(n)} x + \cdots + A_m^{(n)} x^m + \cdots$$

donc

$$fx = A_0 + A_1 x + \cdots + A_m x^m + \cdots.$$

Développement de $f(x+\omega)$ suivant les puissances de ω.

$$f(x+\omega) = a_0 + a_1(x+\omega) + a_2(x+\omega)^2 + \cdots, \quad x+\omega < 1;$$
$$f(x+\omega) = a_0 + (a_1 x + a_1 \omega) + (a_2 x^2 + 2a_2 x\omega + a_2\omega^2) + \cdots,$$

donc

$$f(x+\omega) = a_0 + a_1 x + a_2 x^2 + \cdots + (a_1 + 2a_2 x + \cdots)\omega + \cdots,$$

c'est-à-dire:

$$f(x+\omega) = fx + \frac{f'x}{1}\omega + \frac{f''x}{1.2}\omega^2 + \cdots,$$

si cette série est convergente. Or elle le sera toujours: On a

$$\frac{f^n x}{1.2\ldots n} = a_n + (n+1)a_{n+1}x + \frac{(n+1)(n+2)}{1.2}a_{n+2}x^2 + \cdots,$$

$$x_1^n \frac{f^n x}{1\ 2.3\ldots n} = x_1^n a_n + (n+1)a_{n+1}x_1^{n+1}x_2 + \frac{(n+1)(n+2)}{1.2}a_{n+2}x_1^{n+2}x_2^2 + \cdots,$$

$$x+\omega = x_1, \qquad x_1 < 1,$$

$$x = x_1 x_2, \qquad x_2 < 1,$$

$$x_1^n \frac{f^n x}{1.2..n} < v_n \frac{1}{(1-x_2)^{n+1}},$$

$$\omega^n \frac{f^n x}{1.2\ldots n} < v_n \frac{\omega^n}{x_1^n(1-x_2)^{n+1}} = v_n \left(\frac{\omega}{x_1 - x_1 x_2}\right)^n \frac{1}{1-x_2} = \frac{v_n}{1-x_2}$$

$$\lim_{n=\frac{1}{0}} \left\{ \frac{\omega^n f^n x}{1.2\ldots n} \right\} = \text{zéro}, \quad \text{donc etc.}$$

XVII.

MÉMOIRE SUR LES FONCTIONS TRANSCENDANTES DE LA FORME $\int y\,dx$, OU y EST UNE FONCTION ALGÉBRIQUE DE x.

---

§ 1.

Sur la forme de la relation la plus générale possible entre un nombre quelconque d'intégrales de la forme $\int y\,dx$.

Soient $\int y_1 dx$, $\int y_2 dx$, ... $\int y_\mu dx$, un nombre quelconque d'intégrales et supposons qu'on ait entre ces fonctions l'équation suivante:

$$\varphi\left(\int y_1 dx,\ \int y_2 dx,\ \dots \int y_\mu dx,\ x\right) = 0 = R,$$

où φ désigne une fonction entière de $\int y_1 dx$, $\int y_2 dx$, ... et d'un nombre quelconque de fonctions algébriques.

En différentiant il viendra

$$R' = \varphi'(r_1) . y_1 + \varphi'(r_2)\, y_2 + \cdots + \varphi'(r_\mu)\, y_\mu + \varphi'(x) = 0.$$

Nous pourrons supposer que $R = 0$ est irréductible par rapport à r_μ; alors on aura

$$R = r_\mu^k + P r_\mu^{k-1} + P_1 r_\mu^{k-2} + \cdots = 0,$$

$$R' = r_\mu^{k-1}(k\, y_\mu + P') + [(k-1)\, P y_\mu + P_1'] \, r_\mu^{k-2} + \cdots = 0,$$

$$k\, y_\mu + P = 0,$$

$$\int y_\mu\, dx = -\frac{1}{k} . P = r_\mu,$$

donc

$$k = 1,\ \ R = r_\mu + P = 0.$$

$$P = \Sigma \frac{S_k}{(r_{\mu-1}+t_k)^k} + \Sigma v_k r_{\mu-1}^k,$$

$$P' = \Sigma\left(-\frac{k S_k (y_{\mu-1}+t_k')}{(r_{\mu-1}+t_k)^{k+1}} + \frac{S_k'}{(r_{\mu-1}+t_k)^k}\right)$$

$$+\Sigma(v_k' r_{\mu-1}^k + k.v_k.r_{\mu-1}^{k-1} y_{\mu-1}) = -y_\mu,$$

donc

$$S_k = 0,$$

$$y_\mu + v_k' r_{\mu-1}^k + (k v_k y_{\mu-1} + v'_{k-1}) r_{\mu-1}^{k-1} + \cdots = 0$$

de là:

$$v_k' = 0;\ k v_k y_{\mu-1} + v'_{k-1} = 0, \text{ si non } k = 1.$$

$$k v_k \int y_{\mu-1}\,dx + v_{k-1} = C,$$

$$k v_k . r_{\mu-1} + v_{k-1} = C,$$

ce qui est impossible, donc

$$k = 1, \text{ et } P = v_1 r_{\mu-1} + P_1.$$

Donc

$$R = r_\mu + P = 0,$$

$$P = v_{\mu-1} r_{\mu-1} + P_1,$$

$$P_1 = v_{\mu-2} r_{\mu-2} + P_2,$$

$$\cdots\cdots\cdots\cdots$$

En général on aura donc

$$r_\mu + v_{\mu-1}.r_{\mu-1} + v_{\mu-2}.r_{\mu-2} + \cdots + v_1.r_1 + v_0 = 0$$

où $v_1, v_2 \ldots v_{\mu-1}$ sont des constantes. Donc enfin

Théorème I.

$$c_1\int y_1\,dx + c_2\int y_2\,dx + c_3\int y_3\,dx + \cdots + c_\mu\int y_\mu\,dx = P,$$

où P fonction algébrique de x.

Soit

$$P^k + R_1 P^{k-1} + \cdots = 0,$$

irréductible, R_1 etc. étant des fonctions rationnelles de

$$x,\ y_1,\ y_2,\ y_3,\ \ldots y_\mu.$$

On aura

$$(k\,dP + dR_1) P^{k-1} + [(k-1) R_1\,dP + dR_2] P^{k-2} + \cdots = 0;$$

$$\frac{dP}{dx} = c_1 y_1 + c_2 y_2 + c_3 y_3 + \cdots,$$

$$k\,dP + dR_1 = 0,$$

$$P = -\frac{R_1}{k} + C;$$

par suite $k = 1$, $P = -R$. Donc

Théorème II.

$$c_1 \int y_1\,dx + c_2 \int y_2\,dx + \cdots + c_\mu \int y_\mu\,dx = P,$$

où P fonction rationnelle de $x, y_1, y_2, y_3, \ldots y_\mu$.

§ 2.

Trouver la relation la plus générale possible entre les intégrales $\int y_1\,dx$; $\int y_2\,dx$; $\ldots \int y_\mu\,dx$; $\log v_1$; $\log v_2$; $\ldots \log v_m$.

On doit avoir d'abord

$$c_1 \int y_1\,dx + c_2 \int y_2\,dx + \cdots + c_\mu \int y_\mu\,dx = P + a_1 \log v_1 + a_2 \log v_2 + \cdots + a_m \log v_m,$$

où

$$P = \text{fonct. rat.}\,(x,\ y_1,\ y_2,\ \ldots\ y_\mu,\ v_1,\ v_2,\ \ldots\ v_m).$$

Supposons que v_m soit une fonction algébrique des quantités $x, y_1, y_2, \ldots y_\mu, v_1, v_2, \ldots v_{m-1}$ de l'ordre n, et soient $v_m', v_m'', \ldots v_m^{(n)}$ les n valeurs, on aura

$$c_1 y_1 + c_2 y_2 + \cdots + c_\mu y_\mu = \text{fonct. rat.}\,(x,\ y_1,\ y_2,\ \ldots\ y_m,\ v_1 \ldots v_{m-1},\ v_m),$$

équation qui aura lieu pour une valeur quelconque de v_m, donc

$$c_1 \int y_1\,dx + c_2 \int y_2\,dx + \cdots + c_\mu \int y_\mu\,dx = \frac{1}{n}(P' + P'' + \cdots + P^{(n)})$$
$$+ a_1 \log v_1 + \cdots + a_{m-1} \log v_{m-1} + \frac{1}{n} a_m \log (v_m' v_m'' \ldots v_m^{(n)}).$$

En général

Théorème III.

$$c_1 \int y_1\,dx + c_2 \int y_2\,dx + \cdots + c_\mu \int y_\mu\,dx = P + \alpha_1 \log t_1 + \alpha_2 \log t_2 + \cdots + \alpha_m \log t_m,$$

où $P, t_1, \ldots t_m$ sont des fonctions rationnelles de $x, y_1, y_2, \ldots y_\mu$.

Théorème IV.

$$\int \psi_1(x, y_1)\,dx + \int \psi_2(x, y_2)\,dx + \cdots + \int \psi_\mu(x, y_\mu)\,dx$$
$$= P + \alpha_1 \log t_1 + \alpha_2 \log t_2 + \cdots + \alpha_m \log t_m.$$

Théorème V. S'il est possible d'exprimer $\int\psi(x,y)\,dx$ par une fonction algébrique de x, y, $\log v_1$, $\log v_2 \ldots \log v_m$, on pourra toujours exprimer la même intégrale comme il suit:

$$\int\psi(x,y)\,dx = P + \alpha_1\log t_1 + \alpha_2\log t_2 + \cdots + \alpha_m\log t_m.$$

Théorème VI. Supposons que

$$\int\psi(x,y)\,dx + \int\psi_1(x,y_1)\,dx = R,$$

et qu'il soit impossible d'avoir $f(y, y_1, x) = 0$, je dis que

$$\int\psi(x,y)\,dx = R_1,\quad \int\psi_1(x,y_1)\,dx = R_2.$$

En effet

$$\psi(x,y) + \psi_1(x,y_1) = \frac{dR}{dx},$$

équation qui doit avoir lieu en remplaçant y_1 par l'une quelconque des valeurs de cette fonction: y_1', y_1'', $\ldots y_1^{(n)}$, donc

$$n.\psi(x,y)\,dx + [\psi_1(x,y_1') + \psi_1(x,y_1'') + \cdots + \psi_1(x,y_1^{(n)})]\,dx$$
$$= d(R' + R'' + \cdots + R^{(n)}),$$

donc

$$\int\psi(x,y)\,dx = \frac{1}{n}(R' + R'' + \cdots + R^{(n)}) - \int f(x)\,dx = R_1,$$

et par suite

$$\int\psi_1(x,y_1)\,dx = R - R_1 = R_2.$$

Théorème VII. Soit

$$y = p_0 + p_1 s^{-\frac{1}{n}} + p_2 s^{-\frac{2}{n}} + \cdots + p_{n-1} s^{-\frac{n-1}{n}},$$

où p_0, p_1, $\ldots p_{n-1}$, s sont des fonctions algébriques quelconques telles qu'il soit impossible d'exprimer $s^{\frac{1}{n}}$ rationnellement en $p_0, p_1, \ldots p_{n-1}, s$, je dis que

$$\int y\,dx = R$$

entraîne les suivantes:

$$\int p_0\,dx = R_0,\quad \int\frac{p_1\,dx}{s^{\frac{1}{n}}} = R_1,\quad \int\frac{p_2\,dx}{s^{\frac{2}{n}}} = R_2,\ \ldots\ \int\frac{p_{n-1}\,dx}{s^{\frac{n-1}{n}}} = R_{n-1}.$$

En effet, ayant

$$y\,dx = dR = df(s^{\frac{1}{n}}) = \psi(s^{\frac{1}{n}})\,dx,$$

on doit avoir en même temps

$$df(\alpha s^{\frac{1}{n}}) = \psi(\alpha s^{\frac{1}{n}})\,dx,$$
$$df(\alpha^2 s^{\frac{1}{n}}) = \psi(\alpha^2 s^{\frac{1}{n}})\,dx,$$
$$\cdots\cdots\cdots\cdots$$
$$df(\alpha^{n-1} s^{\frac{1}{n}}) = \psi(\alpha^{n-1} s^{\frac{1}{n}})\,dx;$$

donc

$$R_0 + R_1 + R_2 + \cdots + R_{n-1} = f(s^{\frac{1}{n}}),$$
$$R_0 + \alpha^{-1} R_1 + \alpha^{-2} R_2 + \cdots + \alpha^{-(n-1)} R_{n-1} = f(\alpha s^{\frac{1}{n}}),$$
$$\cdots\cdots\cdots\cdots\cdots\cdots\cdots\cdots$$
$$R_0 + \alpha^{-(n-1)} R_1 + \alpha^{-2(n-1)} R_2 + \cdots + \alpha^{-(n-1)^2} R_{n-1} = f(\alpha^{n-1} s^{\frac{1}{n}});$$

donc

$$n R_m = f(s^{\frac{1}{n}}) + \alpha^m f(\alpha s^{\frac{1}{n}}) + \cdots + \alpha^{m(n-1)} f(\alpha^{n-1} s^{\frac{1}{n}}),$$

et

$$\int \frac{p_m\,dx}{s^{\frac{m}{n}}} = \frac{1}{n}[f(\sqrt[n]{s}) + \alpha^m f(\alpha \sqrt[n]{s}) + \cdots + \alpha^{(n-1)m} f(\alpha^{n-1} \sqrt[n]{s})].$$

La forme de la fonction rationnelle et logarithmique f peut être quelconque.

. . . .

§ 5.

Sur les intégrales de la forme $y = \int f(x, \sqrt[m_1]{R_1}, \sqrt[m_2]{R_2}, \ldots \sqrt[m_n]{R_n})\,dx.$

Nous pourrons d'abord supposer

$$y = \int f[x, (x-a_1)^{\frac{1}{m_1}}, (x-a_2)^{\frac{1}{m_2}}, \ldots (x-a_n)^{\frac{1}{m_n}}]\,dx,$$

et de là

$$y = \int \Sigma \frac{p\,dx}{(x-a_1)^{\frac{k_1}{m_1}}(x-a_2)^{\frac{k_2}{m_2}}\ldots(x-a_n)^{\frac{k_n}{m_n}}},$$

où $\frac{k_1}{m_1}$, $\frac{k_2}{m_2}$, $\frac{k_3}{m_3}$, ... sont moindres que l'unité et reduits à leurs plus simples expressions, et p une fonction rationnelle. On en tire

$$\int dx . p . (x-a_1)^{-\frac{k_1}{m_1}} (x-a_2)^{-\frac{k_2}{m_2}} \ldots (x-a_n)^{-\frac{k_n}{m_n}} = P.$$

1. P étant une fonction algébrique.

Alors on aura

$$P = v(x-a_1)^{1-\frac{k_1}{m_1}}(x-a_2)^{1-\frac{k_2}{m_2}}\cdots(x-a_n)^{1-\frac{k_n}{m_n}},$$

où v est rationnel.

On tire de là

$$\frac{dP}{P} = \frac{dv}{v} + \frac{\left(1-\frac{k_1}{m_1}\right)}{x-a_1} + \frac{\left(1-\frac{k_2}{m_2}\right)}{x-a_2} + \cdots + \frac{\left(1-\frac{k_n}{m_n}\right)}{x-a_n},$$

$$\frac{dP}{P} = \frac{dv(x-a_1)(x-a_2)\dots(x-a_n) + v(A_0 + A_1 x + \cdots + A_{n-1}x^{n-1})}{v(x-a_1)(x-a_2)\dots(x-a_n)},$$

$$\frac{dP}{P} = \frac{p\,dx}{v(x-a_1)\dots(x-a_n)},$$

$$p = v(A_0 + A_1 x + \cdots + A_{n-1}x^{n-1}) + \frac{dv}{dx}(x-a_1)(x-a_2)\dots(x-a_n).$$

A) $v = x^m$.

$$p = x^m(A_0 + A_1 x + \cdots + A_{n-1}x^{n-1}) + m x^{m-1}(B_0 + B_1 x + \cdots + B_{n-1}x^{n-1} + x^n),$$

$$p = mB_0 x^{m-1} + (A_0 + mB_1)x^m + (A_1 + mB_2)x^{m+1} + \cdots \cdots + (A_{n-1} + m)x^{n+m-1}.$$

$$\int x^\mu\,dx.(x-a_1)^{-\frac{k_1}{m_1}}\dots(x-a_n)^{-\frac{k_n}{m_n}} = R_\mu,$$

$$x^m\left\{(x-a_1)^{1-\frac{k_1}{m_1}}\dots(x-a_n)^{1-\frac{k_n}{m_n}}\right\} = mB_0 R_{m-1} + (A_0 + mB_1)R_m + \cdots \cdots + (A_{n-1} + m)R_{n+m-1};$$

$A_{n-1} = n - \left(\frac{k_1}{m_1} + \frac{k_2}{m_2} + \cdots + \frac{k_n}{m_n}\right)$ positif, donc $A_{n-1} + m$ jamais égal à zéro. Par conséquent on aura

$$R_{m+n-1} = \frac{1}{m + A_{n-1}}\,x^m(x-a_1)^{1-\frac{k_1}{m_1}}\dots(x-a_n)^{1-\frac{k_n}{m_n}} - \frac{mB_0}{m + A_{n-1}}\,.\,R_{m-1} - \cdots - \frac{A_{n-2} + mB_{n-1}}{A_{n-1} + m}R_{m+n-2}.$$

On peut donc exprimer

$$R_{m+n-1} \text{ en } R_0,\ R_1,\ R_2,\ \dots R_{n-2}.$$

B) $v = \frac{1}{(x-\alpha)^m}$.

$$p = \frac{A_0 + A_1 x + \cdots + A_{n-1} x^{n-1}}{(x-\alpha)^m} - \frac{m(B_0 + B_1 x + \cdots + B_{n-1} x^{n-1} + x^n)}{(x-\alpha)^{m+1}},$$

$$A_0 + A_1 x + \cdots + A_{n-1} x^{n-1} = \varphi x,$$

$$B_0 + B_1 x + \cdots + x^n = fx,$$

$$\varphi x = \varphi\alpha + (x-\alpha)\varphi'\alpha + (x-\alpha)^2 \frac{\varphi''\alpha}{2} + \cdots + (x-\alpha)^{n-1} \frac{\varphi^{(n-1)}\alpha}{1.2\ldots(n-1)},$$

$$fx = f\alpha + (x-\alpha)f'\alpha + (x-\alpha)^2 \frac{f''\alpha}{2} + \cdots + (x-\alpha)^n \frac{f^n\alpha}{1.2\ldots n},$$

$$p = \frac{\varphi x}{(x-\alpha)^m} - \frac{mfx}{(x-\alpha)^{m+1}} =$$

$$-\frac{mf\alpha}{(x-\alpha)^{m+1}} + \frac{\varphi\alpha - mf'\alpha}{(x-\alpha)^m} + \frac{\varphi'\alpha - \frac{mf''\alpha}{2}}{(x-\alpha)^{m-1}} + \cdots + \frac{\frac{\varphi^{(n-1)}\alpha}{1.2\ldots(n-1)} - m\frac{f^{(n)}\alpha}{1.2\ldots n}}{(x-\alpha)^{m-n+1}}.$$

Soit

$$\int \frac{dx}{(x-\alpha)^\mu}(x-a_1)^{-\frac{k_1}{m_1}} \ldots (x-a_n)^{-\frac{k_n}{m_n}} = S_\mu;$$

on aura donc

$$\frac{(x-a_1)^{1-\frac{k_1}{m_1}} \ldots (x-a_n)^{1-\frac{k_n}{m_n}}}{(x-\alpha)^m} = -mf\alpha . S_{m+1} + (\varphi\alpha - mf'\alpha) S_m + \cdots$$
$$+ \left(\frac{\varphi^{(n-1)}\alpha}{1.2\ldots(n-1)} - \frac{mf^{(n)}\alpha}{1.2\ldots n}\right) . S_{m-n+1}.$$

Donc, si non $f\alpha = 0$, on pourra exprimer S_{m+1} en S_m, S_{m-1}, S_{m-2}, ... S_1; R_0, R_1, ... R_{n-2}, donc

$$S_{m+1} \text{ en } S_1,\ R_0,\ R_1,\ \ldots R_{n-2}.$$

Si $f\alpha = 0$, on aura par exemple: $\alpha = a_1$. Donc, si non $\varphi\alpha - mf'\alpha = 0$, on pourra exprimer S_m en S_{m-1}, ... S_1, R_0, R_1, ... R_{n-2}, donc

$$S_m \text{ en } R_0,\ R_1 \ldots R_{n-2}.$$

Or on a

$$fx = (x-a_1)(x-a_2)\ldots(x-a_n),$$

$$\varphi x = \left(1 - \frac{m_1}{k_1}\right)(x-a_2)\ldots(x-a_n) + (x-a_1).t,$$

donc

$$\varphi a_1 = \left(1 - \frac{m_1}{k_1}\right)(a_1 - a_2) \ldots (a_1 - a_n),$$

$$f'(a_1) = (a_1 - a_2) \ldots (a_1 - a_n).$$

Donc

$$\varphi a_1 - m f' a_1 = \left(1 - \frac{m_1}{k_1} - m\right)(a_1 - a_2) \ldots (a_1 - a_n),$$

qui ne saurait jamais devenir égal à zéro. Donc etc.

Supposons maintenant

$$c_0 R_0 + c_1 R_1 + \cdots + c_{n-2} R_{n-2} + \varepsilon_1 t_1 + \varepsilon_2 t_2 + \cdots + \varepsilon_\mu t_\mu$$

$$= v(x - a_1)^{1 - \frac{k_1}{m_1}} \ldots (x - a_n)^{1 - \frac{k_n}{m_n}},$$

où

$$t_\mu = \int \frac{dx}{(x - \alpha_\mu)} (x - a_1)^{-\frac{k_1}{m_1}} \ldots;$$

on aura

$$c_0 + c_1 x + \cdots + c_{n-2} x^{n-2} + \frac{\varepsilon_1}{x - \alpha_1} + \frac{\varepsilon_2}{x - \alpha_2} + \cdots + \frac{\varepsilon_\mu}{x - \alpha_\mu}$$

$$= v(A_0 + A_1 x + \cdots + A_{n-1} x^{n-1}) + \frac{dv}{dx}(B_0 + B_1 x + \cdots + B_{n-1} x^{n-1} + x^n).$$

$$v = r(x - \beta)^{-\nu},$$

$$\frac{dv}{dx} = \frac{dr}{dx}(x - \beta)^{-\nu} - \nu r (x - \beta)^{-\nu - 1},$$

$$(x - \beta)^{\nu+1} \frac{dv}{dx} = (x - \beta)\frac{dr}{dx} - \nu r,$$

$$\left(c_0 + c_1 x + \cdots + \frac{\varepsilon_1}{x - \alpha_1} + \cdots\right)(x - \beta)^{\nu+1} = r(x - \beta)\varphi x + \left(\frac{dr}{dx}(x - \beta) - \nu r\right) f x,$$

$x - \beta = 0$, $f(x) = 0$, impossible. Donc v entier, mais cela est de même impossible. Donc nous concluons que les intégrales

$$t_1,\ t_2,\ \ldots\ t_\mu,\ R_0,\ R_1,\ R_2,\ \ldots\ R_{n-2},$$

sont irréductibles entre elles.

$$(c_0 R_0 + c_1 R_1 + \cdots + c_{n-2} R_{n-2} + \varepsilon_1 t_1 + \varepsilon_2 t_2 + \cdots + \varepsilon_\mu t_\mu)$$

est donc toujours une fonction transcendante.

On voit que le nombre des transcendantes contenues dans l'intégrale est indépendant de la valeur des nombres.

. . . .

Réduction des intégrales R_0, R_1, ... R_{n-2}, S_1 à l'aide de fonctions logarithmiques et algébriques.

Soit

$$c_0 R_0 + c_1 R_1 + \cdots + c_{n-2} R_{n-2} + \varepsilon_1 t_1 + \varepsilon_2 t_2 + \cdots + \varepsilon_\mu t_\mu$$

$$= P + \alpha_1 \log v_1 + \alpha_2 \log v_2 + \cdots + \alpha_m \log v_m$$

$$= r_0 + r_1 \lambda_1 + r_2 \lambda_2 + \cdots + r_{\nu-1} \lambda_{\nu-1} + \Sigma \alpha \log (s_0 + s_1 \lambda_1 + s_2 \lambda_2 + \cdots + s_{\nu-1} \lambda_{\nu-1})$$

$$= \int \frac{fx \, . \, dx}{\lambda_1}$$

$$(x - a_1)^{\frac{k_1}{m_1}} \ldots (x - a_n)^{\frac{k_n}{m_m}} = \lambda$$

$$\lambda = R^{\frac{1}{\nu}}$$

$$\lambda_1, \; \lambda_2, \; \ldots \; \lambda_{\nu-1}$$

$$\omega^\nu - 1 = 0,$$

où les racines sont

$$1, \; \omega, \; \omega^2, \; \ldots \; \omega^{\nu-1}.$$

$$\Sigma r_k \lambda_k + \Sigma \alpha \log (\Sigma s_k \lambda_k) = \int \frac{fx \, . \, dx}{\lambda_1},$$

$$\Sigma r_k \lambda_k \omega^k + \Sigma \alpha \log (\Sigma s_k \lambda_k \omega^k) = \frac{1}{\omega} \int \frac{fx \, . \, dx}{\lambda_1},$$

$$\Sigma r_k \lambda_k \omega^{2k} + \Sigma \alpha \log (\Sigma s_k \lambda_k \omega^{2k}) = \frac{1}{\omega^2} \int \frac{fx \, . \, dx}{\lambda_1},$$

. . . .

$$\Sigma r_k \lambda_k \omega^{(\nu-1)k} + \Sigma \alpha \log (\Sigma s_k \lambda_k \omega^{(\nu-1)k}) = \frac{1}{\omega^{\nu-1}} \int \frac{fx \, . \, dx}{\lambda_1}.$$

$$\Sigma r_k \lambda_k (1 + \omega^{k+1} + \omega^{2k+2} + \cdots + \omega^{(\nu-1)(k+1)}) + \Sigma \alpha \Sigma \omega^{k'} \log (\Sigma s_k \lambda_k \omega^{k'k}) = \nu \int \frac{fx \, . \, dx}{\lambda_1}.$$

$$\nu r_{\nu-1} \lambda_{\nu-1} + \Sigma \alpha \Sigma \omega^{k'} \log [\Sigma (s_k \lambda_k \omega^{k'k})] = \nu \int \frac{fx \, . \, dx}{\lambda_1}.$$

$$\begin{aligned}\int\frac{fx\,dx}{\lambda_1}= &\quad \log(s_0+s_1\lambda_1+s_2\lambda_2+\cdots+s_{\nu-1}\lambda_{\nu-1})\\ &+\omega\log(s_0+\omega s_1\lambda_1+\omega^2 s_2\lambda_2+\cdots+\omega^{\nu-1}s_{\nu-1}\lambda_{\nu-1})\\ &+\omega^2\log(s_0+\omega^2 s_1\lambda_1+\omega^4 s_2\lambda_2+\cdots+\omega^{2\nu-2}s_{\nu-1}\lambda_{\nu-1})\\ &+\cdots\cdots\cdots\cdots\cdots\cdots\cdots\cdots\\ &+\omega^{\nu-1}\log(s_0+\omega^{\nu-1}s_1\lambda_1+\omega^{2(\nu-1)}s_2\lambda_2+\cdots+\omega^{(\nu-1)^2}s_{\nu-1}\lambda_{\nu-1})\end{aligned}$$

$$=\theta(x,\lambda_1)=\log\theta(\lambda_1)+\omega\log\theta(\omega\lambda_1)+\omega^2\log\theta(\omega^2\lambda_1)+\cdots+\omega^{\nu-1}\log\theta(\omega^{\nu-1}\lambda_1).$$

$$\frac{fx}{\lambda_1}\ \text{tout au plus du degré}\ -1,$$

$$fx\ \text{tout au plus du degré}\ (\delta\lambda_1-1),$$

donc:

Degré de fx tout au plus égal à $E\left(\frac{k_1}{m_1}+\frac{k_2}{m_2}+\cdots+\frac{k_m}{m_n}\right)-1.$

$$\theta(\lambda_1).\theta(\omega\lambda_1).\theta(\omega^2\lambda_1)\ldots\theta(\omega^{\nu-1}\lambda_1)=Fx,$$

$$Fx=(x-\beta_1)(x-\beta_2)\ldots(x-\beta_\mu),$$

$$fx=\frac{\varphi x}{Fx}=p+\Sigma\frac{M}{x-\beta},$$

$$\frac{1}{\lambda_1}\left(p+\Sigma\frac{M}{x-\beta}\right)=\frac{d\,\theta(\lambda_1)}{\theta\lambda_1}+\omega\frac{d\theta(\omega\lambda_1)}{\theta(\omega\lambda_1)}+\cdots+\omega^{\nu-1}\frac{d\,\theta(\omega^{\nu-1}\lambda_1)}{\theta(\omega^{\nu-1}\lambda_1)}.$$

$$\lambda_1=\psi x,$$

$$\theta(\omega^k\psi\beta)=0.$$

$$\frac{x-\beta}{\psi x}\left(p+\Sigma\frac{M}{x-\beta}\right)=(x-\beta)\left\{\frac{d\,\theta(\psi x)}{\theta(\psi x)}+\omega\frac{d\,\theta(\omega\psi x)}{\theta(\omega\psi x)}+\cdots+\omega^{\nu-1}\frac{d\,\theta(\omega^{\nu-1}\psi x)}{\theta(\omega^{\nu-1}\psi x)}\right\}$$

Si l'on fait $x=\beta$, on aura, si non $\psi\beta=0$,

$$\frac{M}{\psi\beta}=\frac{\omega^k(x-\beta)\,d\,\theta(\omega^k\psi x)}{\theta(\omega^k\psi x)}=\frac{\omega^k d\,\theta(\omega^k\psi x)+\omega^k(x-\beta)\,d^2\theta(\omega^k\psi x)}{d\,\theta(\omega^k\psi x)},$$

donc

$$M=\omega^k\psi(\beta).$$

Donc si

$$\theta(\omega^{\varepsilon_1}\psi\beta_1)=0,\quad \theta(\omega^{\varepsilon_2}\psi\beta_2)=0,\quad\ldots\ \theta(\omega^{\varepsilon_\mu}\psi\beta_\mu)=0,$$

on aura

$$M_1=\omega^{\varepsilon_1}\psi(\beta_1),\quad M_2=\omega^{\varepsilon_2}\psi(\beta_2),\quad\ldots\ M_\mu=\omega^{\varepsilon_\mu}\psi(\beta_\mu),$$

et par suite

$$\theta(x, \lambda_1) = \int \frac{p\,dx}{\lambda_1} + \omega^{\varepsilon_1}\psi(\beta_1) \,.\, \Pi(\beta_1) + \omega^{\varepsilon_2}\psi(\beta_2) \,.\, \Pi(\beta_2) + \cdots + \omega^{\varepsilon_\mu}\psi(\beta_\mu) \,.\, \Pi(\beta_\mu).$$

Il reste à déterminer la fonction entière p. Soit

$$\frac{\varphi x}{Fx} = p - \Sigma \frac{M}{x - \beta} = c_0 + c_1 x + c_2 x^2 + \cdots + c_k x^k + \Sigma \frac{M}{x - \beta}$$

. . . .

XVIII.

SUR LA RESOLUTION ALGÉBRIQUE DES ÉQUATIONS.

Un des problèmes les plus intéressans de l'algèbre est celui de la résolution algébrique des équations. Aussi on trouve que presque tous les géomètres d'un rang distingué ont traité ce sujet. On parvint sans difficulté à l'expression générale des racines des équations des quatre premiers degrés. On découvrit pour résoudre ces équations une méthode uniforme et qu'on croyait pouvoir appliquer à une équation d'un degré quelconque; mais malgré tous les efforts d'un *Lagrange* et d'autres géomètres distingués on ne put parvenir au but proposé. Cela fit présumer que la résolution des équations générales était impossible algébriquement; mais c'est ce qu'on ne pouvait pas décider, attendu que la méthode adoptée n'aurait pu conduire à des conclusions certaines que dans le cas où les équations étaient résolubles. En effet on se proposait de résoudre les équations, sans savoir si cela était possible. Dans ce cas, on pourrait bien parvenir à la résolution, quoique cela ne fût nullement certain; mais si par malheur la résolution était impossible, on aurait pu la chercher une éternité, sans la trouver. Pour parvenir infailliblement à quelque chose dans cette matière, il faut donc prendre une autre route. On doit donner au problème une forme telle qu'il soit toujours possible de le résoudre, ce qu'on peut toujours faire d'un problème quelconque. Au lieu de demander une relation dont on ne sait pas si elle existe ou non, il faut demander si une telle relation est en effet possible. Par exemple, dans le calcul intégral, au lieu de chercher, à l'aide d'une espèce de tâtonnement et de divination, d'intégrer les formules différentielles, il faut plutôt chercher s'il est possible de les intégrer de telle ou telle manière.

En présentant un problème de cette manière, l'énoncé même contient le germe de la solution, et montre la route qu'il faut prendre; et je crois qu'il y aura peu de cas où l'on ne parvient à des propositions plus ou moins importantes, dans le cas même où l'on ne saurait répondre complètement à la question à cause de la complication des calculs. Ce qui a fait que cette méthode, qui est sans contredit la seule scientifique, parce qu'elle est la seule dont on sait d'avance qu'elle peut conduire au but proposé, a été peu usitée dans les mathématiques, c'est *l'extrême complication* à laquelle elle paraît être assujettie dans la plupart des problèmes, sourtout lorsqu'ils ont une certaine généralité; mais dans beaucoup de cas cette complication n'est qu'apparente et s'évanouira dès le premier abord. J'ai traité plusieurs branches de l'analyse de cette manière, et quoique je me sois souvent proposé des problèmes qui ont surpassé mes forces, je suis néanmoins parvenu à un grand nombre de résultats généraux qui jettent un grand jour sur la nature des quantités dont la connaissance est l'objet des mathématiques. C'est surtout dans le calcul intégral que cette méthode est facile à appliquer. Je donnerai dans une autre occasion les résultats auxquels je suis parvenu dans ces recherches, et le procédé qui m'y a conduit. Dans ce mémoire je vais traiter le problème de la résolution algébrique des équations, dans toute sa généralité. Le premier, et, si je ne me trompe, le seul qui avant moi ait cherché à démontrer l'impossibilité de la résolution algébrique des équations générales, est le géomètre *Ruffini*; mais son mémoire est tellement compliqué qu'il est très difficile de juger de la justesse de son raisonnement. Il me paraît que son raisonnement n'est pas toujours satisfaisant. Je crois que la démonstration que j'ai donnée dans le premier cahier de ce journal*), ne laisse rien à désirer du côté de la rigueur; mais elle n'a pas toute la simplicité dont elle est susceptible. Je suis parvenu à une autre démonstration, fondée sur les mêmes principes, mais plus simple, en cherchant à résoudre un problème plus général.

On sait que toute expression algébrique peut satisfaire à une équation d'un degré plus ou moins élevé, selon la nature particulière de cette expression. Il y a de cette manière une infinité d'équations particulières qui sont résolubles algébriquement. De là dérivent naturellement les deux problèmes suivans, dont la solution complète comprend toute la théorie de la résolution algébrique des équations, savoir:

---

*) T. I., p. 66—87 de cette édition.

1. Trouver toutes les équations d'un degré déterminé quelconque qui soient résolubles algébriquement.
2. Juger si une équation donnée est résoluble algébriquement, ou non.

C'est la considération de ces deux problèmes qui est l'objet de ce mémoire, et quoique nous n'en donnions pas la solution complète, nous indiquerons néanmoins des moyens sûrs pour y parvenir. On voit que ces deux problèmes sont intimement liés entre eux, en sorte que la solution du premier doit conduire à celle du second. Dans le fond, ces deux problèmes sont les mêmes. Dans le cours des recherches on parviendra à plusieurs propositions générales sur les équations par rapport à leur résolubilité et à la forme des racines. C'est en ces propriétés générales que consiste véritablement la théorie des équations quant à leur résolution algébrique, car il importe peu si l'on sait qu'une équation d'une forme particulière est résoluble ou non. Une de ces propriétés générales est par exemple qu'il est impossible de résoudre algébriquement les équations générales passé le quatrième degré.

Pour plus de clarté nous allons d'abord analyser en peu de mots le problème proposé.

D'abord qu'est ce que cela veut dire que de satisfaire algébriquement à une équation algébrique? Avant tout il faut fixer le sens de cette expression. Lorsqu'il s'agit d'une équation générale, dont tous les coefficiens peuvent par conséquent être regardés comme des variables indépendantes, la résolution d'une telle équation doit consister à exprimer les racines par des fonctions algébriques des coefficiens. Ces fonctions pourront, selon la conception vulgaire de ce mot, contenir des quantités constantes quelconques, algébriques ou non. On pourra y ajouter, si l'on veut, comme condition particulière que ces constantes seront de même des quantités algébriques; ce qui modifierait un peu le problème. En général, il y a deux cas différens selon que les coefficiens contiendront des quantités variables, ou non. Dans le premier cas, les coefficiens seront *des fonctions rationnelles* d'un certain nombre de quantités x, z, z', z'', etc., qui contiendront au moins une variable indépendante x. Nous supposons que les autres sont des fonctions quelconques de celle-là. Dans ce cas, nous dirons qu'on peut satisfaire algébriquement à l'équation proposée, si l'on peut y satisfaire en mettant au lieu de l'inconnue une fonction algébrique de x, z, z', z'', etc. Nous dirons de même que l'équation est résoluble algébriquement, si l'on peut exprimer toutes les racines de cette manière. L'expression d'une racine pourra, dans ce cas de coefficiens variables, contenir des quantités constantes quelconques, algébriques ou non.

Dans le second cas, où l'on regarde les coefficiens comme des quantités constantes, on peut concevoir que ces coefficiens sont formés d'autres quantités constantes à l'aide d'opérations rationnelles. Désignons ces dernières quantités par $\alpha, \beta, \gamma, \ldots$, nous dirons qu'on peut satisfaire algébriquement à l'équation proposée, s'il est possible d'exprimer une ou plusieurs racines en $\alpha, \beta, \gamma, \ldots$ à l'aide d'opérations algébriques. Si l'on peut exprimer toutes les racines de cette manière, nous dirons que l'équation est résoluble algébriquement; $\alpha, \beta, \gamma, \ldots$ pourront d'ailleurs être quelconques, algébriques ou non. Dans le cas particulier où tous les coefficiens sont rationnels, on peut donc satisfaire algébriquement à l'équation, si une ou plusieurs de ses racines sont des quantités algébriques.

Nous avons distingué deux espèces d'équations, celles qui sont résolubles algébriquement, et celles auxquelles on peut satisfaire algébriquement. En effet, on sait qu'il y a des équations dont une ou plusieurs racines sont algébriques, sans qu'on puisse affirmer la même chose pour toutes les racines.

Cela posé, la marche naturelle pour résoudre notre problème se présente d'elle-même d'après l'énoncé, savoir il faut substituer dans l'équation proposée, à la place de l'inconnue, l'expression algébrique la plus générale, et ensuite chercher s'il est possible d'y satisfaire de cette manière. Pour cela il faut avoir l'expression générale d'une quantité algébrique et d'une fonction algébrique. On aura donc d'abord le problème suivant:

"Trouver la forme la plus générale d'une expression algébrique."

Après avoir trouvé cette forme, on aura l'expression d'une racine algébrique d'une équation quelconque.

La première condition à laquelle cette expression algébrique doit être assujettie, est qu'elle doit satisfaire à une équation algébrique. Or, comme on sait, elle peut le faire dans toute sa généralité. Cette première condition est donc remplie d'elle-même. Pour savoir maintenant si elle peut être particularisée de sorte qu'elle satisfasse à l'équation proposée, il faut chercher toutes les équations auxquelles elle peut satisfaire, et ensuite comparer ces équations à la proposée. On aura donc ce problème:

"Trouver toutes les équations possibles auxquelles une fonction algébrique peut satisfaire".

Il est clair qu'une même fonction algébrique peut satisfaire à une infinité d'équations différentes. Donc lorsque l'équation proposée peut être satisfaite algébriquement, il y aura deux cas; ou cette équation sera la moins élevée à laquelle elle puisse satisfaire, ou il doit en exister une autre de la même forme à laquelle elle puisse satisfaire, qui est d'un degré moins élevé, et qui est la plus simple. Dans le premier cas, nous dirons que l'équation est irréductible, et dans l'autre, qu'elle est réductible. Le problème proposé se décompose ainsi en ces deux autres:

1. "Juger si une équation proposée est réductible ou non".
2. "Juger si une équation irréductible peut être satisfaite algébriquement ou non".

Considérons d'abord le second problème. L'équation proposée étant irréductible, elle sera l'équation la plus simple à laquelle l'expression algébrique cherchée puisse satisfaire. Donc pour s'assurer si elle peut être satisfaite ou non, il faut chercher l'équation la moins élevée à laquelle une expression algébrique puisse satisfaire, et ensuite comparer cette équation à l'équation proposée. De là naît le problème:

"Trouver l'équation la moins élevée à laquelle une fonction algébrique puisse satisfaire".

La solution de ce problème sera l'objet d'un second paragraphe. On aura ainsi toutes les équations irréductibles qui puissent être satisfaites algébriquement. L'analyse conduit aux théorèmes suivans:

1. "Si une équation irréductible peut être satisfaite algébriquement, elle est en même temps résoluble algébriquement, et toutes les racines pourront être représentées par la même expression, en donnant à des radicaux qui s'y trouvent, toutes leurs valeurs".
2. "Si une expression algébrique satisfait à une équation quelconque, on pourra toujours lui donner une forme telle qu'elle y satisfasse encore, en attribuant à tous les différens radicaux dont elle se compose, toutes les valeurs dont ils sont susceptibles".
3. "Le degré d'une équation irréductible, résoluble algébriquement, est nécessairement le produit d'un certain nombre d'exposans de radicaux qui se trouvent dans l'expression des racines".

Ayant ainsi montré comment on peut parvenir à l'équation la moins élevée à laquelle satisfasse une expression algébrique quelconque, la marche la plus naturelle serait de former cette équation, et de la comparer à l'équation proposée, mais on tombe ici dans des difficultés qui paraissent insurmontables. Car quoiqu'on ait assigné une règle générale pour former dans chaque cas particulier l'equation la plus simple, on est loin d'avoir par là l'équation même. Et quand même on parviendrait à trouver cette équation, comment juger si des coefficiens d'une telle complication peuvent en effet être égaux à ceux de l'équation proposée? Mais je suis parvenu au but proposé en suivant une autre route, savoir en généralisant le problème.

D'abord l'équation étant donnée, son degré le sera de même. Il se présente donc tout d'abord ce problème:

"Trouver l'expression algébrique la plus générale qui puisse satisfaire à une équation d'un degré donné".

On est conduit naturellement à considérer deux cas, selon que le degré de l'équation est un nombre premier ou non.

Quoique nous n'ayons pas donné la solution complète de ce problème, néanmoins la marche naturelle de la solution a conduit à plusieurs propositions générales, très remarquables en elles-mêmes, et qui ont conduit à la solution du problème dont nous nous occupons. Les plus importantes de ces propositions sont les suivantes:

1. "Si une équation irréductible d'un degré premier μ est résoluble algébriquement, les racines auront la forme suivante:

$$y = A + \sqrt[\mu]{R_1} + \sqrt[\mu]{R_2} + \cdots + \sqrt[\mu]{R_{\mu-1}},$$

A étant une quantité rationnelle, et $R_1, R_2, \ldots R_{\mu-1}$ les racines d'une équation du dégre $\mu - 1$".

2. "Si une équation irréductible dont le degré est une *puissance d'un nombre premier* μ^α, est résoluble algébriquement, il doit arriver de deux choses l'une; ou l'équation est décomposable en $\mu^{\alpha-\beta}$ équations, chacune du degré μ^β, et dont les coefficiens dépendront d'équations du degré $\mu^{\alpha-\beta}$; ou bien on pourra exprimer l'une quelconque des racines par la formule

$$y = A + \sqrt[\mu]{R_1} + \sqrt[\mu]{R_2} + \cdots + \sqrt[\mu]{R_\nu},$$

où A est une quantité rationnelle, et $R_1, R_2, \ldots R_\nu$ des racines d'une même équation du degré ν, ce dernier nombre étant tout au plus égal à $\mu^\alpha - 1$".

3. "Si une équation irréductible de degré μ, divisible par des nombres premiers différens entre eux, est résoluble algébriquement, on peut toujours décomposer μ en deux facteurs μ_1 et μ_2, de sorte que l'équation proposée soit décomposable en μ_1 équations, chacune du degré μ_2, et dont les coefficiens dépendent d'équations du degré μ_1".

4. "Si une équation irréductible du degré μ^α, où μ est premier, est résoluble algébriquement, on pourra toujours exprimer une quelconque des racines par la formule:

$$y = f\left(\sqrt[\mu]{R_1},\ \sqrt[\mu]{R_2},\ \ldots \sqrt[\mu]{R_\alpha}\right),$$

où f désigne une fonction rationnelle et symétrique des radicaux entre les parenthèses, et $R_1, R_2, \ldots R_\alpha$ des racines d'une même équation dont le degré est tout au plus égal à $\mu^\alpha - 1$".

Ces théorèmes sont les plus remarquables auxquels je sois parvenu, mais outre cela on trouvera dans le cours du mémoire une foule d'autres propriétés générales des racines, propriétés qu'il serait trop long de rapporter ici. Je dirai seulement un mot sur la nature des radicaux qui pourront se trouver dans l'expression des racines. D'abord le troisième théorème fait voir que, si le degré d'une équation irréductible est représenté par

$$\mu_1^{\alpha_1} . \mu_2^{\alpha_2} . \mu_3^{\alpha_3} \ldots \mu_\omega^{\alpha_\omega},$$

il ne pourra se trouver dans l'expression des racines d'autres radicaux que ceux qui pourront se trouver dans l'expression des racines d'équations des degrés $\mu_1^{\alpha_1}, \mu_2^{\alpha_2}, \mu_3^{\alpha_3}, \ldots \mu_\omega^{\alpha_\omega}$.

Des théorèmes généraux auxquels on est ainsi parvenu, on déduit ensuite une règle générale pour reconnaître si une équation proposée est résoluble ou non. En effet, on est conduit à ce résultat remarquable, que si une équation irréductible est résoluble algébriquement, on pourra dans tous les cas trouver les racines à l'aide de la méthode de *Lagrange*, proposée pour la résolution des équations; savoir, en suivant la marche de *Lagrange* on doit parvenir à des équations qui aient au moins une racine qui puisse s'exprimer rationnellement par les coefficiens. Il y a plus, *Lagrange* a fait voir qu'on peut ramener la résolution d'une équation du degré à celle de équations respectivement des degrés à l'aide d'une équation du degré Nous démontrerons que c'est cette équation qui doit nécessairement avoir au moins une racine exprimable rationnellement par ses coefficiens pour que l'équation proposée soit résoluble algébriquement.

Donc, si cette condition n'est pas remplie, c'est une preuve incontestable que l'équation n'est pas résoluble; mais il est à remarquer qu'elle peut être remplie sans que l'équation soit en effet résoluble algébriquement. Pour le reconnaître, il faut encore soumettre les équations auxiliaires au même examen. Cependant dans le cas où le degré de la proposée est un nombre premier, la première condition suffira toujours, comme nous le montrerons. De ce qui précède, il a été facile ensuite de tirer comme corollaire qu'il est impossible de résoudre les équations générales.

§ 1.

Détermination de la forme générale d'une expression algébrique.

Comme nous l'avons remarqué plus haut, il faut avant tout connaître la forme générale d'une expression algébrique. Cette forme doit se déduire d'une définition générale; la voici:

"Une quantité y est dite pouvoir s'exprimer algébriquement par plusieurs autres quantités, lorsqu'on peut la former de ces dernières à l'aide d'un nombre limité des opérations suivantes:

1. Addition. 2. Soustraction. 3. Multiplication. 4. Division.
5. Extraction de racines avec des exposans premiers".

Nous n'avons pas parmi ces opérations compté l'élévation à des puissances entières et l'extraction de racines avec des exposans composés, parce qu'elles ne sont pas nécessaires, la première étant contenue dans la multiplication, et la seconde dans l'extraction de racines avec des exposans premiers.

Si les trois premières opérations ci-dessus sont seules nécessaires pour former la quantité y, elle est dite rationnelle et entière par rapport aux quantités connues, et si les quatre premières opérations sont seules nécessaires, elle est dite rationnelle. D'après la nature des quantités connues nous ferons les distinctions suivantes:

1. Une quantité qui peut s'exprimer algébriquement par l'unité s'appelle un nombre algébrique; si elle peut s'exprimer rationnellement par l'unité, elle s'appelle un nombre rationnel, et si elle peut être formée de l'unité par addition, soustraction et multiplication, elle s'appelle un nombre entier.
2. Si les quantités connues contiennent une ou plusieurs quantités variables, la quantité y est dite fonction algébrique, rationnelle ou entière de ces quantités selon la nature des opérations nécessaires pour la former. Dans ce cas on regarde comme quantité connue toute quantité constante.

A l'aide de ces définitions on établira sans peine les propositions suivantes, connues depuis longtemps:

1. Une quantité y exprimable entièrement par les quantités $\alpha_1, \alpha_2, \ldots \alpha_n$, peut être formée par l'addition de plusieurs termes de la forme

$$A . \alpha_1^{m_1} . \alpha_2^{m_2} \ldots \alpha_n^{m_n},$$

A étant un nombre entier et $m_1, m_2, \ldots m_n$ des nombres entiers en y comprenant zéro.

2. Une quantité y exprimable rationnellement par $\alpha_1, \alpha_2 \ldots \alpha_n$ pourra toujours se mettre sous la forme

$$y = \frac{y_1}{y_2},$$

où y_1 et y_2 sont exprimés entièrement par les mêmes quantités.

3. Un nombre rationnel pourra toujours être réduit à la forme

$$\frac{y_1}{y_2}$$

où y_1 et y_2 sont des nombres entiers positifs, premiers entre eux.

4. Une fonction entière y de plusieurs quantités variables $x_1, x_2, \ldots x_n$ pourra toujours être formée par l'addition d'un nombre limité de termes de la forme

$$A \,.\, x_1^{m_1} \,.\, x_2^{m_2} \ldots x_n^{m_n},$$

où A est une quantité constante et $m_1, m_2, \ldots m_n$ des nombres entiers en y comprenant zéro.

5. Une fonction rationnelle y de plusieurs quantités $x_1, x_2 \ldots x_n$ pourra toujours se réduire à la forme

$$\frac{y_1}{y_2},$$

où y_1 et y_2 sont des fonctions entières qui n'ont point de facteur commun.

Cela posé, il nous reste à determiner la forme des expressions algébriques en général.

Quelle que soit la forme d'une expression algébrique, elle doit d'abord contenir un nombre limité de radicaux. Désignons tous les radicaux différens par

$$\sqrt[\mu_1]{R_1}, \sqrt[\mu_2]{R_2}, \sqrt[\mu_3]{R_3}, \ldots \sqrt[\mu_n]{R_n},$$

il est clair que la quantité proposée pourra s'exprimer rationnellement par ces radicaux et les quantités connues. Désignons cette quantité par

$$y = f\left(\sqrt[\mu_1]{R_1}, \sqrt[\mu_2]{R_2}, \ldots \sqrt[\mu_n]{R_n}\right).$$

Les radicaux qui composent une expression algébrique peuvent être de deux espèces: ou ils sont nécessaires pour former l'expression, ou non. S'ils ne sont pas nécessaires, on peut les chasser, et alors l'expression proposée contiendra un nombre moindre de radicaux. De là il suit qu'on peut toujours supposer que les radicaux soient tels qu'il soit impossible d'exprimer l'expression algebrique par une partie des radicaux qui s'y trouvent.

Cela pose, comme le nombre des radicaux est limité, il s'ensuit que parmi les radicaux, il doit se trouver au moins un qui ne soit pas contenu sous un autre radical. Supposons que $\sqrt[\mu_1]{R_1}$ soit un tel radical, la quantité R_1 pourra toujours s'exprimer rationnellement par les autres radicaux et les quantités connues.

Maintenant y est une fonction rationnelle des radicaux et des quantités connues; donc on peut faire

$$y = \frac{y_1}{y_2},$$

où y_1 et y_2 sont des expressions entières. Donc on pourra d'abord faire

$$y = \frac{y_1}{y_2} = \frac{P_0 + P_1 \sqrt[\mu_1]{R_1} + P_2 \left(\sqrt[\mu_1]{R_1}\right)^2 + \cdots + P_\nu \left(\sqrt[\mu_1]{R_1}\right)^\nu}{Q_0 + Q_1 \sqrt[\mu_1]{R_1} + Q_2 \left(\sqrt[\mu_1]{R_1}\right)^2 + \cdots + Q_{\nu'} \left(\sqrt[\mu_1]{R_1}\right)^{\nu'}},$$

où $P_0, P_1, \ldots Q_0, Q_1, \ldots$ sont des expressions rationnelles des quantités connues et des autres radicaux. Or on peut encore simplifier beaucoup cette expression. D'abord désignons par

$$y_2', \; y_2'', \; \ldots \; y_2^{(\mu_1 - 1)}$$

les valeurs que prendra y_2 en mettant au lieu de $\sqrt[\mu_1]{R_1}$ les valeurs $\omega \sqrt[\mu_1]{R_1}$, $\omega^2 \sqrt[\mu_1]{R_1} \ldots \omega^{\mu_1 - 1} \sqrt[\mu_1]{R_1}$, ω étant une racine imaginaire de l'équation $\omega^{\mu_1} - 1 = 0$; on sait que le radical $\sqrt[\mu_1]{R_1}$ et la quantité ω disparaîtront de l'expression du produit

$$y_2 y_2' y_2'' \ldots y_2^{(\mu_1 - 1)},$$

et que l'expression $y_1 y_2' y_2'' \ldots y_2^{(\mu_1 - 1)}$ sera rationnelle en $\sqrt[\mu_1]{R_1}$ sans ω.

On aura donc

$$y = \frac{y_1 \cdot y_2' \cdot y_2'' \ldots y_2^{(\mu_1 - 1)}}{y_2 \cdot y_2' \cdot y_2'' \ldots y_2^{(\mu_1 - 1)}} = \frac{z}{z_1},$$

ou z_1 est une fonction entière des quantités connues et des radicaux $R_2^{\frac{1}{\mu_2}}$,

$R_3^{\frac{1}{\mu_3}}$, ..., et z une fonction entière des quantités connues et des radicaux $R_1^{\frac{1}{\mu_1}}$, $R_2^{\frac{1}{\mu_2}}$, $R_3^{\frac{1}{\mu_3}}$....

En faisant donc

$$z = P_0 + P_1 . R_1^{\frac{1}{\mu_1}} + P_2 . R_1^{\frac{2}{\mu_1}} + \cdots + P_\nu . R_1^{\frac{\nu}{\mu_1}},$$

on aura

$$y = \frac{P_0}{z_1} + \frac{P_1}{z_1} . R_1^{\frac{1}{\mu_1}} + \cdots + \frac{P_\nu}{z_1} . R_1^{\frac{\nu}{\mu_1}}.$$

Or on a

$$R_1^{\frac{\mu_1}{\mu_1}} = R_1, \quad R_1^{\frac{\mu_1+1}{\mu_1}} = R_1 . R_1^{\frac{1}{\mu_1}} \text{ etc.},$$

donc on pourra enfin supposer

$$y = P_0 + P_1 . R_1^{\frac{1}{\mu_1}} + P_2 . R_1^{\frac{2}{\mu_1}} + \cdots + P_{\mu_1-1} R_1^{\frac{\mu_1-1}{\mu_1}},$$

où $P_0, P_1, \ldots P_{\mu_1-1}$ et R_1 pourront s'exprimer *rationnellement* par les quantités connues et les radicaux $R_2^{\frac{1}{\mu_2}}$, $R_3^{\frac{1}{\mu_3}}$, etc.

Maintenant les quantités $P_0, P_1, \ldots R_1$ étant des expressions algébriques, mais contenant un radical de moins, on pourra les mettre sous une forme semblable à celle de y. Et si l'on désigne par $R_2^{\frac{1}{\mu_2}}$ un radical qui ne se trouve contenu sous aucun des autres radicaux, les expressions dont il s'agit pourront se mettre sous la forme

$$P_0' + P_1' . R_2^{\frac{1}{\mu_2}} + P_2' . R_2^{\frac{2}{\mu_2}} + \cdots + P'_{\mu_2-1} . R_2^{\frac{\mu_2-1}{\mu_2}},$$

où $R_2, P_0', P_1', \ldots P'_{\mu_2-1}$ pourront s'exprimer rationnellement par les quantités connues et les radicaux $R_3^{\frac{1}{\mu_3}}$, $R_4^{\frac{1}{\mu_4}}$, etc.

En continuant ainsi, on doit parvenir enfin à des expressions qui ne contiendront aucun radical, et qui par conséquent seront rationnelles par rapport aux quantités connues.

Dans ce qui suit nous avons besoin de distinguer les expressions algébriques selon le nombre des radicaux qu'elles contiennent. Nous nous servirons de l'expression suivante. Une expression algébrique qui, outre les quantités connues, ne contient qu'un nombre n de radicaux, sera appelée expression algébrique de l'ordre n. Ainsi par exemple en supposant connues les quantités $\sqrt{2}$ et $\sqrt{\pi}$, la quantité

29*

$$\sqrt{2}+\sqrt{3-\sqrt{2}+\sqrt{\pi}}+\sqrt[3]{5+\sqrt{\pi}+\sqrt{3-\sqrt{2}+\sqrt{\pi}}}$$

sera une expression algébrique du second ordre, car outre les quantités $\sqrt{2}$, $\sqrt{\pi}$, elle ne contient que les deux radicaux

$$\sqrt{3-\sqrt{2}+\sqrt{\pi}},\quad \sqrt[3]{5+\sqrt{\pi}+\sqrt{3-\sqrt{2}+\sqrt{\pi}}}.$$

§ 2.

Détermination de l'équation la moins élevée à laquelle puisse satisfaire une expression algébrique donnée.

Pour simplifier les expressions, nous nous servirons des notations suivantes:

1. Nous désignerons par A_m, B_m, C_m, ... des expressions algébriques de l'ordre m.

2. Si dans $A_m = p_0 + p_1\sqrt[\mu]{R} + \cdots + p_{\mu-1}\left(\sqrt[\mu]{R}\right)^{\mu-1}$ on substitue à la place de $\sqrt[\mu]{R}$ successivement $\omega\sqrt[\mu]{R}$, $\omega^2\sqrt[\mu]{R}$, ... $\omega^{\mu-1}\sqrt[\mu]{R}$, où ω est une racine imaginaire de l'équation $\omega^\mu - 1 = 0$, nous désignerons le produit de toutes les quantités ainsi formées par ΠA_m.

3. Si tous les coefficiens d'une équation

$$y^n + A_m y^{n-1} + A_m' y^{n-2} + \cdots = 0,$$

sont des expressions algébriques de l'ordre m, nous dirons que cette équation est de l'ordre m. Nous désignerons son premier membre par $\varphi(y, m)$, et le degré de cette équation par $\delta\varphi(y, m)$.

Cela posé, nous allons successivement établir les théorèmes suivans:

Théorème I. Une équation telle que

$$(\alpha)\qquad t_0 + t_1 y_1^{\frac{1}{\mu_1}} + t_2 y_1^{\frac{2}{\mu_1}} + \cdots + t_{\mu_1-1} y_1^{\frac{\mu_1-1}{\mu_1}} = 0,$$

où t_0, t_1, ... t_{μ_1-1} sont exprimés rationnellement par ω, les quantités connues et les radicaux $y_2^{\frac{1}{\mu_2}}$, $y_3^{\frac{1}{\mu_3}}$, ..., donnera séparément

$$(\beta)\qquad t_0 = 0,\ t_1 = 0,\ t_2 = 0,\ \ldots\ t_{\mu_1-1} = 0.$$

Démonstration. Soit $y_1^{\frac{1}{\mu_1}} = z$, on aura les deux équations

$$(\gamma) \qquad z^{\mu_1} - y_1 = 0,$$

$$(\delta) \qquad t_0 + t_1 z + \cdots + t_{\mu_1 - 1} z^{\mu_1 - 1} = 0.$$

Si donc les coefficiens t_0, t_1, etc. ne sont pas égaux à zéro, z sera une racine de l'équation (δ). Supposons que l'équation:

$$0 = s_0 + s_1 z + \cdots + s_{k-1} z^{k-1} + z^k$$

soit une équation irréductible à laquelle puisse satisfaire z, s_0, s_1, etc. étant des quantités de la même nature que t_0, t_1, ... $t_{\mu_1 - 1}$, et k un nombre qui est nécessairement moindre que μ_1. Toutes les racines de cette équation doivent se trouver parmi celles de l'équation

$$z^{\mu_1} - y_1 = 0.$$

Or si z est une racine, une autre quelconque pourra être représentée par $\omega^\nu z$; donc, si k est plus grand que l'unité, l'équation doit encore être satisfaite en mettant $\omega^\nu z$ au lieu de z. Cela donne

$$0 = s_0 + s_1 \omega^\nu z + \cdots + s_{k-1} \omega^{(k-1)\nu} z^{k-1} + \omega^{k\nu} z^k,$$

d'où l'on tire, en la combinant avec la précédente,

$$0 = s_1 (\omega^\nu - 1) + \cdots + (\omega^{k\nu} - 1) z^{k-1}.$$

Maintenant cette équation, qui n'est que du degré $k-1$, ne peut subsister, à moins que tous ses coefficiens ne soient séparément égaux à zéro. Il faut donc qu'on ait

$$\omega^{k\nu} - 1 = 0, \text{ ou } \omega^{k\nu} = 1,$$

ce qui est impossible, en remarquant que μ_1 est un nombre premier. Il faut donc que $k = 1$, or cela donne

$$s_0 + z = 0,$$

d'où

$$z = \sqrt[\mu_1]{y_1} = -s_0,$$

ce qui est de même impossible. Les équations (β) auront donc lieu.

Théorème II. Si une équation,

$$\varphi(y, m) = 0,$$

est satisfaite par une expression algébrique:

$$y = p_0 + p_1 \sqrt[\mu_1]{y_1} + \cdots,$$

de l'ordre n, où n est plus grand que m, elle sera encore satisfaite en mettant au lieu de $\sqrt[\mu_1]{y_1}$ toutes les valeurs $\omega \sqrt[\mu_1]{y_1}$, $\omega^2 \sqrt[\mu_1]{y_1}$ etc.

Théorème III. Si les deux équations:

$$(\varepsilon) \qquad \varphi(y, m) = 0 \text{ et } \varphi_1(y, n) = 0,$$

desquelles la première est irréductible, et où $n \leqq m$, ont une racine commune, il faut que

$$\varphi_1(y, n) = f(y, m) \, . \, \varphi(y, m).$$

En effet, quel que soit $\varphi_1(y, n)$, nous pourrons faire

$$\varphi_1(y, n) = f(y, m) \, . \, \varphi(y, m) + f_1(y, m),$$

où le degré de $f_1(y, m)$ est moindre que celui de $\varphi(y, m)$. Il faut donc, à cause des équations (ε), qu'on ait en même temps

$$f_1(y, m) = 0,$$

ce qui ne peut avoir lieu, à moins que tous les coefficiens de cette équation ne soient séparément égaux à zéro. Donc, quel que soit y, on a $f_1(y, m) = 0$, et par suite

$$\varphi_1(y, n) = f(y, m) \, . \, \varphi(y, m).$$

Théorème IV. Si l'on a

$$(\zeta) \qquad \varphi_1(y, n) = f(y, m) \, . \, \varphi(y, m),$$

on doit avoir encore

$$\varphi_1(y, n) = f_1(y, m') \, . \, \Pi \varphi(y, m).$$

En effet, en changeant dans l'équation (ζ) le radical extérieur $\sqrt[\mu]{y_1}$ successivement en $\omega \sqrt[\mu]{y_1}$, $\omega^2 \sqrt[\mu]{y_1}$ etc., elle sera encore satisfaite. En désignant les valeurs correspondantes de $\varphi(y, m)$ par $\varphi'(y, m)$, $\varphi''(y, m)$, ... $\varphi^{(\mu-1)}(y, m)$, la fonction $\varphi_1(y, n)$ sera divisible par toutes ces fonctions; donc aussi par leur produit, si elles n'ont point de facteurs communs. Or si l'on suppose par exemple que les deux équations $\varphi'(y, m) = 0$, $\varphi''(y, m) = 0$ aient lieu en même temps, on en tirera

$$y^\nu + A_m \, y^{\nu-1} + B_m \, y^{\nu-2} + \cdots = 0,$$
$$y^\nu + A_m' \, y^{\nu-1} + B_m' \, y^{\nu-2} + \cdots = 0.$$

Or si elles ont une racine commune, elles doivent être identiques. Donc les fonctions $\varphi(y, m)$, $\varphi'(y, m)$ etc. n'ont pas de facteurs communs, par suite la fonction $\varphi_1(y, n)$ sera divisible par le produit

$$\varphi(y, m) . \varphi'(y, m) \ldots \varphi^{(\mu-1)}(y, m),$$

c'est-à-dire par $\Pi\varphi(y, m)$. Donc

$$\varphi_1(y, n) = f_1(y . m') . \Pi\varphi(y, m).$$

Théorème V. Si l'équation

$$\varphi(y, m) = 0$$

est irréductible, celle-ci:

$$\Pi\varphi(y, m) = 0 = \varphi_1(y, m'),$$

le sera de même.

En effet, si elle ne l'était pas, supposons que

$$\varphi_2(y, m') = 0$$

soit une telle équation. Alors les deux équations $\varphi_2(y, m') = 0$ et $\varphi(y, m) = 0$ auraient une racine commune, et par suite

$$\varphi_2(y, m') = f(y) \ \Pi\varphi(y, m) = f(y) . \varphi_1(y, m'),$$

ce qui est impossible, car le degré de $\varphi_2(y, m')$ est moindre que celui de $\varphi_1(y, m')$. Donc etc.

Cela posé, rien n'est plus facile que de trouver l'équation la moins élevée à laquelle puisse satisfaire une expression algébrique.

Soit a_m l'expression dont il s'agit, et

$$a_m = f\left(y_m^{\frac{1}{\mu_m}}, \ y_{m-1}^{\frac{1}{\mu_{m-1}}}, \ldots\right),$$

et

$$\psi(y) = 0,$$

l'équation irréductible à laquelle elle doit satisfaire.

La fonction doit d'abord être divisible par $y - a_m$. Or, si elle est divisible par $y - a_m$, elle est encore divisible par

$$\Pi(y - a_m) = \varphi(y, m_1).$$

Mais $\varphi(y, m_1)$ est irréductible, donc $\psi(y)$ est de même divisible par

$$\Pi\varphi(y, m_1) = \varphi_1(y, m_2),$$

ensuite par

$$\Pi\varphi_1(y, m_2) = \varphi_2(y, m_3),$$
etc.

Maintenant les nombres $m, m_1, m_2, \ldots$ forment une suite décroissante, on doit donc enfin parvenir à une fonction

$$\varphi_\nu(y, m_{\nu+1}),$$

où $m_{\nu+1} = 0$. Alors les coefficiens de cette fonction seront rationnels, et comme elle doit diviser la fonction $\psi(y)$, l'équation

$$\varphi_\nu(y, 0) = 0,$$

sera précisément l'équation cherchée.

Le degré de cette équation se trouve aisément. En effet on a successivement

$$\delta\varphi(y, m_1) = \delta\Pi(y - a_m) = \mu_m,$$
$$\delta\varphi_1(y, m_2) = \delta\Pi\varphi(y, m_1) = \mu_m \cdot \mu_{m_1},$$
$$\delta\varphi_2(y, m_3) = \delta\Pi\varphi_1(y, m_2) = \mu_m \cdot \mu_{m_1} \cdot \mu_{m_2},$$
$$\cdots\cdots\cdots\cdots\cdots\cdots\cdots\cdots$$
$$\delta\varphi_\nu(y, m_{\nu+1}) = \delta\Pi\,\varphi_{\nu-1}(y, m_\nu) = \mu_m \cdot \mu_{m_1} \ldots \mu_{m_\nu}.$$

Donc le degré de l'équation

$$\psi(y) = 0,$$

est

$$\mu_m \cdot \mu_{m_1} \cdot \mu_{m_2} \ldots \mu_{m_\nu},$$

dans le cas où $m_{\nu+1} = 0$.

De ce qui précède on peut maintenant déduire plusieurs conséquences importantes:

1. Le degré de l'équation irréductible à laquelle satisfait une expression algébrique, est le produit d'un certain nombre d'exposans radicaux qui se trouvent dans l'expression algébrique dont il s'agit. Parmi ces exposans se trouve toujours celui du radical extérieur.
2. L'exposant du radical extérieur est toujours un diviseur du degré de l'équation irréductible à laquelle satisfait une expression algébrique.
3. Si une équation irréductible peut être satisfaite algébriquement, elle est en même temps résoluble algébriquement. En effet, on aura toutes les racines en attribuant dans a_m aux radicaux $y_m^{\frac{1}{\mu_m}}, y_{m_1}^{\frac{1}{\mu_{m_1}}}, \ldots y_{m_\nu}^{\frac{1}{\mu_{m_\nu}}}$ toutes les valeurs dont ils sont susceptibles.

4. Une expression algébrique qui peut satisfaire à une équation irréductible du degré μ, est susceptible d'un nombre μ de valeurs différentes entre elles, et pas davantage.

§ 3.

Sur la forme de l'expression algébrique qui peut satisfaire à une équation irréductible d'un degré donné.

Supposons maintenant que le degré de l'équation

$$\psi(y)=0,$$

à laquelle satisfait l'expression algébrique a_m, soit exprimé par μ; on doit avoir, comme nous avons vu,

$$\mu=\mu_m.\mu_{m_1}.\mu_{m_2}\ldots\mu_{m_\nu}.$$

Premier cas: si μ est un nombre premier.

Si μ est un nombre premier, on doit avoir

$$\mu_m=\mu,$$

et par suite

$$a_m=p_0+p_1y_m^{\frac{1}{\mu}}+p_2y_m^{\frac{2}{\mu}}+\cdots+p_{\mu-1}y_m^{\frac{\mu-1}{\mu}}.$$

On trouve les autres racines en mettant au lieu de $y_m^{\frac{1}{\mu}}$ les valeurs

$$\omega y_m^{\frac{1}{\mu}},\ \omega^2y_m^{\frac{1}{\mu}},\ \ldots\omega^{\mu-1}y_m^{\frac{1}{\mu}}.$$

On aura ainsi, en désignant par $z_1, z_2, \ldots z_\mu$ les racines de l'équation, et en faisant pour abréger $y_m=s$,

$$z_1=p_0+\ p_1s^{\frac{1}{\mu}}+\ \ p_2s^{\frac{2}{\mu}}+\cdots+p_{\mu-1}s^{\frac{\mu-1}{\mu}},$$

$$z_2=p_0+p_1\omega s^{\frac{1}{\mu}}+p_2\omega^2s^{\frac{2}{\mu}}+\cdots+p_{\mu-1}\omega^{\mu-1}s^{\frac{\mu-1}{\mu}},$$

. . . .

$$z_\mu=p_0+p_1\omega^{\mu-1}s^{\frac{1}{\mu}}+p_2\omega^{\mu-2}s^{\frac{2}{\mu}}+\cdots+p_{\mu-1}\omega s^{\frac{\mu-1}{\mu}}.$$

Maintenant pour que ces quantités soient en effet des racines, il faut qu'on n'ait aucune nouvelle valeur en attribuant à tous les radicaux qui se trouvent dans les quantités $p_0, p_1, p_2\ldots p_{\mu-1}$ et s, les valeurs dont ces radicaux sont susceptibles.

Soient $p_0', p_1', p_2', \ldots p'_{\mu-1}$, s' un système de valeurs ainsi formées, on doit avoir

$$p_0'+p_1'\omega's'^{\frac{1}{\mu}}+\cdots+p'_{\mu-1}\omega'^{\mu-1}s'^{\frac{\mu-1}{\mu}}=p_0+p_1\omega s^{\frac{1}{\mu}}+\cdots+p_{\mu-1}\omega^{\mu-1}s^{\frac{\mu-1}{\mu}},$$

et à une valeur différente de ω' il répond une valeur différente de ω. En faisant donc $\omega'=1, \omega, \omega^2, \ldots \omega^{\mu-1}$, on aura, en désignant les valeurs correspondantes de ω par $\omega_0, \omega_1, \omega_2, \ldots \omega_{\mu-1}$,

$$p_0+p_1\omega_0 s^{\frac{1}{\mu}}+p_2\omega_0^2 s^{\frac{2}{\mu}}+\cdots=p_0'+p_1's'^{\frac{1}{\mu}}+p_2's'^{\frac{2}{\mu}}+\cdots,$$

$$p_0+p_1\omega_1 s^{\frac{1}{\mu}}+p_2\omega_1^2 s^{\frac{2}{\mu}}+\cdots=p_0'+p_1'\omega s'^{\frac{1}{\mu}}+p_2'\omega^2 s'^{\frac{2}{\mu}}+\cdots,$$

. . . .

$$p_0+p_1\omega_{\mu-1}s^{\frac{1}{\mu}}+p_2\omega_{\mu-1}^2 s^{\frac{2}{\mu}}+\cdots=p_0'+p_1'\omega^{\mu-1}s'^{\frac{1}{\mu}}+p_2'\omega^{\mu-2}s'^{\frac{2}{\mu}}+\cdots.$$

En ajoutant il viendra

$$\mu p_0=\mu p_0' \text{ c'est-à-dire } p_0'=p_0,$$

$$\mu p's'^{\frac{1}{\mu}}=p_0(1+\omega^{-1}+\omega^{-2}+\cdots+\omega^{-\mu+1})$$
$$+p_1 s^{\frac{1}{\mu}}(\omega_0+\omega_1\omega^{-1}+\omega_2\omega^{-2}+\cdots+\omega_{\mu-1}\omega^{-\mu+1})+\cdots.$$

De là on tirera

$$s'^{\frac{1}{\mu}}=f\left(\omega, p, p', p_1, p_1', \ldots s', s^{\frac{1}{\mu}}\right),$$

$$s'^{\frac{1}{\mu}}= q_0+q_1 s^{\frac{1}{\mu}}+\cdots+q_{\mu-1}s^{\frac{\mu-1}{\mu}},$$

$$s'=\left(q_0+q_1 s^{\frac{1}{\mu}}+\cdots+q_{\mu-1}s^{\frac{\mu-1}{\mu}}\right)^{\mu},$$

$$s'= t_0+t_1 s^{\frac{1}{\mu}}+\cdots+t_{\mu-1}s^{\frac{\mu-1}{\mu}};$$

or je dis qu'on doit avoir

$$t_1=0,\ t_2=0,\ \ldots t_{\mu-1}=0;$$

en effet dans le cas contraire on aurait

$$(a) \qquad s^{\frac{1}{\mu}}=f(s, s', p, p', p_1, p_1', \ldots p_{\mu-1}, p'_{\mu-1}),$$

et par là

$$z_1=f(s, p_0, p_1, \ldots s', p_0', p_1', \ldots).$$

Cela posé on ne peut pas exprimer s', p_0', p_1' ... rationnellement en fonction de s, p_0, p_1, p_2, ...; car cela donnerait $s^{\frac{1}{\mu}}$ en fonction rationnelle de s, p_0, p_1 ..., ce qui est impossible. Mais si l'on cherche l'équation irréductible à laquelle pourra satisfaire z_1, on trouve que son degré doit être un nombre composé, ce qui n'est pas. Donc l'équation (a) ne peut avoir lieu, et par suite on doit avoir $t_1=0$, $t_2=0$, ... $t_{\mu-1}=0$.

Cela donne

$$\left(q_0+q_1\omega\, s^{\frac{1}{\mu}}+\cdots+q_{\mu-1}\omega^{\mu-1}s^{\frac{\mu-1}{\mu}}\right)^\mu=s',$$

$$\left(q_0+q_1\omega^2 s^{\frac{1}{\mu}}+\cdots+q_{\mu-1}\omega^{\mu-2}s^{\frac{\mu-1}{\mu}}\right)^\mu=s',$$

. . . .

Donc

$$q_0+q_1\omega s^{\frac{1}{\mu}}+q_2\omega^2 s^{\frac{2}{\mu}}+\cdots+q_{\mu-1}\omega^{\mu-1}s^{\frac{\mu-1}{\mu}}=\omega^\nu s'^{\frac{1}{\mu}}$$

$$=q_0\omega^\nu+q_1\omega^\nu s^{\frac{1}{\mu}}+q_2\omega^\nu s^{\frac{2}{\mu}}+\cdots+q_{\mu-1}\omega^\nu s^{\frac{\mu-1}{\mu}},$$

d'où l'on tire

$$\omega^\nu q_0=q_0,\ \omega^\nu q_1=\omega q_1,\ \omega^\nu q_2=\omega^2 q_2,\ \ldots\ \omega^\nu q_\nu=\omega^\nu q_\nu,\ \ldots\ \omega^\nu q_{\mu-1}=\omega^{\mu-1}q_{\mu-1},$$

$$q_0=0,\ q_1=0,\ q_2=0,\ \ldots\ q_{\nu-1}=0,\ q_{\nu+1}=0,\ \ldots\ q_{\mu-1}=0.$$

Donc

$$s'^{\frac{1}{\mu}}=q^\nu.s^{\frac{\nu}{\mu}},\quad s'^{\frac{2}{\mu}}=q_\nu^2.s^{\frac{2\nu}{\mu}},\quad \text{etc.}$$

$$p_0'+p_1's'^{\frac{1}{\mu}}+p_2's'^{\frac{2}{\mu}}+\cdots=p_0+\omega p_1 s^{\frac{1}{\mu}}+\cdots+\omega^\nu p_\nu s^{\frac{\nu}{\mu}}+\cdots;$$

par suite

$$p_1's'^{\frac{1}{\mu}}=\omega^\nu p_\nu s^{\frac{\nu}{\mu}};$$

de là

$$p_1'^\mu s'=p_\nu^\mu s^\nu.$$

Maintenant puisque ν ne peut avoir que l'une des valeurs 2, 3, ... $\mu-1$, il s'ensuit que $p_1^\mu s$ n'aura qu'un nombre $\mu-1$ de valeurs différentes; $p_1^\mu s$ doit donc satisfaire à une équation qui est tout au plus du degré $\mu-1$.

On peut faire $p_1 = 1$, et alors on aura

$$z_1 = p_0 + s^{\frac{1}{\mu}} + p_2 s^{\frac{2}{\mu}} + \cdots + p_{\mu-1} s^{\frac{\mu-1}{\mu}},$$
$$z_2 = p_0 + \omega s^{\frac{1}{\mu}} + p_2 \omega^2 s^{\frac{2}{\mu}} + \cdots + p_{\mu-1} \omega^{\mu-1} s^{\frac{\mu-1}{\mu}},$$
$$\cdots\cdots\cdots\cdots\cdots\cdots\cdots\cdots\cdots$$
$$z_\mu = p_0 + \omega^{\mu-1} s^{\frac{1}{\mu}} + p_2 \omega^{\mu-2} s^{\frac{2}{\mu}} + \cdots + p_{\mu-1} \omega s^{\frac{\mu-1}{\mu}}.$$

Je dis maintenant qu'on pourra exprimer les quantités p_2, $p_3 \ldots p_{\mu-1}$ rationnellement en fonction de s et des quantités connues.

On a

$$p_0 = \frac{1}{\mu}(z_1 + z_2 + \cdots + z_\mu) = \text{une quantité connue.}$$

$$s^{\frac{1}{\mu}} = \frac{1}{\mu}(z_1 + \omega^{\mu-1} z_2 + \cdots + \omega z_\mu),$$

$$p_2 s^{\frac{2}{\mu}} = \frac{1}{\mu}(z_1 + \omega^{\mu-2} z_2 + \cdots + \omega^2 z_\mu),$$

$$\cdots\cdots\cdots\cdots\cdots\cdots$$

De là on tire

$$p_2 s = \left(\frac{1}{\mu}\right)^{\mu-1} (z_1 + \omega^{-2} z_2 + \cdots + \omega^{-2(\mu-1)} z_\mu)(z_1 + \omega^{-1} z_2 + \cdots + \omega^{-(\mu-1)} z_\mu)^{\mu-2},$$

$$p_3 s = \left(\frac{1}{\mu}\right)^{\mu-2} (z_1 + \omega^{-3} z_2 + \cdots + \omega^{-3(\mu-1)} z_\mu)(z_1 + \omega^{-1} z_2 + \cdots + \omega^{-(\mu-1)} z_\mu)^{\mu-3},$$

$$\cdots\cdots\cdots\cdots\cdots\cdots\cdots\cdots\cdots\cdots\cdots\cdots$$

$$q_1 + q_2 + \cdots + q_\nu = a_0,$$
$$q_1 s_1 + q_2 s_2 + \cdots + q_\nu s_\nu = a_1,$$
$$q_1 s_1^2 + q_2 s_2^2 + \cdots + q_\nu s_\nu^2 = a_2,$$
$$\cdots\cdots\cdots\cdots\cdots\cdots$$
$$q_1 s_1^{\nu-1} + q_2 s_2^{\nu-1} + \cdots + q_\nu s_\nu^{\nu-1} = a_{\nu-1};$$

$$q_1 (s_1^{\nu-1} + R_{\nu-2} s_1^{\nu-2} + \cdots + R_1 s_1 + R_0)$$
$$= a_0 R_0 + a_1 R_1 + a_2 R_2 + \cdots + a_{\nu-2} R_{\nu-2} + a_{\nu-1},$$

c'est-à-dire

$$q_1 = f(s, \ldots),$$

tant qu'on n'a pas

$$s_1^{\nu-1}+\cdots+R_0=(s_1-s_2)(s_1-s_3)\ldots(s_1-s_\nu)=0.$$

Or soit

$$s_1=s_n$$

$$(z_1+\omega^{-1}z_2+\omega^{-2}z_3+\cdots)^\mu=(z_1+\omega_1 z_2+\omega_2 z_3+\cdots)^\mu$$

$$\mu s^{\frac{1}{\mu}}=p_0+s^{\frac{1}{\mu}}+p_2 s^{\frac{2}{\mu}}+\cdots$$

$$+\omega_1 p_0+\omega_1\omega s^{\frac{1}{\mu}}+p_2\omega_1\omega^2 s^{\frac{2}{\mu}}+\cdots$$

$$+\omega_2 p_0+\omega_2\omega^2 s^{\frac{1}{\mu}}+p_2\omega_2\omega^4 s^{\frac{2}{\mu}}+\cdots$$

$$+\cdots\cdots\cdots\cdots\cdots\cdots,$$

$$1+\omega_1\omega+\omega_2\omega^2+\cdots+\omega_{\mu-1}\omega^{\mu-1}=\mu,$$

ce qui est impossible; donc

$$q_1=p_m s \text{ rationnel en } s \text{ et en quantités connues.}$$

Donc

$$z_1=p_0+s^{\frac{1}{\mu}}+f_2 s.s^{\frac{2}{\mu}}+f_3 s.s^{\frac{3}{\mu}}+\cdots+f_{\mu-1}s.s^{\frac{\mu-1}{\mu}}$$

Soit $P=0$ l'équation la moins élevée en s du degré ν, les ν racines de cette équation seront de la forme

$$s,\ p_{m'}^{\mu}s^{m'},\ p_{m''}^{\mu}s^{m''},\ \ldots p_{m(\nu-1)}^{\mu}s^{m(\nu-1)},$$

$$m',\ m'',\ \ldots m^{(\nu-1)} \text{ se trouvant parmi celles-ci}$$

$$2,\ 3,\ 4,\ \ldots \mu-1.$$

$$s_1=p_0^{\mu}s^m,$$

$$s_2=p_1^{\mu}s_1^m,$$

$$\cdots\cdots\cdots$$

$$s=p_{k-1}^{\mu}s_{k-1}^{m}=p_{k-1}^{\mu}p_{k-2}^{\mu m}p_{k-3}^{\mu m^2}\cdots p_0^{\mu m^{k-1}}s^{m^k},$$

$$\frac{m^k-1}{\mu}=\text{entier},$$

$$k=\text{facteur de } \mu-1,$$

$$k=\nu, \text{ ou } k<\nu.$$

Soit m une racine primitive pour le module μ, on pourra représenter z_1 par

$$z_1 = p_0 + s^{\frac{1}{\mu}} + p_1 s^{\frac{m}{\mu}} + p_2 s^{\frac{m^2}{\mu}} + \cdots + p_{\mu-2}'s^{\frac{m^{\mu-2}}{\mu}}$$

Soient s_1, s_2, s_3, $\ldots s_{\nu-1}$ les valeurs de s, on doit avoir

$$s_1^{\frac{1}{\mu}} = p_\alpha s^{\frac{m^\alpha}{\mu}},$$

$$s_2^{\frac{1}{\mu}} = p_\alpha' s_1^{\frac{m^\alpha}{\mu}},$$

$$\cdots \cdots \cdots$$

$$s^{\frac{1}{\mu}} = p_\alpha^{(k-1)} s_{k-1}^{\frac{m^\alpha}{\mu}};$$

$$s^{\frac{1}{\mu}} = p_\alpha^{(k-1)} \left(p_\alpha^{(k-2)}\right)^{m^\alpha} \left(p_\alpha^{(k-3)}\right)^{m^{2\alpha}} \cdots \left(p_\alpha^0\right)^{m^{(k-1)\alpha}} \cdot s^{\frac{m^{\alpha k}}{\mu}},$$

$$\frac{m^{\alpha k} - 1}{\mu} = \text{entier},$$

$$k = \text{facteur de } \mu - 1,$$

$$\alpha k = (\mu - 1)n,$$

$$\frac{\mu - 1}{k} = \beta,$$

$$\alpha = n\beta.$$

$$s_1^{\frac{1}{\mu}} = p \, s^{\frac{m^{n\beta}}{\mu}},$$

$$s_2^{\frac{1}{\mu}} = p_1 s_1^{\frac{m^{n\beta}}{\mu}} = p_1 p^{m^{n\beta}} s^{\frac{m^{2n\beta}}{\mu}},$$

$$\cdots \cdots \cdots \cdots \cdots$$

Soit $q^\mu s^{m^{\beta'}}$ une autre racine,

$$s' = q_1 s^{m^{n\beta} + n'\beta'}$$

en sera encore une.

Il faut donc que

$$k''(n\beta + n'\beta') = n''(\mu - 1);$$

$$\beta = \alpha\beta'',$$

$$\beta' = \alpha'\beta'',$$

$$\mu - 1 = e\,\alpha\alpha'\beta'';$$

$$k''(n\alpha + n'\alpha')\beta'' = n'' e\,\alpha\alpha'\beta'',$$

$$k''(n\alpha + n'\alpha') = n'' e\,\alpha\alpha';$$

$$k'' = \alpha\alpha' . k''',$$
$$k'''(n\alpha + n'\alpha') = n''e;$$
$$s'^{\frac{1}{\mu}} = q_1 s^{\frac{m^{(n\alpha+n'\alpha')\beta''}}{\mu}},$$
$$n\alpha + n'\alpha' = 1,$$
$$s'^{\frac{1}{\mu}} = q_1 s^{\frac{m^{\beta''}}{\mu}};$$
$$\mu - 1 = k\beta,$$
$$\mu - 1 = k'\beta',$$
$$\mu - 1 = k''\beta'',$$

mais $\beta'' < \beta$, $\beta'' < \beta'$; donc $k'' > k$, $k'' > k'$, ce qui est contre l'hypothèse; donc les racines de l'équation

$$P = 0$$

pourront être représentées par

$$s,$$
$$s_1 = (fs)^\mu . s^{m^\alpha},$$
$$s_2 = (fs_1)^\mu . s_1^{m^\alpha},$$
$$\dots\dots\dots$$
$$s_{\nu-1} = (fs_{\nu-2})^\mu . s_{\nu-2}^{m^\alpha};$$

où

$$s = (fs_{\nu-1})^\mu . s_{\nu-1}^{m^\alpha}$$
$$\alpha = \frac{\mu - 1}{\nu}.$$

Le degré de l'équation $P = 0$ doit donc être un facteur de $\mu - 1$.

Désignons $(fs)^\mu . s^{m^\alpha}$ par θs, les racines deviendront

$$s,\ \theta s,\ \theta^2 s,\ \theta^3 s,\ \dots\ \theta^{\nu-1} s,\ \text{où}\ \theta^\nu s = s.$$

On a encore

$$s_1 = (fs)^\mu s^{m^\alpha},$$
$$s_2 = (fs_1)^\mu . (fs)^{\mu m^\alpha} s^{m^{2\alpha}},$$
$$s_3 = (fs_2)^\mu . (fs_1)^{\mu m^\alpha} (fs)^{\mu m^{2\alpha}} s^{m^{3\alpha}},$$
$$\dots\dots\dots\dots\dots\dots$$

$$z_1 = p_0 + s^{\frac{1}{\mu}} + f_1 s . s^{\frac{m^\alpha}{\mu}} + f_2 s . s^{\frac{m^{2\alpha}}{\mu}} + \dots + f_{\nu-1} s . s^{\frac{m^{(\nu-1)\alpha}}{\mu}}$$
$$+ f_0' s . s^{\frac{m}{\mu}} + f_1' s . s^{\frac{m^{\alpha+1}}{\mu}} + f_2' s . s^{\frac{m^{2\alpha+1}}{\mu}} + \dots + f'_{\nu-1} s . s^{\frac{m^{(\nu-1)\alpha+1}}{\mu}}$$
$$+ f_0'' s . s^{\frac{m^2}{\mu}} + f_1'' s . s^{\frac{m^{\alpha+2}}{\mu}} + f_2'' s . s^{\frac{m^{2\alpha+2}}{\mu}} + \dots + f''_{\nu-1} s . s^{\frac{m^{(\nu-1)\alpha+2}}{\mu}}$$
$$+ \dots\dots\dots\dots\dots\dots\dots\dots$$
$$+ f_0^{(\alpha-1)} s . s^{\frac{m^{\alpha-1}}{\mu}} + f_1^{(\alpha-1)} s . s^{\frac{m^{2\alpha-1}}{\mu}} + f_2^{(\alpha-1)} s . s^{\frac{m^{3\alpha-1}}{\mu}} + \dots + f_{\nu-1}^{(\alpha-1)} s . s^{\frac{m^{\nu\alpha-1}}{\mu}}$$

$$s_n^{\frac{1}{\mu}} = f_n s . s^{\frac{m^{n\alpha}}{\mu}},$$
$$s_n^{\frac{m^\delta}{\mu}} = (f_n s)^{m^\delta} . s^{\frac{m^{\delta+n\alpha}}{\mu}},$$
$$f_n^{(\delta)} s . (f_n s)^{-m^\delta} . s_n^{\frac{m^\delta}{\mu}} = f_n^{(\delta)} s . s^{\frac{m^{n\alpha+\delta}}{\mu}}$$

$$z_1 = p_0 + s^{\frac{1}{\mu}} + s_1^{\frac{1}{\mu}} + s_2^{\frac{1}{\mu}} + \dots + s_{\nu-1}^{\frac{1}{\mu}}$$
$$+ \varphi_1 s . s^{\frac{m}{\mu}} + \varphi_1 s_1 . s_1^{\frac{m}{\mu}} + \varphi_1 s_2 . s_2^{\frac{m}{\mu}} + \dots + \varphi_1 s_{\nu-1} . s_{\nu-1}^{\frac{m}{\mu}}$$
$$+ \varphi_2 s . s^{\frac{m^2}{\mu}} + \varphi_2 s_1 . s_1^{\frac{m^2}{\mu}} + \varphi_2 s_2 . s_2^{\frac{m^2}{\mu}} + \dots + \varphi_2 s_{\nu-1} . s_{\nu-1}^{\frac{m^2}{\mu}}$$
$$+ \dots\dots\dots\dots\dots\dots\dots\dots$$
$$+ \varphi_{\alpha-1} s . s^{\frac{m^{\alpha-1}}{\mu}} + \varphi_{\alpha-1} s_1 . s_1^{\frac{m^{\alpha-1}}{\mu}} + \varphi_{\alpha-1} s_2 . s_2^{\frac{m^{\alpha-1}}{\mu}} + \dots + \varphi_{\alpha-1} s_{\nu-1} . s_{\nu-1}^{\frac{m^{\alpha-1}}{\mu}}.$$

$$s^{\frac{1}{\mu}} = A . a^{\frac{1}{\mu}} . a_1^{\frac{m^\alpha}{\mu}} . a_2^{\frac{m^{2\alpha}}{\mu}} \dots a_{\nu-1}^{\frac{m^{(\nu-1)\alpha}}{\mu}},$$
$$s_1^{\frac{1}{\mu}} = A_1 . a^{\frac{m^\alpha}{\mu}} . a_1^{\frac{m^{2\alpha}}{\mu}} . a_2^{\frac{m^{3\alpha}}{\mu}} \dots a_{\nu-1}^{\frac{1}{\mu}},$$
$$s_2^{\frac{1}{\mu}} = A_2 . a^{\frac{m^{2\alpha}}{\mu}} . a_1^{\frac{m^{3\alpha}}{\mu}} . a_2^{\frac{m^{4\alpha}}{\mu}} \dots a_{\nu-1}^{\frac{m^\alpha}{\mu}},$$
$$\dots\dots\dots\dots\dots\dots$$
$$s_{\nu-1}^{\frac{1}{\mu}} = A_{\nu-1} . a^{\frac{m^{(\nu-1)\alpha}}{\mu}} . a_1^{\frac{1}{\mu}} . a_2^{\frac{m^\alpha}{\mu}} \dots a_{\nu-1}^{\frac{m^{(\nu-2)\alpha}}{\mu}}$$

$$\frac{1}{\mu}\log s = \log A + \frac{1}{\mu}\log a + \frac{m^\alpha}{\mu}\log a_1 + \frac{m^{2\alpha}}{\mu}\log a_2 + \cdots$$

$$\frac{1}{\mu}\log s_1 = \log A_1 + \frac{m^\alpha}{\mu}\log a + \frac{m^{2\alpha}}{\mu}\log a_1 + \frac{m^{3\alpha}}{\mu}\log a_2 + \cdots$$

. . . .

$$s^{\frac{m^\alpha}{\mu}} : s_1^{\frac{1}{\mu}} = (A^{m^\alpha} : A_1) . a_{\nu-1}^{\frac{m^{\nu\alpha}-1}{\mu}}$$

$$\psi(y)$$

$$y^m + f(s) . y^{m-1} + f'(s) . y^{m-2} + \cdots = 0 = \varphi(y, s)$$

$$y^m + f(s') . y^{m-1} + f'(s') . y^{m-2} + \cdots = 0 = \varphi(y, s')$$

$$\varphi\,\varrho = 0$$

$$\varrho, \varrho_1, \varrho_2, \ldots \varrho_{\nu-1}$$

$$\varphi(s, \varrho) = 0$$

$$s, s', s'', \ldots s^{(\mu-1)}$$

$$\varphi(s_1, \varrho_1) = 0$$

$$s_1, s_1', s_1'', \ldots s_1^{(\mu-1)}$$

$$\varphi(s_2, \varrho_2) = 0$$

$$s_2, s_2', s_2'', \ldots s_2^{(\mu-1)}$$

. . . .

$$f(y, s, \varrho) = 0$$

$$f(y, s_1, \varrho_1) = 0$$

$$f(y, s_2, \varrho_2) = 0$$

. . . .

$$f(y, s_{\nu-1}, \varrho_{\nu-1}) = 0$$

$$F(y, s, s_1, s_2, \ldots s_{\nu-1}, \varrho, \varrho_1, \varrho_2, \ldots \varrho_{\nu-1}) = 0$$

$$s_{\nu-1}, s_{\nu-2}, s_{\nu-3}, \ldots s_\varepsilon$$

fonctions rationnelles de

$$s, s_1, s_2, \ldots s_{\varepsilon-1}, \varrho, \varrho_1, \varrho_2, \ldots \varrho_{\nu-1}$$

$F(y, s, s_1, s_2, \ldots s_{\varepsilon-1}, \varrho; \varrho_1, \varrho_2, \ldots \varrho_{\nu-1})$ sera facteur de $\psi(y)$ pour toutes les valeurs de $s, s_1, s_2, \ldots$

Donc le degré de $\psi(y)$ est divisible par μ^ε.

Il y a deux cas:

$$\text{si } \delta\psi(y) = \mu^\varepsilon,$$

$$\text{si } \delta\psi(y) = \mu^\varepsilon . \mu'.$$

Dans le premier cas:

$$y = f(s, s_1, s_2, \ldots s_{\varepsilon-1}, \varrho, \varrho_1, \varrho_2, \ldots \varrho_{\nu-1}).$$

Dans le second cas:

$$\delta F(y, s, s_1, \ldots \varrho, \varrho_1, \ldots) = \mu',$$

$$\begin{aligned} F(y, s, s_1, \ldots \varrho, \varrho_1, \ldots) = y^{\mu'} &+ f(s, s_1, \ldots \varrho, \varrho_1, \ldots) y^{\mu'-1} \\ &+ f'(s, s_1, \ldots \varrho, \varrho_1, \ldots) y^{\mu'-2} \\ &+ \ldots\ldots\ldots\ldots\ldots\ldots \end{aligned}$$

Soit

$$z = F(\alpha, s, s_1, \ldots \varrho, \varrho_1, \ldots)$$

z n'obtiendra pour les différens radicaux qu'un nombre μ^ε de valeurs différentes; donc z sera racine d'une équation du degré μ^ε. Par suite

$$\psi(y) = 0$$

donne

$$y^{\mu'} + f(z) . y^{\mu'-1} + f'(z) . y^{\mu'-2} + \cdots = 0,$$

où z est déterminé par une équation du degré μ^ε.

$$f(y,\ s)$$

$$f\left(y,\ \sqrt[\mu]{R},\ p,\ q,\ \ldots\right)=0$$

$$f\left(y,\ \sqrt[\mu]{R_1},\ p_1,\ q_1,\ \ldots\right)=0$$

$$f\left(y,\ \sqrt[\mu]{R_2},\ p_2,\ q_2,\ \ldots\right)=0$$

. . . .

$$f\left(y,\ \sqrt[\mu]{R_{\nu-1}},\ p_{\nu-1},\ q_{\nu-1},\ \ldots\right)=0$$

$$\psi(y)=\Pi f\left(y,\ \sqrt[\mu]{R},\ p,\ q,\ \ldots\right)=\Pi f\left(y,\ \sqrt[\mu]{R_1},\ p_1,\ q_1,\ \ldots\right)=\cdots$$

$$\cdots=\Pi f\left(y,\ \sqrt[\mu]{R_{\nu-1}},\ p_{\nu-1},\ q_{\nu-1},\ \ldots\right)=0$$

$$f\left(y,\ \sqrt[\mu]{R},\ \sqrt[\mu]{R_1},\ \sqrt[\mu]{R_2},\ \ldots\ \sqrt[\mu]{R_{\nu-1}},\ p,\ q,\ \ldots\ p_1,\ q_1,\ \ldots\ p_{\nu-1},\ q_{\nu-1}\right)=0$$

$$f\left(y,\ \sqrt[\mu]{R},\ \sqrt[\mu]{R_1},\ \ldots\sqrt[\mu]{R_{\varepsilon-1}},\ p,\ q,\ \ldots p_1,\ q_1,\ \ldots p_{\nu-1},\ q_{\nu-1},\ R_\varepsilon,\ R_{\varepsilon+1}\ldots R_{\nu-1}\right)=0$$

XIX.

FRAGMENS SUR LES FONCTIONS ELLIPTIQUES.

I.

RECHERCHES SUR LES FONCTIONS ELLIPTIQUES.

SECOND MÉMOIRE.

Dans le mémoire sur les fonctions elliptiques inséré dans les tomes II et III de ce journal*) j'ai développé plusieurs propriétés de ces fonctions tirées de la considération des fonctions inverses. Je vais continuer ces recherches dans ce second mémoire.

§ 1.

Soit

(1) $$\alpha = \frac{(m+\mu)\,\omega + (m-\mu)\,\varpi i}{2n+1},$$

où m, μ, n sont des nombres entiers tels que $m+\mu$, $m-\mu$, $2n+1$ ne soient pas divisibles par le même facteur, il resulte de l'équation (31) du mémoire cité qu'on aura

(2) $$\varphi(\theta + (2n+1)\,\alpha) = \varphi\,\theta,$$

et que toutes les quantités $\varphi\theta$, $\varphi(\theta+\alpha)$, $\varphi(\theta+2\alpha)$, ... $\varphi(\theta+2n\alpha)$ seront

---

*) Voyez t. I, p. 263 de cette édition.

différentes entre elles, en représentant par θ une quantité indéterminée. Cela posé, faisons

(3) $\varphi_1\theta = \varphi\theta . \varphi(\alpha+\theta) . \varphi(\alpha-\theta) . \varphi(2\alpha+\theta) . \varphi(2\alpha-\theta) \ldots \varphi(n\alpha+\theta) . \varphi(n\alpha-\theta)$

il est clair qu'on aura en vertu dé l'équation (2)

$$(4) \qquad \varphi_1\theta = \varphi_1(\theta \pm \alpha) = \varphi_1(\theta \pm 2\alpha) = \ldots .$$

En vertu de la formule (13) tome II, p. 107:

$$(5) \qquad \varphi(\alpha+\beta) . \varphi(\alpha-\beta) = \frac{\varphi^2\alpha - \varphi^2\beta}{1+e^2c^2\varphi^2\alpha . \varphi^2\beta},$$

on pourra écrire l'expression de $\varphi_1\theta$ comme il suit:

$$(6) \qquad \varphi_1\theta = \varphi\theta \frac{\varphi^2\alpha - \varphi^2\theta}{1+e^2c^2\varphi^2\alpha . \varphi^2\theta} . \frac{\varphi^2 2\alpha - \varphi^2\theta}{1+e^2c^2\varphi^2 2\alpha . \varphi^2\theta} \ldots \frac{\varphi^2 n\alpha - \varphi^2\theta}{1+e^2c^2\varphi^2 n\alpha . \varphi^2\theta};$$

$\varphi_1\theta$ sera donc une fonction rationnelle de $\varphi\theta$. Faisons $\varphi\theta = x$, on aura l'équation

$$(7) \qquad \left\{ \begin{aligned} & 0 = x(\varphi^2\alpha - x^2)(\varphi^2 2\alpha - x^2) \ldots (\varphi^2 n\alpha - x^2) \\ & - \varphi_1\theta . (1+e^2c^2\varphi^2\alpha . x^2)(1+e^2c^2\varphi^2 2\alpha . x^2) \ldots (1+e^2c^2\varphi^2 n\alpha . x^2), \end{aligned} \right.$$

qui est du degré $2n+1$ par rapport à x. L'une des racines de cette équation est $x = \varphi\theta$, or d'après la formule (4) $\varphi_1\theta$ ne change pas de valeur en mettant $\theta + \nu\alpha$ au lieu de θ, où ν est un nombre entier quelconque; donc $\varphi(\theta+\nu\alpha)$ sera encore une racine. Donc puisque les $2n+1$ quantités

$$\varphi\theta, \ \varphi(\theta+\alpha), \ \varphi(\theta+2\alpha), \ \ldots \ \varphi(\theta+2n\alpha)$$

sont différentes entre elles, ces quantités seront les racines de l'équation (7).

Maintenant nous allons démontrer le théorème suivant:

Toute fonction rationnelle des quantités

$$\varphi\theta, \ \varphi(\theta+\alpha), \ \ldots \ \varphi(\theta+2n\alpha)$$

qui ne change pas de valeur en mettant $\theta+\alpha$ au lieu de θ, pourra être exprimée par:

$$p \pm q \sqrt{\left[1 - \left(\frac{\varphi_1\theta}{\varphi_1\frac{\omega}{2}}\right)^2\right]\left[1 - \left(\frac{\varphi_1\theta}{\varphi_1\frac{\varpi i}{2}}\right)^2\right]},$$

où p et q sont des fonctions rationnelles de $\varphi_1\theta$.

Soit $\psi\theta$ la fonction dont il s'agit et qui soit telle que

$$(8) \qquad \psi(\theta+\alpha) = \psi\theta.$$

Comme on a, en vertu de la formule (10) tome II, p. 105,

$$(9) \qquad \varphi(\theta+\nu\alpha)=\frac{\varphi\theta\, f\nu\alpha . F\nu\alpha+\varphi\nu\alpha\, f\theta\, F\theta}{1+e^2c^2\varphi^2\theta . \varphi^2\nu\alpha},$$

on voit que $\psi\theta$ pourra s'exprimer rationnellement en $\varphi\theta$ et $f\theta . F\theta$; or on a

$$(f\theta . F\theta)^2=(1-c^2\varphi^2\theta)(1+e^2\varphi^2\theta),$$

donc $\psi\theta$ pourra être mise sous la forme

$$(10) \qquad \psi\theta=\psi_1\theta+\psi_2\theta . f\theta . F\theta,$$

où $\psi_1\theta$ et $\psi_2\theta$ sont des fonctions rationnelles de $\varphi\theta$.

Mettons maintenant, dans la fonction $\psi\theta$, $-\alpha$ au lieu de α, et désignons par $'\psi\theta$ la valeur correspondante de $\psi\theta$, il suit de l'équation (9) qu'on aura la valeur de $\psi\theta$ en changeant, dans l'expression de $\psi\theta$, le signe du radical $f\theta . F\theta$. Donc

$$(11) \qquad '\psi\theta=\psi_1\theta-\psi_2\theta . f\theta . F\theta.$$

Il est clair de même que la fonction $'\psi\theta$ ne change pas de valeur en mettant $\theta+\alpha$ au lieu de θ, de sorte que

$$(12) \qquad '\psi(\theta+\alpha)={}'\psi\theta.$$

Les équations (10), (11) donneront

$$(13) \qquad \begin{cases} \psi_1\theta=\frac{1}{2}(\psi\theta+{}'\psi\theta), \\ \psi_2\theta . f\theta . F\theta=\frac{1}{2}(\psi\theta-{}'\psi\theta), \end{cases}$$

Considérons d'abord la fonction $\psi_1\theta$. En vertu des équations (8), (12) on aura $\psi_1(\theta+\alpha)=\psi_1\theta$; donc en mettant au lieu de θ successivement $\theta+\alpha$, $\theta+2\alpha, \ldots$,

$$\psi_1\theta=\psi_1(\theta+\alpha)=\psi_1(\theta+2\alpha)=\cdots=\psi_1(\theta+2n\alpha),$$

d'où l'on déduit

$$\psi_1\theta=\frac{1}{2n+1}\left\{\psi_1\theta+\psi_1(\theta+\alpha)+\psi_1(\theta+2\alpha)+\cdots+\psi_1(\theta+2n\alpha)\right\}.$$

Maintenant $\psi_1\theta$ est une fonction rationnelle de $\varphi\theta$, donc le second membre de cette équation est une fonction rationnelle et symétrique, donc en vertu d'un théorème connu d'algèbre on pourra exprimer $\psi_1\theta$ rationnellement par les coefficiens de l'équation (7), c'est-à-dire que $\psi_1\theta$ sera une fonction rationnelle de $\varphi_1\theta$.

En prenant le carré de la fonction $\psi_2\theta . f\theta . F\theta$, on aura une fonction rationnelle de $\varphi\theta$ qui ne change pas de valeur en mettant $\theta+\alpha$ au lieu de θ, donc $(\psi_2\theta\,.\,f\theta\,.\,F\theta)^2$ pourra, de même que $\psi_1\theta$, s'exprimer rationnellement en $\varphi_1\theta$. On voit donc qu'on pourra faire

$$\psi\theta = p \pm \sqrt{q'},$$

où p et q' sont des fonctions rationnelles de $\varphi_1\theta$.

Or on peut extraire en partie la racine carrée de la fonction q'. Soit

$$\chi\theta = (\varphi\theta)^2\varphi(\theta+\alpha) + [\varphi(\theta+\alpha)]^2\varphi(\theta+2\alpha) + [\varphi(\theta+2\alpha)]^2\varphi(\theta+3\alpha) + \cdots$$
$$\cdots + [\varphi(\theta+(2n-1)\alpha)]^2\varphi(\theta+2n\alpha) + [\varphi(\theta+2n\alpha)]^2\varphi\theta,$$

et désignons par $'\chi\theta$ la valeur de $\chi\theta$ qui provient du changement de α en $-\alpha$; on aura selon ce qui précède

$$\chi\theta = \chi_1\theta + \chi_2\theta\,.\,f\theta\,.\,F\theta,$$
$$'\chi\theta = \chi_1\theta - \chi_2\theta\,.\,f\theta\,.\,F\theta,$$

où $\chi_1\theta$ et $\chi_2\theta$ sont des fonctions rationnelles de $\varphi\theta$.

On en tire:

(14) $$\tfrac{1}{2}(\chi\theta - '\chi\theta) = \chi_2\theta\,.\,f\theta\,.\,F\theta = \pm\sqrt{r},$$

où r sera une fonction rationnelle de $\varphi_1\theta$. Connaissant $\sqrt{r}$, on pourra trouver $\sqrt{q'}$ comme il suit.

Les équations (13), (14) donneront

$$\frac{\psi\theta - '\psi\theta}{\chi\theta - '\chi\theta} = \frac{\psi_2\theta}{\chi_2\theta} = \pi\theta,$$

où $\pi\theta$ est une fonction rationnelle de $\varphi\theta$, qui reste la même en changeant θ en $\theta+\alpha$; donc on pourra exprimer $\pi\theta$ rationnellement en $\varphi_1\theta$. On aura donc

$$\psi\theta - '\psi\theta = q(\chi\theta - '\chi\theta),$$

où q est une fonction rationnelle de $\varphi_1\theta$. Donc en vertu de l'équation (14)

$$\tfrac{1}{2}(\psi\theta - '\psi\theta) = \pm q\sqrt{r},$$

et par suite

$$\psi\theta = p \pm q\sqrt{r}.$$

La fonction r, qui aura la même valeur quelle que soit la forme de la fonction $\psi\theta$, peut être trouvée de la manière suivante:

D'abord je dis que r doit être une fonction entière de $\varphi_1\theta$. En effet, si l'on avait $r = \frac{r''}{r'}$, où r'' et r' sont des fonctions entières de $\varphi_1\theta$, r' aurait un facteur $\varphi_1\theta - \varphi_1\delta$, où $\varphi_1\delta$ n'est pas infini. Or si r' est divisible par $\varphi_1\theta - \varphi_1\delta$, la fonction r sera infinie pour $\theta = \delta$; c'est-à-dire on aura en vertu de l'équation (14)

$$\chi\delta - '\chi\delta = \tfrac{1}{0};$$

mais l'expression de $\chi\theta$ nous montre que cette équation ne saura avoir lieu, à moins qu'une quantité de la forme $\varphi(\delta \pm \nu\alpha)$ ne soit infinie. Or, en vertu de l'équation (3), cela donnerait $\varphi_1\delta = \frac{1}{0}$, ce qui est impossible. Donc nous concluons que r doit être une fonction entière de $\varphi_1\theta$.

Cela posé, soit $\varphi\theta = x$, et concevons qu'on développe les fonctions $\varphi_1\theta$ et $\chi\theta$, $'\chi\theta$ suivant les puissances descendantes de x, il est clair par les expressions de ces fonctions qu'on aura

$$\varphi_1\theta = ax + \varepsilon, \quad \chi\theta - '\chi\theta = Ax^2 + \varepsilon',$$

où a et A sont constans, et où ε et ε' ne contiendront que des puissances respectivement inférieures à x et x^2. En supposant donc que r soit du degré ν par rapport à $\varphi_1\theta$, on aura en vertu de l'equation (14)

$$r = \tfrac{1}{4}(\chi\theta - '\chi\theta)^2,$$
$$a'.x^\nu + \cdots = \tfrac{1}{4}A^2.x^4 + \cdots;$$

donc $\nu = 4$, et par conséquent r sera du quatrième degré. Maintenant l'équation (14) fait voir que la fonction r s'évanouira en attribuant à θ une quelconque des quatres valeurs: $\frac{\omega}{2}$, $-\frac{\omega}{2}$, $\frac{\varpi}{2}i$, $-\frac{\varpi}{2}i$. En effet on a $f\left(\pm\frac{\omega}{2}\right) = 0$, et $F\left(\pm\frac{\varpi}{2}i\right) = 0$. En remarquant donc que $\varphi_1\left(-\frac{\omega}{2}\right) = -\varphi_1\left(\frac{\omega}{2}\right)$, $\varphi_1\left(-\frac{\varpi}{2}i\right) = -\varphi_1\left(\frac{\varpi}{2}i\right)$, on voit que r sera divisible par la fonction

$$\left[1 - \left(\frac{\varphi_1\theta}{\varphi_1\frac{\omega}{2}}\right)^2\right]\left[1 - \left(\frac{\varphi_1\theta}{\varphi_1\frac{\varpi}{2}i}\right)^2\right],$$

car $\varphi_1\frac{\varpi}{2}i$ est différent de $\varphi_1\frac{\omega}{2}$.

Puisque donc r est du quatrième degré, on aura

$$r = C\left[1 - \left(\frac{\varphi_1\theta}{\varphi_1\frac{\omega}{2}}\right)^2\right]\left[1 - \left(\frac{\varphi_1\theta}{\varphi_1\frac{\varpi}{2}i}\right)^2\right],$$

où C est une constante. Ainsi notre théorème est démontré.

Dans le cas où $\psi\theta$ est une fonction entière des quantités $\varphi\theta$, $\varphi(\theta+\alpha)$, $\varphi(\theta+2\alpha)$, ... $\varphi(\theta+2n\alpha)$, p et q seront de même des fonctions entières de $\varphi_1\theta$. En effet c'est ce qu'on pourra démontrer entièrement de la manière que pour la fonction r. De même, si l'on désigne par ν l'exposant qui affecte la puissance la plus élevée des quantités $\varphi\theta$, $\varphi(\theta+\alpha)$, ... dans la fonction $\psi\theta$, on verra, en développant suivant les puissances descendantes de $\varphi\theta$, que les fonctions p et q seront respectivement tout au plus du degré ν et $\nu-2$ par rapport à $\varphi_1\theta$. On aura donc ce théorème:

Une fonction quelconque entière P des quantités

$$\varphi\theta,\ \varphi(\theta+\alpha),\ \ldots\ \varphi(\theta+2n\alpha),$$

qui ne change pas de valeur en mettant $\theta+\alpha$ au lieu de θ, pourra être exprimée par

$$P=p\pm q\sqrt{\left[1-\left(\frac{\varphi_1\theta}{\varphi_1\frac{\omega}{2}}\right)^2\right]\left[1-\left(\frac{\varphi_1\theta}{\varphi_1\frac{\varpi}{2}i}\right)^2\right]},$$

où p et q sont des fonctions entières de $\varphi_1\theta$, la première du degré ν et la seconde du degré $\nu-2$, en supposant que P soit du degré ν par rapport à une des quantités

$$\varphi\theta,\ \varphi(\theta+\alpha),\ \ldots\ \varphi(\theta+2n\alpha).$$

Si l'on suppose $\nu=1$, q sera égal à zéro. Dans ce cas P sera donc une fonction entière de la forme

$$P=A+B.\varphi_1\theta,$$

où A et B sont des constantes. On aura la valeur de A en faisant $\theta=0$, et celle de B en faisant $\varphi\theta=\frac{1}{0}$ après avoir divisé par $\varphi\theta$.

Soit par exemple

$$P=\pi(\theta)+\pi(\theta+\alpha)+\pi(\theta+2\alpha)+\cdots+\pi(\theta+2n\alpha),$$

où

$$\pi\theta=\varphi\theta.\varphi(\theta+\nu_1\alpha).\varphi(\theta+\nu_2\alpha)\ldots\varphi(\theta+\nu_\omega\alpha),$$

où $\nu_1, \nu_2, \ldots \nu_\omega$ sont des nombres entiers inégaux et moindres que $2n+1$. En faisant $\theta=0$, on aura

$$A=\pi(\alpha)+\pi(2\alpha)+\cdots+\pi(2n\alpha).$$

On trouvera la valeur de B en différentiant et faisant ensuite $\theta=0$, savoir

$$B=\frac{dP}{d\theta}\text{ pour }\theta=0.$$

Il est à remarquer que l'une des quantités A et B est toujours égale à zéro, savoir on aura $B=0$, si ω est un nombre impair, et $A=0$, si ω est un nombre pair. Ainsi par exemple si $\omega=0$,

$$\varphi\theta+\varphi(\theta+\alpha)+\varphi(\theta+2\alpha)+\cdots+\varphi(\theta+2n\alpha)=B.\varphi_1\theta,$$

et si $\omega=1$, $\nu_1=1$,

$$\begin{aligned}\varphi\theta.\varphi(\theta+\alpha)+\varphi(\theta+\alpha).\varphi(\theta+2\alpha)+\cdots+\varphi(\theta+2n\alpha)\varphi\theta\\ =\varphi\alpha.\varphi 2\alpha+\varphi 2\alpha.\varphi 3\alpha+\cdots+\varphi(2n-1)\alpha.\varphi 2n\alpha.\end{aligned}$$

II.

On pourra encore trouver d'autres relations entre les quantités de la forme $\varphi\left(\frac{m\omega+m'\varpi i}{2n+1}\right)$ à l'aide de la formule

$$\psi\theta.\psi_1\theta=A(y^2-f^2).$$

En effet, en y mettant pour y et f leurs valeurs $\varphi_1(a\theta)$ et $\varphi_1\left(\frac{m\varpi_1 i}{2n+1}\right)=\varphi_1\left(\frac{m\varpi i}{2n+1}a\right)$, il viendra:

$$\psi\theta.\psi_1\theta=A\left\{\varphi_1^2(a\theta)-\varphi_1^2\left(a\frac{m\varpi i}{2n+1}\right)\right\},$$

d'où l'on tire, en faisant $\theta=\frac{m\varpi i}{2n+1}$,

$$\psi\frac{m\varpi i}{2n+1}.\psi_1\frac{m\varpi i}{2n+1}=0,$$

c'est-à-dire:

$$0=\varphi\left(\frac{m\varpi i}{2n+1}\right)+\delta^{\mu}\varphi\left(\frac{m\varpi i}{2n+1}+\alpha\right)+\delta^{2\mu}\varphi\left(\frac{m\varpi i}{2n+1}+2\alpha\right)+\cdots+\delta^{2n\mu}\varphi\left(\frac{m\varpi i}{2n+1}+2n\alpha\right),$$

en déterminant convenablement le nombre entier m.

En faisant pour abréger $\frac{m\varpi i}{2n+1}=\theta i$, on pourra écrire la formule précédente comme il suit:

$$0=\varphi(\theta i)+\delta^{n\mu}\varphi\left(\frac{\alpha}{2}-\theta i\right)-\delta^{-n\mu}\varphi\left(\frac{\alpha}{2}+\theta i\right)-\delta^{2n\mu}\varphi(\alpha-\theta i)+\delta^{-2n\mu}\varphi(\alpha+\theta i)+\cdots$$

. . . .

Si l'on fait $n\mu = t(2n+1)+\nu$, on a

$$\delta^{n\mu} = \delta^{\nu};\quad \varphi\left(k\frac{\alpha}{2}\pm\frac{2n^2\mu}{2n+1}\varpi i\right)=\varphi\left(k\frac{\alpha}{2}\pm 2nt\varpi i\pm\frac{2n\nu}{2n+1}\varpi i\right)$$

$$=\varphi\left(k\frac{\alpha}{2}\pm\frac{2n\nu}{2n+1}\varpi i\right)=\varphi\left(k\frac{\alpha}{2}\pm\nu\varpi i\mp\frac{\nu\varpi i}{2n+1}\right)=(-1)^{\nu}\varphi\left(k\frac{\alpha}{2}\mp\frac{\nu\varpi i}{2n+1}\right);$$

donc en substituant,

$$0=\varphi\left(\frac{\nu\varpi i}{2n+1}\right)+\delta^{\nu}\varphi\left(\frac{\omega+\nu\varpi i}{2n+1}\right)-\delta^{-\nu}\varphi\left(\frac{\omega-\nu\varpi i}{2n+1}\right)-\delta^{2\nu}\varphi\left(\frac{2\omega+\nu\varpi i}{2n+1}\right)+\delta^{-2\nu}\varphi\left(\frac{2\omega-\nu\varpi i}{2n+1}\right)$$
$$+\cdots+(-1)^{n+1}\left\{\delta^{n\nu}\varphi\left(\frac{n\omega+\nu\varpi i}{2n+1}\right)-\delta^{-n\nu}\varphi\left(\frac{n\omega-\nu\varpi i}{2n+1}\right)\right\},$$

où ν peut être un nombre entier quelconque.

En changeant c en e, et e en c, on en déduira cette autre formule:

$$0=\varphi\left(\frac{\nu\omega}{2n+1}\right)+\delta^{\nu}\varphi\left(\frac{\nu\omega-\varpi i}{2n+1}\right)+\delta^{-\nu}\varphi\left(\frac{\nu\omega+\varpi i}{2n+1}\right)-\delta^{2\nu}\varphi\left(\frac{\nu\omega-2\varpi i}{2n+1}\right)-\delta^{-2\nu}\varphi\left(\frac{\nu\omega+2\varpi i}{2n+1}\right)$$
$$+\cdots+(-1)^{\nu+1}\left\{\delta^{n\nu}\varphi\left(\frac{\nu\omega-n\varpi i}{2n+1}\right)+\delta^{-n\nu}\varphi\left(\frac{\nu\omega+n\varpi i}{2n+1}\right)\right\}.$$

Si l'on fait par exemple $n=1=\nu$, on aura

. . . .

III.

Nous avons parlé ci-dessus d'une manière particulière de déterminer les fonctions entières p et q dans la formule   Nous allons l'exposer dans ce qui va suivre.

Si l'on fait, pour abréger, $f(2n+1)\theta\,.\,F(2n+1)\theta=r$, on aura

$$(\psi\theta)^{2n+1}=p+qr,$$

et de là, en mettant $\omega-\theta$ au lieu de θ,

$$[\psi(\omega-\theta)]^{2n+1}=p-qr,$$

par conséquent en multipliant,

$$[\psi\theta\,.\,\psi(\omega-\theta)]^{2n+1}=p^2-q^2\ \ r^2.$$

Maintenant on a $\psi(\theta+\alpha)=\delta^{-k}.\psi\theta$, donc en mettant $\omega-\alpha-\theta$ au lieu de θ, $\psi(\omega-\theta)=\delta^{-k}.\psi\big(\omega-(\theta+\alpha)\big)$, d'où $\psi\big(\omega-(\theta+\alpha)\big)=\delta^{k}\psi(\omega-\theta)$, et par suite

$$\psi(\theta+\alpha).\psi\big(\omega-(\theta+\alpha)\big)=\psi\theta.\psi(\omega-\theta).$$

De la même manière on a

$$\psi(\theta+\beta).\psi\big(\omega-(\theta+\beta)\big)=\psi\theta.\psi(\omega-\theta).$$

La fonction $\psi\theta.\psi(\omega-\theta)$, qui est, comme il est aisé de voir, une fonction entière des racines de l'équation , a donc la propriété de ne pas changer de valeur par le changement de θ en $\theta+\alpha$ ou en $\theta+\beta$. Par conséquent on aura, en vertu du théorème 1er,

$$\psi\theta.\psi(\omega-\theta)=v+v'.f(2n+1)\theta.F(2n+1)\theta,$$

où v et v' sont des fonctions entières de $\varphi(2n+1)\theta$, la première du degré 2, et la seconde du degré zéro. v' est donc constante, et v de la forme $A+B\varphi(2n+1)\theta+C[\varphi(2n+1)\theta]^2$. En changeant θ en $\omega-\theta$, on a

$$\psi(\omega-\theta).\psi\theta=v-v'.f(2n+1)\theta.F(2n+1)\theta,$$

donc $v'=0$. On a encore $\psi(\omega+\theta)=-\psi\theta$, et $\psi(-\theta)=-\psi(\omega-\theta)$, donc v doit rester le même en changeant θ en $-\theta$. Par conséquent on aura $B=0$, et

$$\psi\theta.\psi(\omega-\theta)=C\{[\varphi(2n+1)\theta]^2-f^2\},$$

C et f étant deux constantes.

Cela posé, l'équation donne celle-ci:

$$p^2-q^2r=C^{2n+1}\{[\varphi(2n+1)\theta]^2-f^2\}^{2n+1}.$$

Les fonctions entières p et q doivent donc être telles, qu'elles satisfassent à cette équation pour une valeur quelconque de $\varphi(2n+1)\theta$. Or cette condition suffira pour les déterminer, si l'on connaît seulement la valeur de C. Celle-ci se trouve en faisant, dans l'équation , $\varphi\theta=\frac{1}{0}$ après avoir divisé les deux membres par $(\varphi\theta)^2$. On obtiendra alors, en remarquant que

$$\frac{\psi\theta}{\varphi\theta}=1=\frac{\psi(\omega-\theta)}{\varphi\theta},\quad \text{et}\quad \frac{\varphi(2n+1)\theta}{\varphi\theta}=\frac{1}{2n+1},$$

$$C=(2n+1)^2.$$

Connaissant C, on aura f en faisant $\theta=0$, savoir

$$\psi 0.\psi\omega=-Cf^2=-(2n+1)^2f^2.$$

Maintenant il est clair par la formule que

$$\psi 0 = -\psi\omega = \sum_0^{2n}{}_m \sum_0^{2n}{}_\mu \varphi(m\alpha + \mu\beta) . \delta^{mk+\mu k'},$$

donc, en substituant et extrayant la racine carrée,

$$f = \frac{1}{2n+1} \cdot \sum_0^{2n}{}_m \sum_0^{2n}{}_\mu \varphi(m\alpha + \mu\beta) . \delta^{mk+\mu k'}$$

Cela posé, reprenons l'équation ; en y faisant $\varphi(2n+1)\theta = y$, on aura

$$p = a_0 y + a_1 y^3 + a_2 y^5 + \cdots + a_n y^{2n+1},$$
$$q = b_0 + b_1 y^2 + b_2 y^4 + \cdots + b_{n-1} y^{2n-2},$$
$$r = (1 - c^2 y^2)(1 + e^2 y^2),$$

donc

$$(a_0 y + a_1 y^3 + \cdots + a_n y^{2n+1})^2 - (b_0 + b_1 y^2 + \cdots + b_{n-1} y^{2n-2})^2 (1 - c^2 y^2)(1 + e^2 y^2)$$
$$= (2n+1)^2 (y^2 - f^2)^{2n+1}.$$

XX.

EXTRAITS DE QUELQUES LETTRES A HOLMBOE.

Copenhague, l'an $\sqrt[3]{6064321219}$ *)
(en comptant la fraction décimale.)

Le petit mémoire qui, comme tu te le rappelles, traite des fonctions inverses de transcendantes elliptiques, et dans lequel j'avais prouvé une chose impossible, j'ai prié M. *Degen* de le parcourir; mais il ne pouvait trouver de vice de conclusion ni comprendre où était la faute. Du diable si je sais comment m'en tirer.

J'ai cherché à démontrer l'impossibilité de l'équation

$$a^n = b^n + c^n$$

en nombres entiers, lorsque n est plus grand que 2, mais je ne suis parvenu qu'aux théorèmes suivans qui sont assez curieux.

Théorème I.

L'équation $a^n = b^n + c^n$, où n est un nombre premier, est impossible, lorsqu'une ou plusieurs des quantités a, b, c, $a + b$, $a + c$, $b - c$, $\sqrt[m]{a}$, $\sqrt[m]{b}$, $\sqrt[m]{c}$ sont des nombres premiers.

*) Le 3 août 1823.

Théorème II.

Si l'on a

$$a^n = b^n + c^n,$$

chacune des quantités a, b, c sera toujours résoluble en deux facteurs, premiers entre eux, de telle sorte qu'en posant $a = \alpha \,.\, a'$, $b = \beta \,.\, b'$, $c = \gamma \,.\, c'$, l'un des 5 cas suivans aura lieu:

1. $a = \frac{a'^n + b'^n + c'^n}{2}$, $b = \frac{a'^n + b'^n - c'^n}{2}$, $c = \frac{a'^n + c'^n - b'^n}{2}$.

2. $a = \frac{n^{n-1} a'^n + b'^n + c'^n}{2}$, $b = \frac{n^{n-1} a'^n + b'^n - c'^n}{2}$, $c = \frac{n^{n-1} a'^n + c'^n - b'^n}{2}$.

3. $a = \frac{a'^n + n^{n-1} b'^n + c'^n}{2}$, $b = \frac{a'^n + n^{n-1} b'^n - c'^n}{2}$, $c = \frac{a'^n + c'^n - n^{n-1} b'^n}{2}$.

4. $a = \frac{n^{n-1}(a'^n + b'^n) + c'^n}{2}$, $b = \frac{n^{n-1}(a'^n + b'^n) - c'^n}{2}$, $c = \frac{n^{n-1}(a'^n - b'^n) + c'^n}{2}$.

5. $a = \frac{a'^n + n^{n-1}(b'^n + c'^n)}{2}$, $b = \frac{a'^n + n^{n-1}(b'^n - c'^n)}{2}$, $c = \frac{a'^n - n^{n-1}(b'^n - c'^n)}{2}$.

Théorème III.

Pour que l'équation $a^n = b^n + c^n$ soit possible, il faut que a ait une des trois formes suivantes:

1. $a = \frac{x^n + y^n + z^n}{2}$,

2. $a = \frac{x^n + y^n + n^{n-1} z^n}{2}$,

3. $a = \frac{x^n + n^{n-1}(y^n + z^n)}{2}$,

x, y et z n'ayant pas de facteurs communs.

Théorème IV.

La quantité a ne peut être moindre que $\frac{9^n + 5^n + 4^n}{2}$, et la plus petite des quantités a, b, c ne peut être moindre que $\frac{9^n - 5^n + 4^n}{2}$.

Le 16 janvier 1826.

Depuis mon arrivée à Berlin je me suis aussi occupé de la solution du problème général suivant: *Trouver toutes les équations qui sont résolubles algébriquement.* Je ne l'ai pas encore achevée, mais autant que j'en puis juger, j'y réussirai. Tant que le degré de l'équation est un nombre premier, la difficulté n'est pas si grande, mais lorsque ce nombre est composé, le diable s'en mêle. J'ai fait application aux équations du cinquième degré, et je suis heureusement parvenu à résoudre le problème dans ce cas. J'ai trouvé un grand nombre d'équations résolubles, outre celles qui sont connues jusqu'à présent. Lorsque j'aurai terminé le mémoire ainsi que je l'espère, je me flatte qu'il sera bon. Il sera général, et on y trouvera de la méthode, ce qui me semble le plus essentiel.

Un autre problème qui m'occupe beaucoup, c'est la sommation de la série

$$\cos mx + m\cos(m-2)x + \frac{m(m-1)}{2}\cos(m-4)x + \cdots$$

Lorsque m est un nombre entier positif, la somme de cette série est, comme tu sais, $(2\cos x)^m$, mais lorsque m n'est pas un nombre entier, cela n'a plus lieu, à moins que x ne soit moindre que $\frac{\pi}{2}$. Il n'y a pas de problème qui ait plus occupé les mathématiciens, dans les derniers temps, que celui-là. *Poisson*, *Poinsot*, *Plana*, *Crelle* et une foule d'autres ont cherché à le résoudre, et *Poinsot* est le premier qui ait trouvé une somme juste, mais son raisonnement est tout faux, et personne n'en est encore venu à bout. J'ai été assez heureux pour la démontrer rigoureusement.

J'ai trouvé

$$\cos mx + m\cos(m-2)x + \cdots = (2+2\cos 2x)^{\frac{m}{2}}\cos mk\pi$$

$$\sin mx + m\sin(m-2)x + \cdots = (2+2\cos 2x)^{\frac{m}{2}}\sin mk\pi.$$

m est une quantité comprise entre les limites -1 et $+\infty$, k est un entier, et x une quantité comprise entre les limites $(k-\frac{1}{2})\pi$ et $(k+\frac{1}{2})\pi$. Lorsque m est compris entre -1 et $-\infty$, les deux séries sont divergentes, et par conséquent elles n'ont pas de somme. Les séries divergentes sont en général quelque chose de bien fatal, et c'est une honte qu'on ose y fonder aucune démonstration. On peut démontrer tout ce qu'on veut en les employant, et ce sont elles qui ont fait tant de malheurs et qui ont enfanté tant de paradoxes. Peut-on imaginer rien de plus horrible que de débiter

$$0 = 1 - 2^n + 3^n - 4^n + \text{etc.},$$

n étant un nombre entier positif? Enfin mes yeux se sont dessillés d'une manière frappante, car à l'exception des cas les plus simples, par exemple les séries géométriques, il ne se trouve dans les mathématiques presque aucune série infinie dont la somme soit déterminée d'une manière rigoureuse, c'est-à-dire que la partie la plus essentielle des mathématiques est sans fondement. Pour la plus grande partie les résultats sont justes, il est vrai, mais c'est là une chose bien étrange. Je m'occupe à en chercher la raison, problème très intéressant. Je crois que tu ne pourras me proposer qu'un très petit nombre de théorèmes contenant des séries infinies, à la démonstration desquels je ne puisse faire des objections bien fondées. Fais cela, et je te répondrai. La formule binôme elle-même n'est pas encore rigoureusement démontrée. J'ai trouvé qu'on a

$$(1+x)^m = 1 + mx + \frac{m(m-1)}{2} x^2 + \cdots$$

pour toutes les valeurs de m, lorsque x est moindre que l'unité. Lorsque x est égal à $+1$, la même formule a lieu, mais seulement si m est plus grand que -1, et lorsque x est égal à -1, la formule n'a lieu que pour des valeurs positives de m. Pour toutes les autres valeurs de x et de m, la série $1 + mx +$ etc. est divergente. Le théorème de *Taylor*, base de tout le calcul infinitésimal, n'est pas mieux fondé. Je n'en ai trouvé qu'une seule démonstration rigoureuse, et celle-ci est de M. *Cauchy* dans son *Résumé des leçons sur le calcul infinitésimal*, où il a démontré qu'on aura

$$\varphi(x+\alpha) = \varphi x + \alpha \varphi' x + \frac{\alpha^2}{2} \varphi'' x + \cdots$$

tant que la série est convergente; mais on l'emploie sans façon dans tous les cas. Pour montrer par un exemple général (*sit venia verbo*) comme on raisonne mal, et combien il faut être sur ses gardes, je choisirai le suivant. Soit

$$a_0 + a_1 + a_2 + a_3 + \text{etc.}$$

une série infinie quelconque, tu sais qu'une manière très ordinaire pour en trouver la somme c'est de chercher la somme de celle-ci:

$$a_0 + a_1 x + a_2 x^2 + \cdots$$

et faire ensuite $x = 1$ dans le résultat. Cela est bien juste, mais il me semble qu'on ne doit pas l'admettre sans démonstration; car quoiqu'on ait démontré que

$$\varphi x = a_0 + a_1 x + a_2 x^2 + \cdots$$

pour toutes les valeurs de x qui sont inférieures à l'unité, il ne s'ensuit pas que la même chose ait lieu pour x égal à 1. Il serait bien possible que la série $a_0 + a_1 x + a_2 x^2 + \cdots$ s'approchât d'une quantité toute différente de $a_0 + a_1 + a_2 + \cdots$, lorsque x s'approche indéfiniment de l'unité. C'est ce qui est clair dans le cas général où la série est divergente; car alors elle n'a pas de somme. J'ai démontré que ce procédé est juste lorsque la série est convergente. L'exemple suivant montre comme on peut se tromper. On peut démontrer rigoureusement qu'on aura pour toutes les valeurs de x inférieures à π

$$\frac{x}{2} = \sin x - \tfrac{1}{2} \sin 2x + \tfrac{1}{3} \sin 3x - \text{etc.}$$

Il semble qu'on en pourrait conclure que la même formule aurait lieu pour $x = \pi$; mais cela donnerait

$$\frac{\pi}{2} = \sin \pi - \tfrac{1}{2} \sin 2\pi + \tfrac{1}{3} \sin 3\pi - \text{etc.} = 0,$$

résultat absurde. On peut trouver une infinité d'exemples pareils.

La théorie des séries infinies en général est jusqu'à présent très mal fondée. On applique aux séries infinies toutes les opérations, comme si elles étaient finies; mais cela est-il bien permis? je crois que non. Où est-il démontré qu'on obtient la différentielle d'une série infinie en prenant la différentielle de chaque terme? Rien n'est plus facile que de donner des exemples où cela n'est pas juste; par exemple

$$\frac{x}{2} = \sin x - \tfrac{1}{2} \sin 2x + \tfrac{1}{3} \sin 3x - \text{etc.}$$

En différentiant on obtient

$$\tfrac{1}{2} = \cos x - \cos 2x + \cos 3x - \text{etc.},$$

résultat tout faux, car cette série est divergente.

La même chose a lieu par rapport à la multiplication et à la division des séries infinies. J'ai commencé à examiner les règles les plus importantes qui (à présent) sont ordinairement approuvées à cet égard, et à montrer en quels cas elles sont justes ou non. Cela va assez bien et m'intéresse infiniment.

Paris, le 24 octobre 1826.

Comme il me tarde d'avoir de tes nouvelles! tu ne saurais t'en faire idée. Ainsi donc ne va pas me tromper dans mon attente, fais-moi parvenir quelques lignes consolatrices dans l'isolement où je me trouve; car, à te dire vrai, cette capitale la plus bruyante du continent me fait pour le moment l'effet d'un désert. Je ne connais presque personne; c'est que pendant la belle saison tout le monde est à la campagne; ainsi ce monde n'est pas visible. Jusqu'à présent je n'ai fait connaissance qu'avec MM. *Legendre*, *Cauchy* et *Hachette*, et quelques mathématiciens moins célèbres quoique fort habiles: M. *Saigey*, rédacteur du Bulletin des Sciences, et M. *Lejeune-Dirichlet*, Prussien qui vint me voir l'autre jour me croyant son compatriote. C'est un mathématicien d'une grande pénétration. Il a prouvé avec M. *Legendre* l'impossibilité de résoudre en nombres entiers l'équation $x^5 + y^5 = z^5$, et d'autres fort belles choses. *Legendre* est d'une complaisance extrême, mais malheureusement fort vieux. *Cauchy* est fou, et avec lui il n'y a pas moyen de s'entendre, bien que pour le moment il soit celui qui sait comment les mathématiques doivent être traitées. Ce qu'il fait est excellent, mais très brouillé. D'abord je n'y compris presque rien; maintenant j'y vois plus clair. Il fait publier une série de mémoires sous titre d'*Exercices de mathématiques.* Je les achète et les lis assidûment. Il en a paru 9 livraisons depuis le commencement de cette année. *Cauchy* est à présent le seul qui s'occupe des mathématiques pures. *Poisson*, *Fourier*, *Ampère* etc. s'occupent exclusivement du magnétisme et d'autres sujets physiques. M. *Laplace* n'écrit plus rien, je pense. Son dernier ouvrage fut un supplément à sa *Théorie des probabilités.* Je l'ai souvent vu à l'Institut. C'est un petit homme très gaillard. *Poisson* est un petit monsieur; il sait se comporter avec beaucoup de dignité; M. *Fourier* de même. *Lacroix* est bien vieux. M. *Hachette* va me présenter à plusieurs de ces messieurs.

Les Francais sont beaucoup plus réservés avec les étrangers que les Allemands. Il est fort difficile de gagner leur intimité, et je n'ose pousser mes prétensions jusque-là; enfin tout commencant a bien de la peine à se faire remarquer ici. Je viens de finir un grand traité sur une certaine classe de fonctions transcendantes pour le présenter à l'Institut, ce qui aura lieu lundi prochain. Je l'ai montré à M. *Cauchy*, mais il daigna à peine y jeter les yeux. Et j'ose dire, sans me vanter, que c'est un bon travail. Je suis curieux d'entendre l'opinion de l'Institut là-dessus. Je ne manquerai pas de t'en faire part. J'ai écrit plusieurs autres mémoires surtout pour le journal de M. *Crelle*, dont 3 livraisons ont paru; de même pour les Annales de M. *Gergonne*. Un extrait de mon mémoire sur l'impossibilité de résoudre les équations algébriques a été inséré dans le bulletin de M. *Férussac*. Je l'ai fait moi-même. J'ai fait et je ferai d'autres articles pour ce bulletin. C'est un travail bien ennuyeux quand on n'a pas écrit le traité soi-même, mais enfin, c'est pour M. *Crelle*, l'homme le plus honnête du monde. J'entretiens avec lui une correspondance soutenue. Je travaille en ce moment à la théorie des équations, mon thème favori, et me voilà enfin parvenu à trouver le moyen de résoudre le problème général que voici: *Déterminer la forme de toutes les équations algébriques qui peuvent être résolues algébriquement.* J'en ai trouvé un nombre infini du 5me, 6me et 7me degré qu'on n'a pas flairé jusqu'à présent. J'ai en même temps la solution la plus directe des équations des 4 premiers degrés, avec la raison évidente pourquoi celles-ci sont les seules résolubles et non pas les autres. Quant aux équations du 5me degré j'ai trouvé que quand une telle équation est résoluble algébriquement, il faut que la racine ait la forme suivante:

$$x = A + \sqrt[5]{R} + \sqrt[5]{R'} + \sqrt[5]{R''} + \sqrt[5]{R'''},$$

où R, R', R'', R''' sont les 4 racines d'une équation du 4me degré qui sont exprimables par des racines carrées seules. Pour les expressions et les signes, ce problème m'a fait bien des difficultés. En outre je m'occupe des quantités imaginaires, où il reste encore beaucoup à faire; puis du calcul intégral, et surtout de la théorie des séries infinies, si mal basée jusqu'ici. Cependant je ne puis m'attendre à en voir un résultat satisfaisant avant d'être installé chez moi, si cela se réalise jamais. Je regrette d'avoir fixé deux ans pour mes voyages, un an et demi aurait suffi. J'ai le mal du pays, et dès à présent mon séjour à l'étranger, ici ou ailleurs, ne m'offre plus tant d'avantages qu'on croirait. Je suis maintenant au fait de tout ce que les mathématiques pures offrent de plus ou moins essentiel, et il me tarde seulement de pouvoir consacrer mon temps exclusivement à rédiger ce que j'ai recueilli. Il me reste tant de choses à faire, mais tant que je serai en pays étranger, tout cela va assez mal. Si j'avais mon professorat comme M. *Keilhau* a le sien! Ma position n'est pas assurée, il est vrai, mais je n'en suis pas en peine; si la fortune m'abandonne d'une part elle me sourira peut-être de l'autre.

[Paris, décembre 1826.]*)

Tu m'apprends que tu as lu les deux premiers fascicules du journal de M. *Crelle.* Les mémoires que j'y ai fait insérer, à l'exception de celui des équations, ne valent pas grand'chose, mais cela viendra, tu verras. J'espère que tu seras satisfait d'un long mémoire sur une intégrale qui se trouve au 3me fascicule; mais celui qui me fait le plus de plaisir c'est un mémoire, actuellement sous presse pour le 4me fascicule, sur la simple série $1 + mx + \frac{m(m-1)}{2} x^2 + \cdots$ J'ose dire que c'est la première démonstration rigoureuse de la formule binôme dans tous les cas possibles, ainsi que d'un grand nombre d'autres formules, en partie connues, il est vrai, mais bien faiblement démontrées. Dans le fascicule prochain (janvier) des Annales de M. *Gergonne* il paraîtra un petit mémoire de moi sur l'élimination. C'était pour voir s'il le publierait. Un de ces jours je lui en enverrai un meilleur sur le développement de fonctions continues ou discontinues, selon des cosinus ou sinus d'arcs multiples. J'y démontre une formule connue, mais jusq'ici prouvée assez nonchalamment. De même j'enverrai à M. *Gergonne* un grand mémoire sur les fonctions elliptiques où il y a bien des choses curieuses, qui ne manqueront pas, je m'en flatte, de frapper quelques lecteurs par-ci par-là. Entre autres choses il traite de la division de l'arc de la lemniscate. Tu verras comme c'est gentil. J'ai trouvé qu'avec le compas et la règle on peut diviser la lemniscate en $2^n + 1$ parties égales, lorsque ce nombre est premier. La division dépend d'une équation du degré $(2^n + 1)^2 - 1$; mais j'en ai trouvé la solution complète à l'aide des racines carrées. Cela m'a fait pénétrer en même temps le mystère qui a régné sur la théorie de M. *Gauss* sur la division de la circonférence du cercle. Je vois clair comme le jour comment il y est parvenu. Ce que je viens de dire de la lemniscate est un des

*) Cette lettre est sans date.

fruits de mes recherches sur la théorie des équations. Tu ne saurais t'imaginer combien j'y ai trouvé de théorèmes délicieux, par exemple celui-ci: Si une équation $P=0$, dont le degré est $\mu\nu$, μ et ν étant des nombres premiers entre eux, est résoluble d'une manière quelconque par des radicaux, ou P sera décomposable en μ facteurs du degré ν, dont les coefficiens dépendent d'une seule équation du degré μ, ou bien en ν facteurs du degré μ, dont les coefficiens dépendent d'une seule équation du degré ν.

Berlin, le 4 mars 1827.

Il y a un mois environ que je t'ai fait parvenir par M. *P.* le 3me fascicule du journal de M. *Crelle* et un peu plus de la moitié du 4me, maintenant fini. Que penses-tu de mon mémoire qui s'y trouve inséré? J'y ai tâché d'être tellement rigoureux qu'il sera impossible d'y faire aucune objection fondée. J'ai déjà préparé un mémoire développé, où il y a bien des choses curieuses (fonctions elliptiques). Ainsi j'ai trouvé qu'avec la règle et le compas on peut diviser la circonférence de la lemniscate dans le même nombre de parties égales que l'a montré M. *Gauss* pour le cercle, p. ex. en 17 parties. Ceci n'est qu'une conséquence très spéciale, et [il y a] une foule d'autres propositions plus générales. Ce sont mes recherches générales sur les équations qui m'y ont porté. Dans la théorie des équations je me suis proposé et j'ai résolu le problème suivant, qui en renferme tous les autres: *Trouver toutes les équations d'un degré déterminé qui sont résolubles algébriquement.* Par là je suis parvenu à une foule de théorèmes magnifiques. Mais le plus beau de tout ce que j'ai fait c'est ma *Théorie des fonctions trancendantes en général et celle des fonctions elliptiques en particulier:* mais il faut attendre mon retour pour t'en faire part. Enfin j'ai fait un grand nombre de découvertes. Encore si je les eusse arrangées et mises par écrit; car la plupart n'en sont encore qu'à-l'état de projet. Il ne faut pas y penser avant que je sois bien installé chez moi. Alors je travaillerai comme un piocheur, mais avec plaisir s'entend. Il me tarde maintenant d'être chez moi, comme je ne vois pas de grand profit à prolonger mon séjour ici. Chez soi on se fait souvent des illusions sur l'étranger, on se figure tout plus grand que la réalité. En général le monde est un peu bête, mais pas trop malhonnête. Nulle part il n'est plus facile de faire son chemin qu'en France et en Allemagne. J'apprends que tu es allé à Upsal et à Stockholm; pourquoi pas plutôt à Paris? Il faut que j'y revienne une fois avant de mourir.

XXI.

EXTRAIT D'UNE LETTRE A HANSTEEN.

Dresde, le 29 mars 1826.

Je serai bien aise de revenir chez moi travailler à mon aise. J'espère que mes travaux iront bien; ce ne sont pas les matériaux qui me manqueront, j'en ai pour plusieurs années, et d'autres me viendront probablement en route, car précisément en ce moment-ci j'ai des idées plein la tête. Il faut que les mathématiques pures, au sens plus propre du mot, deviennent l'étude de ma vie. Je consacrerai toutes mes forces à répandre de la lumière sur l'immense obscurité qui règne aujourd'hui dans l'analyse. Elle est tellement dépourvue de tout plan et de tout système, qu'on s'étonne seulement qu'il y ait tant de gens qui s'y livrent — et ce qui pis est, elle manque absolument de rigueur. Dans l'Analyse Supérieure bien peu de propositions sont démontrées avec une rigueur définitive. Partout on trouve la malheureuse manière de conclure du spécial au général, et ce qu'il y a de merveilleux, c'est qu'après un tel procédé on ne trouve que rarement ce qu'on appelle des paradoxes. Il est vraiment très-intéressant de rechercher la raison de ceci. Cette raison, à mon avis il faut la voir dans ce que les fonctions dont s'est jusqu'ici occupée l'analyse, peuvent s'exprimer pour la plupart par des puissances Quand il s'y en mêle d'autres, ce qui, il est vrai, n'arrive pas souvent, on ne réussit plus guère, et pour peu qu'on tire de fausses conclusions, il en naît une infinité de propositions vicieuses qui se tiennent les unes les autres. J'ai examiné plusieurs de celles-ci et j'ai été assez heureux pour en venir à bout. Quand on procède par une méthode générale, ce n'est pas trop difficile; mais j'ai dû être très circonspect, car les propositions une fois acceptées sans preuve rigoureuse

(i. e. sans preuve aucune) ont pris tellement racine chez moi, que je risque à chaque moment de m'en servir sans examen ultérieur. Ces petits travaux paraîtront dans le journal publié par M. *Crelle*. Dans cet homme j'ai fait une connaissance précieuse, et je ne puis pas assez louer l'heureux destin qui m'a porté à Berlin. Décidément, j'ai de la chance. Il est vrai qu'il y a peu de personnes qui s'intéressent à moi, mais ces quelques personnes me sont infiniment chères, parce qu'elles m'ont témoigné tant de bonté. Puissé-je répondre en quelque manière à leur attente de moi, car il doit être dur à un bienfaiteur de voir sa peine perdue. Il faut que je vous conte une offre que m'a fait M. *Crelle* avant que je partisse de Berlin. Il voulait absolument me persuader à me fixer à Berlin pour toujours, et s'étendait sur les avantages d'un tel arrangement. Il ne tenait qu'à moi de devenir rédacteur en chef du journal, entreprise qui sera avantageuse aussi au point de vue économique. Il semblait vraiment y tenir beaucoup; naturellement j'ai refusé. Pourtant j'y ai donné une forme adoucie, en disant que j'accepterais (ce que je ferai), si je ne trouvais chez moi de quoi vivre. Il finit par dire qu'il répèterait son offre quand je voudrais l'accepter. Je ne nie pas que j'en fus très-flatté; mais vrai, c'était gentil, n'est-ce pas? Il fallut absolument lui promettre de revenir à Berlin avant que de retourner chez moi, et cela ne pourra que m'être très-avantageux. C'est qu'il s'est engagé à trouver un éditeur pour mes mémoires developpés et figurez-vous! on me payera rondement. D'abord nous sommes convenus de publier à nous deux de temps en temps un recueil de travaux développés, à commencer tout de suite. Mais reflexion faite et ayant consulté un libraire auquel nous l'offrîmes, nous trouvâmes mieux d'attendre que le journal fût en bon train. Quand je serai de retour à Berlin, j'espère que notre plan se réalisera. Tout cela n'est-il pas beau? et n'ai-je pas raison de me louer de mon séjour à Berlin? Il est vrai que je n'ai rien appris d'autres personnes pendant ce voyage, mais je n'ai point vu là le but principal de mon voyage. Faire des connaissances, c'est là ce qu'il me faut pour l'avenir. N'êtes vous pas de mon avis? A Freiberg je suis resté un mois. J'ai fait, chez M. *Keilhau*, la connaissance d'un jeune mathématicien très-zélé, frère de M. *Naumann* qui fut autrefois en Norvège. C'est un homme très-aimable; nous nous convenons parfaitement.

Dans votre lettre à M. *Boeck* vous demandez ce que je vais faire à Leipsic et sur les rives du Rhin; mais je voudrais bien savoir ce que vous allez dire quand vous saurez que je vais à Vienne et en Suisse. D'abord j'avais compté aller tout droit de Berlin à Paris, heureux de la promesse de

M. *Crelle* de m'y accompagner. Mais maintenant M. *Crelle* en est empêché, et il m'aurait fallu voyager seul. Or je suis ainsi fait que je ne puis pas supporter la solitude. Seul, je m'attriste, je me fais du mauvais sang, et j'ai peu de disposition pour le travail. Alors je me dis qu'il vaut mieux aller avec M. *Boeck* à Vienne, et ce voyage me semble justifié par le fait qu'à Vienne il y a des hommes comme *Littrow*, *Burg* et d'autres encore, tous en vérité des mathématiciens excellens; ajoutez à cela que je ne ferai que ce seul voyage dans ma vie. Peut-on trouver rien que de raisonnable à ce que je désire voir aussi un peu de la vie du midi? Pendant mon voyage je pourrai travailler assez assidûment. Une fois à Vienne et partant de là pour Paris, c'est presque tout droit par la Suisse. Pourquoi n'en verrais-je pas un peu aussi? Mon Dieu! J'ai, moi aussi, un peu de goût pour les beautés de la nature, tout comme un autre. Tout ce voyage me fera venir à Paris deux mois plus tard, voilà tout. Je rattraperai vite le temps perdu. Ne croyez-vous pas qu'un tel voyage me ferait du bien?

XXII.

EXTRAITS DE QUELQUES LETTRES A CRELLE.

1.

Freiberg, le 14 mars 1826.

Si une équation du cinquième degré dont les coefficiens sont *des nombres rationnels*, est résoluble algébriquement, on peut donner aux racines la forme suivante:

$$x = c + A \,.\, a^{\frac{1}{5}} \,.\, a_1^{\frac{2}{5}} \,.\, a_2^{\frac{4}{5}} \,.\, a_3^{\frac{3}{5}} + A_1 \,.\, a_1^{\frac{1}{5}} \,.\, a_2^{\frac{2}{5}} \,.\, a_3^{\frac{4}{5}} \,.\, a^{\frac{3}{5}}$$
$$+ A_2 \,.\, a_2^{\frac{1}{5}} \,.\, a_3^{\frac{2}{5}} \,.\, a^{\frac{4}{5}} \,.\, a_1^{\frac{3}{5}} + A_3 \,.\, a_3^{\frac{1}{5}} \,.\, a^{\frac{2}{5}} \,.\, a_1^{\frac{4}{5}} \,.\, a_2^{\frac{3}{5}},$$

où

$$a = m + n\sqrt{1+e^2} + \sqrt{h(1+e^2+\sqrt{1+e^2})},$$
$$a_1 = m - n\sqrt{1+e^2} + \sqrt{h(1+e^2-\sqrt{1+e^2})},$$
$$a_2 = m + n\sqrt{1+e^2} - \sqrt{h(1+e^2+\sqrt{1+e^2})},$$
$$a_3 = m - n\sqrt{1+e^2} - \sqrt{h(1+e^2-\sqrt{1+e^2})},$$

$$A = K + K'a + K''a_2 + K'''aa_2, \quad A_1 = K + K'a_1 + K''a_3 + K'''a_1a_3,$$
$$A_2 = K + K'a_2 + K''a + K'''aa_2, \quad A_3 = K + K'a_3 + K''a_1 + K'''a_1a_3$$

Les quantités c, h, e, m, n, K, K', K'', K''' sont des nombres *rationnels*.

Mais de cette manière l'équation $x^5 + ax + b = 0$ n'est pas résoluble, tant que a et b sont des quantités quelconques. J'ai trouvé de pareils théorèmes pour les équations du $7^{\text{ème}}$, $11^{\text{ème}}$, $13^{\text{ème}}$ etc. degré.

2.

Paris, le 9 août 1826.

Une propriété générale des fonctions dont la différentielle est algébrique, consiste en ce que la somme d'un nombre *quelconque* de fonctions peut être exprimée par un nombre déterminé des mêmes fonctions. Savoir:

$$\varphi(x_1)+\varphi(x_2)+\varphi(x_3)+\cdots+\varphi(x_\mu)=v-[\varphi(z_1)+\varphi(z_2)+\varphi(z_3)+\cdots+\varphi(z_n)].$$

$x_1, x_2, \ldots x_\mu$ sont des quantités quelconques, $z_1, z_2, \ldots z_n$ des fonctions algébriques de ces quantités, et v une fonction algébrique et logarithmique des mêmes quantités. n est un nombre déterminé indépendant de μ. Si par exemple φ est une fonction elliptique, on a, comme on sait, $n=1$. Si la fonction n'est pas elliptique, on n'en connaît jusqu'à présent aucune propriété. Comme un des cas les plus remarquables je vais rapporter le suivant·

En désignant la fonction

$$\int \frac{(\alpha+\beta x)\,.\,dx}{\sqrt{a+a_1x+a_2x^2+a_3x^3+a_4x^4+a_5x^5+x^6}}$$

par φx, on a

$$(1) \qquad \varphi(x_1)+\varphi(x_2)+\varphi(x_3)=C-[\varphi(y_1)+\varphi(y_2)],$$

x_1, x_2, x_3 étant trois quantités variables indépendantes, C une constante et y_1, y_2 les deux racines de l'équation

$$y^2-\left(\frac{c_2^2+2c_1-a_4}{2c_2-a_5}-x_1-x_2-x_3\right)y+\frac{\left(\frac{c^2-a}{x_1\,.\,x_2\,.\,x_3}\right)}{2c_2-a_5}=0.$$

Les quantités c, c_1, c_2 sont déterminées par les trois équations linéaires:

$$c+c_1x_1+c_2x_1^2+x_1^3=\sqrt{a+a_1x_1+a_2x_1^2+\cdots+x_1^6},$$
$$c+c_1x_2+c_2x_2^2+x_2^3=\sqrt{a+a_1x_2+a_2x_2^2+\cdots+x_2^6},$$
$$c+c_1x_3+c_2x_3^2+x_3^3=\sqrt{a+a_1x_3+a_2x_3^2+\cdots+x_3^6}.$$

Toute la théorie de la fonction φ est comprise dans l'équation (1), car la propriété exprimée par cette équation détermine, comme on peut le démontrer, cette fonction complètement.

3.

Paris, le 4 décembre 1826.

Quand on décrit une courbe $AMBN$, dont l'équation est

$$x = \sqrt{\cos 2\varphi},$$

où

$$x = AM, \quad \varphi = MAB,$$

alors l'arc AM est donné par l'expression suivante

$$s = \int \frac{dx}{\sqrt{1 - x^4}},$$

et dépend par conséquent des fonctions elliptiques.

Or j'ai trouvé qu'on peut toujours diviser la périphérie $AMBN$ géométriquement (c'est-à-dire par la règle et le compas) en n parties égales, quand n est un nombre premier de la forme $2^m + 1$, ou quand

$$n = 2^\mu (2^m + 1)(2^{m'} + 1) \ldots (2^{m^{(k)}} + 1),$$

$2^m + 1$, $2^{m'} + 1$ etc. étant des nombres premiers.

Comme vous voyez, ce théorème est exactement le même que celui de *Gauss* pour le cercle. On peut de cette manière diviser la courbe susdite par exemple en 2, 3, 5, 17 etc. parties égales. Ma théorie des équations, combinée avec la théorie des nombres, m'a conduit à ce théorème. J'ai lieu de croire que *Gauss* y a été porté aussi.

4.

Christiania, le 15 novembre 1827.

J'ai trouvé la somme de la série suivante

$$\sin \varphi \cdot \frac{a}{1+a} + \sin 3\varphi \cdot \frac{a^3}{1+a^3} + \sin 5\varphi \cdot \frac{a^5}{1+a^5} + \cdots;$$

a et φ sont des quantités réelles quelconques. Elle peut s'exprimer par des fonctions elliptiques.

5.

Christiania, le 18 octobre 1828.

Théorèmes sur les équations.

A. Soient $x_1, x_2, \ldots x_n$ des quantités inconnues quelconques et $\varphi(x_1, x_2 \ldots x_n)$ une fonction entière de ces quantités du degré m, n étant un nombre premier quelconque; si l'on suppose entre $x_1, x_2, \ldots x_n$ les n équations suivantes:

$$\varphi(x_1, x_2, \ldots x_n) = 0,$$
$$\varphi(x_2, x_3, \ldots x_n, x_1) = 0,$$
$$\varphi(x_3, x_4, \ldots x_n, x_1, x_2) = 0,$$
$$\ldots\ldots\ldots\ldots\ldots\ldots$$
$$\varphi(x_n, x_1, x_2, \ldots x_{n-1}) = 0,$$

on en pourra généralement éliminer $n-1$ quantités, et une quelconque x sera déterminée à l'aide d'une équation du degré m^n. Il est clair que le premier membre de cette équation sera divisible par la fonction $\varphi(x, x, x, \ldots x)$ qui est du degré m. On aura donc une équation en x du degré $m^n - m$.

Cela posé, je dis que cette équation sera décomposable en $\frac{m^n - m}{n}$ équations, chacune du degré n, et dont les coefficiens sont déterminés à l'aide d'une équation du degré $\frac{m^n - m}{n}$. En supposant connues les racines de cette équation, les équations du degré n seront résolubles *algébriquement.*

Par exemple si l'on suppose $n = 2$, $m = 3$, on aura une équation en x du degré $3^2 - 3 = 6$. Cette équation du sixième degré sera résoluble algébriquement, car en vertu du théorème, on pourra la décomposer en trois équations du second degré. Pareillement si l'on cherche les valeurs inégales de x_1, x_2, x_3 propres à satisfaire aux équations

$$x_2 = \frac{a + bx_1 + cx_1^2}{\alpha + \beta x_1}, \quad x_3 = \frac{a + bx_2 + cx_2^2}{\alpha + \beta x_2}, \quad x_1 = \frac{a + bx_3 + cx_3^2}{\alpha + \beta x_3},$$

on aura pour déterminer x_1, x_2, x_3 une équation du sixième degré, mais elle sera décomposable en deux équations du troisième degré, les coefficiens de ces équations étant déterminés par une équation du second degré.

B. Si trois racines d'une équation quelconque irréductible dont le degré est un nombre premier, sont liées entre elles de sorte que l'une de ces racines puisse être exprimée rationnellement par les deux autres, l'équation en question sera toujours résoluble à l'aide de radicaux.

C. Si deux racines d'une équation irréductible dont le degré est un nombre premier, ont entre elles un rapport tel qu'on puisse exprimer une des deux racines rationnellement par l'autre, cette équation sera toujours résoluble à l'aide de radicaux.

XXIII.

LETTRE A LEGENDRE.

Monsieur. La lettre que Vous avez bien voulu m'adresser en date du 25 octobre m'a causé la plus vive joie. Je compte parmi les momens les plus heureux de ma vie celui où j'ai vu mes essais mériter l'attention de l'un des plus grands géomètres de notre siècle. Cela a porté au plus haut degré mon zèle pour mes études. Je les continuerai avec ardeur, mais si je suis assez heureux pour faire quelques découvertes, je les attribuerai à Vous plutôt qu'à moi, car certainement je n'aurais rien fait sans avoir été guidé par Vos lumières.

J'accepte avec reconnaissance l'exemplaire de Votre traité des fonctions elliptiques que Vous voulez bien m'offrir.

Je m'empresserai de Vous donner les éclaircissemens que Vous m'avez fait l'honneur de me demander. Lorsque je dis que le nombre de transformations différentes, correspondantes à un nombre premier n, est $6(n+1)$, j'entends par cela qu'on peut trouver $6(n+1)$ valeurs différentes pour le module c', en supposant l'équation différentielle

$$\frac{dy}{\sqrt{(1-y^2)(1-c'^2y^2)}}=\varepsilon\cdot\frac{dx}{\sqrt{(1-x^2)(1-c^2x^2)}},$$

et en mettant pour y une fonction rationnelle de la forme:

$$y=\frac{A_0+A_1x+A_2x^2+\cdots+A_nx^n}{B_0+B_1x+B_2x^2+\cdots+B_nx^n}.$$

C'est en effet ce qui a lieu; mais parmi les valeurs de c' il y en aura $n+1$ qui répondent à la forme suivante de y:

$$y=\frac{A_1 x+A_3 x^3+A_5 x^5+\cdots+A_n x^n}{1+B_2 x^2+B_4 x^4+\cdots+B_{n-1} x^{n-1}}.$$

Ce sont ces $n+1$ modules dont parle M. *Jacobi.* Ils sont en effet racines d'une même équation du degré $n+1$. Ces $n+1$ valeurs étant supposées connues, il est facile d'avoir les $5(n+1)$ autres.

En effet, en désignant par c' un quelconque des modules, on aura encore ceux-ci:

$$\frac{1}{c'},\quad \left(\frac{1-\sqrt{c'}}{1+\sqrt{c'}}\right)^2,\quad \left(\frac{1+\sqrt{c'}}{1-\sqrt{c'}}\right)^2,\quad \left(\frac{1-\sqrt{-c'}}{1+\sqrt{-c'}}\right)^2,\quad \left(\frac{1+\sqrt{-c'}}{1-\sqrt{-c'}}\right)^2,$$

auxquelles répondent les valeurs suivantes de y:

$$c'y',\quad \frac{1+\sqrt{c'}}{1-\sqrt{c'}}\cdot\frac{1\pm y'\sqrt{c'}}{1\mp y'\sqrt{c'}},\quad \frac{1-\sqrt{c'}}{1+\sqrt{c'}}\cdot\frac{1\pm y'\sqrt{c'}}{1\mp y'\sqrt{c'}},\quad \frac{1+\sqrt{-c'}}{1-\sqrt{-c'}}\cdot\frac{1\pm y'\sqrt{-c'}}{1\mp y'\sqrt{-c'}},$$

$$\frac{1-\sqrt{-c'}}{1+\sqrt{-c'}}\cdot\frac{1\pm y'\sqrt{-c'}}{1\mp y'\sqrt{-c'}},$$

ce qu'il est facile de vérifier, en faisant la substitution dans l'équation différentielle.

Toutes les $6(n+1)$ valeurs du module c' sont différentes entre elles, excepté pour quelques valeurs particulières de c. Dans ce qui précède, n est supposé impair et plus grand que l'unité. Si n est égal à deux, c' aura encore $6(n+1)=18$ valeurs différentes. De ces 18 valeurs il y aura six qui répondent à une valeur de y de la forme:

$$y=\frac{a+bx^2}{a'+b'x^2};$$

ce sont:

$$c'=\frac{1\pm c}{1\mp c},\quad \frac{1\pm\sqrt{1-c^2}}{1\mp\sqrt{1-c^2}},\quad \frac{c\pm\sqrt{c^2-1}}{c\mp\sqrt{c^2-1}}.$$

Il y en aura quatre qui répondent à une valeur de y de la forme $y=\frac{ax}{1+bx^2}$, savoir:

$$c'=\frac{2\sqrt{\pm c}}{1\pm c},\quad \frac{1\pm c}{2\sqrt{\pm c}},\quad y=(1\pm c)\frac{x}{1\pm cx^2}\ \text{etc.}$$

Enfin pour les huit autres modules, y aura la forme:

$$a\,\frac{A+Bx+Cx^2}{A-Bx+Cx^2}.$$

Ces huit modules seront

$$c'=\left(\frac{\sqrt{1\pm c}\pm\sqrt{\pm 2\sqrt{\pm c}}}{\sqrt{1\pm c}\mp\sqrt{\pm 2\sqrt{\pm c}}}\right)^2.$$

J'ai donné des développemens plus étendus sur cet objet dans un mémoire imprimé dans le cahier 4 du tome III du journal de M. *Crelle**)*. Peut-être en aurez-vous déjà connaissance.

Les fonctions elliptiques jouissent d'une certaine propriété bien remarquable et que je crois nouvelle. Si l'on fait pour abréger:

$$\varDelta x=\pm\sqrt{(1-x^2)(1-c^2x^2)},$$

$$\varPi x=\int\frac{dx}{\left(1-\frac{x^2}{a^2}\right)\varDelta x},\quad \varpi x=\int\frac{dx}{\varDelta x},\quad \varpi_0 x=\int\frac{x^2\,dx}{\varDelta x},$$

on aura toujours:

$$\varpi x_1+\varpi x_2+\cdots+\varpi x_\mu=C,$$

$$\varpi_0 x_1+\varpi_0 x_2+\cdots+\varpi_0 x_\mu=C+p,$$

où p est une quantité algébrique, et

$$\varPi x_1+\varPi x_2+\cdots+\varPi x_\mu=C-\frac{a}{2\varDelta a}\log\left(\frac{fa+\varphi a\,.\,\varDelta a}{fa-\varphi a\,.\,\varDelta a}\right),$$

si l'on suppose les variables $x_1, x_2 \ldots x_\mu$ liées entre elles de manière à satisfaire à une équation de la forme:

$$(fx)^2-(\varphi x)^2(1-x^2)(1-c^2x^2)=A(x^2-x_1^2)(x^2-x_2^2)\ldots(x^2-x_\mu^2);$$

fx et φx étant deux fonctions entières quelconques de *l'indéterminée* x, mais dont l'une est *paire*, l'autre *impaire*. Cette propriété me paraît d'autant plus remarquable qu'elle appartiendra à toute fonction transcendante

$$\varPi x=\int\frac{dx}{\left(1-\frac{x^2}{a^2}\right)\varDelta x},$$

en supposant $(\varDelta x)^2$ fonction entière quelconque de x^2. J'en ai donné la démonstration dans un petit mémoire inséré dans le cahier 4 du tome III du journal de M. *Crelle***)*. Vous verrez que rien n'est plus simple que d'établir

*) T. I, p. 457 de cette édition.

**) T. I, p. 444 de cette édition.

cette propriété générale. Elle m'a été fort utile dans mes recherches sur les fonctions elliptiques. En effet j'ai fondé sur elle toute la théorie de ces fonctions. Les circonstances ne me permettent point de publier un ouvrage de quelque étendue que j'ai composé depuis peu, car ici je ne trouverai personne qui le fasse imprimer à ses frais. C'est pourquoi j'en ai fait un extrait, qui paraîtra dans le journal de M. *Crelle**). La première partie, dans laquelle j'ai considéré les fonctions elliptiques en général, doit paraître dans le cahier prochain. Il me serait infiniment intéressant de savoir votre jugement sur ma méthode. Je me suis surtout attaché à donner de la généralité à mes recherches. Je ne sais si j'ai pu y réussir. La seconde partie qui suivra incessament la première, traitera principalement des fonctions avec des modules réels et moindres que l'unité. C'est surtout la fonction inverse de la première espèce qui est l'objet de mes recherches dans cette seconde partie. Cette fonction, dont j'ai démontré quelques-unes des propriétés les plus simples dans mes recherches sur les fonctions elliptiques, est d'un usage infini dans la théorie des fonctions elliptiques en général. Elle facilite à un degré inespéré la théorie de la transformation. Un premier essai sur cet objet est contenu dans le mémoire inséré dans le No. 138 du journal de M. *Schumacher***), mais actuellement je puis rendre cette théorie beaucoup plus simple.

La théorie des fonctions elliptiques m'a conduit à considérer deux nouvelles fonctions qui jouissent de plusieurs propriétés remarquables. Si l'on fait

$$y = \lambda(x),$$

où

$$x = \int_0^y \frac{dy}{\sqrt{(1-y^2)(1-c^2y^2)}},$$

$\lambda(x)$ sera la fonction inverse de la première espèce. J'ai trouvé qu'on peut développer cette fonction de la manière suivante:

$$\lambda(x) = \frac{x + A_1 x^3 + A_2 x^5 + A_3 x^7 + \cdots}{1 + B_2 x^4 + B_3 x^6 + B_4 x^8 + \cdots},$$

où le numérateur et le dénominateur sont des séries *toujours convergentes* quelles que soient les valeurs de la variable x et du module c, réelles ou imaginaires. Les coefficiens $A_1, A_2, \ldots B_2, B_3, \ldots$ sont des fonctions entières de c^2. Si l'on pose

---

*) T. I, p. 518 de cette édition.

**) T. I. p. 403 de cette édition.

$$\varphi x = x + A_1 x^3 + A_2 x^5 + \dots,$$
$$fx = 1 + B_2 x^4 + B_3 x^6 + \dots,$$

où φx et fx sont les deux fonctions en question, elles auront la propriété exprimée par les deux équations:

$$\varphi(x+y).\varphi(x-y) = (\varphi x.fy)^2 - (\varphi y.fx)^2;$$
$$f(x+y).f(x-y) = (fx.fy)^2 - c^2(\varphi x.\varphi y)^2,$$

x et y étant des quantités quelconques. On pourra représenter ces fonctions de beaucoup de manières. Par exemple on a:

$$\varphi\left(x\frac{\varpi}{\pi}\right) = A e^{ax^2} \sin x (1-2\cos 2x.q^2+q^4)(1-2\cos 2x.q^4+q^8)(1-2\cos 2x.q^6+q^{12})\dots,$$

$$\varphi\left(x\frac{\omega}{\pi}\right) = A' e^{a'x^2}(e^x - e^{-x})(1-p^2e^{2x})(1-p^2e^{-2x})(1-p^4e^{2x})(1-p^4e^{-2x})\dots,$$

$$f\left(x\frac{\varpi}{\pi}\right) = B e^{ax^2}(1-2\cos 2x.q+q^2)(1-2\cos 2x.q^3+q^6)\dots,$$

$$f\left(x\frac{\omega}{\pi}\right) = B' e^{a'x^2}(1-pe^{-2x})(1-pe^{2x})(1-p^3e^{-2x})(1-p^3e^{2x})\dots,$$

où A, A', B, B', a, a' sont des quantités indépendantes de x, $q = e^{-\frac{\varpi}{\omega}\pi}$, $p = e^{-\frac{\omega}{\varpi}\pi}$; $\frac{\omega}{2}$ et $\frac{\varpi}{2}$ enfin sont les *fonctions complètes* correspondantes aux modules $b = \sqrt{1-c^2}$ et c.

Outre les fonctions elliptiques, il y a deux autres branches de l'analyse dont je me suis beaucoup occupé, savoir la théorie de l'intégration des formules différentielles algébriques et la théorie des équations. A l'aide d'une méthode particulière j'ai trouvé beaucoup de résultats nouveaux, qui surtout jouissent d'une très grande généralité. Je suis parti du problème suivant de la théorie de l'intégration:

"Etant proposé un nombre quelconque d'intégrales $\int y\,dx$, $\int y_1\,dx$, $\int y_2\,dx$ etc., où $y, y_1, y_2, \dots$ sont des fonctions algébriques quelconques de x, trouver toutes les relations possibles entre elles qui soient exprimables par des fonctions algébriques et logarithmiques".

J'ai trouvé d'abord qu'une relation quelconque doit avoir la forme suivante:

$$A\int y\,dx + A_1\int y_1\,dx + A_2\int y_2\,dx + \dots = u + B_1 \log v_1 + B_2 \log v_2 + \dots.$$

où $A, A_1, A_2, \ldots B_1, B_2, \ldots$ etc. sont des constantes, et $u, v_1, v_2, \ldots$ des fonctions *algébriques* de x. Ce théorème facilite extrêmement la solution du problème; mais le plus important est le suivant:

"Si une intégrale $\int y\,dx$, où y est lié à x par une équation algébrique quelconque, peut être exprimée d'une manière quelconque *explicitement ou implicitement* à l'aide de fonctions algébriques et logarithmiques, on pourra toujours supposer:

$$\int y\,dx = u + A_1 \log v_1 + A_2 \log v_2 + \cdots + A_m \log v_m,$$

où $A_1, A_2, \ldots$ sont des constantes, et $u, v_1, v_2, \ldots v_m$ des *fonctions rationnelles* de x et y".

P. ex. si $y = \frac{r}{\sqrt{R}}$, où r et R sont des fonctions rationnelles, on aura dans tous les cas où $\int \frac{r\,dx}{\sqrt{R}}$ est intégrable

$$\int \frac{r\,dx}{\sqrt{R}} = p\sqrt{R} + A_1 \log\left(\frac{p_1 + q_1\sqrt{R}}{p_1 - q_1\sqrt{R}}\right) + A_2 \log\left(\frac{p_2 + q_2\sqrt{R}}{p_2 - q_2\sqrt{R}}\right) + \cdots;$$

où $p, p_1, p_2, \ldots q_1, q_2, \ldots$ sont des fonctions rationnelles de x.

J'ai réduit de cette manière au plus petit nombre possible les fonctions transcendantes contenues dans l'expression:

$$\int \frac{r\,dx}{\sqrt[m]{R}},$$

où R est une fonction entière, et r une fonction rationnelle. J'ai découvert de même des propriétés générales de ces fonctions. Savoir:

Soient $p_0, p_1, p_2, \ldots p_{m-1}$ des fonctions entières quelconques d'une quantité indéterminée x, et regardons les coefficiens des puissances de x dans ces fonctions comme des *variables*. Soient de même $\alpha^0, \alpha^1, \alpha^2, \ldots \alpha^{m-1}$ les racines de l'équation $\alpha^m = 1$, m étant premier ou non, et faisons:

$$s_k = p_0 + \alpha^k p_1 R^{\frac{1}{m}} + \alpha^{2k} p_2 R^{\frac{2}{m}} + \cdots + \alpha^{(m-1)k} R^{\frac{m-1}{m}}$$

Cela posé, en formant le produit:

$$s_0 s_1 s_2 \ldots s_{m-1} = V,$$

V sera comme vous voyez une fonction entière de x. Maintenant si l'on désigne par $x_1, x_2, \ldots x_\mu$ les racines de l'équation $V = 0$, la fonction transcendante

$$\psi x = \int \frac{dx}{(x-a) R^{\frac{n}{m}}},$$

où $\frac{n}{m} < 1$, et a une quantité quelconque, aura la propriété suivante:

$$\psi(x_1) + \psi(x_2) + \cdots + \psi(x_\mu)$$
$$= C + \frac{1}{R'^{\frac{n}{m}}} \Big(\log(s_0') + \alpha^n \log(s_1') + \alpha^{2n} \log(s_2') + \cdots + \alpha^{(m-1)n} \log(s'_{m-1})\Big),$$

C étant une constante, et

$$R',\ s_0',\ s_1',\ \ldots\ s'_{m-1}$$

les valeurs que prendront respectivement les fonctions

$$R,\ s_0,\ s_1,\ \ldots\ s_{m-1},$$

en écrivant simplement a au lieu de x.

Rien n'est plus facile que la démonstration de ce théorème. Je la donnerai dans un de mes mémoires prochains dans le journal de M. *Crelle*. Un corollaire bien remarquable du théorème précédent est le suivant.

Si l'on fait $\varpi(x) = \int \frac{r\,dx}{R^{\frac{n}{m}}}$, où r est une fonction quelconque entière de x, dont le degré est moindre que $\frac{n}{m}\nu - 1$, où ν est le degré de R, la fonction $\varpi(x)$ est telle que

$$\varpi(x_1) + \varpi(x_2) + \cdots + \varpi(x_\mu) = \text{const.}$$

Si par exemple $m = 2$, $n = 1$, $\nu = 4$, on aura $r = 1$, donc

$$\varpi(x) = \int \frac{dx}{\sqrt{R}} \quad \text{et} \quad \varpi(x_1) + \varpi(x_2) + \cdots + \varpi(x_\mu) = C.$$

C'est le cas des fonctions elliptiques de la première espèce.

Les belles applications que vous avez données des fonctions elliptiques à l'intégration des formules différentielles, m'ont engagé à considérer un problème très général à cet égard, savoir:

Trouver s'il est possible d'exprimer une intégrale de la forme $\int y\,dx$, où y est une fonction algébrique quelconque, par des fonctions algébriques, logarithmiques et *elliptiques* de la manière suivante:

$\int y\,dx =$ fonct. algéb. de $(x,\ \log v_1,\ \log v_2,\ \log v_3,\ \ldots\ \Pi_1 z_1,\ \Pi_2 z_2,\ \Pi_3 z_3,\ \ldots)$,

$r_1, r_2, r_3, \ldots z_1, z_2, z_3, \ldots$ étant des fonctions algébriques de x les plus générales possibles, et Π_1, Π_2, Π_3, etc. désignant des fonctions elliptiques quelconques en nombre fini. J'ai fait le premier pas vers la solution de ce problème, en démontrant le théorème suivant:

"S'il est possible d'exprimer $\int y\,dx$ comme on vient de le dire, on pourra toujours donner à son expression la forme suivante:

$$\int y\,dx = t + A_1 \log t_1 + A_2 \log t_2 + \cdots + B_1 \Pi_1(y_1) + B_2 \Pi_2(y_2) + B_3 \Pi_3(y_3) + \cdots,$$

où $t, t_1, t_2, \ldots y_1, y_2, y_3, \ldots$ sont toutes des fonctions *rationnelles* de x et y; mais en conservant à la fonction y toute sa généralité, j'ai été arrêté là par des difficultés qui surpassent mes forces et que je ne vaincrai jamais. Je me suis donc contenté de quelques cas particuliers, surtout de celui où y est de la forme $\frac{r}{\sqrt{R}}$, r et R étant deux fonctions rationnelles quelconques de x. Cela est déjà très général. J'ai reconnu qu'on pourra mettre l'intégrale $\int \frac{r\,dx}{\sqrt{R}}$ sous cette forme:

$$\int \frac{r\,dx}{\sqrt{R}} = p\sqrt{R} + A' \log\left(\frac{p' + \sqrt{R}}{p' - \sqrt{R}}\right) + A'' \log\left(\frac{p'' + \sqrt{R}}{p'' - \sqrt{R}}\right) + \cdots$$
$$\cdots + B_1 \Pi_1(y_1) + B_2 \Pi_2(y_2) + B_3 \Pi_3(y_3) + \cdots.$$

où toutes les quantités $y_1, y_2, y_3, \ldots p, p', p'', \ldots$ sont des fonctions *rationnelles* de la variable x".

J'ai démontré ce théorème dans le mémoire sur les fonctions elliptiques qui va être imprimé dans le journal de M. *Crelle**). Il m'a été extrêmement utile pour donner la généralité la plus grande possible à la théorie de la transformation. Ainsi j'ai non seulement comparé entre elles deux fonctions, mais un nombre quelconque de fonctions. Je suis conduit à ce résultat remarquable:

Si l'on a entre un nombre quelconque de fonctions elliptiques des trois espèces avec les modules $c, c', c'', c''', \ldots$ une relation quelconque de la forme:

$$A\,\Pi x + A'\Pi_1 x_1 + A''\Pi_2 x_2 + A'''\Pi_3 x_3 + \cdots + A^{(n)}\Pi_n x_n = v,$$

*) T. I. p. 518 de cette édition.

où $x_1, x_2, x_3, \ldots x_n$ sont des variables liées entre elles par un nombre quelconque d'équations algébriques, et v une expression algébrique et logarithmique: les modules $c', c'', c''', \ldots$ doivent être tels qu'on puisse satisfaire aux équations:

$$\frac{dx}{\sqrt{(1-x^2)(1-c^2x^2)}} = a' \frac{dx'}{\sqrt{(1-x'^2)(1-c'^2x'^2)}} = a'' \frac{dx''}{\sqrt{(1-x''^2)(1-c''^2x''^2)}} = \text{etc.}$$

en mettant pour $x', x'', x''', \ldots$ des fonctions *rationnelles* de x; $a', a'', \ldots$ étant des constantes. Ce théorème réduit la théorie générale des fonctions elliptiques à celle de la transformation d'une fonction en une autre.

Ne soyez pas fâché, Monsieur, que j'aie osé vous présenter encore une fois quelques-unes de mes découvertes. Si vous me permettez de vous écrire, je désirerais bien vous en communiquer un bon nombre d'autres, tant sur les fonctions elliptiques et les fonctions plus générales, que sur la théorie des équations algébriques. J'ai été assez heureux pour trouver une règle sûre à l'aide de laquelle on pourra reconnaître si une équation quelconque proposée est résoluble à l'aide de *radicaux* ou non. Un corollaire de ma théorie fait voir que généralement il est *impossible* de résoudre les équations supérieures au quatrième degré.

Agréez etc.

Christiania, le 25 novembre 1828.

Il me tarde beaucoup de connaître l'ouvrage de M. *Jacobi*. Il doit s'y trouver des choses merveilleuses. Certainement M. *Jacobi* va perfectionner à un degré inespéré non seulement la théorie des fonctions elliptiques, mais encore les mathématiques en général. Je l'estime on ne peut plus.

NOTES.

APERÇU DES MANUSCRITS D'ABEL CONSERVÉS JUSQU'A PRÉSENT.

Après la publication des "Oeuvres complètes" *Holmboe* resta propriétaire des manuscrits laissés par Abel. En 1850 sa maison fut ravagée d'un incendie; c'est à cet accident qu'il faut attribuer la perte d'un grand nombre de manuscrits d'où *Holmboe* a tiré la plus grande partie de son second volume. Ce qui nous reste consiste en cinq livres manuscrits et quelques feuilles, que nous allons énumérer en indiquant sommairement le contenu.

A. In-folio de 202 pages, portant la marque d'un magasin de Paris; sur la première page on trouve le titre: "*Mémoires de mathématiques par N. H. Abel*" avec la date: "*Paris le* 9 *août* 1826".

Pages 3—57 contiennent une ébauche du mémoire présenté par Abel à l'Académie des Sciences de Paris; p. 53 et 54 on trouve un morceau intitulé: "§ 11. *Sur l'intégrale* $\int \frac{dx}{x-a} e^{-\int \frac{\varphi x}{f x} dx} = y$", ce qui fait présumer qu'Abel a pensé un moment à donner à son mémoire un onzième paragraphe sur la permutation du paramètre et de l'argument.

Pages 63—74 traitent encore de la permutation du paramètre et de l'argument; pour la plupart il n'est question que de cas spéciaux. Il est remarquable qu'Abel suppose p. 63 que la variable de l'intégrale passe par une suite de valeurs imaginaires: en faisant

$$\psi' x . \varphi x + f x . \psi x = 0$$

il considère l'intégrale

$$\int_{t_0}^{t_1} \frac{\psi\big(\theta(t) + \sqrt{-1} . \theta_1(t)\big) . \big(\theta'(t) + \sqrt{-1} . \theta_1'(t)\big)\, dt}{\theta(t) + \sqrt{-1} . \theta_1(t) - F(\alpha) - \sqrt{-1} . F_1(\alpha)},$$

t_0 et t_1 étant des quantités réelles.

Pages 75—79 on trouve une suite de calculs sous le titre *"Sur une espèce particulière de fonctions entières nées du développement de la fonction* $\frac{1}{1-v}e^{-\frac{xv}{1-v}}$ *suivant les puissances de v".*

En faisant

$$\frac{1}{1-v}e^{-\frac{xv}{1-v}} = \Sigma\, \varphi_m x . v^m,$$

Abel trouve

$$\varphi_m x = 1 - mx + \frac{m(m-1)}{2}\frac{x^2}{2} - \frac{m(m-1)(m-2)}{2.3}\frac{x^3}{2.3} + \cdots$$
$$\pm m \frac{x^{m-1}}{2.3\ldots(m-1)} \mp \frac{x^m}{2.3\ldots m} .$$

En multipliant l'équation

$$\frac{1}{(1-v)(1-u)} e^{-\frac{xv}{1-v}-\frac{xu}{1-u}} = \Sigma\Sigma\, \varphi_m x . \varphi_n x . v^m . u^n$$

de part et d'autre par $e^{-x}dx$, et intégrant de $x=0$ à $x=\infty$, il trouve

$$\frac{1}{1-vu} = \Sigma\Sigma u^m . v^n \int_0^\infty e^{-x}\varphi_m x . \varphi_n x . dx,$$

d'où il conclut que l'intégrale

$$\int_0^\infty e^{-x}\varphi_m x . \varphi_n x . dx$$

est égale à l'unité si $m=n$, mais nulle si $m \gtrless n$. En faisant

$$x^\mu = A_0\varphi_0 x + A_1\varphi_1 x + \cdots + A_\mu \varphi_\mu x$$

il trouve

$$A_m = (-1)^m . \frac{\Gamma(\mu+1)}{\Gamma(m+1)} . \frac{\Gamma(\mu+1)}{\Gamma(\mu-m+1)} .$$

Pages 80—100 sont remplies de calculs sur des intégrales dont les variables passent par des valeurs imaginaires; p. 100 Abel écrit l'équation

$$\varphi(x+y\sqrt{-1}) = p + q\sqrt{-1},$$

et en déduit les suivantes

$$\frac{d^2p}{dx^2} = -\frac{d^2p}{dy^2}\,;\quad \frac{d^2q}{dx^2} = -\frac{d^2q}{dy^2} .$$

Ces pages ainsi que la page 63, dont nous avons parlé plus haut, indiquent sans doute qu'Abel s'est occupé du "Mémoire sur les intégrales définies prises entre des limites imaginaires", de *Cauchy.*

Pages 102—115 traitent de la résolution des équations par radicaux.

Pages 117—118 contiennent une ébauche du mémoire XIII du 1er tome.

Pages 119—121 traitent de la transformation des intégrales elliptiques. Voici le commencement:

"SUR LA TRANSFORMATION DE L'INTÉGRALE

$$\int \frac{p\,dx}{\sqrt{\alpha_0+\alpha_1 x+\alpha_2 x^2+\alpha_3 x^3+\alpha_4 x^4}} = \int \frac{p\,dy}{\sqrt{(1-c^2y^2)(1-e^2y^2)}}$$

$$y=\sqrt{\frac{r}{s}}$$

$$dy=\tfrac{1}{2}\sqrt{\frac{s}{r}}\cdot\frac{s\,dr-r\,ds}{s^2}=\tfrac{1}{2}\cdot\frac{s\,dr-r\,ds}{s\sqrt{rs}}$$

$$1-c^2y^2=\frac{s-c^2r}{s},\quad 1-e^2y^2=\frac{s-e^2r}{s}$$

$$\varphi(y)=(1-c^2y^2)(1-e^2y^2)=\frac{(s-c^2r)(s-e^2r)}{s^2}$$

$$\frac{dy}{\sqrt{\varphi y}}=\tfrac{1}{2}\,\frac{s\,dr-r\,ds}{\sqrt{rs(s-c^2r)(s-e^2r)}}=\tfrac{1}{2}\,\frac{A\,dx}{\sqrt{(1-m^2x^2)(1-n^2x^2)}}=\tfrac{1}{2}\,\frac{A\,dx}{\sqrt{fx}}$$

$$rs(s-c^2r)(s-e^2r)=v^2(1-m^2x^2)(1-n^2x^2)$$

$$A=\frac{s\,dr-r\,ds}{v\,dx}.$$

$$r=v_0^2(1-m^2x^2),\quad s-c^2r=t_0^2$$

$$v=v_0\,v_1\,t_0\,t_1$$

$$s=v_1^2(1-n^2x^2),\quad s-e^2r=t_1^2,$$

$$s\,dr-r\,ds=(c^2r+t_0^2)\,dr-r\,(c^2dr+2\,t_0\,dt_0)=t_0(t_0\,dr-2r\,dt_0)$$

donc

$$s\,dr-r\,ds=t_0\,t_1\,v_0\,v_1\,B=B\,v \quad \textit{où } B \textit{ fonction entière}$$

B est constante".

Le reste traite de la transformation des intégrales de la seconde espèce.

Pages 124—127 traitent de la convergence des séries, pages 129—133 des équations abéliennes. Page 135 on trouve notés les résultats d'Abel sur la division de la lemniscate.

Presque tout le reste du livre est rempli de calculs par lesquels Abel paraît avoir préparé la rédaction de ses "Recherches sur les fonctions elliptiques"; il s'agit principalement de tout ce qui est nécessaire pour arriver à la résolution des équations traitées dans le mémoire mentionné, surtout de l'équation dont dépend la division de la lemniscate; on n'y trouve rien sur les développemens en séries. D'ailleurs en écrivant ces pages Abel s'occupa aussi d'autres fonctions elliptiques singulières: on y trouve mentionné l'intégrale $\int \frac{dz}{\sqrt{1-z^3}}$, le module $c=\left(\frac{1\pm i\sqrt{7}}{2}\right)^2$ et l'équation $\omega'=m\,\omega+n\,\omega\sqrt{\alpha}\;\;i$.

En somme le livre A traite précisément des choses qui d'après les lettres d'Abel l'occupèrent pendant son séjour à Paris. Probablement il fut rempli pendant l'hiver 1826—1827.

B. In-folio de 178 pages; en le comparant, dans les archives, à des régistres de la même époque, on a pu constater qu'il est fait par un relieur de Christiania.

Pages 3—11 contiennent le commencement d'un mémoire intitulé "*Développement de* $(\cos x)^n$ *et* $(\sin x)^n$ *en séries*", dont le but est indiqué par la phrase suivante:

"*L'objet de ce mémoire est de trouver la somme des séries connues:*

$$\cos mx + m\cos(m-2)x + \frac{m(m-1)}{1.2}\cos(m-4)x + \cdots,$$

$$\sin mx + m\sin(m-2)x + \frac{m(m-1)}{1.2}\sin(m-4)x + \cdots,$$

sans aucune considération de quantités imaginaires; m et x sont supposés d'être réelles".

La méthode est celle des "Recherches sur la série $1 + \frac{m}{1}x + \frac{m(m-1)}{1.2}x^2 + \cdots$".

Pages 13—38. Ébauche du mémoire XXV du premier tome.

Pages 47—81 contiennent une suite de notices sur les séries infinies dont nous avons donné un extrait t. II, mém. XVI. Pages 47—50 on trouve à la marge une ébauche du mémoire XVIII du premier tome, qui fait voir qu'Abel eut primitivement le dessein d'y insérer une suite de théorèmes sur la convergence des séries. Nous croyons qu'en y renonçant il se proposait d'y revenir plus tard dans un mémoire plus développé.

Pages 85—178 Abel fait l'ébauche d'un traité en allemand des fonctions elliptiques. Les vingt premières pages seulement ont reçu une rédaction un peu complète; le contenu en est à peu près celui du "Précis d'une théorie des fonctions elliptiques" chap. I, II et IV. Le reste n'est pour la plupart que des calculs sans texte. Page 107—120 Abel considère l'intégrale

$$\int_0^r \frac{e^{\alpha i}\,dr}{\sqrt{(1-e^{2\alpha i}r^2)(1-c^2e^{2\alpha i}r^2)}};$$

ayant séparé la partie reelle de l'imaginaire, il les discute dans plusieurs cas différens; mais nous n'avons pu saisir aucun résultat de quelque importance.

Depuis la page 125 il est question de la fonction $\lambda\theta$; surtout la théorie des transformations rationnelles est étudiée d'une manière très complète p. 125—163.

Pages 164—178 traitent des cas où le module est transformé en lui même. Abel fait

$$a\omega = \mu\omega + \nu\omega',$$
$$a\omega' = \mu'\omega' + \nu'\omega,$$

ω et ω' étant les périodes, a le multiplicateur; il en conclut

$$\frac{\omega}{\omega'} = \frac{1}{2\nu'}\left[\mu - \mu' + \sqrt{(\mu-\mu')^2 + 4\nu\nu'}\right],$$

$$a = \tfrac{1}{2}\left[\mu + \mu' + \sqrt{(\mu-\mu')^2 + 4\nu\nu'}\right],$$

Plus bas il prend pour exemples les modules $i(2+\sqrt{3})$, $\sqrt{2}-1$.

C. In-folio de 215 pages, qui porte la marque d'un relieur de Christiania; il est écrit en français.

Pages 2—12 traitent de la transformation des intégrales elliptiques de la seconde et de la troisième espèce. C'est une continuation de la dernière partie du livre B.

Pages 14—56 traitent presque exclusivement des équations algébriques. Jusqu'à la page 28 il s'agit de la résolution des équations par radicaux en général. Le reste consiste pour la plupart de calculs sur la division en sept parties égales des périodes de la fonction elliptique $\lambda\theta$ définie par les équations

$$\int \frac{dx}{\sqrt{1+2\sqrt{3}\,x^2+x^4}} = \theta, \quad x = \lambda\theta.$$

C'est l'une des fonctions mentionnées dans la dernière partie du livre B. Pages 51, 52 on trouve une ébauche de l'introduction et une table des matières du mémoire XXV du premier tome. Il faut croire que ces deux pages furent écrites vers la fin du mois de mars 1828.

Pages 64—83 contiennent le morceau intitulé "Mémoire sur les fonctions transcendantes de la forme $\int y\,dx$, où y est une fonction algébrique de x", que nous avons imprimé t. II, p. 206—216.

Pages 88—107 sont remplies de calculs qui paraissent être faits pendant la rédaction du mémoire XIX du premier tome, "Solution d'un problème général" etc.

Pages 128—164 contiennent le "Mémoire sur la résolution algébrique des équations", imprimé au second tome.

Le reste du livre contient des calculs concernant les fonctions elliptiques, qui semblent faites à l'occasion des derniers travaux d'Abel, surtout du "Précis d'une théorie etc." Il y a aussi quelques calculs sur les équations différentielles qui sont satisfaites par les périodes des fonctions elliptiques, et de plus l'ébauche de la lettre à *Legendre* qu'on trouve t. II, p. 271—279.

Les livres B et C embrassent le temps depuis le retour d'Abel en Norvège au mois de mai 1827 jusqu'à sa dernière maladie, qui survint en janvier 1829; le premier paraît être terminé et le second entamé à peu près au commencement de l'année 1828.

D Cahier in-quarto de 136 pages, écrit en français. La première page porte le titre "*Remarques sur divers points de l'analyse par N. H. Abel, 1er cahier*", et la date "*le 3 sept. 1827*".

Pages 5, 6 on trouve indiqué le théorème suivant: Toute fonction algébrique déterminée par une équation du degré m satisfait à une équation différentielle linéaire de l'ordre $m-1$. Page 66 contient un calcul par lequel Abel détermine la forme de la racine d'une équation abélienne dont le degré est un nombre premier donné, et dont les coefficiens sont des nombres rationnels. Le reste du cahier est rempli de calculs sur les séries infinies, les équations abéliennes et les intégrales dont les variables passent par des valeurs imaginaires. Il paraît écrit en même temps que le livre B.

E. Cahier in-quarto de 192 pages écrit en norvégien. Il contient ce qui paraît être des extraits de traités de mathématiques lus par Abel étant encore élève du gymnase de Christiania. Ce sont pour la plupart des développemens en séries, mais on y trouve aussi d'autres choses, par exemple la résolution des équations binômes au moyen des fonctions trigonométriques, celle des équations du troisième et du quatrième degré. Le cahier paraît être fini déjà en 1820.

Des feuilles libres la partie la plus intéressante consiste de dix morceaux qui traitent des fonctions elliptiques, en conservant la première notation d'Abel: $\varphi\alpha$, $f\alpha$, $F\alpha$. Ce sont des feuilles in-octavo d'un papier mince, ou des fragmens de telles feuilles, remplies d'une écriture serrée; elles semblent faites pour être envoyées par la poste. Voici leur contenu

N° 1 contient le commencement d'un mémoire intitulé: *Recherches sur les fonctions elliptiques. Second mémoire.*

N°s 2, 3 traitent des relations qui ont lieu entre les quantités $\varphi\frac{m\omega+\mu\varpi i}{2n+1}$.

N°s 4—8 sont des fragmens d'une théorie de la transformation moins générale que celle de la "Solution d'un problème général etc."; les deux périodes ω et ϖi sont divisées chacune par un nombre différent.

N° 9 traite de la résolution de l'équation de division des périodes.

N° 10 le théorème d'Abel appliqué à la fonction $\varphi\alpha$.

Nous avons imprimé les n°s 1, 2, 9 sous le titre "Fragmens sur les fonctions elliptiques"; le n° 3 ne contient que les dernières lignes d'un paragraphe et le commencement du suivant; n° 10 a conservé la place qu'il avait dans l'édition de *Holmboe* (Démonstration de quelques formules elliptiques).

Des autres feuilles nous avons publié deux, t. I, p. 609. Une feuille est peut-être un fragment d'un mémoire qu'Abel présenta en 1824 au Sénat Académique de l'Université de Christiania; il y traite de l'intégration des différentielles de la forme $\frac{Pdx}{\sqrt{\varphi x}}$ au moyen des fonctions algébriques, logarithmiques et exponentielles. Le reste offre moins d'interêt; il y en a des feuilles d'ont nous n'avons pu deviner le sens.

De ces manuscrits le cahier D appartient à M. *Bjerknes*, et le cahier E à M. *Broch*. Les autres appartiennent à la bibliothèque de l'Université de Christiania, qui possède en outre onze lettres d'Abel à *Holmboe* et deux lettres de *Crelle* à Abel. La seconde des deux lettres qu'Abel a adressées à *Legendre* est aussi conservée, elle appartient maintenant à M. *Weierstrass.*

Il existe bien quelques autres lettres d'Abel, mais excepté une lettre à *Hansteen,* elles ne contiennent rien d'un intérêt scientifique.

L'Académie Royale des Sciences de Berlin possède les manuscrits qui ont servi à l'impression des cinq mémoires d'Abel qui furent publiés dans le quatrième tome du Journal de *Crelle* (t. I, mém. XXIV—XXVIII de la présente édition), et à celle des extraits des lettres d'Abel qui se trouvent dans le cinquième tome. Ce sont des copies des originaux d'Abel que *Crelle* a fait prendre, et sur lesquelles il a fait un grand nombre de corrections, sans doute sur la demande d'Abel, qui n'était pas sûr de son français. Ces corrections se distinguent aisément de l'écriture du copiste. Dans les notes suivantes, quand nous aurons à parler de ces copies, nous les nommerons simplement les copies de *Crelle.*

NOTES AUX MÉMOIRES DU TOME I.

Le mémoire I fut publié en norvégien dans le Magasin des Sciences naturelles, tome I, fascicule 1, Christiania 1823.

Le mémoire II fut publié en norvégien dans le Magasin des Sciences naturelles, tome II, fascicules 1 et 2. Dans l'édition de *Holmboe* les numéros 1 et 4 ont été supprimés, le premier, sans doute, parce que le même problème a été traité depuis par Abel (t. I, mém. IX.)

Page 11, ligne 16. Au lieu de $AM=s$ on lit dans le Magasin $KM=s$, ce qui est en contradiction avec l'équation:

$$dt=-\frac{ds}{h}\cdot$$

Cette inexactitude est corrigée vers la fin du numéro (p. 18 ligne 8) par la phrase: "*le point le plus bas est fixe*", que nous avons supprimée, en effectuant la correction.

Comme l'a remarqué M. *Bertrand* (Annali di matematica pura ed applicata, série I, t. 1), les formules du numéro 2 sont inexactes, l'intégrale double qui exprimerait $\varphi(x+y\sqrt{-1})+\varphi(x-y\sqrt{-1})$ étant évidemment nulle. Au sujet du numéro 3 M. *Bertrand* fait une observation historique: que l'expression des nombres de *Bernoulli* était déjà trouvée en 1814 (Mémoires des Savants étrangers t 1, p. 736, an. 1827), et que la formule qui exprime $\Sigma\varphi x$ appartient à *Plana* (Mémoires de Turin t. 25, 1820).

Sylow.

Mémoire III. En 1821, avant de quitter le gymnase, Abel crut un moment avoir trouvé la résolution par radicaux de l'équation générale de cinquième degré, et chercha même à faire présenter par l'intermédiaire de *Hansteen* un mémoire sur ce sujet à la Société Royale des Sciences de Copenhague. Mais quand on lui demanda une déduction plus détaillée et l'application à un exemple numérique, il découvrit lui même l'erreur qu'il avait commise. Loin de se rebuter il se proposa de trouver cette résolution ou d'en démontrer l'impossibilité. Le mémoire III fut rédigé en français, et Abel le fit imprimer à ses frais.

Sylow.

Le mémoire IV fut publié en norvégien dans le Magasin des Sciences naturelles, tome III, fascicule 2, Christiania 1825.

Page 34, ligne 10 La formule (1) n'est pas généralement juste. Aussi les formules trouvées dans le mémoire ne valent qu'en des cas particuliers.

Page 35, ligne 12. Après cette ligne *Holmboe* avait intercalé dans son édition la phrase suivante:

„*Maintenant on tire de l'équation* (1) *en intégrant*

$$\int \varphi x \,.\, dx = \int\!\!\int e^{vx}\, dx\, fv\, dv = \int e^{vx} \frac{fv}{v}\, dv;$$

donc

$$\Sigma \varphi x = \int \varphi x\, dx - \tfrac{1}{2}\varphi x + 2\int_0^{\frac{1}{0}} \frac{dt}{e^{2\pi t}-1} \int e^{vx} fv \,.\, \sin vt\, dv."$$

Page 39, ligne 6. Dans son édition *Holmboe* avait ajouté à la fin du mémoire le morceau suivant que nous reproduisons, parce qu'il est peut-être tiré d'un manuscrit d'Abel.

„*On peut aussi par ce qui précède trouver la valeur de la série*

$$\varphi a - \varphi(a+1) + \varphi(a+2) - \varphi(a+3) + \cdots.$$

En effet, en mettant $\varphi(2x)$ *au lieu de* φx, *et* $\frac{1}{2}a$ *au lieu de* a, *on obtiendra*

$$\varphi a + \varphi(a+2) + \varphi(a+4) + \cdots$$
$$= \tfrac{1}{2}\int_a^{\frac{1}{0}} \varphi x\, dx + \tfrac{1}{2}\varphi a - 2\int_0^{\frac{1}{0}} \frac{dt}{e^{2\pi t}-1}\, \frac{\varphi(a+2t\sqrt{-1}) - \varphi(a-2t\sqrt{-1})}{2\sqrt{-1}},$$

donc

$$2\varphi a + 2\varphi(a+2) + 2\varphi(a+4) + \cdots$$
$$= \int_a^{\frac{1}{0}} \varphi x\, dx + \varphi a - 2\int_0^{\frac{1}{0}} \frac{dt}{e^{\pi t}-1}\, \frac{\varphi(a+t\sqrt{-1}) - \varphi(a-t\sqrt{-1})}{2\sqrt{-1}}.$$

En retranchant l'équation (6) *de cette équation, on obtiendra, toutes réductions faites.*

$$\varphi a - \varphi(a+1) + \varphi(a+2) - \varphi(a+3) + \cdots$$
$$= \tfrac{1}{2}\varphi a - 2\int_0^{\frac{1}{0}} \frac{dt}{e^{\pi t} - e^{-\pi t}}\, \frac{\varphi(a+t\sqrt{-1}) - \varphi(a-t\sqrt{-1})}{2\sqrt{-1}}$$

Soit par exemple $\varphi x = \frac{1}{x}$ *on aura*

$$\frac{\varphi(a+t\sqrt{-1}) - \varphi(a-t\sqrt{-1})}{2\sqrt{-1}} = -\frac{t}{a^2+t^2}$$

donc

$$\frac{1}{a} - \frac{1}{a+1} + \frac{1}{a+2} - \frac{1}{a+3} + \cdots = \frac{1}{2a} + 2\int_0^{\frac{1}{0}} \frac{t\, dt}{(a^2+t^2)(e^{\pi t} - e^{-\pi t})}$$

et en faisant $a = 1$,

$$\log 2 - \tfrac{1}{2} = 2\int_0^{\frac{1}{0}} \frac{t\,dt}{(1+t^2)(e^{\pi t} - e^{-\pi t})}\,.\text{"}$$

Voyez au reste le mémoire II, n° 4 (tome I, p. 25).

Lie.

Le mémoire V, inséré en norvégien dans les Mémoires de la Société Royale Norvégienne des Sciences, tome II, Throndhjem 1824—1827, n'a pas été imprimé dans l'édition de *Holmboe*, comme il dit lui-même, parce que les résultats en sont contenus dans deux mémoires posthumes, t. II, p. 43—54 de notre édition.

Page 45, ligne 2. Le numérateur $\left(\psi \frac{\varphi'}{\varphi} + f'\right)^{(p+p'+1)}$ doit être remplacé par $\left(\psi \frac{\varphi'}{\varphi} + \psi f'\right)^{(p+p'+1)}$, de sorte que la valeur correcte de $\varphi(p p')$ devient

$$\varphi(p,\, p') = \frac{(p+1)\,\psi^{(p+p'+2)}}{2\,.\,3 \ldots (p+p'+2)} + \frac{\left(\psi \frac{\varphi'}{\varphi} + \psi f'\right)^{(p+p'+1)}}{2\,.\,3 \ldots (p+p'+1)}\,.$$

Nous n'avons pas corrigé cette faute, qui affecte plusieurs des formules suivantes, parce qu'il aurait fallu refaire entièrement les formules de l'article *f*, p. 51—52.

Lie.

Le mémoire VI, rédigé en français par Abel, fut traduit en allemand par *Crelle* et inséré dans le Journal de *Crelle*, tome I, fascicule 1, qui fut publié à ce qu'il paraît au mois de février ou mars 1826.

Le mémoire VII fut écrit pendant le séjour d'Abel en Allemagne en 1825; il était rédigé en français, mais en l'insérant dans le premier cahier de son Journal, *Crelle* le traduisit en allemand. La publication eut lieu dans les premiers mois de l'an 1826.

Page 67, lignes 24—29. Voici le texte du Journal de Crelle:

Wenn $f(x', x'', \ldots)$ *und* $\varphi(x', x'', \ldots)$ *zwei ganze Functionen sind, so ist klar, dass der Quotient*

$$\frac{f(x',\, x'',\, \ldots)}{\varphi(x',\, x'',\, \ldots)}$$

ein besonderer Fall der Resultate der drei ersten Operationen ist, welche rationale Functionen geben. Man kann also eine rationale Function als das Resultat der Wiederholung dieser Operation betrachten.

Ce passage est sans doute le résultat d'une inadvertance du traducteur. Ce qu'a voulu dire Abel nous paraît si évident que nous avons cru devoir corriger le texte.

Page 72. La proposition qui termine le § I a été critiquée par *Hamilton* (Transactions of the R. Irish Acad. Vol. XVIII, Part II, p. 248, Dublin 1839) et par M. *Königsberger* (Mathematische Annalen herausgegeben von *Clebsch* und *Neumann*, Bd. I, p 168, Leipzig 1870). En effet, si la fonction algébrique v est primitivement de l'ordre $\bar{\mu}$, elle sera après la transformation généralement de l'ordre $\mu + 1$ et du degré 1. M. *Königsberger* ajoute avec raison que cela n'infirme pas les conclusions suivantes.

Page 83. Un autre point que *Hamilton* trouve obscur est la démonstration du théorème de la page 83. Il faut avouer qu'elle aurait pu être plus courte et plus claire; mais quant à la rigueur elle est à l'abri de toute objection sérieuse. Le seul point qu'on pourrait revoquer en doute serait les équations $v_1 + v_2 = \varphi x_1$, $v_2 + v_3 = \varphi x_2$ etc. Pour les justifier, il suffit de faire voir qu'il existe une substitution des cinq quantités qui transforme v_1 en v_2, en remplaçant x_1 par une autre lettre x_2. Or dans le cas contraire il faudrait que chaque substitution qui change v_1 en v_2 laisse x_1 à sa place, mais on se convaincra aisément que dans cette supposition le nombre de valeurs de v_1 serait un nombre pair. La même chose aurait encore lieu, si la fonction φx_1 était symétrique par rapport aux cinq quantités $x_1, x_2 \ldots x_5$.

Page 87. L'article du Bulletin de *Férussac* que nous avons placé après le mémoire n'est pas signé, mais Abel s'en est déclaré auteur dans une lettre à *Holmboe* (voyez t. II, p. 260). L'article fut suivi de quelques lignes du redacteur, *Saigey*; les voici:

"*Note du rédacteur.* Dans un *Mémoire sur l'insolubilité des équations algébriques générales d'un degré supérieur au quatrième* (*Société Italienne des Sciences* tome 9) et dans sa "*Théorie générale des équations (ibid.)*, *Ruffini*, géomètre italien, mort il y a quelques "années, a démontré la proposition qui fait le sujet de cet article; un second mémoire "du même auteur sur *l'insolubilité des équations algébriques générales d'un degré supérieur* "*au quatrième, soit algébriquement, soit d'une manière transcendante*, se trouve dans les Mé-"moires de l'Instit. nat. italien, t. I, part. 2. Ce dernier mémoire avait été lu le 22 "novemb. 1805. Dans les *Mémoires de l'Institut imp. et roy. de Milan*, tome 1, un autre "auteur fait voir que l'impossibilité de la résolution de l'équation générale du cinquième "degré est contradictoire avec une proposition que nous ne pouvons rapporter ici, ou du "moins il demande la solution d'une difficulté qui n'avait pas été prévue M. *Cauchy* a "revu la démonstration de Ruffini, et il en a fait un rapport favorable à *l'Académie des* "*sciences*, il y a quelques années. D'autres géomètres avouent n'avoir pas compris cette "démonstration, et il y en a qui ont fait la remarque très-juste que *Ruffini* en prouvant "trop, pourrait n'avoir rien prouvé d'une manière satisfaisante; en effet, on ne conçoit pas "comment une équation du cinquième degré, par exemple, n'admettrait pas de racines "*transcendantes*, qui équivalent à des séries infinies de termes algébriques, puisqu'on dé-"montre que toute équation de degré impair a nécessairement une racine *quelconque*. "M. *Abel*, au moyen d'une analyse plus profonde, vient de prouver que de telles racines "ne peuvent exister algébriquement; mais il n'a pas résolu négativement la quéstion de "l'existence des racines transcendantes. Nous recommandons cette question aux géomè-"tres qui en ont fait une étude spéciale".

Le point faible du raisonnement de *Ruffini*, c'est qu'il suppose, sans démonstration, que les radicaux qui concourent à la résolution de l'équation s'expriment rationnellement par les racines. Ce défaut de son raisonnement, ou plutôt un défaut analogue, a contribué à produire le résultat faux dont parle *Saigey*; il y a d'ailleurs aussi d'autres objections à faire à cette partie de ses travaux, au reste si pleins de mérite.

Sylow.

Les mémoires VIII, IX et X rédigés en français furent publiés en traduction allemande dans le deuxième fascicule du premier tome du Journal de *Crelle.* La publication eut lieu à ce qu'il paraît en juin 1826.

La formule développé dans le mémoire X est un cas spécial d'une formule donnée antérieurement par *Cauchy* dans ses Exercices de Mathématiques, IIème livraison, page 53 équation (36).

Lie.

Le mémoire XI rédigé en français fut publié en traduction allemande dans le Journal de *Crelle* tome I, fascicule 2. La publication eut lieu à ce qu'il paraît en juin 1826.

Page 133, lignes 7—9. Voici le texte du Journal de *Crelle:*

$$\mu_{m+n} = a^{\pm 1} \mu_{n-1}.$$

Das Zeichen + muss genommen werden, wenn n gerade ist, und das Zeichen —, wenn n ungerade ist.

Page 141, ligne 6—7 en remontant. Voici le texte du journal de *Crelle:* *Wenn man Zähler und Nenner des Differentials mit x multiplicirt.*

Lie.

Mémoire XII. Dans le Recueil des Savants Étrangers le mémoire est suivi d'une note de *Libri* que nous reproduisons:

"L'Académie m'ayant fait l'honneur de me charger de surveiller l'impression de ce "Mémoire, je me suis appliqué à corriger, autant que possible, les fautes d'impression. "Cependant, n'ayant pas le manuscrit sous les yeux au moment où je livrais les épreuves, "je ne saurais me flatter d'avoir toujours réussi. Il m'a semblé que dans certains endroits "(notamment dans les conséquences et les développements numériques tirés de l'inégalité "103), il y avait quelques inexactitudes de calcul: mais je ne me suis pas cru autorisé "à rien changer dans ce beau travail. J'ai donc obtenu de l'Académie la permission "d'insérer ici cette note, que je ne saurais terminer sans exprimer encore une fois mon "admiration pour l'illustre géomètre de Christiania, dont la science déplorera toujours la "fin prématurée".

Il nous a paru très désirable de pouvoir collationner le mémoire imprimé avec l'original, et M. *Lie* obtint en 1874 de l'Académie des Sciences de Paris la permission de consulter le manuscrit d'Abel; mais il fut constaté dans les archives de l'Académie, que le manuscrit ne s'y est pas trouvé après l'impression du mémoire. Quant à la remarque de *Libri,* nous renvoyons aux notes suivantes.

Pages 153, 154. Les formules (23) doivent être interprétées de la manière suivante: Les lettres $\beta_1, \beta_2, \ldots \beta_\alpha$ désignent les valeurs de x qui annulent l'une ou l'autre des fonctions $F_0 x$, $f_2 x$; les exposans $\mu_1, \mu_2, \ldots \mu_\alpha, m_1, m_2, \ldots m_\alpha$ sont donc nuls ou positifs; ensuite $k_1, k_2, \ldots k_\alpha$ désignent aussi des nombres nuls ou positifs, mais on suppose que $k_1 \leqq \mu_1 + m_1$, $k_2 \leqq \mu_2 + m_2$, $\ldots k_\alpha \leqq \mu_\alpha + m_\alpha$. En posant

$$\frac{Rx}{f_2x \,.\, F_0x} = \frac{R_1x}{\theta_1x}$$

on a donc opéré une réduction quelconque de la première fraction, sans toutefois supposer que la seconde soit irréductible. Ce dernier point résulte de la remarque faite p. 160: "on peut faire la même supposition dans tous les cas".

Pages 156—159. La détermination des coefficiens $A_1\ A_2 \ldots A_\nu$ souffre d'une incorrection qui influe sur une grande partie des formules suivantes. En effet, on trouve

$$A_\nu = \left[\frac{(x-\beta)^\nu R_3x}{\theta_1x}\right]_{(x=\beta)}; \quad A_{\nu-1} = \left[\frac{d}{dx}\,\frac{(x-\beta)^\nu \,.\, R_3x}{\theta_1x}\right]_{(x=\beta)};$$

$$\ldots A_1 = \frac{1}{\Gamma\nu}\left[\frac{d^{\nu-1}}{dx^{\nu-1}}\,\frac{(x-\beta)^\nu R_3x}{\theta_1x}\right]_{(x=\beta)}$$

tandis qu'Abel écrit

$$A_\nu = \frac{\Gamma(\nu+1)\,R_3\beta}{\theta_1^\nu\beta} = p; \quad A_{\nu-1} = \frac{dp}{d\beta}; \quad A_{\nu-2} = \frac{d^2p}{\Gamma 3\,.\,d\beta^2}; \quad \ldots A_1 = \frac{d^{\nu-1}p}{\Gamma\nu\,.\,d\beta^{\nu-1}}.$$

Il y a deux manières d'interpréter ces formules. D'abord on peut regarder β comme un symbole qui désigne successivement chacune des quantités $\beta_1\ \beta_2 \ldots \beta_\alpha$; c'est ce qui est le plus naturel, mais dans ce cas la différentiation par rapport à x ne peut être remplacée par une différentiation par rapport à β, à moins qu'on n'ait le soin de regarder les coefficiens de la fonction R_3x comme constans lors même qu'ils contiennent les quantités $\beta_1, \beta_2, \ldots \beta_\alpha$. Si au contraire on regarde β comme une quantité entièrement indéterminée, qu'on n'égale aux constantes $\beta_1, \beta_2, \ldots \beta_\alpha$ qu'après la différentiation, cet inconvénient est écarté, mais alors il faudra remplacer $\theta_1^{(\nu)}x$ par $\Gamma(\nu+1)\,\dfrac{\theta_1x}{(x-\beta)^\nu}$, c'est-à-dire qu'on fera

pour $\beta = \beta_1$, $\theta_1^{(\nu)}x = \Gamma(\nu_1+1)(x-\beta_2)^{\nu_2}(x-\beta_3)^{\nu_3}\ldots(x-\beta_\alpha)^{\nu_\alpha}$,

pour $\beta = \beta_2$, $\theta_1^\nu(x) = \Gamma(\nu_2+1)(x-\beta_1)^{\nu_1}(x-\beta_3)^{\nu_3}\ldots(x-\beta_\alpha)^{\nu_\alpha}$

etc.

Il est à peine nécessaire d'ajouter qu'avec la première interprétation les formules finales seront correctes, si les fonctions $f_1(x, y)$ et θy sont indépendantes des quantités $\beta_1, \beta_2, \ldots \beta_\alpha$.

Il paraît qu'Abel a mêlé les deux manières de voir, car dans la formule (34) il remplace la lettre β par x, et dans la suite du mémoire il emploie tour à tour x et β.

Pour écrire les formules d'une manière correcte, le plus commode serait peut-être de représenter la fonction $\dfrac{\theta_1x}{(x-\beta)^\nu}$ par une nouvelle lettre, par exemple en posant

$$\vartheta_i x = (x-\beta_1)^{\nu_1}(x-\beta_2)^{\nu_2}\ldots(x-\beta_{i-1})^{\nu_{i-1}}(x-\beta_{i+1})^{\nu_{i+1}}\ldots(x-\beta_\alpha)^{\nu_\alpha};$$

on aura alors, en regardant β comme une indéterminée, qu'on remplace après la différentiation par $\beta_1, \beta_2, \ldots \beta_\alpha$,

$$\Sigma \frac{R_3 x}{\theta_1 x \,.\, F'x} = \Sigma' \frac{1}{\Gamma\nu} \frac{d^{\nu-1}}{d\beta^{\nu-1}} \left(\frac{R_3 \beta}{\vartheta \beta} \Sigma \frac{1}{(x-\beta) Fx} \right).$$

Par là on aura, au lieu des formules (33) et (34), les suivantes:

$$dv = -\Pi \frac{R_1 x}{\theta_1 x \,.\, Fx} + \Sigma' \frac{1}{\Gamma\nu} \frac{d^{\nu-1}}{d\beta^{\nu-1}} \left(\frac{R_1 \beta}{\vartheta\beta \,.\, F\beta} \right),$$

ou bien

$$dv = -\Pi \frac{R_1 x}{\theta_1 x \,.\, Fx} + \Sigma' \frac{1}{\Gamma\nu} \frac{d^{\nu-1}}{dx^{\nu-1}} \left(\frac{R_1 x}{\vartheta x \,.\, Fx} \right);$$

$$(x = \beta_1,\ \beta_2,\ \ldots\ \beta_\alpha).$$

Au lieu des équations (38) et (39) on aura donc

$$\Sigma \frac{f_1(x, y)}{f_2 x \,.\, \chi' y} \log \theta y = \varphi x,$$

$$\frac{F_2 x}{\vartheta x} \Sigma \frac{f_1(x, y)}{\chi' y} \log \theta y = \varphi_1 x,$$

$$v = C - \Pi \varphi x + \Sigma' \frac{1}{\Gamma\nu} \frac{d^{\nu-1} \varphi_1 x}{dx^{\nu-1}}.$$

Il nous paraît superflu de répéter ces remarques pour les formules plus spéciales qui se trouvent en grand nombre dans la suite du mémoire.

Page 161, lignes 13—16. Le texte du Recueil des Savants Étrangers est:

"Or, en observant que ces quantités a, a', a'', ... sont toutes arbitraires, il est clair "que la fonction $\Sigma \frac{f_1(x, y)}{\chi'(y)} \log \theta y$ *développée suivant les puissances descendantes de x, on aura "la formule suivante:*

$$R \log x = \begin{cases} A_0 x^{\mu_0} + A_1 x^{\mu_0 - 1} + \cdots \\ + A_{\mu_0} + \frac{A_{\mu_0+1}}{x} + \frac{A_{\mu_0+2}}{x^2} + \cdots. \end{cases}$$

C'est évidemment une faute d'écriture, ou d'Abel ou de *Libri.*

Page 162, lignes 1—6 en remontant. On peut justifier cette assertion par le raisonnement suivant, qui coïncide avec celui dont M. *Elliot* a fait usage dans son mémoire sur les intégrales abéliennes (Annales scientifiques de l'École Normale supérieure, année 1876, p. 404—406):

Si les inégalités (52) n'avaient pas lieu, il faudrait que, dans le développement de $f_1(x, y)$ suivant les puissances descendantes de x, les termes les plus élevés se détruisissent. Soit $f_1(x, y) = \Sigma A x^r y^\varrho$, et considérons les termes $A x^r y^\varrho$ et les valeurs de y pour lesquelles la différence

$$h(A x^r y^\varrho) - (h \chi' y - 1)$$

est maximum. Adoptons les notations employées par Abel aux paragraphes 5 et 7, seulement en désignant par y_i une quelconque des valeurs

$$y^{(k^{(i-1)}+1)},\ y^{(k^{(i-1)}+2)},\ \ldots\ y^{(k)^{(i)}},$$

et soient

$$(a) \qquad A x^{r} y_i^{\varrho} + A_1 x^{r_1} y_i^{\varrho_1} + \cdots + A_\nu x^{r_\nu} y_i^{\varrho_\nu}$$

les termes en question, ordonnés suivant les puissances descendantes de y_i. Cela posé, il faudrait en premier lieu que la valeur de

$$h(x^{r_j} y_i^{\varrho_j}) - (h\chi' y_i - 1)$$

n'augmentât pas en remplaçant y_i par y_{i-1} ou par y_{i+1}. Or, puisque

$$h\chi' y_i - h\chi' y_{i+1} = (n - k_i - 1)(\sigma_i - \sigma_{i+1}),$$
$$h\chi' y_{i-1} - h\chi' y_i = (n - k_{i-1} - 1)(\sigma_{i-1} - \sigma_i),$$

cela donne pour ϱ_j les limites suivantes:

$$\varrho_j \geqq n - k_i - 1,$$
$$\varrho_j \leqq n - k_{i-1} - 1,$$

donc on aurait

$$\varrho - \varrho_\nu \leqq k_i - k_{i-1} = n_i \mu_i.$$

En second lieu il faudrait que le polynôme (a) s'annulât en faisant $y_i = a_i x^{\sigma_i}$. On aurait donc d'abord

$$r_1 = r + p_1 m_i, \quad r_2 = r + p_2 m_i, \quad \ldots r_\nu = r + p_\nu m_i,$$
$$\varrho_1 = \varrho - p_1 \mu_i, \quad \varrho_2 = \varrho - p_2 \mu_i, \quad \ldots \varrho_\nu = \varrho - p_\nu \mu_i,$$

$p_1, p_2, \ldots p_\nu$ étant des nombres entiers et positifs, et puis

$$A a_i^{p_\nu \mu_i} + A_1 a_i^{(p_\nu - p_1)\mu_i} + \cdots + A_\nu = 0.$$

Cette équation devrait être satisfaite par les $n_i \mu_i$ valeurs de a_i, qui par hypothèse sont toutes distinctes, de sorte que p_ν serait au moins égal à n_i, c'est-à-dire qu'on aurait

$$\varrho - \varrho_\nu \geqq n_i \mu_i.$$

Il faudrait donc que

$$\varrho = n - k_{i-1} - 1,$$
$$\varrho_\nu = n - k_i - 1.$$

On en tire

$$h(x^{r_\nu} y_i^{\varrho_\nu}) - (h\chi' y_i - 1) = h(x^{r_\nu} y_{i+1}^{\varrho_\nu}) - (h\chi' y_{i+1} - 1).$$

La fonction $f_1(x, y)$ contiendrait donc aussi les n_{i+1} termes:

$$A_\nu x^{r_\nu} y^{\varrho_\nu} + B_1 x^{r_1'} y^{\varrho_1'} + \cdots + B_{\nu'} x^{r'_{\nu'}} y^{\varrho'_{\nu'}},$$

qui se détruisent en faisant $y_{i+1} = a_{i+1} x^{\sigma_{i+1}}$, et où $\varrho'_{\nu'} = n - k_{i+1} - 1$. En continuant ce raisonnement on parviendrait à un dernier groupe de termes:

$$C x^{r''} y^{\varrho''} + \cdots + C_{\nu''} x^{r''_{\nu''}} y^{\varrho''_{\nu''}},$$

qui devraient se détruire dans la supposition de $y = a_\varepsilon x^{\sigma_\varepsilon}$, et où l'on aurait

$$\varrho'' \leqq n - k_{\varepsilon-1} - 1 = n_\varepsilon \mu_\varepsilon - 1.$$

On aurait donc une équation en a_ε du degré $n_\varepsilon \mu_\varepsilon - 1$, qui serait satisfaite par les $n_\varepsilon \mu_\varepsilon$ valeurs différentes de a_ε, ce qui est absurde.

Pages 166, 167. En cherchant le nombre β', Abel ne parle pas des cas où $\frac{\mu'}{m'}+1$ est égal ou supérieur à $n'\mu'$. Mais si l'on examine ces cas, on verra que la valeur trouvée de β' est correcte toutes les fois que la fonction cherchée $f_1(x, y)$ existe réellement. Si elle n'existe pas, l'équation $\chi y=0$ est, ou linéaire en x, ou de la forme

$$y^2+(Ax+B)y+Cx^2+Dx+E=0.$$

Page 169, lignes 9, 10 en remontant: "*Alors la formule dont il s'agit cesse d'avoir lieu*". Abel a voulu dire que si l'équation $r=0$ a des racines constantes, l'équation (43), dont il est parti, cesse d'avoir lieu, et doit être remplacée par la formule (40); il se propose de démontrer que la formule (59) a toujours lieu, pourvu seulement que la fonction $\frac{f_1(x, y)}{\chi' y}$ reste finie pour $x=\beta_1, \beta_2, \ldots \beta_\alpha$.

Page 173, ligne 16. En écrivant l'équation

$$h(q_m y^m)=hq_m+mhy$$

Abel suppose que la fonction q_m ne soit pas nulle; le cas où l'on voudrait omettre quelques-unes des puissances de y n'est donc pas traité.

Page 179, lignes 2—4. On lit dans les Mémoires présentés par divers Savants: "*c'est-à-dire entre* $n-1-k^{(m)}$ *et* $n-1-k^{(m+1)}$; *il est clair que le second membre de cette équation sera toujours positif si* $m\geqq\delta+1$, *et toujours négatif si* $m\leqq\delta-1$"

Ce sont évidemment des fautes d'impression ou d'écriture.

Page 179, inégalités (103). *Libri* a remarqué qu'il y a quelques inexactitudes dans les conséquences tirées des inégalités (103). En effet, il ne suffit pas que le nombre θ_δ y satisfasse; il faut en outre que la quantité

$$(\varrho_\delta-\varrho_{\delta+1})[\theta_\delta\sigma_\delta+(1-\theta_\delta)\sigma_{\delta+1}]$$

soit un nombre entier, condition qu'il n'est pas toujours possible de remplir pour des valeurs données de ϱ_δ et $\varrho_{\delta+1}$. Mais on voit aisément qu'en prenant pour ϱ_m les valeurs les plus grandes possibles, savoir $\varrho_m=n-1-k^{(m-1)}$, on peut faire $\theta_\delta=1$; de même, si l'on prend $\varrho_m=n-k^{(m)}$, on peut faire $\theta_\delta=0$.

Remarques sur les nombres γ et $\mu-\alpha$.

En déterminant au cinquième paragraphe le nombre γ, Abel n'a eu qu'à calculer le nombre des intégrales de la forme $\int\frac{f_1(x, y)\,dx}{\chi' y}$, indépendantes les unes des autres, qui conservent des valeurs finies pour une valeur infinie de x. Donc, si la courbe représentée par l'équation $\chi y=0$ n'a pas de point multiple dans le fini, si les points multiples situés à l'infini sont compatibles avec les équations (50), c'est-à-dire si la courbe a seulement deux points multiples situés à l'infini sur les axes des coordonnées, si de plus les développemens des diverses valeurs de y suivant les puissances descendantes de x se distinguent par leurs premiers termes, le nombre γ est celui que *Riemann* a depuis désigné par p (Journal f. d. reine u. angew. Math. t. 54).

Au septième paragraphe au contraire, où il cherche la valeur du nombre $\mu-\alpha$, Abel a dû avoir égard aux singularités que puisse présenter la courbe pour des valeurs finies de x. Il suppose en effet que le nombre des équations de condition à satisfaire pour que la fonction entière r soit divisible par le polynôme indépendant des paramètres F_0x, soit égal à hF_0x-A. Dans le calcul de $\mu-\alpha$ il ne fait plus expressément les mêmes suppositions sur les développemens des valeurs de y; mais ayant trouvé d'abord $\mu-\alpha=\gamma-A$ (104), il ajoute que dans certains cas spéciaux on peut réduire le degré de la fonction r de A' unités, en établissant entre les paramètres un nombre $A'-B$ d'équations de condition, et que dans ces cas la valeur minimum de $\mu-\alpha$ sera $\gamma-A-B$. Cela arrive évidemment quand deux ou plusieurs valeurs de y, développées suivant les puissances descendantes de x, commencent par un même terme. On peut donc dire que dans l'équation (107)

$$\mu-\alpha=\gamma-A-B,$$

la lettre A désigne la réduction que subit la valeur minimum de $\mu-\alpha$ par la présence de singularités situées dans le fini, tandis que $-B$ désigne la correction qu'il faut ajouter à la valeur trouvée de γ (62), dans le cas où deux ou plusieurs valeurs de y ne se distinguent pas par les premiers termes de leurs développement suivant les puissances descendantes de x.

En somme Abel a complètement déterminé la valeur minimum qu'on peut ordinairement donner au nombre $\mu-\alpha$ pour une équation fondamentale $\chi y=0$ d'un degré donné, dont les coefficiens sont des polynômes entiers de x de degrés donnés; il a indiqué seulement la réduction qu'elle peut subir pour des valeurs spéciales des coefficiens de ces polynômes.

Mais la portée de la formule (62) est beaucoup plus grande: elle suffit pour trouver la valeur du nombre A dans un cas très étendu. En effet, si l'on suppose qu'il n'y ait pas de points multiples situés à l'infini sur l'axe des y, l'ordre de la courbe sera n ou $n+1$. Admettons qu'il soit n (l'autre cas donnera le même resultat par un raisonnement semblable), et que par suite $m^{(i)}\leqq\mu^{(i)}$, et faisons, pour avoir la valeur de γ dans le cas où il n'y a aucune singularité, $\varepsilon=1$, $m'=\mu'=1$, $n'=n$, nous aurons

$$\gamma=\frac{(n-1)(n-2)}{2}.$$

On aura évidemment la même valeur, si l'on fait $m^{(i)}=\mu^{(i)}=1$, et qu'on remplace ensuite $n^{(i)}$ par $n^{(i)}\mu^{(i)}$, donc

$$\begin{aligned}\frac{(n-1)(n-2)}{2}=n'\mu'\left\{\frac{n'\mu'-1}{2}+n''\mu''+n'''\mu'''+\cdots+n^{(\varepsilon)}\mu^{(\varepsilon)}\right\}-n'\mu'+1\\ +n''\mu''\left\{\frac{n''\mu''-1}{2}+n'''\mu'''+\cdots+n^{(\varepsilon)}\mu^{(\varepsilon)}\right\}-n''\mu''\\ +\cdots\cdots\cdots\cdots\cdots\cdots\\ +n^{(\varepsilon)}\mu^{(\varepsilon)}\left\{\frac{n^{(\varepsilon)}\mu^{(\varepsilon)}-1}{2}\right\}-n^{(\varepsilon)}\mu^{(\varepsilon)},\end{aligned}$$

ce qui est d'ailleurs facile à vérifier. Donc si l'on désigne par $\varDelta$ la réduction du nom bre $\mu-\alpha$ causée par un point multiple situé à l'infini sur l'axe des x, on a

$$\begin{aligned}\varDelta = n'(\mu'-m')&\left\{\frac{n'\mu'-1}{2}+n''\mu''+n'''\mu'''+\cdots+n^{(\varepsilon)}\mu^{(\varepsilon)}\right\}-\frac{n'(\mu'-1)}{2}\\ +n''(\mu''-m'')&\left\{\frac{n''\mu''-1}{2}+n'''\mu'''+\cdots+n^{(\varepsilon)}\mu^{(\varepsilon)}\right\}-\frac{n''(\mu''-1)}{2}\\ +&\cdots\cdots\cdots\cdots\cdots\cdots\\ &+n^{(\varepsilon)}(\mu^{(\varepsilon)}-m^{(\varepsilon)})\frac{n^{(\varepsilon)}\mu^{(\varepsilon)}-1}{2}-\frac{n^{(\varepsilon)}(\mu^{\varepsilon}-1)}{2},\end{aligned}$$

formule qui a lieu toutes les fois que les divers développemens de y se distinguent par leurs premiers termes. Si $m'=\mu'=1$, les n' valeurs correspondantes de y n'appartiennent pas au point considéré, mais dans ce cas les termes contenant m', μ', n' disparaissent. On peut donc admettre que les nombres $m^{(i)}$, $\mu^{(i)}$, $n^{(i)}$ n'ont rapport qu'aux valeurs que prend y dans le voisinage du point singulier. On en déduit par une transformation la formule analogue pour un point singulier à l'origine des coordonnées:

$$(b)\qquad\begin{aligned}\varDelta = n'm'&\left\{\frac{n'\mu'-1}{2}+n''\mu''+n'''\mu'''+\cdots+n^{(\varepsilon)}\mu^{(\varepsilon)}\right\}-\frac{n'(\mu'-1)}{2}\\ +n''m''&\left\{\frac{n''\mu''-1}{2}+n'''\mu'''+\cdots+n^{(\varepsilon)}\mu^{(\varepsilon)}\right\}-\frac{n''(\mu''-1)}{2}\\ +&\cdots\cdots\cdots\cdots\cdots\cdots\\ &+n^{(\varepsilon)}m^{(\varepsilon)}\frac{n^{(\varepsilon)}\mu^{(\varepsilon)}-1}{2}-\frac{n^{(\varepsilon)}(\mu^{(\varepsilon)}-1)}{2}.\end{aligned}$$

Ici $\frac{m^{(i)}}{\mu^{(i)}}$ désigne l'exposant de x dans le premier terme du développement d'une valeur de y suivant les puissances ascendantes de x, et l'on a

$$0<\frac{m'}{\mu'}<\frac{m''}{\mu''}<\frac{m'''}{\mu'''}<\cdots<\frac{m^{(\varepsilon)}}{\mu^{(\varepsilon)}}.$$

Page 183—185. Dans la détermination numérique de θ_1, θ_2, θ_3 il s'est glissé quelques fautes de calcul, indiquées dans la note de *Libri*. En redressant ces fautes, qui influent sur presque toutes les valeurs numériques du reste du paragraphe, il est devenu nécessaire de supprimer la phrase suivante: "*La fonction* q_0 *peut être de trois degrés différents* θ, $\theta+1$, $\theta+2$" qui se trouvait après les mots "*où* θ *est le degré de la fonction* q_{12}" au bas de la page 184. D'après le calcul d'Abel toutes les fonctions q seraient de degrés complètement déterminés, hormis seulement q_0.

Page 188, équation (122). Abel dit que les fonctions r_1, r_2, .. r_ε ne doivent pas avoir de facteurs égaux. Mais puisqu'il dit page 200 que la valeur trouvée (172) de $\mu-\alpha$ est la plus petite possible, il faut croire qu'il suppose encore la décomposition telle qu'il n'y ait pas de facteur commun à deux de ces fonctions. Ce n'est que dans cette supposition que l'équation (172) donne réellement la valeur minimum de $\mu - \alpha$, comme il est aisé de voir par une discussion de la formule.

Page 191, équation (141). Pour utiliser la singularité que présente la fonction y pour les valeurs de x qui annulent le polynôme r_m, Abel veut rendre tous les termes de la fonction θy divisibles par une puissance de $r_m^{\frac{1}{n}}$. En désignant cette puissance par $r_m^{\theta_m + \frac{\alpha_m}{n}}$, il faut pour cela que q_π soit divisible par $r_m^{\theta_m - E\frac{\pi\mu_m - \alpha_m}{n}}$ L'exposant $\theta_m - E\frac{\pi\mu_m - \alpha_m}{n}$ devant être un nombre nul ou positif, il faut que

$$\theta_m \geqq E\,\frac{(n-1)\,\mu_m - \alpha_m}{n}.$$

C'est la seule condition à imposer au nombre θ_m; l'équation (141) n'est pas en vérité nécessaire, quoique Abel en ait fait usage à la page 197 (ligne 12). En effet, si en calculant α (pages 196, 197), on substitue pour $\delta_{m,0} + \delta_{m,1} + \cdots + \delta_{m,n-1}$ la valeur équivalente:

$$n\,\theta_m + \alpha_m - \frac{n-1}{2}\,\mu_m + \frac{n-k_m}{2},$$

et qu'on élimine les quantités $\delta_{m,\varrho}$ [équation (168)] par l'équation (142), on trouve la formule (171) sans avoir recours à la relation

$$\theta_m = \frac{n-1}{2}\,\mu_m - \frac{n_m - 1}{2}\,k_m,$$

issue de (141).

Page 193 équations (153) et page 197 équation (170). En désignant par $\frac{\beta_m}{n}$ la plus petite des fractions $k_{m,\pi}$, l'équation (146) fait voir que θy est divisible par $r_m^{\theta_m + \frac{\alpha_m + \beta_m}{n}}$ Donc si l'on veut que $n\theta_m + \alpha_m$ soit l'exposant de la plus grande puissance de r_m qui divise le polynôme r, ce qui est exigé par les équations (153), il faut que β_m soit nul; en d'autres termes, il faut que α_m soit divisible par le plus grand facteur commun aux nombres μ_m et n.

Page 200, lignes 12—15. Abel dit que la valeur de $\mu - \alpha$, donnée par la formule (172), est la plus petite possible. On peut vérifier l'exactitude de cette assertion au moyen de la formule (*b*) page 300.

On a en effet le cas où le nombre B est nécessairement nul, et où la formule dont nous parlons est applicable. Pour avoir le nombre Δ pour une valeur de x qui annule le facteur r_m, il faut faire $\varepsilon = 1$, $m' = \mu_m'$, $\mu' = n_m$, $n' = k_m$, d'où il résulte:

$$\Delta = k_m\,\mu_m'\,\frac{k_m n_m - 1}{2} - \frac{k_m(n_m - 1)}{2} = \mu_m\,\frac{n-1}{2} - \frac{n-k_m}{2}.$$

En faisant la somme des nombres Δ pour toutes les valeurs de x qui annulent la fonction y, on obtient

$$\Sigma \varDelta = \frac{n-1}{2}(\mu_1 h r_1 + \mu_2 h r_2 + \cdots + \mu_\varrho h r_\varrho)$$
$$-\left(\frac{n-k_1}{2} h r_1 + \frac{n-k_2}{2} h r_2 + \cdots + \frac{n-k_\varepsilon}{2} h r_\varepsilon\right).$$

D'autre part on a par la formule (139)

$$\gamma = \frac{n-1}{2}(\mu_1 h r_1 + \mu_2 h r_2 + \cdots + \mu_\varepsilon h r_\varepsilon) - \frac{n+n'}{2} + 1.$$

Donc

$$\gamma - \Sigma \varDelta = \mu - \alpha = \frac{n-k_1}{2} h r_1 + \frac{n-k_2}{2} h r_2 + \cdots + \frac{n-k_\varepsilon}{2} h r_\varepsilon - \frac{n+n'}{2} + 1,$$

ce qui est l'équation (172).

Page 201, ligne 11—20. Puisque $h\frac{fx \,.\, \varphi x}{s_m(x)}$ est un nombre entier, il est évident que φx n'est pas généralement du degré zéro, mais cette circonstance n'infirme pas les conclusions suivantes.

Pages 203—208. Nous avons changé les α désignant dans les Mémoires présentés les coefficiens du polynôme $v_0 x$ en des a, pour les distinguer des α désignant les coefficiens de φx; en outre nous avons redressé quelques fautes insignifiantes d'écriture ou d'impression.

Sylow.

Le mémoire XIII, qui ne se trouve pas dans l'édition de *Holmboe*, fut publié en janvier 1827 dans les Annales de Mathématiques pures et appliquées de *Gergonne*, tome XVII.

Le mémoire XIV fut inséré dans la quatrième livraison du Journal de *Crelle*, laquelle parut au mois de février ou de mars 1827, comme nous l'apprend une lettre d'Abel à *Holmboe* (voyez t. II, p. 262). Il fut rédigé en français pendant l'hiver 1825—1826 et puis traduit en allemand par *Crelle*.

Page 223. La démonstration du théorème IV a été trouvée difficile à comprendre. (Voyez Journal de mathématiques pures et appliquées publié par *Joseph Liouville*, année 1862, p. 253), mais elle nous semble tout à fait rigoureuse. En effet on peut prendre m assez grand pour que p soit numériquement moindre que $\frac{1}{3}\varepsilon$; cela fait, si l'on détermine β de sorte que la valeur absolue de $\varphi\alpha - \varphi(\alpha-\beta)$ soit moindre que $\frac{1}{3}\varepsilon$, celle de $f\alpha - f(\alpha-\beta)$, ou de

$$\varphi\alpha - \varphi(\alpha-\beta) + \psi(\alpha) - \psi(\alpha-\beta)$$

devient moindre que ε, ε désignant une quantité donnée, aussi petite qu'on voudra.

Il est même possible que la rédaction originale d'Abel (lignes 11—14 en remontant) ait été la suivante:

„*On pourra donc prendre m assez grand pour qu'on ait, pour toute valeur de α égale „ou inférieure à δ,*

$$\psi\alpha = \omega\text{''}.$$

Page 224. La démonstration du théorème V a un point faible. En effet il ne suffit pas que $\psi x = \omega$, il faut encore qu'on ait $\psi(x-\beta) = \omega$; or il est possible que la valeur de m qui satisfait à cette condition soit dépendante de β, et qu'elle dépasse tout nombre donné à mesure que β converge vers zéro; si cela a lieu, on ne peut admettre la supposition de

$$\varphi x - \varphi(x-\beta) = \omega,$$

puisque la forme de la fonction φ dépend de β.

Toutefois le théorème subsiste pourvu que le terme général $v_m \delta^m$, pour toutes valeurs de x depuis $x - x'$ jusqu'à $x + x''$, reste moindre qu'une même quantité positive M, indépendante de m. Dans ce cas, en effet, les valeurs absolues de ψx et de $\psi(x-\beta)$ sont moindres que $M \frac{\left(\frac{\alpha}{\delta}\right)^m}{1 - \frac{\alpha}{\delta}}$; on peut donc prendre m assez grand pour qu'on ait

$$\psi x < \tfrac{1}{3}\varepsilon, \quad \psi(x-\beta) < \tfrac{1}{3}\varepsilon.$$

Maintenant m est un nombre déterminé, on peut donc prendre β assez petit pour que

$$\varphi(x) - \varphi(x-\beta) < \tfrac{1}{3}\varepsilon,$$

ce qui entraîne

$$f(x) - f(x-\beta) < \varepsilon.$$

Plus tard Abel a senti l'insuffisance de sa démonstration, car il y est revenu dans un de ses livres manuscrits, voyez t II, p. 201. M. *Paul du Bois-Reymond* a généralisé le théorème, et l'a muni d'une démonstration rigoureuse (Mathematische Annalen t. IV, p. 135).

Page 225. Le théorème VI est dû à *Cauchy*, mais la forme nouvelle qu'il a reçue page 226 appartient à Abel.

Page 231, lignes 2 et 3: "*En effet, d'après le théorème V, p et q sont évidemment des fonctions continues*" Cette conclusion reste légitime malgré la restriction à laquelle il faut soumettre le théorème V. En effet, s'il s'agit de démontrer que p et q sont des fonctions continues de k et k' pour des valeurs données de ces variables et pour une valeur donnée de α, moindre que l'unité, prenons trois nombres positifs ϱ, r, s, tels qu'on ait, sans égard aux signes,

$$\alpha < \varrho < 1, \quad r > k, \quad s > k',$$

et remplaçons α, k, k' respectivement par ϱ, $-r$, s. En désignant par δ_μ', λ_μ' les valeurs de δ_μ, λ_μ ainsi obtenues, nous aurons

$$\delta_\mu' > \delta_\mu, \text{ et par suite } \lambda_\mu' > \lambda_\mu.$$

Or, la série

$$1 + \varrho\lambda_1' + \varrho^2\lambda_2' + \varrho^3\lambda_3' + \cdots$$

étant convergente, il est possible de choisir un nombre M plus grand que tout terme de cette série; on a donc à plus forte raison

$$M > \lambda_\mu \varrho^\mu \cos \theta_\mu$$

pour toute valeur de μ, et pour toutes les valeurs de k et k', numériquement moindres que r et s; cela étant, le théorème est applicable. De la même manière on peut justifier l'emploi du théorème V p. 236, 237.

Page 233, ligne 13. Nous avons conservé la formule

$$\psi(k, k'+l') = 2m\pi + \psi(k, k') + \psi(0, l')$$

intercalée par *Holmboe.*

Page 239, lignes 6—8 en remontant. Le texte du Journal de *Crelle* est le suivant:

"*Zu dem Ende wollen wir drei Fälle unterscheiden: wenn* $k = -1$ *ist, oder zwischen*
"-1 *und* $-\infty$ *liegt; wenn* k *zwischen* 0 *und* $+\infty$ *liegt, und wenn* k *zwischen* 0 *und*
"-1 *eingeschlossen ist*".

Cette rédaction, qui laisse incertain auquel des cas il faut compter la valeur $k=0$, doit être attribuée à une inadvertance, ou d'Abel, ou peut-être de son traducteur. Nous avons cru devoir corriger le texte, mais par une faute d'impression, qui malheureusement est restée inaperçue pendant la correction des épreuves, les mots intercalés, "égal à zéro ou", ont été placés à tort. Lisez:

"*A cet effet il faut distinguer trois cas: lorsque* k *est égal à* -1, *ou compris entre*
"-1 *et* $-\infty$; *lorsque* k *est compris entre* 0 *et* $+\infty$, *et lorsque* k *est égal à zéro ou com-*
"*pris entre* 0 *et* -1".

Page 240 première ligne, les mots "*égal ou*" sont intercalés par nous.

Page 242, ligne 6 en remontant. Nous avons intercalé les mots: "*égale à zéro ou*". De même page 243 ligne 12, où nous avons en outre changé $\sin\frac{\varphi}{2}$ en $\cos\frac{\varphi}{2}$.

Page 245, ligne 9. Nous avons supprimé la parenthèse $(a=\cos\varphi,\ b=\sin\varphi)$ qui se trouve dans le Journal de *Crelle* après l'équation $\sqrt{a^2+b^2}=1$.

Page 247, lignes 10—13. C'est par inadvertance, sans doute, qu'Abel cite le théorème II pour prouver la convergence des séries (34). Vraisemblablement il s'est servi du théorème III; en effet, puisqu'on a

$$\cos m\varphi - \cos(m+1)\varphi + \cdots \pm \cos(m+n)\varphi = \frac{\cos(m-\frac{1}{2})\varphi \pm \cos(m+n+\frac{1}{2})\varphi}{2\cos\frac{1}{2}\varphi},$$

expression dont la valeur numérique ne peut surpasser celle de $\frac{1}{\cos\frac{1}{2}\varphi}$, on conclut d'après le théorème III que la valeur numérique des $n+1$ termes

$$\frac{1}{m}\cos m\varphi - \frac{1}{m+1}\cos(m+1)\varphi + \cdots \pm \frac{1}{m+n}\cos(m+n)\varphi$$

est moindre que celle de l'expression $\frac{1}{m\cos\frac{1}{2}\varphi}$. Donc la première série (34) est convergente, si l'on n'a pas $\varphi = (2\mu+1)\pi$.

Page 250, lignes 1, 2. Voici le texte du Journal de *Crelle:*

"*Diese Ausdrücke gelten für jeden Werth von x, wenn m positiv ist. Liegt m zwischen "-1 und 0, so muss man* 1) *unter den Werthen von x in den Formeln* (1), (2), (5), (6), "*die Werthe* $x=2\varrho\pi-\frac{\pi}{2}$ *und* $x=2\varrho\pi+\frac{\pi}{2}$, 2) *in den Formeln* (3), (4), (7), (8), *die* "*Werthe* $x=2\varrho\pi$ *und* $x=(2\varrho+1)\pi$ *ausnehmen.*

"*In jedem anderen Falle sind die in Rede stehenden Reihen convergent*".

Sylow.

Le mémoire XV fut publié le 5 juillet 1827; vraisemblablement il fut écrit avant le retour d'Abel en Norvège, c'est-à-dire avant le mois de mai de la même année. Il était rédigé en français et fut traduit en allemand par *Crelle.*

Mémoire XVI. La première partie contenant les sept premiers paragraphes fut publié le 20 septembre 1827 dans le second cahier du second tome du Journal de *Crelle;* la seconde partie qu'Abel fit parvenir à *Crelle* sous la date du 12 février 1828, fut publié le 26 mai 1828.

Déjà en 1823, Abel avait considéré la fonction inverse des transcendantes elliptiques (voy. tom. II, p. 254). Dans une lettre datée Vienne, le 16 avril 1826, il dit: "*Quand je serai venu à Paris, ce qui aura lieu en juillet ou en août, à peu près, je commencerai à travailler furieusement, à lire et à écrire. Alors je rédigerai mes Intégrales, ma Théorie des fonctions elliptiques etc.*" De ses lettres (T. II, p. 261, 262, 268), ainsi que des manuscrits qu'il a laissés (T. II, p. 285), on peut voir que pendant son séjour à Paris et à Berlin à la fin de 1826 et au commencement de 1827, il s'est occupé de la théorie des fonctions elliptiques. Comme on le voit, dans ses manuscrits il est question aussi de la théorie de la transformation. Comme Abel parle à plusieurs reprises, dans ses lettres de cette époque à *Holmboe* et à *Crelle,* de la division de la lemniscate, on peut regarder comme assuré qu'il ne l'a trouvée qu'à Paris. Abel lui-même a dit à *Holmboe* "que déjà lors de son séjour à Paris en 1826, il avait achevé le plus important de ce qu'il a exposé depuis sur ces fonctions etc." (Magasin des Sciences Naturelles, tome IX, Christiania 1828—1829). Dans la préface de son édition des Oeuvres d'Abel, publiée en 1839, *Holmboe,* cite les paroles d'Abel un peu différemment: "Abel me dit que lors de son séjour à Paris en 1826 il avait déjà achevé la partie essentielle des principes qu'il avançait dans la suite sur ces fonctions etc." Probablement c'est la version la plus ancienne qui est la plus fidèle.

Page 265, ligne 3 en remontant. Plus bas (p. 314, ligne 11, 12 en remontant) Abel s'exprime d'une manière moins décisive sur le même sujet. Voyez au reste p. 527, ligne 4.

Page 294, ligne 9. Plus bas (voyez les formules 234, 236, 247, 254) Abel démontre que la fonction $\varphi_1\beta$ est elle-même une fonction elliptique de β et des nouveaux modules c_1, e_1. Le symbole φ_1 nous semble même choisi pour indiquer l'analogie qui existe entre les deux fonctions $\varphi\beta$ et $\varphi_1\beta$. Nous ne croyons donc pas qu'Abel ait passé par "le medium des transformations" sans le soupçonner (voyez Annales de l'École

Normale année 1869, p. 154, ou Journal für die reine und angewandte Mathematik, tome 80, p. 247, Correspondance mathématique entre *Legendre* et *Jacobi*).

Page 306. Entre les formules (92) et (93), les lettres m et μ sont confondues plusieurs fois dans le journal de *Crelle* et aussi dans l'édition de *Holmboe*.

Page 314, ligne 11 en remontant. Comme on le voit, Abel parle déjà dans la première partie de son mémoire de modules singuliers. Dans la seconde partie (§ X, p. 377) il s'occupe d'une classe étendue de tels modules, qu'il trouve par la théorie de la transformation.

Page 323 et suiv. La méthode dont se sert Abel pour déduire les expressions des fonctions $\varphi\alpha$, $f\alpha$ et $F\alpha$ en séries et en produits infinis ne nous semble pas satisfaisante dans tous ses détails.

Page 333, ligne 2. Nous avons intercalé le passage:
En vertu de l'équation (131) *le second membre prend la forme suivante*

$$\begin{aligned}\frac{(-1)^n}{2n+1} f\beta &+ \frac{(-1)^n}{2n+1} \sum_1^n {}_m (-1)^m \left[f\left(\beta + \frac{m\omega}{2n+1}\right) + f\left(\beta - \frac{m\omega}{2n+1}\right)\right] \\ &+ \frac{(-1)^n}{2n+1} \sum_1^n {}_\mu \left[f\left(\beta + \frac{\mu\varpi i}{2n+1}\right) + f\left(\beta - \frac{\mu\varpi i}{2n+1}\right)\right] \\ &+ \frac{(-1)^n}{2n+1} \sum_1^n {}_m \sum_1^n {}_\mu (-1)^m \left[f\left(\beta + \frac{m\omega + \mu\varpi i}{2n+1}\right) + f\left(\beta - \frac{m\omega + \mu\varpi i}{2n+1}\right)\right] \\ &+ \frac{(-1)^n}{2n+1} \sum_1^n {}_m \sum_1^n {}_\mu (-1)^m \left[f\left(\beta + \frac{m\omega - \mu\varpi i}{2n+1}\right) + f\left(\beta - \frac{m\omega - \mu\varpi i}{2n+1}\right)\right].\end{aligned}$$

Page 352, ligne 13 en remontant. Abel a en vue le mémoire XXV, où cependant l'application aux fonctions elliptiques ne fut pas faite.

Page 356, ligne 8 en remontant. Entre le morceau qui finit par: "*Donc etc.*" et le morceau suivant qui commence par: "*Toutes les racines*", nous avons supprimé avec *Holmboe* le passage suivant qui se trouve dans le journal de *Crelle*:

"*Cela posé: soit* ϱ *plus grand que* $\frac{\alpha^2+\beta^2-1}{4} - 1 \, (= \nu - 1)$ *et faisons*

$$\varrho = \nu + \theta".$$

Page 366, ligne 8. Nous avons intercalé les mots: "*dans la formule* (235)".

Page 372, lignes 5—7. Ces deux phrases sont incorrectes ou du moins incorrectement formulées. Le degré de l'équation dont il s'agit peut être déduit de l'expression de l'ordre du groupe linéaire de substitutions à deux indices (voyez le Traité des Substitutions par M. *C. Jordan*, p. 95).

Page 373, ligne 1. *Holmboe* a intercalé les mots: "a_μ *entier*".

Page 379, ligne 7 en remontant. *Holmboe* a intercalé l'équation

$$a = \frac{\varphi^2\left(\frac{\omega}{3}\right)}{\varphi^2\left(\frac{\omega}{6}\right)} \frac{1}{e},$$

que nous avons gardée.

Page 383, lignes 10—13 en remontant. Voyez page 426, ligne 8 et page 526, lignes 4—5 en remontant. *Lie.*

Le mémoire XVII, redigé en français, fut publié en traduction allemande le 12 janvier 1828 dans le journal de *Crelle*, tome II, fascicule 4.

Page 396, ligne 11. Pour démontrer d'une manière plus satisfaisante que la fonction f déterminée par l'équation (14) satisfait à l'équation de condition, introduisons dans l'équation identique $f\eta = f\eta$ la valeur $\eta = \frac{1}{\alpha'} f\eta . \log \frac{f\eta}{\alpha}$ tirée de (14). Cela donne

$$f\eta = f\left(\frac{f\eta . \log \frac{f\eta}{\alpha}}{\alpha'}\right).$$

Or cette équation doit subsister identiquement pour chaque valeur de la quantité $f\eta$, donc aussi en faisant

$$f\eta = \frac{fx . fy}{\alpha},$$

ce qui donne

$$\frac{fx . fy}{\alpha} = f\left(\frac{fx . fy . \log \frac{fx . fy}{\alpha^2}}{\alpha\alpha'}\right)$$

c'est-à-dire l'équation de condition cherchée. *Lie.*

Le mémoire XVIII fut publié le 25 mars 1828 dans le journal de *Crelle*, tome III, fascicule 1.

Le mémoire XIX fut publié au mois de juin 1828.

Page 404, lignes 2—5. Pour la réduction des transformations algébriques aux transformations rationnelles voyez Précis d'une théorie des fonctions elliptiques chap. II (t. I, pages 545—557).

Page 417. Nous avons ajouté aux seconds membres des formules (47) le facteur $(-1)^n$, parce que $\frac{1}{c_1}$ et $\frac{1}{e_1}$ sont définis comme les valeurs de y pour $\theta = \frac{\omega}{2}$ et $\frac{\omega'}{2}$.

Pages 420, 421. Dans la formule (56) nous avons rétabli le facteur $-\frac{1}{\varphi\delta}$, omis par Abel; par conséquent la valeur de $1 - c_1^2 y^2$ et les seconds membres des équations (59), (60), (61) diffèrent des expressions correspondantes des Astr. Nachr. par des facteurs constans.

Page 421. On ne peut supposer que $1 - e_1^2 y^2$ s'annule pour $x = \lambda \frac{\omega - \beta}{2}$ que dans le cas où le degré de la transformation est un nombre impairement pair. Si par exemple $\lambda\left(\theta + \frac{\beta}{2}\right)$ ou $\lambda\left(\theta + \omega + \frac{\beta}{2}\right)$ est une des racines, on aura $\varphi \frac{\omega - \beta}{2} = \pm \varphi \frac{\omega}{2}$, de sorte qu'on aura $1 - c_1^2 y^2 = 0$ pour $x = \lambda \frac{\omega - \beta}{2}$ Pour avoir des formules générales on supposera que $\lambda(\theta + \beta)$ fasse partie d'un cycle de racines d'ordre 2^ν, mais qu'il ne soit contenu dans aucun cycle d'ordre $2^{\nu+1}$. Les racines seront représentées par les expressions

$$\lambda(\theta + p\varepsilon),\quad \lambda(\theta + p\varepsilon + \alpha_q),\quad \lambda(\theta + p\varepsilon - \alpha_q),$$

où

$$\left.\begin{array}{l} p = 0,\ 1,\ 2, \ldots 2^\nu - 1 \\ q = \quad\ 1,\ 2, \ldots m \end{array}\right\},\quad \lambda(\theta + 2^\nu \varepsilon) = \lambda\,\theta.$$

Le degré de l'équation $p - qy = 0$ sera par conséquent $2^\nu(2m+1)$. Cela posé $1 - \frac{\varphi^2\theta}{\varphi^2\left(\frac{\omega - \varepsilon}{2}\right)}$ sera un carré parfait; on peut donc supposer que $1 - e_1^2 y^2$ s'annule pour $\theta = \frac{\omega - \varepsilon}{2}$. Les équations (62) subsisteront avec la seule modification qu'on aura

$$e_1 = k . \varphi \frac{\omega - \varepsilon}{2}.$$

On aura de plus $\varphi\left(\frac{\varepsilon}{2}\right) = 0$, ce qui permet de décomposer le numérateur de la fonction $\varphi\theta$ en facteurs linéaires, en se servant de la formule (56).

Page 422, lignes 3—6. Voici le texte des Astr. Nachr.:

$$\varphi\theta = \lambda\theta + \lambda(\theta + \omega) + \lambda(\theta + \alpha_1) + \lambda(\theta - \alpha_1) + \cdots + \lambda(\theta + \alpha_n) + \lambda(\theta - \alpha_n)$$

"*où cette quantité se réduit à zéro pour une valeur quelconque de* θ *d'où l'on pourra se con-*
"*vaincre aisément que* $\varphi\theta$ *doit rester le même en changeant* $\theta + \omega$ *en* θ *c'est-à-dire* $+\theta$ *en*
"$-\theta$".

La formule (65) fut plus tard démontrée par Abel au moyen du développement de la fonction λ en produit (t. I, p. 434—436).

Page 423. Dans le livre manuscrit C Abel démontre la formule (67) en décomposant le second membre de l'équation

$$\frac{d\psi}{d\varphi} = a \frac{\sqrt{1 - e_1^2 \sin^2 \psi}}{\sqrt{1 - e^2 \sin^2 \varphi}},$$

qui est une fonction rationnelle de $\sin^2 \varphi$, en fractions partielles et intégrant par rapport à φ.

Page 425. a) Pour la décomposition des transformations on peut voir Précis d'une théorie des fonctions elliptiques, chap. IV, § 7 (t. I, p. 589—593).

b) La résolubilité de l'équation $p - qy = 0$ est démontrée dans le Précis d'une théorie des fonctions elliptiques, chap. IV, § 12 (t. I, p 604—606).

Pour démontrer la proposition indiquée par les formules (70), (71) on peut établir les deux lemmes suivans: 1) Quelle que soit la transformation dont il s'agit, il est toujours possible de choisir les quantités $\alpha_1, \alpha_2, \ldots \alpha_\nu$ telles que dans les formules (68) les nombres $m_1, m_2, \ldots m_{\nu-1}$ deviennent égaux à zéro. 2) Toute fonction rationnelle des quantités $\lambda(\theta + k_1\alpha_1 + k_2\alpha_2 + \cdots + k_\nu\alpha_\nu)$ qui ne varie pas, quand on remplaçe θ par $\theta+\alpha_1$, par $\theta+\alpha_2$, ... et par $\theta+\alpha_\nu$, s'exprime sous la forme $p+q\sqrt{(1-c_1^2y^2)(1-e_1^2y^2)}$, p et q étant deux fonctions rationnelles de y (voyez t. I, p. 508, t. II, p. 244). Cela posé, on achèvera la démonstration par un procédé analogue à celui qui est exposé t. I, p. 496, 497. C'est par inadvertance évidemment qu'Abel dit que les exposans $n_1, n_2, \dots n_\nu$ sont des nombres premiers entre eux; l'équation de division de l'intégrale elliptique donne l'exemple du contraire.

Pages 425, 426. Le théorème contenu dans l'article c) peut être démontré par les équations (13) t. I, p. 432, en supposant $c_1=c$.

Plus tard Abel s'exprima d'une manière moins décisive sur la possibilité d'exprimer les modules en question par radicaux. Voyez t. I, p. 526.

Sylow.

Le mémoire XX fut publié dans les Astronomische Nachrichten au mois de novembre 1828 sous le titre "*Addition au mémoire sur les fonctions elliptiques, inséré dans le Nr.* 138 *de ce journal*".

Le mémoire XXI fut publié le 3 décembre 1828 dans le journal de *Crelle*, tome III, fascicule 4.

Page 451, ligne 6 en remontant. Nous avons intercalé les mots "*diminué de deux unités*".

Lie.

Le mémoire XXII fut publié dans le Journal de *Crelle* le 3 décembre 1828. Le titre y semble altéré par une correction de *Crelle*; le voici:

"*Sur le nombre des transformations différentes qu'on peut faire subir à une fonction* "*elliptique par la substitution d'une fonction donnée du premier degré*".

Nous avons conservé celui de l'édition de *Holmboe.*

Page 461. Les équations (11) se déduisent de la formule (28) du mémoire XIX (t. I, p. 413), en remarquant qu'on a

$$\frac{p}{v}=\frac{(-1)^n}{\delta}, \quad \text{pour} \quad x=\lambda\theta=\frac{1}{\sqrt{c}};$$

$$\frac{p}{v}=\frac{1}{\delta\sqrt{-1}}, \quad \text{pour} \quad x=\lambda\theta=\frac{1}{\sqrt{c}\sqrt{-1}};$$

seulement on aura dans le premier membre de la première des équations (11) $v-(-1)^n\delta p$ au lieu de $v-\delta p$.

Page 465. L'équation (19) est en défaut pour la première valeur de δ, comme l'a remarqué *Holmboe.* En effet on trouve, pour $\alpha=\frac{\omega}{2n+1}$

$$\delta=(2n+1)\frac{\pi}{\omega}\cdot 2\sqrt[4]{q^{2n+1}}\prod_1^\infty{}_m\left(\frac{1-q^{2m(2n+1)}}{1-q^{(2m-1)(2n+1)}}\right)^2,$$

et pour $\alpha=\frac{\varpi i+2\mu\omega}{2n+1}$

$$\delta = (-1)^n \frac{\pi}{\omega} 2 \sqrt[4]{q^{\frac{1}{2n+1}} . \delta_1^\mu} \, \overset{\infty}{\underset{1}{\Pi}}_m \left\{ \frac{1 - \left(q^{\frac{1}{2n+1}} . \delta_1^\mu\right)^{2m}}{1 - \left(q^{\frac{1}{2n+1}} . \delta_1^\mu\right)^{2m-1}} \right\}^2 .$$

Sylow.

Le mémoire XXIII fut publié le 3 décembre 1828 dans le journal de *Crelle*, tome III, fascicule 4.

Le mémoire XXIV fut publié le 25 janvier 1829. Dans plusieurs endroits nous avons rétabli le texte primitif d'après la copie de *Crelle*.

Le mémoire XXV, daté le 29 mars 1828, ne parut que le 28 mars 1829. Autant que nous savons, Abel s'occupa pour la première fois de cette théorie à Paris dans les derniers mois de l'an 1826. Dans le livre A, qui date de cette année, on trouve quelques pages de notices qui contiennent tout ce qui est exposé dans la première partie du mémoire jusqu'à l'équation (35).

En 1827 (livre B) il voulait rédiger ce qu'il avait trouvé, mais il ne possédait pas encore toute la théorie. On lit en effet dans une ébauche de l'introduction du mémoire une proposition erronée que voici:

"*Si toutes les racines d'une équation d'un degré quelconque sont liées entre elles de la "manière qu'on puisse exprimer toutes les racines rationnellement en l'une d'elles, cette équation "est nécessairement résoluble algébriquement*".

Mais il ne tarda pas à découvrir l'erreur commise, car immédiatement après il recommence, et cette fois il fait une rédaction complète de sa théorie, qui jusqu'au théorème IV ne diffère que peu de la rédaction finale, excepté seulement l'introduction. Le reste est moins achevé, quoique les résultats sont les mêmes.

Dans le livre C on trouve un brouillon de l'introduction du mémoire, et immédiatement après une sorte de table des matières. Il n'y a aucun doute que cette dernière n'ait été écrite après la rédaction finale du mémoire, puisqu'on y trouve les théorèmes et même des formules avec leurs numéros définitifs. Elle embrasse, outre ce qui fut imprimé dans le journal de *Crelle*, encore un sixième et une partie au moins d'un septième paragraphe, qui y sont mentionnés dans les termes suivans:

"§ 6. *Fonctions elliptiques:* $\omega = \varpi\sqrt{2n+1} = a\varpi$*). (107) *Si* $\frac{m^2+2n+1}{2\mu+1}$ *est un* "*nombre entier, on trouve* $\varphi^2(m - ai)\frac{\omega}{2\mu+1}$ *etc. à l'aide d'une équation du degré* μ, "$(v=0)$ (116)."

"§ 7. *Formules pour la transformation des fonctions ellipt.:*
(134 *générale*)

(142) $$F(\psi, e_1) = a\, F(\theta, e)$$

---

*) Dans l'original on lit $a\sqrt{2n+1}$; c'est évidemment une faute d'écriture.

$$(144)\quad \begin{cases} \text{où}\quad e_1 = e^m.(\sin\theta_1.\sin\theta_3\ldots\sin\theta_{2m-1})^2 \\ a = \dfrac{\sin\theta_2\ldots\sin\theta_{2m-2}}{\sin\theta_1\ldots\sin\theta_{2m-1}} \end{cases}$$

$$(145)\quad \psi = \theta + \text{arc tang}(\text{tang}\,\theta.A_1) + \cdots + \text{arc tang}(\text{tang}\,\theta.A_{m-1})$$

$$(146)\quad A_\mu = \sqrt{1-e^2\sin^2\theta_{2\mu}}.\quad F(\theta_\mu, e) = \frac{\mu}{m}F\left(\frac{\pi}{2}, e\right)$$

$$(151)\quad F(\psi', c_1') = a\,F(\theta', c);\quad c_1 = \sqrt{1-e_1^2};\quad c = \sqrt{1-e^2}$$

$$\text{tang}(45^0 - \tfrac{1}{2}\psi') = \text{tang}(45^0 - \tfrac{1}{2}\theta')\,\frac{1-A_1\sin\theta'}{1+A_1\sin\theta'}\cdots\frac{1-A_{m-1}\sin\theta'}{1+A_{m-1}\sin\theta'}.$$

Dans le sixième paragraphe Abel voulait donc traiter le problème de la division des périodes des fonctions elliptiques dans le cas où l'on a $\omega = \varpi\sqrt{2n+1}$. Les formules du dixième paragraphe des Recherches sur les fonctions elliptiques lui en donnait le moyen. Notamment on en déduit sans difficulté l'existence et la résolubilité de l'équation $v=0$. En effet, supposant que le nombre m soit pair, ce qui est permis, on trouve pour $\varphi(m+ai)\theta$ une expression de la forme $\varphi\theta\ \frac{P}{Q}$, P et Q étant deux fonctions entières de $\varphi^2\theta$, dont les coefficiens sont rationnels en e, et qu'on peut supposer sans facteurs communs; pour $\varphi(2\mu+1)\theta$ on a une expression analogue: $\varphi(2\mu+1)\theta = \varphi\theta.\frac{P'}{Q'}$. Or si l'on fait $\varphi^2\theta = x$, et qu'on désigne par v le plus grand facteur commun des polynômes P et P', il est facile de voir que les racines de l'équation $v=0$ sont les μ quantités $\varphi^2\frac{r(m-ai)\varpi i}{2\mu+1}$, ou bien $\varphi^2\frac{s(m-ai)\omega}{2\mu+1}$, r et s ayant les valeurs $1, 2, 3, \ldots \mu$.

Les formules (142), (144), (145), (146) ont passé dans le mémoire "Solution d'un problème général etc.", qui fut écrit après celui dont nous nous occupons, quoique il fût imprimé le premier (voyez t. I, p. 422, 423). Sans doute Abel comptait faire d'autres applications aux fonctions elliptiques, pour lesquelles les formules de transformation des "Recherches" ne lui auraient pas suffi. On ne peut faire que des conjectures sur l'objet de ces applications ultérieures.

Dans les passages où Abel cite les Disquisitiones Arithmeticæ de *Gauss*, nous avons remplacé les chiffres des pages par ceux des articles pour faciliter l'emploi des Oeuvres de *Gauss*.

Page 491. L'équation (42) devient illusoire si v_1 est nul. Mais puisque dans le calcul précédent on peut remplacer v_1 par v_i pourvu que i soit premier à μ, il est évident que, si μ est un nombre premier, le procédé indiqué conduit toujours à une expression de x qui n'a que μ valeurs différentes. Si au contraire μ est un nombre composé, la quantité v_i pourrait être nulle pour toutes les valeurs de i qui sont premières à μ. Pour avoir dans ce cas une expression qui a la propriété voulue, soient

$$x = \frac{1}{\mu}\left(-A + v_a^{\frac{1}{\mu}} + v_b^{\frac{1}{\mu}} + \cdots + v_k^{\frac{1}{\mu}}\right),$$

$$v_a^{\frac{1}{\mu}} = x + \alpha^a\theta x + \alpha^{2a}\theta^2 x + \cdots + \alpha^{(\mu-1)a}\theta^{\mu-1}x,$$

$$v_b^{\frac{1}{\mu}} = x + \alpha^b \theta x + \alpha^{2b} \theta^2 x + \cdots + \alpha^{(\mu-1)b} \theta^{\mu-1} x,$$

$$\cdots\cdots\cdots\cdots\cdots\cdots\cdots\cdots$$

$$\alpha = \cos \frac{2\pi}{\mu} + \sqrt{-1} \sin \frac{2\pi}{\mu}.$$

En faisant de plus

$$V^{\frac{1}{\mu}} = v_a^{\frac{m}{\mu}} v_b^{\frac{n}{\mu}} \ldots v_k^{\frac{p}{\mu}},$$

il est facile de voir qu'on pourra choisir les nombres $m, n, \ldots p$ telles que les radicaux $v_a^{\frac{1}{\mu}}, v_b^{\frac{1}{\mu}}, \ldots v_k^{\frac{1}{\mu}}$ s'expriment comme il suit:

$$v_a^{\frac{1}{\mu}} = \frac{A}{V} V^{\frac{a_1}{\mu}}, \quad v_b^{\frac{1}{\mu}} = \frac{B}{V} V^{\frac{b_1}{\mu}}, \quad \ldots v_k = \frac{K}{V} V^{\frac{k_1}{\mu}}.$$

Page 493. *Théorème* V. Dans le manuscrit dont nous avons parlé plus haut (livre B), Abel fait l'observation suivante:

"*Dans le cas où μ est un nombre impair on peut même se dispenser de l'extraction de* "*la racine carrée*".

On a en effet

$$\varrho = a,$$

$$v_1 = c + d\sqrt{-1} = (\sqrt{a})^\mu (\cos\delta + \sqrt{-1}\sin\delta),$$

donc

$$\sqrt{\varrho} = \frac{a^{\frac{\mu+1}{2}} \cos\delta}{c} = \frac{a^{\frac{\mu+1}{2}} \sin\delta}{d}.$$

Dans la copie de *Crelle* cette remarque n'est faite que pour l'équation qui détermine la quantité $\cos \frac{2\pi}{2n+1}$.

Page 506 en haut Abel paraît répéter l'énoncé de *Gauss* sans se souvenir qu'il traite un problème un peu différent. Il vient en effet de prouver que pour déterminer les quantités $\cos \frac{2k\pi}{2n+1}$ il suffit

1) de diviser la circonférence entière du cercle en n parties égales,
2) de diviser l'arc δ en n parties égales,
3) d'extraire la racine carrée de la quantité ϱ.

Dans les Disquisitiones Arithmeticæ art. 360 l'expression "sectio circuli" signifie la détermination des quantités $\cos \frac{2k\pi}{2n+1}$ et $\sin \frac{2k\pi}{2n+1}$. Toutefois, si n est un nombre impair, les opérations indiquées ci-dessus suffisent aussi pour la détermination des sinus, et de plus le radical $\sqrt{\varrho}$ peut être éliminé.

Page 507. La copie de *Crelle* contient encore quelques lignes du commencement du sixième paragraphe:

§ 6.

Application aux fonctions elliptiques.

"*Dans les recherches sur les fonctions elliptiques insérées dans le cahier II, tome II de*
"*ce Journal j'ai démontré que les deux quantités*

$$\varphi\left(\frac{\omega}{2n+1}\right), \quad \varphi\left(\frac{\varpi i}{2n+1}\right)$$

"*seront racines d'une même équation*

(77) $$R = 0$$

"*du degré* $(2n+1)^2 - 1$".

"*La fonction* $\varphi\alpha = x$ *est déterminée par la formule*

(78) $$\int \frac{dx}{\sqrt{(1-c^2x^2)(1+e^2x^2)}} = \alpha."$$

Cela est rayé par un trait de crayon qui enlève en même temps la note qui se trouve au bas de la page 507, et qui ne fut pas imprimée dans le Journal. La date "*Christiania, le 29 mars 1828*", paraît être de la main de *Crelle*.

A la fin du mémoire on trouve dans le Journal la note suivante:

"L'auteur de ce mémoire donnera dans une autre occasion des applications aux "fonctions elliptiques. (Note du réd.)"

Sylow.

Le mémoire XXVI fut publié le 28 mars 1829 dans le Journal de *Crelle*, tome IV, fascicule 2. La copie nous a servi en plusieurs endroits à rétablir le texte original corrompu par des corrections de *Crelle*. Voyez tome II, page 251—253.

Le mémoire XXVII fut publié le 28 mars 1829 dans le Journal de *Crelle*, tome IV, fascicule 2. Dans la copie la date paraît être ajoutée par *Crelle*. Le 6 janvier Abel était à Froland et vraisemblablement déjà malade.

Lie.

Mémoire XXVIII. A la mort d'Abel le "Précis d'une théorie des fonctions elliptiques" était encore inachevé. Les trois premiers chapitres furent publiés le 10 juin 1829, le quatrième et le commencement du cinquième chapitre le 31 juillet 1829. Nous y avons pu ajouter quelques pages d'après un fragment du manuscrit d'Abel retrouvé en 1874. Avec cela il faut croire qu'on possède presque toute la première partie du mémoire. Nous n'avons rien trouvé dans les papiers d'Abel qui nous paraisse appartenir à la seconde partie.

A plusieurs endroits nous avons rétabli le texte primitif d'après la copie de *Crelle*.

Page 522, ligne 3 en remontant. C'est par inadvertance, sans doute, qu'Abel dit qu'on peut avoir $\lambda(\theta_1+\theta_2+\cdots+\theta_\mu)$ égal à l'infini. En effet on a (voyez t. II, p. 194)

$$d\theta_1 + d\theta_2 + \cdots + d\theta_\mu = 0;$$

or en faisant

$$p=(1+c^2)x^{\frac{\mu}{2}}-2x^{\frac{\mu}{2}-2},$$

$$q=2x^{\frac{\mu}{2}-2},$$

les quantités $\lambda\theta_1, \lambda\theta_2, \ldots \lambda\theta_\mu$ s'annulent toutes, d'où l'on conclut:

$$\theta_1+\theta_2+\cdots+\theta_\mu=0,$$

$$\lambda(\theta_1+\theta_2+\cdots+\theta_\mu)=0.$$

Cela n'est nullement en désaccord avec ce qui est dit p. 535, article B.

Page 523. Dans les formules du n° 6 nous avons corrigé quelques fautes d'écriture. On obtient ces formules comme corollaire quand on traite de la résolution de l'équation de transformation du degré $2\mu+1$. En faisant

$$\alpha=\frac{2m\varpi+m'\omega i}{2\mu+1},$$

$$(a) \qquad y=a\,\frac{x\left(1-\frac{x^2}{\lambda^2\alpha}\right)\left(1-\frac{x^2}{\lambda^2 2\alpha}\right)\cdots\left(1-\frac{x^2}{\lambda^2\mu\alpha}\right)}{(1-c^2x^2\lambda^2\alpha)(1-c^2x^2\lambda^2 2\alpha)\cdots(1-c^2x^2\lambda^2\mu\alpha)},$$

on a

$$\frac{dy}{\sqrt{(1-y^2)(1-c_1^2y^2)}}=a\,\frac{dx}{\sqrt{(1-x^2)(1-c^2x^2)}}=a\,d\theta.$$

Pour résoudre l'équation (a), on est porté à considérer la fonction

$$\psi_r\theta=\Sigma\delta^{rp}\lambda(\theta+p\alpha), \quad (p=0, 1, 2, \ldots 2\mu).$$

Or puisqu'on a $\psi_r(\theta+\alpha)=\delta^{-r}\psi_r\theta$, les fonctions $(\psi_r\theta)^{2\mu+1}$, $(\psi_{-r}\theta)^{2\mu+1}$, $\psi_r\theta\,.\,\psi_{-r}\theta$ s'expriment en fonction entière de y et du radical $\sqrt{(1-y^2)(1-c_1^2y^2)}$, (voyez t. II, p. 244—250), et l'on voit aisément qu'on peut faire

$$(\psi_r\theta)^{2\mu+1}=\left(\frac{ac_1}{c}\right)^{2\mu+1}[p_r+q_r\,\Delta(y,c_1)],$$

$$(\psi_{-r}\theta)^{2\mu+1}=\left(\frac{ac_1}{c}\right)^{2\mu+1}[p_r-q_r\,\Delta(y,c_1)],$$

$$(b) \qquad \psi_r\theta\,.\,\psi_{-r}\theta=\left(\frac{ac_1}{c}\right)^2(y^2-f_r^2),$$

d'où l'on tire

$$p_r^2-q_r^2[\Delta(y,c_1)]^2=(y^2-f_r^2)^{2\mu+1}.$$

Il est facile de voir que p_r est une fonction impaire, q_r une fonction paire de y; on peut donc conclure que la valeur de la constante f_r est contenue dans l'expression

$$\lambda_1\frac{m_1\varpi_1+m_1'\omega_1 i}{2\mu+1},$$

en désignant par λ_1, $2\varpi_1$, $\omega_1 i$ respectivement la fonction elliptique et les périodes relatives au module c_1. En faisant dans l'équation (b) $\theta=0$, on trouve pour f_r cette autre expression·

$$(c)\quad f_r = \pm \frac{c}{ac_1}\psi_r(0) = \pm \frac{2ic}{ac_1}\left\{\lambda\alpha \,.\, \sin\frac{2r\pi}{2\mu+1} + \lambda 2\alpha \,.\, \sin\frac{4r\pi}{2\mu+1} + \cdots + \lambda\mu\alpha \,.\, \sin\frac{2\mu r\pi}{2\mu+1}\right\}.$$

Si l'on fait $\alpha = \frac{\omega i}{2\mu+1}$, la constante f_r devient réelle; on a donc dans ce cas $f_r = \lambda_1 . \frac{m_1\varpi_1}{2\mu+1}$. Maintenant l'équation (b) montre que l'une des fonctions $\psi_r\theta$, $\psi_{-r}\theta$, s'annule pour $y = \lambda_1\frac{m_1\varpi_1}{2\mu+1}$, c'est-à-dire pour $\theta = \frac{m_1\varpi}{2\mu+1}$. D'ailleurs, à des valeurs différentes de r répondent évidemment des valeurs différentes de m_1; on a donc, pour une valeur quelconque de m_1 et pour une valeur convenablement choisie de r,

$$\lambda\frac{m_1\varpi}{2\mu+1} + \delta^r\lambda\frac{m_1\varpi+\omega i}{2\mu+1} + \delta^{2r}\lambda\frac{m_1\varpi+2\omega i}{2\mu+1} + \cdots + \delta^{2\mu r}\lambda\frac{m_1\varpi+2\mu\,\omega i}{2\mu+1} = 0.$$

En faisant $\alpha = \frac{2\varpi}{2\mu+1}$, on trouve la seconde formule. Nous avons généralisé ces résultats dans un mémoire inséré dans les Comptes rendus de la Société des Sciences de Christiania, année 1864, p. 68, dont voici la conclusion:

Si l'on pose

$$\varpi' = m\varpi + n\omega i,$$
$$\omega' = m'\varpi + n'\omega i,$$

m et n n'ayant pas un même facteur commun avec $2\mu+1$, on a pour un module quelconque

$$\Sigma\,\delta^{4pq(mn'-m'n)}\lambda\frac{2p\varpi'+2q\omega'}{2\mu+1} = 0.$$

$$(p = 0,\ 1,\ \ldots\ 2\mu).$$

Il n'y a pas de doute que c'est de la manière indiquée ci-dessus qu'Abel a trouvé ces relations remarquables; les fragmens qu'on trouve imprimés t. II, p. 250, 251 le démontrent assez clairement. La manière la plus expéditive de les vérifier est pourtant le développement en séries. Voici une vérification que M. *Kronecker* a eu l'obligeance de nous communiquer dans une lettre datée le 25 mai 1876:

"Nach *Jacobi's* Fundam. pag. 101 Formel 19 ist:

$$\frac{ikK}{\pi}\sin\operatorname{am}\frac{2Kx}{\pi} = \sum_{\mu}\sum_{\nu} q^{\frac{1}{4}\mu\nu}\left(e^{\nu xi} - e^{-\nu xi}\right)$$

$$(\mu,\ \nu = 1,\ 3,\ 5,\ 7\ \ldots)$$

"also

$$\frac{ikK}{\pi}\,\Sigma e^{\frac{4rs\pi i}{n}}\sin\operatorname{am}\left(\frac{4rK+2sK'i}{n}\right) = \sum_{r,\mu,\nu} q^{(\mu n+2s)\cdot\frac{\nu}{2n}} e^{\frac{2r\pi i}{n}(2s+\nu)} - \sum_{r,\mu,\nu} q^{(\mu n-2s)\frac{\nu}{2n}} e^{\frac{2r\pi i}{n}(2s-\nu)}$$

$$(r = 0,\ 1,\ \ldots n-1)$$

"Hierbei ist um die Convergenz zu wahren $s < \frac{n}{2}$ vorauszusetzen wenn s positiv, oder "$-s < \frac{n}{2}$ wenn s negativ ist. Bei der Summation über $r = 0,\ 1,\ \ldots n-1$ bleiben nur "diejenigen Glieder übrig, bei denen $2s+\nu$ und resp. $2s-\nu$ durch n theilbar ist, "also wo

$$2s+\nu=\lambda n \text{ und resp. } \nu-2s=\lambda'\nu$$

"wird. Dabei sind λ und λ' *positiv* $\left(\text{da } s^2<\frac{n^2}{4}\right)$, und jene Summe wird also

$$n\sum_{\mu,\lambda} q^{(\mu n+2s)(\lambda n-2s)\frac{1}{2n}} - n\sum_{\mu',\lambda'} q^{(\mu' n-2s)(\lambda' n+2s)\frac{1}{2n}},$$

"und diese Differenz ist offenbar Null, da $\mu'=\lambda$ und $\lambda'=\mu$ gesetzt werden kann, da "λ, λ' ebenfalls alle positive ungraden Zahlen bedeuten. Also ist

$$\sum e^{\frac{4rs\pi i}{n}} \sin \operatorname{am}\left(\frac{4rK+2sK'i}{n}\right)=0$$

$$(r=0,\ 1,\ \ldots n-1)$$

"und zwar für die Werthe $s=-\frac{n-1}{2}\cdots+\frac{n-1}{2}$. Durch Vertauschung von K und "K' etc. folgen die anderen. Aber auch diese könnten direct abgeleitet werden".

Les formules du n° 6, ainsi que la formule (*c*), peuvent encore être déduites d'une formule de *Jacobi* qu'on trouve dans le Journal für die reine und angewandte Mathematik t. 4, p. 190, ou bien de la formule qu'a donné M. *Hermite* dans le même journal t. 32, p. 287.

Pages 526, 527 (n° 9). A cet endroit, le dernier où il parle des modules singuliers qui admettent une multiplication complexe, Abel ne maintient qu'avec une certaine réserve la proposition qu'il avait déjà avancée (t. I, p. 426) sur la possibilité de les exprimer par des radicaux; il ne l'affirme avec certitude que pour le cas où le rapport des périodes est un nombre rationnel. Mais dans ce cas l'intégrale elliptique peut être transformée en une autre dont le module est égal à $\sqrt{\frac{1}{2}}$, ou bien si l'on veut à $\sqrt{-1}$; ce n'est donc qu'une conséquence presque immédiate de la théorie de la division de la lemniscate. Cependant les prévisions d'Abel ont été pleinement confirmées par les travaux de M. *Kronecker* (Monatsberichte der Königl. Preuss. Akad. der Wissenschaften, année 1857, p. 455 et année 1862, p. 363).

La résolubilité de l'équation modulaire est une conséquence immédiate de celle de l'équation de division des périodes; la résolution de cette dernière équation, pour le cas des modules singuliers, devait être traitée dans la continuation de ce mémoire (voyez t. II, p. 310 en bas et p. 313 en haut). Sans vouloir entrer en détails dans cette matière, nous exposerons aussi brièvement que possible comment cette résolution peut être réduite à des principes posés par Abel. D'abord, puisque tout module peut être transformé en son complément, on peut définir les modules en question comme ceux qui se transforment en eux-mêmes $\left(\text{par une transformation différente de la suivante, } y=\frac{1}{cx}\right)$. Donc on aura, en vertu des deux premières formules de la page 525 (nous changerons seulement les signes des lettres n et n'),

$$\varepsilon . 2\varpi = m . 2\varpi - n\omega i,$$

$$\varepsilon . \omega i = m' . 2\varpi - n'\omega i,$$

ce qui donne pour le rapport des périodes et pour la quantité ε les équations suivantes:

$$\varepsilon^2 + (n' - m)\varepsilon + nm' - mn' = 0,$$

$$n(\omega i)^2 - (n' + m)(\omega i)(2\varpi) + m' . (2\varpi)^2 = 0.$$

On voit qu'on peut se borner aux deux cas suivans

$$m = n', \quad \varepsilon = \sqrt{-(m'n - m^2)} = \sqrt{-\alpha},$$

$$m = n' + 1, \quad \varepsilon = \frac{1 + \sqrt{-[4m'n - 4m(m-1) - 1]}}{2} = \frac{1 + \sqrt{-\alpha}}{2}.$$

Cela posé, on aura la transformation d'après les règles du mémoire "Solution d'un problème général etc.", en faisant dans les formules (68) (t. I, p. 423)

$$\nu = 2, \quad \alpha_1 = \frac{-n' 2\varpi + n\omega i}{\delta}, \quad \alpha_2 = \frac{-m' 2\varpi + m\omega i}{\delta},$$

δ désignant le nombre nécessairement positif $m'n - mn'$; on aura ainsi un résultat de la forme

$$(d) \qquad \lambda(\varepsilon\theta + a) = f(\lambda\theta),$$

f dénotant une fonction rationnelle.

En remplaçant dans l'équation (d) θ par $\varpi - \theta$, on voit que la quantité a sera de la forme

$$(2r + 1)\frac{\varpi}{2} - s\frac{\omega i}{2} - \varepsilon\frac{\varpi}{2}.$$

Cela posé, on tirera de l'équation (d) la valeur de $\lambda^2(\varepsilon\theta)$ en fonction rationnelle de $\lambda^2\theta$ et du radical $\varDelta\theta$.

Soit maintenant μ un nombre premier impair, et faisons

$$\theta = \frac{2p\varpi + q\omega i}{\mu} = \frac{\Pi}{\mu};$$

le radical $\varDelta\frac{\Pi}{\mu}$ est exprimable en fonction rationnelle de $\lambda^2\frac{\Pi}{\mu}$, de sorte qu'on aura $\lambda^2\frac{\varepsilon\Pi}{\mu}$ en fonction rationnelle de $\lambda^2\frac{\Pi}{\mu}$:

$$\lambda^2\frac{\varepsilon\Pi}{\mu} = \varphi\left(\lambda^2\frac{\Pi}{\mu}\right), \quad \text{ou bien} \quad \lambda^2\frac{(pm + qm')2\varpi - (pn + qn')\omega i}{\mu} = \varphi\left(\lambda^2\frac{2p\varpi + q\omega i}{\mu}\right).$$

Or nous pouvons supposer les nombres p et q tellement choisis que le premier membre de cette équation diffère des $\frac{\mu - 1}{2}$ quantités $\lambda^2\frac{\nu\Pi}{\mu}$, ν étant un nombre entier (le seul cas d'exception, celui où μ divise à la fois les trois nombres n, $n' + m$, m', nous est sans importance, puisque alors le module admet une transformation plus simple). Cela étant, toutes les racines de l'équation proposée sont contenues dans l'expression $\lambda^2\frac{(r + s\varepsilon)\Pi}{\mu}$.

En désignant par F et ψ des fonctions rationnelles, on a

$$\lambda^2 \frac{(r+s\varepsilon)\Pi}{\mu} = F\left(\lambda^2 \frac{\Pi}{\mu},\ \lambda^2 \frac{\varepsilon\Pi}{\mu}\right) = F\left[\lambda^2 \frac{\Pi}{\mu},\ \varphi\left(\lambda^2 \frac{\Pi}{\mu}\right)\right] = \psi\left(\lambda^2 \frac{\Pi}{\mu}\right).$$

Or en faisant de la même manière

$$\lambda^2 \frac{(r_1+s_1\varepsilon)\Pi}{\mu} = \psi_1\left(\lambda^2 \frac{\Pi}{\mu}\right),$$

il est facile à voir qu'on a

$$\psi\psi_1\left(\lambda^2 \frac{\Pi}{\mu}\right) = \psi_1\psi\left(\lambda^2 \frac{\Pi}{\mu}\right) = \lambda^2 \frac{(r+s\varepsilon)(r_1+s_1\varepsilon)\Pi}{\mu},$$

égalité qui entraîne la résolubilité de l'équation proposée par les règles du "Mémoire sur une classe particulière d'équations etc." § 4 (t. I, p. 499).

Dans le cas où μ est de la forme $\frac{\varrho^2+\alpha}{t}$, ϱ et t étant des nombres entiers, l'équation de division des périodes est réductible; Abel a effectué cette réduction pour le module $\sqrt{-1}$ dans les Récherches sur les fonctions elliptiques (t. I, p. 353—355); voyez de plus t. II, p. 310, 311.

Si au contraire μ n'est pas de la forme $\frac{\varrho^2+\alpha}{t}$, toutes les racines peuvent être représentées par l'expression $\psi^k\left(\lambda^2 \frac{\Pi}{\mu}\right)$, en prenant pour $r+s\varepsilon$ une racine primitive du module μ. Si nous ne pouvons pas assurer qu'Abel a connu l'existence des racines primitives parmis les nombres de la forme $r+s\varepsilon$ en général, au moins le livre manuscrit A le montre cherchant, déjà en 1826, la racine primitive $2+i$ à l'occasion de la division de la lemniscate en 7 parties égales.

Le dernier alinéa du n° 9 est assez étrange; Abel aurait donc cru que toutes les racines de l'équation modulaire étaient des fonctions rationnelles de deux d'entre elles, et ce serait de cette proposition erronée qu'il conclut qu'on peut exprimer toutes les modules transformés par un d'eux à l'aide de radicaux. Mais nous croyons plutôt qu'en écrivant la première des deux phrases, il a momentanément confondu l'équation modulaire avec l'équation de division des periodes, qui a précisément la propriété en question, voyez t. I, p. 599 et 600. La seconde proposition fut confirmée par les recherches de *Galois* (Journal de Mathématiques pures et appliquées, année 1846 p. 410—412), dont les résultats ont été retrouvés et démontrés par MM. *Betti*, *Hermite* et *Jordan*.

Page 527, n° 10. Les fonctions φx, fx sont sans doute les mêmes dont parle Abel dans la lettre à *Legendre* (voyez t. II, p 274, 275), et qui ont été traitées depuis par M. *Weierstrass* (Journal für die reine und angewandte Mathematik t. 52, p. 339—380). Le livre manuscrit C contient vers la fin un calcul qui a pour objet de déduire les équations différentielles auxquelles satisfont les fonctions φx et fx, en partant des équations

$$\varphi(x+y)\,\varphi(x-y) = (\varphi x)^2(fy)^2 - (\varphi y)^2(fx)^2,$$
$$f(x+y)\,f(x-y) = (fx)^2(fy)^2 - c^2(\varphi x)^2\varphi(y)^2.$$

En différentiant la seconde équation deux fois de suite par rapport à x, et faisant $x=0$, il trouve

$$f''y.fy-(f'y)^2=a(fy)^2-c^2b(\varphi y)^2,$$

où par conséquent

$$a=f(o).f''(o);\quad b=(\varphi'o)^2;$$

de même il trouve

$$-\varphi''y.\varphi y+(\varphi'y)^2=b(fy)^2-a(\varphi y)^2.$$

Puis il écrit les équations

$$(f'y)^2-f''(y).fy=c^2(\varphi y)^2,$$
$$(\varphi'y)^2-\varphi''y.\varphi y=(fy)^2,$$

soit que les constantes a et b fussent connues d'avance, soit qu'il les suppose déterminées pour que ces relations aient lieu.

Il déduit de la même manière l'équation

$$2f^{IV}y.fy-8f'''y\,f'y+6(f''y)^2=-2c^2(fy)^2+8c^2(1+c^2)(\varphi y)^2,$$

en se servant, pour déterminer les constantes, des développemens

$$\varphi x=x-\frac{1+c^2}{6}x^3+\cdots,$$

$$fx=1-\frac{c^2}{12}x^4+\cdots.$$

C'est à peu près tout ce que nous avons trouvé sur ce sujet dans les manuscrits d'Abel.

Page 528, n° 11. Nous avons cherché en vain dans les manuscrits d'Abel une indication de la méthode dont il comptait se servir pour étendre ses résultats aux modules imaginaires.

Page 531. La note au bas de la page contenait primitivement la démonstration du théorème appelé par préférence "Théorème d'Abel", dans une rédaction presque identique à celle du mémoire XXVII (t. I, p. 515). Il paraît qu'Abel ne s'est décidé à en faire un mémoire à part qu'après avoir expédié son manuscrit à *Crelle*, et que celui-ci, sur sa demande, a substitué à la démonstration une citation du mémoire XXVII.

Page 535, lignes 6, 7 en remontant: "*Il sera facile de démontrer qu'elle sera égale à* $\frac{1}{cy}$, *la valeur de* y *étant déterminée par l'équation* (14)". Voici comment le démontre M. *Broch* dans son Traité élémentaire des fonctions elliptiques: Si l'on fait

$$(fx)^2-(\varphi x)^2(\varDelta x)^2=(x^2-x_1^2)(x^2-x_2^2)\ldots(x^2-x_{2n-1}^2)(x^2-y^2),$$
$$(f_1x)^2-(\varphi_1x)^2(\varDelta x)^2=(x^2-x_1^2)(x^2-x_2^2)\ldots(x^2-x_{2n-1}^2)(x^2-z^2),$$

en supposant les fonctions fx et φ_1x paires, φx et f_1x impaires, les équations

$$fx+\varphi x\,\varDelta x=0,\quad f_1x+\varphi_1x.\varDelta x=0$$

seront satisfaites en substituant pour x une quelconque des quantités $x_1, x_2, \ldots x_{2n-1}$. En éliminant Δx on en tire

$$fx \cdot \varphi_1 x - f_1 x \cdot \varphi x = 0.$$

Or puisque le premier membre de cette équation est une fonction paire de x du degré $4n-2$, ses racines seront $\pm x_1, \pm x_2, \ldots \pm x_{2n-1}$, donc on a

$$f(0) \cdot \varphi_1(0) = \frac{1}{ic} x_1^2 x_2^2 \ldots x_{2n-1}^2;$$

mais on a

$$f(0) = -x_1 x_2 \ldots x_{2n-1} y, \quad \varphi_1(0) = \pm i x_1 x_2 \ldots x_{2n-1} z,$$

donc

$$z = \pm \frac{1}{cy}.$$

Page 537, ligne 11 en remontant. Dans le Journal, ainsi que dans la copie de *Crelle*, on lit:

"*Cela posé, si l'on suppose toutes les quantités* $x_2, x_3, x_4, \ldots y$ *égales à des constan-* "*tes déterminées.*"

Nous croyons rendre la pensée d'Abel en effaçant la lettre x_2. En effet, si l'on fait varier x_1 et x_2 en supposant $x_3, x_4, \ldots y$ constans, x_2 sera une fonction de x_1 ainsi que les dérivées partielles de y et de v par rapport à x_1; $\psi' y$ au contraire devient une constante.

Page 548, lignes 10—15. Dans le Journal ce passage est gâté par une correction de *Crelle;* nous avons rétabli le texte d'Abel d'après la copie.

Page 563, lignes 12, 13. En désignant par α une racine de l'équation $x_m = 0$, $\frac{1}{c\alpha}$ est racine de l'équation $x_m = \frac{1}{0}$, si m est un nombre impair; au contraire, si m est un nombre pair, $\frac{1}{c\alpha}$ est racine de l'équation $x_m = 0$.

Page 568. Théorème VIII. Ce ne sont que les modules qui resteront après l'emploi du théorème VI qui satisferont nécessairement à l'équation $\varpi(y, c') = \varepsilon\,\varpi(x, c) + C$. Il faut en effet remarquer que quand on fait usage du théorème II, ou d'un des théorèmes qui en dérivent, quelques-unes des fonctions $\psi_1 \theta_1, \psi_2 \theta_2, \ldots$ pourront bien se réduire à des constantes. Cela arrive notamment si à des valeurs données de $x_1, x_2, \ldots x_\mu, y_1, y_2, \ldots y_\mu$, et à une même valeur de t_m, répondent deux valeurs de $\Delta_m t_m$; car dans ce cas les membres de l'expression

$$\frac{dt_m'}{\Delta t_m'} + \frac{dt_m''}{\Delta t_m''} + \cdots + \frac{dt_m^{\delta}}{\Delta t_m^{\delta}}$$

se détruisent deux à deux, d'où l'on conclut que dans la formule (75) p. 549 la quantité T_m (ou θ_m comme elle s'appelle dans l'énoncé du théorème VIII) est une constante.

Pages 584—587. Pour qu'on puisse faire $c' = \frac{1}{\alpha}$ (p. 585), il faut que α ne soit ni nul, ni infini, ni égal à ± 1. Il est facile de voir que dans le cas qu'on considère, α

ne saura être nul ou infini; au contraire α sera nécessairement égal à ± 1, si μ est un nombre pair. Pour avoir des formules générales on déterminera la quantité δ par les équations

$$\delta_2 = e, \quad \varDelta\delta_2 = \varDelta e;$$

en faisant de plus

$$\vartheta(x) = \frac{x\varDelta\delta + \delta\varDelta x}{1 - c^2\delta^2 x^2},$$

on aura

$$\vartheta^{2m} x = \theta^m x; \quad \vartheta^m x = \frac{x\varDelta\delta_m + \delta_m\varDelta x}{1 - c^2\delta_m^2 x^2}, \quad \vartheta^{4\mu-m} x = \frac{x\varDelta\delta_m - \delta_m\varDelta x}{1 - c^2\delta_m^2 x^2};$$

$$p - qy = -b\,y(z - x)(z - \vartheta^2 x)(z - \vartheta^4 x)\dots(z - \vartheta^{4\mu-2} x).$$

En faisant dans cette équation $x = \vartheta(1)$, $p - qy$ sera un carré parfait; on peut donc supposer que y devienne égal à $\frac{1}{c'}$ pour $x = \vartheta(1)$.

En faisant $x = \vartheta(0) = \delta$, on a

$$x + \theta x + \dots + \theta^{2\mu-1} x = \vartheta(0) + \vartheta^3(0) + \dots + \vartheta^{4\mu-1}(0) = 0,$$

d'où l'on voit que q' s'annule pour $x = \delta$. Cette quantité δ est donc précisément celle qui doit figurer dans l'expression de q' qu'on trouve au commencement de la page 587. Les formules (162) sont exactes dans tous les cas; la valeur de c' sera $\frac{\varphi(1)}{\varphi[\vartheta(1)]}$.

Page 588. Valeurs de a, a', b, b':

En faisant $\delta_2 = e$, $\varDelta\delta_2 = \varDelta e$, on peut toujours supposer que y devienne égal à

$$1, \; -1, \; \frac{1}{c'}, \; -\frac{1}{c'}$$

pour x égal à

$$0, \; \infty, \; \delta, \; \frac{1}{c\delta},$$

ce qui donne

$$a' = b' = 1; \quad b = \pm c^\mu; \quad a = \mp c^\mu,$$

$$y = \frac{1 + c^\mu \varphi x}{1 - c^\mu \varphi x},$$

φx dénotant la fonction $(x.\theta x.\theta^2 x\dots\theta^{\mu-1}x)^2$. On aura

$$c' = \frac{1 - c^\mu\varphi\delta}{1 + c^\mu\varphi\delta}, \quad \text{ou bien} \quad \frac{1 - c'}{1 + c'} = c^\mu\delta_1^2.\delta_3^2\dots\delta_{2\mu-1}^2;$$

$$\varepsilon = (1 + c^\mu\varphi\delta)\frac{e_1.e_2\dots e_{\mu-1}}{\delta_1.\delta_3\dots\delta_{2\mu-1}}\sqrt{-1}.$$

Page 597. Le signe de la quantité A pourrait paraître incertain. Pour le déterminer on fera dans les formules (13) et (13') (t. I, p. 533) toutes les variables $x_1, \dots x_{n-1}$ infinies, en supposant $\varDelta x_i = +c x_i^2$; en raisonnant comme le fait Abel p. 535 pour les valeurs infiniment petites, on verra qu'on a $\varDelta y = +cy^2$, c'est-à-dire $\varDelta x_{2\mu+1} = c x_{2\mu+1}^2$.

Le signe de la constante a peut être déterminé au moyen des formules (48) et (49) p. 543. On trouve

$$a=(-1)^{\mu}c^{2\mu^2+2\mu};\quad e_1^2 e_2^2 \dots e_n^2 = (-1)^{\mu}\frac{2\mu+1}{c^{2\mu^2+2\mu}}.$$

Page 599 *à la fin, et page* 600. On sait que e_m est une fonction rationnelle de e pour toutes les valeurs impaires de m; de plus on a $e_2=-e_{2\mu-1}$, $e_4=-e_{2\mu-3}$, $\dots e_{2\mu}=-e_1$. La formule

$$e_{2m}=\frac{2e_m \varDelta e_m}{1-c^2e_m^4}$$

donne

$$\varDelta e_m=\tfrac{1}{2}\frac{e_{2m}}{e_m}(1-c^2e_m^4),$$

par suite $e_{m,k}$ ou $\dfrac{e_m \varDelta e_k' + e_k' \varDelta e_m}{1-c^2e_m^2e_k'^2}$ s'exprime en fonction rationnelle de e et de e'.

Le second membre de la formule (196) doit être précédé du facteur $(-1)^{\mu}$.

Page 608. Dans l'énoncé du théorème XIII Abel suppose évidemment qu'il n'existe aucune relation entre les mêmes fonctions elliptiques qui ne contienne pas toutes les modules $c, c_1 \dots c_m$.

Page 609. La partie du mémoire qui fut publiée dans le Journal de *Crelle* termine par la ligne qui suit la formule 211; elle fut accompagnée de la note suivante de l'éditeur:

"C'est jusqu'ici que ce mémoire est parvenu à l'éditeur. Mr. *Abel* est mort sans "l'avoir fini".

Ce que nous avons ajouté est la reproduction de deux feuilles écrites de la main d'Abel, qui furent retrouvées avec d'autres manuscrits en 1874. Le contenu et les numéros des formules font voir que c'est la continuation immédiate de la partie imprimée dans le Journal de *Crelle**).

La rédaction paraît être parfaitement achevée; l'une des feuilles porte même un avis au compositeur.

Page 613. Si le degré de la fonction y est un nombre pair, le degré du numérateur étant plus grand que celui du dénominateur, la fonction y a la forme suivante

$$y=\frac{(1-\delta_1^2x^2)(1-\delta_2^2x^2)\dots(1-\delta_\mu^2x^2)}{\varepsilon c'x(1-\beta_1^2x^2)(1-\beta_2^2x^2)\dots(1-\beta_{\mu-1}^2x^2)};$$

dans ce cas on ne peut trouver la valeur de $\varpi_0(y, c')$ par le procédé indiqué par Abel,

*) Nous avons d'ailleurs changé les numéros des formules à partir du n° 167 p. 589 pour remédier à une faute d'écriture et à quelques omissions.

mais on trouve, soit directement, soit en faisant $y = \frac{1}{c'y'}$, y' étant la valeur de y qui repond à la formule (222):

$$\varepsilon c'^2 \varpi_0(y, c') = 2\mu c^2 \varpi_0(x, c) - 2c^2 \left\{\frac{1}{\delta_1^2} + \frac{1}{\delta_2^2} + \cdots + \frac{1}{\delta_\mu^2}\right\} \varpi(x, c)$$

$$+ 2x . \varDelta(x, c) \left\{-\frac{1}{2x^2} + \frac{\beta_1^2}{1 - \beta_1^2 x^2} + \cdots + \frac{\beta_{\mu-1}^2}{1 - \beta_{\mu-1}^2 x^2}\right\}.$$

Sylow.

NOTES AUX MÉMOIRES DU TOME II.

D'après le témoignage de *Holmboe* les mémoires I—XIII du second tome furent écrits avant les voyages d'Abel. Ils datent donc d'un temps antérieur au réveil de sa critique dont il parle dans ses lettres à *Hansteen* et à *Holmboe*, voyez t. II, p. 257, 263. Dans ces lettres il désavoue fortement la méthode peu rigoureuse dont il s'est servi dans plusieurs de ces mémoires. Nous ne parlerons, dans les notes suivantes, des erreurs que nous y avons remarquées, que quand nous aurons à rendre compte de corrections ou de suppressions.

Les originaux sont tous perdus; il n'existe donc pas pour ces mémoires d'autre source que l'édition de *Holmboe*.

Mémoire II. Entre la troisième et la quatrième ligne p. 13 nous avons supprimé deux formules issues d'une différentiation incorrecte.

Mémoire V. Nous avons supprimé la dernière partie du mémoire, une page à peu près, où Abel pose $r = \alpha + \beta y + a \log (y + \gamma)$, parce que tout ce morceau est gâté dès le commencement par une faute de calcul.

Les mémoires VIII *et* IX ont été commentés par *Jacobi* (Journal für die reine und angewandte Mathematik t. 32). En faisant $\varepsilon = 0$, les dernières formules du mémoire IX conduisent immédiatement à l'équation (2) de *Jacobi*. Plus tard les recherches d'Abel et de *Jacobi* ont été poursuivies par M. *Fuchs* (Journal f. d. reine und angew. Math. t. 76), et par M. *Frobenius* (t. 78 du même journal).

Sylow.

Mémoire XIII. *Page* 94, lignes 2, 3. Voici le texte de l'édition de *Holmboe*: "*En* "*effet, comme* $\varepsilon^{(1)} = \varepsilon^{(2)} = \varepsilon^{(3)} = 0$, *et comme* $\varepsilon^{(4)} = \alpha$ *est la seule quantité qui a une valeur* "*différente de zéro, il est clair* etc."

Page 105, ligne 11 en remontant, après le mot "*illusoires*" nous avons supprimé la phrase suivante: "*et alors c'est seulement l'équation du numéro* 17 *qui peut avoir lieu*". Le n° 17 est le n° 16 de notre édition par suite d'une correction des numéros faite plus haut.

Page 109, ligne 13 en remontant, après les mots "*on voit que M est*" nous avons supprimé les mots "*tout au plus*".

Ligne 4 en remontant, le texte de l'édition de *Holmboe* est le suivant: "*D'après la valeur de* $\frac{M}{N}$ *il est aisé de conclure que* $\frac{dT'}{dx}$ *a la même forme. Soit donc*".

Page 125, ligne 9, nous avons mis "$2n + 4 \geqq m$" au lieu de "$2n + 4 > m$".

Page 138, ligne 4 en remontant, nous avons ajouté au second membre le terme $\frac{L^{(n)}}{x - c^{(n)}}$; par suite nous avons mis, p. 139, ligne 1, $n+1$ au lieu de n.

Page 146, ligne 9 en remontant Dans l'édition de *Holmboe* la phrase "*mais il faut observer que A change de valeur*" est suivi des mots "*à moins que R' ne soit constant, comme dans l'exemple précédent*".

Pages 176—180 il a fallu corriger quelques fautes de calcul; par suite de ces corrections il a été nécessaire de mettre, p. 178 lignes 8, 9 en remontant, les mots "*contenu entre les limites* 1 *et* 0" au lieu de "*contenu entre les limites* -1 *et* $-\frac{3}{5}$". De plus nous avons supprimé la phrase "*En différentiant la valeur de* γ *par rapport à* n, *on verra que* $\frac{d\gamma}{dn}$ *est toujours positif, lorsque n est positif*", laquelle dans l'édition de *Holmboe* se trouve après la valeur de γ, p. 178 ligne 5 en remontant.

Page 181, ligne 12 et 13 en remontant, nous avons corrigé la valeur approchée de α_1, et changé le texte de l'édition de *Holmboe*, qui est: "*donc la plus grande valeur de* α_1 *est* $= 1$. α_1 *reçoit sa moindre valeur en faisant* $\alpha = 1$".

Sylow.

Le mémoire XIV fut traduit en français d'après un original écrit en allemand, qui maintenant est perdu. Il fut, croyons nous, écrit à Freiberg au mois de mars 1826. Voici notre raison: Il est, d'après ce qui dit *Holmboe*, le seul mémoire qu'Abel écrivit en allemand. Or nous savons par une lettre d'Abel à *Holmboe*, qu'il avait écrit à Freiberg un mémoire en allemand qui devait être imprimé dans le Journal de *Crelle*; mais puisque *Holmboe* dit dans la préface de son édition que tous les mémoires d'Abel imprimés dans le Journal de *Crelle*, étaient rédigés en français, il faut croire que le mémoire de Freiberg n'y fut pas inséré; cela s'accorde avec un passage d'une lettre de *Crelle* à Abel qui fait présumer que les mémoires qu'Abel avait écrits pour le Journal n'y furent pas tous imprimés.

Mémoire XV. L'original du premier numéro est conservé, celui du second est perdu. Nous ignorons pourquoi *Holmboe* a réuni ces deux morceaux sous un même titre; le manuscrit conservé n'en porte aucun.

Le mémoire XVI est un extrait d'une suite de notices intitulée: *Sur les séries* qui se trouve dans le livre B, et qui paraît écrite dans la seconde moitié de l'an 1827.

Page 201, lignes 9—11. Abel donne une série de règles successives pour décider si une série infinie à termes positifs est convergente ou divergente. Ces règles, identiques à celles publiées pour la première fois par M. *Bertrand* (Journal de Mathématiques publié par *Liouville* t. VII, p. 35—54) s'accordent au fond, comme le remarque M. *Bertrand*, avec celles données par *A. de Morgan* dans son Traité de calcul différentiel et intégral imprimé à Londres en 1839.

Le théorème au bas de la page 201 est à peu près le même que le théorème V du mémoire XIV, t. I. Le texte étant écrit après la publication de ce mémoire, comme le montre le passage qui se rapporte à *Olivier*, on peut sans doute conclure qu'Abel a senti lui-même l'insuffisance de sa démonstration antérieure du théorème dont il s'agit. La démonstration que notre texte reproduit peut facilement être complétée, si l'on admet qu'on puisse indiquer une quantité finie M telle que l'inégalité

$$[\varphi_n(\beta-\omega)-A_n]\,\alpha_0^n < M$$

subsiste pour toute valeur de l'entier n, pour toute valeur de α_0 moindre que α et plus grande que x_1, et pour toute valeur suffisamment petite de ω. En effet, en désignant par ε une quantité infinitésimale, on peut choisir un entier μ si grand que l'inégalité

$$M\left(\frac{x_1}{\alpha_0}\right)^n < \varepsilon$$

a lieu pour toute valeur de n égale ou plus grande que μ. Depuis on peut prendre ω_1 si petite que l'inégalité

$$[\varphi_n(\beta-\omega)-A_n]\,x_1^n < \varepsilon$$

subsiste aussi pour toute valeur de n moindre que μ, en supposant $\omega<\omega_1$. Donc l'inégalité

$$f(\beta-\omega)-R < \frac{k}{1-x_2}\,\varepsilon$$

aura lieu pour toute valeur de ω moindre que ω_1. M. *P. Du Bois-Reymond* a démontré d'une manière décisive (Mathematische Annalen, Tome IV, p. 135) un théorème plus général. Plus bas (p. 204, ligne 14) *Abel* applique le théorème dont nous parlons, en supposant que la quantité y représente l'ensemble des nombres entiers, et que β soit égal à ∞.

Les mots placés entre accolades sur les pages 203 et 204 sont intercalés par nous.

Lie.

Mémoire XVII. Ces notices sont tirées du livre manuscrit C; d'après la place qu'elles y occupent il est à croire qu'elles furent écrites au printemps 1828.

Pages 206, 207. En lisant la démonstration du théorème I il faut sousentendre qu'il est supposé impossible de trouver une relation algébrique ne contenant qu'une partie des intégrales $r_1, r_2, \ldots r_\mu$; c'est de cette hypothèse qu'Abel conclut (p. 207) que l'équation $y_\mu + P' = 0$ est identique en $r_{\mu-1}$.

Après l'équation $R = r_\mu + P = 0$ (p. 206) nous avons supprimé le passage suivant: "*En differentiant on en tire:*

$$y_\mu + \left(\frac{dP}{dr_{\mu-1}}\right) y_{\mu-1} + \left(\frac{dP}{dr_{\mu-2}}\right) y_{\mu-2} + \cdots + \left(\frac{dP}{dx}\right) = 0$$

"*donc*

$$\left(\frac{dP}{dr_{\mu-1}}\right) = S\text{''}.$$

Page 208. Après l'énoncé du théorème II nous avons supprimé les deux équations

$$\int y\,dx = \text{fonct. rat.}\,(x, y).$$

$$\int \psi(y, x)\,dx = \text{fonct. rat.}\,(x, y).$$

Page 209. Dans le théorème VI nous avons mis $\psi_1(x, y_1)$ au lieu de $\psi(x, y_1)$. La phrase: "*Supposons .... qu'il soit impossible d'avoir* $f(y, y_1, x) = 0$" veut dire, sans doute, que l'équation algébrique qui définit y_1 en fonction de x reste irréductible après l'adjonction de la quantité y.

Page 210. Après la démonstration du théorème VII le manuscrit contient quelques lignes du troisième paragraphe intitulé: "§ 3. *Réduction des intégrales* $\int \psi(x, y)\,dx$ *à l'aide des fonctions algébriques*". Mais ce commencement a été abandonné. La page suivante contient des formules elliptiques; vient ensuite le § 5, sans qu'il y ait aucune trace d'un § 4.

Après les dernières lignes de la page 213, Abel a commencé de traiter l'exemple suivant:

"*Trouver* S_2 *en* S_1, R_0, R_1, .. "

mais le calcul n'a pas été achevé.

Dans le dernier morceau, qui commence p. 214, Abel désigne par $E(n)$ le plus grand nombre entier positif ou négatif qui est moindre que la quantité n, par $R(n)$ le reste, qui est par consequent nul ou positif, et par λ_p la fonction

$$(x-a_1)^{R\left(\frac{pk_1}{m_1}\right)}(x-a_2)^{R\left(\frac{pk_2}{m_2}\right)}\cdots(x-a_n)^{R\left(\frac{pk_n}{m_n}\right)};$$

les λ_p sont donc les mêmes que les s_m du "Mémoire sur une propriété générale etc." n° 10 (T. I, p. 193). Par le raisonnement de la page 214 il est démontré que, s'il existe entre les intégrales $R_0, R_1, \ldots R_{n-2}, t_1, t_2, \ldots t_\mu$, une relation:

$$c_0 R_0 + \cdots + c_{n-2} R_{n-2} + \varepsilon_1 t_1 + \cdots + \varepsilon_\mu t_\mu = P + \alpha_1 \log v_1 + \cdots + \alpha_m \log v_m,$$

il est permis de supposer que le second membre soit de la forme

$$r_{\nu-1}\lambda_{\nu-1}+\Sigma\alpha\,\Sigma\omega^{k'}\log\left[\Sigma(s_k\lambda_k\omega^{kk'})\right],$$

où évidemment on peut supposer les fonctions $s_0, s_1, \ldots s_{\nu-1}$ entières. C'est la forme analogue à celle

$$r\ \mathit{l}x+\Sigma A\log\frac{fx+\varphi x.\Delta x}{fx-\varphi x.\Delta x},$$

qu'Abel a donnée au second membre pour le cas des fonctions elliptiques. Le raisonnement peut être poursuivi en parfaite analogie avec le troisième chapitre du "Précis d'üne théorie des fonctions elliptiques"; on démontrera ainsi qu'on a $r_{\nu-1}=0$, et qu'en supposant tous les coefficiens α nuls excepté un seul, on a les relations d'où toutes les autres se déduissent par voie d'addition.

Aux pages 215, 216 il paraît qu'Abel regarde les constantes des fonctions $s_0, s_1, \ldots s_{\nu-1}$ comme des quantités indéterminées Le reste de ces notices est trop inachevé pour être reproduit; il faut nous contenter d'indiquer ici le contenu. Abel a d'abord cherché une expression de la fonction p; s'il n'y avait pas une faute de calcul, le resultat aurait été que p est égal au terme constant dans le développement de $\frac{\varphi a}{Fa}\cdot\frac{a}{a-x}$ suivant les puissances descendantes de a. Plus bas il a déterminé le nombre θ des coefficiens indéterminés qu'il est possible d'introduire dans la formule. Si l'on fait

$$\nu=m_1.m_1'=m_2.m_2'=\cdots=m_n.m_n',$$

$$\frac{k_1}{m_1}+\frac{k_2}{m_2}+\cdots+\frac{k_n}{m_n}=\frac{\nu'}{\nu}=\frac{\nu'''}{\nu''},\quad \nu=\nu_1\nu'',$$

ν'' et ν''' étant premiers entre eux, on a

$$\theta=\mu-1+\frac{\nu+\nu_1}{2}-\frac{n\nu-m_1'-m_2'-\cdots-m_n'}{2},$$

de sorte qu'en désignant par θ' le nombre des paramètres qui dépendent des autres, on a

$$\theta'=\mu-\theta=\tfrac{1}{2}\left[(n-1)\nu-\nu_1-m_1'-m_2'-\cdots-m_n'\right]+1.$$

Le calcul contient quelques fautes et aboutit à une valeur inexacte, mais le résultat correct est annoté à la marge. Cette valeur de θ' est précisément celle qu'on déduit de la formule (172) t. I, p. 198 pour le nombre $\mu-\alpha$, en appliquant cette formule à l'intégrale $\int\frac{fx.dx}{\lambda_1}$.

Enfin il note ce théorème:

"*Si* $\int\frac{p\,dx}{\lambda_1}$, *où* p *est une fonction entière, est intégrable par des logarithmes, le degré* "*de* λ_1 *doit être un nombre entier, et le degré* p *moindre d'une unité que celui de* λ_1, *et* "*on aura*

$$\int\frac{p\,dx}{\lambda_1}=A\,\theta(x,\lambda_1)\text{"},$$

et il se propose de traiter l'exemple suivant:

"*Trouver toutes les différentielles de la forme* $p\,dx = x^{\frac{m}{n}}(1-x)^{\frac{\mu}{\nu}}\,dx$ *qui sont inté-* "*grables à l'aide des fonctions algébriques et logarithmiques*" sans toutefois le terminer.

Sylow.

Le mémoire XVIII est la reproduction du dernier morceau des manuscrits d'Abel qui traite de la théorie des équations résolubles par radicaux. Il date de la seconde moitié de l'an 1828, et fut imprimé pour la première fois en 1839 dans l'édition de *Holmboe.*

Le passage qui commence p. 234 par les mots: "*De là on tirera*", et finit par la formule (a), est rayé dans le manuscrit et se trouve immédiatement après la troisième ligne de la même page. En intercalant ce passage plus bas, nous avons suivi *Holmboe,* mais en conservant, ici et p. 235, les termes q_0, qu'il avait supprimé à tort. C'est le seul changement du texte d'Abel que nous avons fait, sauf quelques fautes de calcul ou d'écriture.

La première partie de l'introduction, jusqu'à l'énoncé du problème "*Trouver l'équation la moins élevée à laquelle une fonction algébrique puisse satisfaire*" (p. 221), a été remaniée par Abel; la rédaction nouvelle et abrégée se trouve à la marge du manuscrit à côté de la première. Comme *Holmboe* nous avons cru devoir préférer la première, surtout parce qu'Abel s'y prononce sur la méthode qu'il faut suivre dans les recherches mathématiques. Toutefois la seconde rédaction ne laisse pas d'avoir certains avantages sur la première, c'est pourquoi nous la reproduisons ici:

NOUVELLE THÉORIE DE LA RÉSOLUTION ALGÉBRIQUE DES ÉQUATIONS.

"La théorie des équations a toujours été regardée comme une des plus intéressantes "parties de l'analyse. Des géomètres de premier rang s'en sont occupés, et l'ont beau-"coup enrichie. C'est surtout aux travaux excellens de *Lagrange* qu'on doit une con-"naissance profonde de cette partie des mathématiques. On s'est beaucoup attaché à "trouver la résolution algébrique des équations, mais on n'a pu y réussir généralement "pour des équations supérieures au quatrième degré. Tant d'efforts inutiles des géomè-"tres les plus distingués ont fait présumer que la résolution algébrique des équations "générales était impossible. On a cherché à en donner la démonstration, mais il paraît "que l'impossibilité de la résolution n'est pas encore rigoureusement établie. L'auteur de "ce mémoire s'est occupé pendant longtemps de cette question intéressante, et il croit "être parvenu à y répondre d'une manière satisfaisante. Il a donné un premier essai "sur ce sujet dans un mémoire imprimé dans le premier cahier de ce journal, mais "quoique le raisonnement qu'il a employé paraisse être rigoureux, il faut cependant "avouer que la méthode dont il a fait usage laisse beaucoup à désirer. J'ai repris de "nouveau la question dont il s'agit, et en me proposant des problèmes beaucoup plus "généraux, je suis, si je ne me trompe, parvenu à montrer clairement à quoi tient véri-"tablement l'impossibilité de la résolution des équations générales".

"S'il est impossible de résoudre les équations générales, il est du moins très pos-"sible d'en trouver une infinité de cas particuliers qui jouiront de cette propriété. Il en "existe une infinité pour chaque degré. Cela est établi depuis longtemps, mais personne "n'a considéré le problème sous un point de vue général. C'est ce que je tacherai de "faire dans ce mémoire, en traitant la solution de ce problème:

Une équation d'un degré quelconque étant proposée, reconnaître si elle pourra être satisfaite algébriquement, ou non".

"La solution complète de ce problème doit nécessairement conduire à tout ce qui "concerne la résolution algébrique des équations. Une analyse raisonnée nous conduira "comme on va voir, à des théorèmes importans sur les équations, principalement relatifs "à la forme des racines. Ce sont les propositions générales plutôt que la solution elle-"même qui sont le point le plus important, car il est une question de pure curiosité que "de demander si une équation particulière est résoluble ou non. J'ai donné au problème "la forme énoncée ci-dessus, parce que la solution ne peut manquer de conduire à des "résultats généraux".

"Je vais d'abord donner l'analyse du problème avec les résultats les plus importans "auxquels je suis parvenu".

"D'abord nous devons fixer précisément ce que nous entendrons par la résolubilité "algébrique d'une équation. Lorsque l'équation est générale, cela veut dire, suivant la "conception généralement adoptée de cette expression, que toutes les racines de l'équation "sont exprimables *par les coefficiens* à l'aide des opérations *algébriques*. Les racines "sont alors des fonctions algébriques des coefficiens et leur expression pourra contenir "un nombre quelconque de quantités constantes, algébriques ou non. Mais si l'équation "n'est pas générale, ce qui est le cas que nous considérons, j'ai cru devoir, pour avoir la "plus grande généralité possible, faire les distinctions suivantes:

"Étant données un nombre quelconque de quantités $\alpha, \beta, \gamma, \delta \ldots$, indéterminées "ou non, nous appellerons *expression radicale* de ces quantités toute quantité qu'on en "pourra former à l'aide des opérations suivantes: Addition, Soustraction, Multiplication, "Division, Extraction de racines avec des exposans qui sont des nombres premiers".

"Une équation algébrique quelconque est dite pouvoir être *satisfaite* algébriquement "en des quantités quelconques, $\alpha, \beta, \gamma, \delta, \ldots$, si on la satisfera, en mettant pour l'in-"connue une expression radicale de $\alpha, \beta, \gamma, \delta, \ldots$."

"Une équation algébrique est *résoluble* algébriquement par rapport aux quantités "$\alpha, \beta, \gamma, \delta, \ldots$, si toutes les racines peuvent être representées par des expressions ra-"dicales de $\alpha, \beta, \gamma, \delta, \ldots$."

"Nous avons distingué les équations qui pourront être satisfaites algébriquement de "celles qui sont résolubles algébriquement, puisqu'il y a, comme on sait, des équations "dont l'une ou plusieurs des racines sont algébriques, sans qu'on puisse affirmer la même "chose par rapport à toutes les racines".

"Cela posé, le problème qui va être l'objet de nos recherches est le suivant:

Étant proposée une équation algébrique quelconque, reconnaître si cette équation pourra être satisfaite par une expression radicale des quantités données $\alpha, \beta, \gamma, \delta, \ldots$."

"La marche naturelle pour résoudre ce problème se prête d'elle-même. En effet il "faut substituer à la place de l'inconnue l'expression radicale la plus générale de

"$\alpha, \beta, \gamma, \delta, \ldots$ et voir ensuite si elle pourra être satisfaite de cette manière. De là "naît d'abord ce problème:

Trouver l'expression radicale la plus générale en $\alpha, \beta, \gamma, \delta, \ldots$.

"La solution de ce problème doit donc être l'objet de nos premières recherches. Nous "la donnerons dans un premier chapitre".

"On peut, comme on sait, donner à la même expression radicale une infinité de "formes différentes. De toutes ces formes nous chercherons celle qui contient le nombre "le plus petit possible de radicaux, et qui est par là en quelque sorte irréductible".

"Cela posé, la première propriété de cette expression doit être de satisfaire à une "équation algébrique; or cette condition est, comme on sait, remplie d'elle même; car "toute expression radicale de $\alpha, \beta, \gamma, \delta, \ldots$ peut satisfaire à une équation algébrique "dont les coefficiens sont rationnels en $\alpha, \beta, \gamma, \delta, \ldots$. Or une même expression radi- "cale peut satisfaire à une infinité d'équations différentes; il y a donc deux cas à con- "sidérer: ou l'équation proposée est la moins élevée à laquelle puisse satisfaire l'expression "radicale, ou cette expression peut satisfaire à une autre d'un degré moindre. Donc le "problème général se divise en ces deux-ci:

1. Étant proposée une équation quelconque, reconnaître si une de ses racines pourra satisfaire à une équation moins élevée dont les coefficiens sont rationnels en $\alpha, \beta, \gamma, \delta, \ldots$. Si cela est impossible, nous dirons que l'équation est irréductible par rapport aux quantités $\alpha, \beta, \gamma, \delta, \ldots$.
2. Reconnaître si une équation irréductible pourra être satisfaite algébriquement ou non"

"Nous ne considérons dans ce mémoire que le dernier de ces problèmes comme "celui qui est incomparablement d'une plus grande importance".

"Cela posé, on aura d'abord ce problème:

Trouver l'équation la moins élevée à laquelle une expression radicale puisse satisfaire."

Quoique en commençant Abel eût évidemment l'intention d'écrire un exposé complet de sa théorie des équations résolubles par radicaux, son travail n'est pour la majeure partie devenue qu'une ébauche. Il faut bien avouer que cette ébauche contient quelques expressions peu exactes, quelques notions un peu vagues, et qu'il y a même quelques lacunes dans les démonstrations; mais ces imperfections ne sont pas essentielles, et les difficultés qui en naissent peuvent facilement être levées, ce qu'il n'est pas aujourd'hui difficile de faire voir.

Observons d'abord que le but du § 2 étant de déterminer l'équation irréductible qui est satisfaite par une expression algébrique donnée, il n'est dans ce paragraphe question d'autres expressions algébriques que celles qui peuvent être formées par les mêmes radicaux qui se trouvent dans l'expression primitive, ou plutôt par les différentes valeurs qu'ils peuvent prendre. Soient

$$\sqrt[\mu_1]{R_1},\ \sqrt[\mu_2]{R_2},\ \ldots \sqrt[\mu_n]{R_n}$$

ces radicaux, rangés de telle sorte qu'ils peuvent être évalués numériquement dans l'ordre où ils sont écrits; "le radical extérieur" d'une expression algébrique est le dernier des radicaux énumérés qu'elle contient; il faut en effet supposer, comme le cas le plus général, que la quantité R_m contienne les radicaux $\sqrt[\mu_1]{R_1}, \ldots \sqrt[\mu_{m-1}]{R_{m-1}}$. L'ordre d'une expression n'est pas précisément le nombre de radicaux qu'elle contient, mais plutôt le nombre marquant le rang qu'occupe son radical extérieur. Si l'on voulait prendre la définition d'Abel à la lettre, le théorème III serait en défaut dans beaucoup de cas.

Dans la démonstration du théorème I (p. 229) Abel déclare impossible l'équation

$$z = y_1^{\frac{1}{\mu_1}} = -s_0 .$$

En effet, dans le cas contraire z satisferait à une équation irréductible dont les coefficiens ne contiendrait pas ω, et dont le degré k' serait moindre que μ_1. En désignant le dernier terme de cette équation par a, on aurait

$$\omega^r y_1^{\frac{k'}{\mu_1}} = \pm a;$$

mais en faisant

$$k'k'' = 1 + h\mu,$$

on en tirerait

$$\omega^{k''r} y_1^{\frac{1}{\mu_1}} = \pm a y_1^{-h},$$

ce qui est contre l'hypothèse.

Les démonstrations des théorèmes IV et V supposent non seulement que l'équation $\varphi(y, m) = 0$ soit irréductible, mais encore que la fonction $\varphi(y, m)$ n'ait aucun facteur dont les coefficiens sont des fonctions rationnelles des radicaux $y_1^{\frac{1}{\mu_1}}, y_2^{\frac{1}{\mu_2}} \ldots$, des quantités connues et de ω. Dans le cas contraire il arrive quelquefois que l'équation $\Pi \varphi(y, m) = 0$, est une puissance de l'équation irréductible; par exemple pour l'équation

$$\varphi(y, 1) = y^2 + a^{\frac{1}{2}} y + a^{\frac{2}{3}} = 0.$$

Nous ferons voir plus bas qu'on peut toujours diriger les opérations nécessaires pour chasser les radicaux de manière à éviter les cas d'exception.

Enfin le passage qui commence par les mots: "*En ajoutant il viendra*" p. 234, et finit p. 235 par les mots: "*$p_1^\mu s$ doit donc satisfaire à une équation qui est tout au plus du degré $\mu - 1$*", n'est pas à l'abri d'objections fondées. En effet, de la circonstance que $s^{\frac{1}{\mu}}$ s'exprime rationnellement par $s, s', p_1, p_1', \ldots p_{\mu-1}, p'_{\mu-1}$, sans que $s', p_1', \ldots p'_{\mu-1}$, soient des fonctions rationnelles de $s, p, \ldots p_{\mu-1}$, il ne s'ensuit pas immédiatement que le degré de l'équation sera un nombre composé. Mais en mettant au lieu de $s^{\frac{1}{\mu}}$ une fonction rationnelle de $s, s', p_1, p_1' \ldots p_{\mu-1}, p'_{\mu-1}$, on a effectué une espèce de simplification de l'expression de la racine z_1, et on peut supposer cette simplification opérée partout où elle est possible.

Il n'est pas en effet difficile de faire subir à l'expression algébrique donnée une transformation préalable telle que les raisonnemens d'Abel peuvent être appliqués avec quelques modifications légères. Supposons les radicaux contenus dans l'expression algébrique donnée rangés dans l'ordre de l'évaluation numérique, et soit $r_0^{\frac{1}{\mu_0}}$ le premier d'eux, ω_0 une racine μ_0^{ieme} imaginaire de l'unité. Puisqu'il faut bien admettre que l'expression donnée pourra contenir toutesles μ_0 valeurs du radical $r_0^{\frac{1}{\mu_0}}$, nous comptons comme son premier groupe d'irrationnelles ω_0, $r_0^{\frac{1}{\mu_0}}$. Si parmi les autres radicaux il y en a qui s'expriment en fonction rationnelle des quantités connues, ω_0 et $r_0^{\frac{1}{\mu_0}}$, ils peuvent être éliminés; soit $r_1^{\frac{1}{\mu_1}}$ le premier des radicaux restans, et ω_1 une racine μ_1^{ieme} imaginaire de l'unité. Or la quantité r_1, pouvant conténir ω_0 et $r_0^{\frac{1}{\mu_0}}$, est succeptible d'un certain nombre de valeurs différentes, que nous désignerons par r_1, r_1', r_1'', . . . , et il faut admettre que l'expression donnée pourra contenir non seulement $r_1^{\frac{1}{\mu_1}}$, mais aussi $r_1'^{\frac{1}{\mu_1}}$, $r_1''^{\frac{1}{\mu_1}}$, ... Supposons maintenant que tous ces radicaux s'expriment rationnellement par un certain nombre d'entre eux: $r_1^{\frac{1}{\mu_1}}$, $r_1'^{\frac{1}{\mu_1}}$, ... $(r_1^{(\varepsilon_1-1)})^{\frac{1}{\mu_1}}$, et par $r_0^{\frac{1}{\mu_0}}$, ω_0 et les quantités connues, le nombre ε_1 étant réduit à son minimum. Cela posé, le deuxième groupe d'irrationnelles sera:

$$\omega_1,\ r_1^{\frac{1}{\mu_1}},\ r_1'^{\frac{1}{\mu_1}},\ \ldots (r_1^{(\varepsilon_1-1)})^{\frac{1}{\mu_1}}.$$

Si ces deux groupes d'irrationnelles ne suffisent pas, il faut ajouter un troisième groupe, et ainsi de suite. Voici donc le tableau des irrationelles dont se compose l'expression algébrique donnée:

$$\omega_0,\ r_0^{\frac{1}{\mu_0}};$$

$$\omega_1,\ r_1^{\frac{1}{\mu_1}},\ r_1'^{\frac{1}{\mu_1}},\ \ldots (r_1^{(\varepsilon_1-1)})^{\frac{1}{\mu_1}};$$

$$\omega_2,\ r_2^{\frac{1}{\mu_2}},\ r_2'^{\frac{1}{\mu_2}},\ \ldots (r_2^{(\varepsilon_2-1)})^{\frac{1}{\mu_2}};$$

. . . .

On place les racines de l'unité avant les radicaux du groupe, l'ordre de ceux-ci restant arbitraire. Dans des cas spéciaux l'expression donnée ne contient pas toutes ces irrationnelles, mais elle contient toujours au moins un radical de chaque groupe. Une des pages suivantes du manuscrit contient un tableau identique à celui que nous venons d'écrire, avec la seule différence que les ω n'y sont pas expressément mentionnés. Or ils peuvent bien être exprimés par radicaux, mais il est aussi simple de les conserver. Quand nous parlons des valeurs dont ils sont susceptibles, il faut par cela entendre les racines de l'équation irréductible qui définit ω au moyen des quantités connues et des irrationnelles des groupes précédens. Quelles que soient ces dernières, les valeurs de ω sont toujours exprimées par

$$\omega,\ \omega^{\delta},\ \omega^{\delta^2},\ \dots\ \omega^{\delta^{\nu-1}},$$

$1, \delta, \delta^2, \dots \delta^{\nu-1}$ étant les solutions différentes de la congruence $\delta^\nu \equiv 1 \pmod{\mu}$, ν étant un diviseur de $\mu-1$. Pour chasser les ω on a évidemment un théorème analogue au théorème IV, qu'on peut énoncer comme il suit:

Si l'équation

$$f(x, \omega_i)=0$$

dont les coefficiens contiennent, outre ω_i, les irrationnelles des i premiers groupes, est irréductible,

$$\Pi' f(x, \omega_i)=f(x, \omega_i)\,.\,f(x, \omega_i^{\delta})\,f(x, \omega_i^{\delta^2})\dots f(x, \omega_i^{\delta^{\nu'-1}})=0$$

est aussi une équation irréductible dont les coefficiens s'expriment rationnellement par les irrationnelles des i premiers groupes, ν' étant le plus petit nombre pour lequel on ait

$$f(x, \omega_i^{\delta^{\nu'}})=f(x, \omega_i).$$

Évidemment ν' est un diviseur de ν, et égal au produit des exposans de certains radicaux qui servent à exprimer ω_i par les irrationnelles des groupes précédens.

L'expression algébrique donnée a_m étant préparée comme nous avons indiqué, on peut chasser successivement toutes les irrationnelles de l'équation

$$y-a_m=0,$$

en suivant l'ordre inverse de celui du tableau; on trouvera ainsi nécessairement l'équation irréductible dont les coefficiens sont des fonctions rationnelles des quantités connues, car évidemment on ne rencontrera pas le cas où le théorème V est en défaut.

En désignant maintenant par ω, $S^{\frac{1}{\mu}}$, $S_1^{\frac{1}{\mu}}$, $\dots S_{\varepsilon-1}^{\frac{1}{\mu}}$ le dernier groupe d'irrationnelles, l'expression algébrique donnée a la forme suivante

$$\Sigma p_{m, m_1, \dots m_{\varepsilon-1}} S^{\frac{m}{\mu}} S_1^{\frac{m_1}{\mu}} S_{\varepsilon-1}^{\frac{m_{\varepsilon-1}}{\mu}},$$

$m, m_1, \dots m_{\varepsilon-1}$ ayant toutes les combinaisons des valeurs $0, 1, 2, \dots (\mu-1)$. Or, si le degré de l'équation est μ, il faut qu'en remplaçant $S_i^{\frac{1}{\mu}}$ par $\omega S_i^{\frac{1}{\mu}}$, on a la même valeur qu'en substituant $\omega^r S^{\frac{1}{\mu}}$ au lieu de $S^{\frac{1}{\mu}}$ On en conclut que l'expression doit être spécialisée de la manière suivante

$$\Sigma p_m S^{\frac{m}{\mu}} S_1^{\frac{mn_1}{\mu}} \dots S_{\varepsilon-1}^{\frac{mn_{\varepsilon-1}}{\mu}}, \qquad [m=0, 1, 2 \dots (u-1)]$$

ou bien, en écrivant s au lieu de $SS^n \dots S^{n_{\varepsilon-1}}$,

$$\Sigma p_m s^{\frac{m}{\mu}},$$

où évidemment $s^{\frac{1}{\mu}}$ ne peut être exprimé rationnellement par les radicaux des groupes précédens. Si maintenant on applique le raisonnement des pages 234, 235, il est évident qu'on a $q_0 = 0$, $t_1 = t_2 = \cdots = t_{\mu-1} = 0$, et que par suite

$$p_1'^{\mu} s' = p_\nu^\mu \, s^\nu .$$

La dernière partie du mémoire, à partir de la page 236, ne consiste qu'en des notices abrégées; il paraît qu'Abel, n'étant pas satisfait de ce qu'il avait écrit, à cessé d'y voir la rédaction finale du mémoire qu'il voulait publier. Néanmoins les pages 236—240 forment une déduction continue qui n'est pas difficile à suivre P. 236, 237 il est démontré que les quantités $p_2, p_3 \ldots p_{\mu-1}$ sont des fonctions rationnelles de s et des quantités connues. Dans la dernière partie de la page 236 la lettre ν désigne le nombre $2 . 3 \ldots (\mu - 1)$; $q_1, q_2, \ldots q_\nu$ sont les valeurs que prend q_1, ou $p_m \, s$, quand on permute les racines $z_1, z_2, \ldots z_\mu$ de toutes les manières; $s_1, s_2, \ldots s_\nu$ sont les valeurs correspondantes de s. Il est facile de voir que les quantités $a_0, a_1, \ldots a_{\nu-1}$ s'expriment rationnellement par les quantités connues sans ω. Les pages 237—239 contiennent l'étude de l'équation irréductible en s; il est démontré qu'elle appartient à la classe d'équations traitée dans le mémoire XXV, § 3 (t. I, p. 488). P. 238 il faut compléter les formules

$$s_1^{\frac{1}{\mu}} = p_1 \, s^{\frac{m^n \beta}{\mu}}$$

etc. par la remarque, facile à démontrer, qu'on peut faire $n = 1$. Enfin les formules de la page 240 contiennent le résultat des recherches pour le cas où le degré est un nombre premier. Les équations

$$s^{\frac{1}{\mu}} = A . a^{\frac{1}{\mu}} . a_1^{\frac{m^\alpha}{\mu}} . a_2^{\frac{m^{2\alpha}}{\mu}} \ldots a_{\nu-1}^{\frac{m^{(\nu-1)\alpha}}{\mu}}$$

etc. se déduisent facilement de celles de la page 239. En effet, en faisant $fs = p$, $fs_1 = p_1$ etc., on a

$$s^{\frac{1}{\mu}} = p_{\nu-1} . p_{\nu-2}^{m^\alpha} . p_{\nu-3}^{m^{2\alpha}} \ldots p^{m^{(\nu-1)\alpha}} . s^{\frac{m^{\nu\alpha}}{\mu}} ;$$

d'où l'on tire, en posant $m^{\nu\alpha} - 1 = \mu . r$,

$$s^r = p_{\nu-1}^{-1} . p_{\nu-2}^{-m^\alpha} . p_{\nu-3}^{-m^{2\alpha}} \ldots p^{-m^{(\nu-1)\alpha}} .$$

En supposant maintenant, ce qui est permis, que r ne soit pas divisible par μ, on peut faire

$$r . r' = 1 + h\mu ,$$

d'où

$$s^{\frac{1}{\mu}} = s^{-h} . (p_{\nu-1}^{-r'})^{\frac{1}{\mu}} . (p_{\nu-2}^{-r'})^{\frac{m^\alpha}{\mu}} \, (p_{\nu-3}^{-r'})^{\frac{m^{2\alpha}}{\mu}} \ldots (p^{-r'})^{\frac{m^{(\nu-1)\alpha}}{\mu}} ,$$

ce qui donne la formule citée, en remplaçant s^{-h}, $p_{\nu-1}^{-r'}$, $p_{\nu-2}^{-r'}$, $p_{\nu-3}^{-r'} \ldots p^{-r'}$ par A, a, $a_1, a_2, \ldots a_{\nu-1}$. La quantité a, étant fonction rationnelle de s, est racine d'une équation de la même espèce et du même degré que l'équation en s; de plus on voit facilement que l'équation en a du degré ν est irréductible. Par conséquent la quantité A ou s^{-h} est fonction rationnelle de a.

L'expression de z_1 ainsi trouvée satisfait dans toute sa généralité à une équation irréductible du degré μ. Il restait donc à trouver la forme générale des racines des équations abéliennes d'un seul cycle de racines. Abel s'est bien occupé de ce problème, (voyez t. II, p. 266, et p. 287 en bas), mais il était réservé à M. *Kronecker* de le résoudre en toute sa généralité, et de mener ainsi à sa véritable fin les recherches d'Abel sur la forme des racines des équations de degrés premiers et résolubles par radicaux.

Nous interprétons les formules des pages 241, 242 de la manière suivante. Abel désigne par $\psi y = 0$ une équation irréductible résoluble par radicaux. Si par le procédé du § 2 on remonte de l'équation $y - a_m = 0$ jusqu'à l'équation donnée, l'avant-dernière équation est désignée par $\varphi(y, s) = 0$, de sorte qu'on ait $\Pi \varphi(y, s) = \psi(y)$, s etant le dernier radical qui détermine une élévation du degré, μ son exposant, $s, s', s'', \ldots s^{(\mu-1)}$ ses μ valeurs. La lettre ϱ désigne une expression algébrique, formée par ω et par les irrationnelles des groupes précédens, et tellement choisie qu'il est possible d'exprimer chacune d'elles par une fonction rationnelle de ϱ et des quantités connues; c'est là un moyen dont Abel s'est servi dans une autre occasion (voyez t. I, p. 546, 547). L'équation irréductible en ϱ, $\varphi \varrho = 0$, est du degré ν; $\varrho, \varrho_1, \ldots \varrho_{\nu-1}$ sont ses racines; chacune d'elles s'exprime en fonction rationnelle de ϱ. En suite $\varphi(s, \varrho) = 0$ est l'équation à deux termes qui définit s; en mettant ϱ_i pour ϱ, cette équation devient $\varphi(s, \varrho_i)$, dont les racines sont $s_i, s_i', s_i'', \ldots s_i^{(\mu-1)}$.

Dorénavant l'équation qui était d'abord désignée par $\varphi(y, s) = 0$, s'appelle $f(y, s, \varrho) = 0$. Comme dans le cas des équations de degrés premiers il est permis de supposer que cette équation ne contient pas les radicaux $s_1, s_2, \ldots s_{\nu-1}$; elle est irréductible par les quantités $s, \varrho, \varrho_1, \ldots \varrho_{\nu-1}$. Or, puisqu'on a

$$\psi(y) = \Pi f(y, s, \varrho) = \Pi f(y, s_1, \varrho_1) = \cdots = \Pi f(y, s_{\nu-1}, \varrho_{\nu-1}),$$

on peut supposer que toutes les équations

$$f(y, s, \varrho) = 0, \; f(y, s_1, \varrho_1) = 0, \ldots f(y, s_{\nu-1}, \varrho_{\nu-1}) = 0$$

ont une racine commune; l'équation qui contient toutes les racines communes à ces équations est designée par

$$F(y, s, s_1, \ldots s_{\nu-1}, \varrho, \varrho_1, \ldots \varrho_{\nu-1}) = 0.$$

Cela posé, Abel suppose que $s_\varepsilon, s_{\varepsilon-1}, \ldots s_{\nu-1}$ s'expriment en fonction rationnelle de $\varrho, \varrho_1, \ldots \varrho_{\nu-1}$ et de $s, s_1, \ldots s_{\varepsilon-1}$, mais qu'aucun de ces derniers radicaux ne soit exprimable en fonction des autres et de $\varrho, \varrho_1, \ldots \varrho_{\nu-1}$ Dans cette condition il affirme que

$$F(y, s, s_1, \ldots s_{\nu-1}, \varrho, \varrho_1, \ldots \varrho_{\nu-1})$$

divise ψy pour toutes les valeurs de $s, s_1, \ldots s_{\varepsilon-1}$, et que par suite le degré de $\psi(y)$ est divisible par μ^ε.

Soit pour le démontrer $\Phi(y, s, s_1, \ldots s_{\varepsilon-1})$ le plus grand diviseur commun des ε fonctions $f(y, s, \varrho), f(y, s_1, \varrho_1) \ldots f(y, s_{\varepsilon-1}, \varrho_{\varepsilon-1})$; alors $\Phi(y, s^{(\alpha)}, s_1^{(\beta)}, \ldots s_{\varepsilon-1}^{(\zeta)})$ sera le plus grand diviseur commun des fonctions $f(y, s^{(\alpha)}, \varrho), f(y, s_1^{(\beta)}, \varrho_1), \ldots f(y, s_{\varepsilon-1}^{(\zeta)}, \varrho_{\varepsilon-1})$, d'où il est facile de conclure qu'on a

$$\Pi^\varepsilon \Phi(y, s, s_1, \dots s_{\varepsilon-1}) = \psi(y)$$

Il s'ensuit que l'équation $\Phi(y, s, s_1, \dots s_{\varepsilon-1})$ est irréductible; en effet, puisque l'équation $f(y, s, \varrho) = 0$ est irréductible, $\Pi f(y, s, \varrho)$ ou ψy ne peut avoir de racine commune avec une équation d'un degré moins élevé dont les coefficiens sont rationnels en ϱ, ce qui aurait nécessairement lieu, si l'équation $\Phi(y, s, s_1, \dots s_{\varepsilon-1}) = 0$ était réductible. De plus cette équation a toutes ses racines communes avec $f(y, s_{\varepsilon+n}, \varrho_{\varepsilon+n}) = 0$, puisque $s_{\varepsilon+n}$ est une fonction rationnelle de $s, s_1, \dots s_{\varepsilon-1}, \varrho, \varrho_1, \dots \varrho_{\nu-1}$. Donc $\Phi(y, s \dots s_{\varepsilon-1})$ est identique à $F(y, s \dots s_{\nu-1}, \varrho \dots \varrho_{\nu-1})$.

Si maintenant on donne aux radicaux qui entrent dans l'expression ϱ des valeurs nouvelles, et qu'on désigne par S_i la valeur correspondante de s_i, on a

$$\Pi^\varepsilon \Phi(y, S, S_1, \dots S_{\varepsilon-1}) = \psi y,$$

d'où l'on conclut que $\Phi(y, S, S_1, \dots S_{\varepsilon-1})$ a un facteur commun avec l'une des fonctions $\Phi(y, s^{(\alpha)}, s_1^{(\beta)}, \dots s_{\varepsilon-1}^{(\zeta)})$. Cela étant, ces deux fonctions sont identiques, donc la quantité z ou $\Phi(\alpha, s, s_1, \dots s_{\varepsilon-1})$ a seulement μ^ε valeurs distinctes.

Il faut donc dire que les notices des pages 241, 242 indiquent une démonstration rigoureuse de la proposition 2, p. 222.

Dans cette demonstration on pourra d'ailleurs se débarrasser de la quantité ϱ dès le commencement. Supposons en effet qu'à deux valeurs différentes de ϱ il réponde une même valeur de s^μ, on aura

$$\Pi f(y, s, \varrho) = \Pi f(y, s, \varrho_1), \text{ d'où l'on tire } f(y, s, \varrho_1) = f(y, \omega^i s, \varrho).$$

Soit maintenant

$$c = \Sigma p_m s^m$$

un coefficient de la fonction $f(y, s, \varrho)$, et

$$c' = \Sigma p_m' s^m$$

le coefficient correspondant de $f(y, s, \varrho_1)$, on aura

$$p_m' = \omega^{mi} p_m.$$

Or on peut faire, dans l'un de ces coefficiens, l'une des quantités p_m égale à l'unité. Alors on a $\omega_i = 1$, donc généralement $p_m' = p_m$; cela étant, p_m peut être exprimé en fonction rationnelle de s^μ. Les coefficiens de $f(y, s, \varrho)$ sont donc des fonctions rationnelles de s.

Si maintenant le degré de l'équation donnée est μ^ε, la fonction $\Phi(y, s, s_1, \dots s_{\varepsilon-1})$ est du premier degré, d'où il suit que y est une fonction entière et même symétrique de $s, s_1, \dots s_{\varepsilon-1}$. C'est la proposition 4, p. 223; évidemment cette proposition n'a lieu que lorsque la décomposition mentionnée dans la proposition 2 est impossible. La démonstration de celle-ci s'achève comme pour les équations du degré μ.

La citation de Lagrange p. 223 doit sans doute être rapportée au Traité de la résolution des équations numériques, Note XIII, dont les numéros 14—22 conviennent aux équations dont les degrés sont des nombres premiers, les numéros 25—27 aux équations qui se décomposent en vertu des propositions 2 et 3. Quant aux équations qu'on nomme aujourd'hui primitives, les propositions 2 et 4 conduisent à une équation du degré

$$\frac{2.3\ldots(\mu^\alpha-2)}{(\mu^\alpha-\mu)(\mu^\alpha-\mu^2)\ldots(\mu^\alpha-\mu^{\alpha-1})},$$

qui doit avoir une racine rationnelle en quantités connues.

Les formules de la page 243 ne sont qu'une répétition de celles des pages précédentes.

Sylow.

XIX. *Fragmens sur les fonctions elliptiques.* Les numéros I et II sont, croyons-nous, des fragmens d'un même mémoire qui paraît dater de la première partie de l'an 1828. Le numéro III se rattache au mémoire intitulé Théorèmes sur les fonctions elliptiques (t. I, p. 508). A l'égard du numéro II voyez d'ailleurs la note relative à la page 523 du premier tome (t. II, p. 314, 315).

XX—XXIII. *Lettres d'Abel.* Pages 254, 255 nous avons imprimé les trois premiers théorèmes exactement comme nous les avons trouvés écrits dans la lettre d'Abel, quoiqu'ils paraissent contenir quelques incorrections. Après le quatrième théorème nous avons supprimé un passage qui dans l'original n'est pas achevé.

Dans la lettre d'Abel à *Legendre* p. 272, 273 nous avons corrigé quelques fautes d'écriture évidentes. Page 275, où la valeur de $f\left(x\frac{\omega}{\pi}\right)$ est évidemment erronée, et où les valeurs de q et p sont échangées entre elles, nous n'avons pas cru devoir toucher au texte d'Abel.

Sylow

TABLE POUR FACILITER LA RECHERCHE DES CITATIONS.

(La colonne *A* contient les chiffres du tome et des pages qu'occupe chaque mémoire dans l'édition de *Holmboe*. La colonne *B* contient les chiffres correspondans dans le Journal de *Crelle* (J. d. C.), les Astronomische Nachrichten de *Schumacher* (A. N.), dans les Annales de *Gergonne* (A. d. G.), ou dans les Mémoires présentés par divers Savants (S. E.). La colonne contient les chiffres correspondans de la présente édition.)

	A.	*B.*	*C.*
Recherche des fonctions de deux quant. variables...	I, 1—4.	J. d. C., I, 11—15.	I, 61—65.
Démonstr. de l'imposs. de la rés. algéb. des équations...	I, 5—24.	J. d. C., I, 65—84.	I, 66—87.
Remarque sur le mém. N° 4... du Journ. de *Crelle*.	I, 25—26.	J. d. C., I, 117—118.	I, 95—96.
Résolution d'un problème de mécanique. . . .	I, 27—30.	J. d. C., I, 153—157.	I, 97—101.
Démonstr. d'une express. de laquelle la form. binôme...	I, 31—32.	J. d. C., I, 159—160.	I, 102—103.
Sur l'intégration de la form. différentielle $\frac{\varrho\, dx}{\sqrt{R}}$ ...	I, 33—65.	J. d. C., I, 185—221.	I, 104—144.
Recherches sur la série $1+\frac{m}{1}x+\frac{m(m-1)}{1.2}x^2+\cdots$	I, 66—92.	J. d. C., I, 311—339.	I, 219—250.
Sur quelques intégrales définies	I, 93—102.	J. d. C., II, 22—30.	I, 251—262.
Sur les fonctions... $\varphi x+\varphi y=\psi(xfy+yfx)$.	I, 103—110.	J. d. C., II, 386—394.	I, 389—398.
Note sur un mémoire de M. *L. Olivier*	I, 111—113.	J. d. C., III, 79—81.	I, 399—402.
Mémoire sur une classe particulière d'équations...	I, 114—140.	J. d. C., IV, 131—156.	I, 478—507.
Recherches sur les fonctions elliptiques	I, 141—252.	J. d. C., II, 101—181. J. d. C, III, 160—190.	I, 263—388.
Solution d'un problème... concernant la transf....	I, 253—274.	A. N., VI, 365—388.	I, 403—428.
Addition au mémoire précédent	I, 275—287.	A. N., VII, 33—44.	I, 429—443.
Remarques sur quelques propriétés générales...	I, 288—298.	J. d. C., III, 313—323.	I, 444—456.
Note sur quelques formules elliptiques	I, 299—308.	J. d. C., IV, 85—93.	I, 467—477.
Sur le nombre des transformations différentes...	I, 309—316.	J. d. C., III, 394—401.	I, 457—465.
Théorème général sur la transformation.... .	I, 317.	J. d. C., III, 402.	I, 466.
Théorèmes sur les fonctions elliptiques	I, 318—323.	J. d. C., IV, 194—199.	I, 508—514.
Démonstration d'une propriété générale.... .	I, 324—325.	J. d. C., IV, 200—201.	I, 515—517.
Précis d'une théorie des fonctions elliptiques. . .	I, 326—408.	J. d. C., IV, 236—277. 309—348.	I, 518—609.
Mémoire sur une propriété générale..........		S. E., VII, 176—264.	I, 145—211.
Recherche de la quant. qui satisfait ... à deux équ......		A. d. G., XVII, 204—213.	I, 212—218.
Théorèmes et Problèmes		J. d. C., II, 286; III, 212.	I, 618—619.

TABLE POUR FACILITER LA RECHERCHE DES CITATIONS.

(La colonne *A* contient les chiffres du tome et des pages qu'occupe chaque mémoire dans l'edition de *Holmboe*. La colonne *C* contient les chiffres correspondans de la présente édition).

	A.		*C.*	
Sur les maximums et minimums des intégrales aux différences . .	II,	1—8		
Sur les conditions nécessaires pour que l'intégrale finie...	II,	9—13.		
De la fonction transcendante $\Sigma \frac{1}{x}$	II,	14—29.		
Les fonctions transcendantes $\Sigma \frac{1}{a^2}$, $\Sigma \frac{1}{a^3}$...	II,	30—34.	II,	1—6.
Sur l'intégrale définie $\int_0^1 x^{a-1}(1-x)^{c-1}\left(l\frac{1}{x}\right)^{a-1} dx$	II,	35—40.	II,	7—13.
Sommation de la série $y = \varphi(0) + \varphi(1)x + \cdots + \varphi(n)x^n$	II,	41—44.	II,	14—18.
L'intégrale finie $\Sigma^n \varphi x$ exprimée par une intégrale définie simple	II,	45—50.	I,	34—39
Propriétés remarquables de la fonction $y = \varphi x$	II,	51—53.	II,	40—42.
Sur une propriété remarquable d'une classe très étendue de fonct.	II,	54—57.	II,	43—46.
Extension de la théorie précédente	II,	58—65.	II,	47—54.
Sur la comparaison des fonctions transcendantes	II,	66—76.	II,	55—66.
Sur les fonctions génératrices et leurs déterminantes	II,	77—88.	II,	67—81.
Sur quelques intégrales définies	II,	89—92.	II,	82—86.
Théorie des transcendantes elliptiques	II,	93—184.	II,	87—188.
Sur la résolution algébrique des équations	II,	185—209.	II,	217—243.
Démonstration de quelques formules elliptiques	II,	210—212.	II,	194—196.
Méthode générale pour trouver des fonctions	II,	213—221.	I,	1—10.
Solution de quelques problèmes à l'aide d'intégrales définies . . .	II,	222—228.	I,	18—25.
Sur l'équation differentielle $dy + (p + qy + ry^2)\,dx = 0$	II,	229—235.	II,	19—25.
Sur l'équation differentielle $(y+s)\,dy + (p + qy + ry^2)\,dx = 0$ . . .	II,	236—245.	II,	26—35.
Détermination d'une fonction	II,	246—248.	II,	36—39.
Note sur la fonction $\psi x = x + \frac{x^2}{2^2} + \frac{x^3}{3^2} + \cdots$	II,	249—252.	II,	189—193.

ERRATA.

Page 120, ligne 3, en descendant, *au lieu de* 32, *lisez* 31.

Page 167, ligne 6, en descendant, *au lieu de* $\frac{A\sqrt{b^2+c^2}}{l+k}$, *lisez* $\frac{A\sqrt{b^2+c}}{l+k}$

Page 176, ligne 11, en remontant, *au lieu de* $+\frac{2a\sqrt{n}-(2n+n_1)}{n_1-a\sqrt{n}}F$,

lisez $-\frac{2a\sqrt{n}-(2n+n_1)}{n_1-a\sqrt{n}}F$.

Page 176, ligne 5, en remontant, *au lieu de* $\frac{\pm\sqrt{n}}{n_1\mp a\sqrt{n}}$, *lisez* $\frac{\mp\sqrt{n}}{n_1\mp a\sqrt{n}}$.

Page 176, ligne 4, en remontant, *au lieu de* $\frac{\pm 2a\sqrt{n}-2n-n_1}{n_1\mp a\sqrt{n}}$,

lisez $\frac{\mp 2a\sqrt{n}+2n+n_1}{n_1\mp a\sqrt{n}}$.

Page 176, ligne 1, en remontant, *au lieu de* $-\alpha \text{ arc tang } \frac{ax+bx^3}{\sqrt{R}}$,

lisez $+\alpha \text{ arc tang } \frac{ax+bx^3}{\sqrt{R}}$.

Page 178, ligne 14, en remontant, *au lieu de* $\frac{\sqrt{n_{m-1}}}{n_m-a_{m-1}\sqrt{n_{m-1}}}$, *lisez* $\frac{-\sqrt{n_{m-1}}}{n_m-a_{m-1}\sqrt{n_{m-1}}}$.

Page 180, ligne 2, en descendant, *au lieu de* $-\frac{1}{a+\sqrt{k}}$, *lisez* $\frac{1}{a+\sqrt{k}}$.

Page 180, ligne 4, en descendant, *au lieu de* $-\frac{1}{3(a+\sqrt{k})} \text{ arc tang } \frac{ax-k^{\frac{1}{2}}x^3}{\sqrt{R}}$,

lisez $+\frac{1}{3(a+\sqrt{k})} \text{ arc tang } \frac{ax-k^{\frac{1}{2}}x^3}{\sqrt{R}}$.

Page 234, ligne 12, en descendant, *au lieu de* $\mu p' s'^{\frac{1}{\mu}}$, *lisez* $\mu p_1' s'^{\frac{1}{\mu}}$.

Page 291, ligne 7, en descendant, *au lieu de* n'est, *lisez* ne paraît.

Printed in the United States
By Bookmasters